KB151432

동물보건내과학

한세명 · 강민희 · 김주완 · 윤서연 · 정수연 · 한상훈

머리말

반려동물 산업의 증가와 함께 동물병원 또한 대형화 및 전문화되어 가고 있습니다. 이에 따라 동물병원에서 근무하는 동물간호 보조 인력에 대한 전문성이 필요하다는 지속적인 요구에 따라 2021년 동물보건사 국가자격 제도가 도입되었으며, 역량 있는 전문 수의 보조 인력을 체계적으로 교육하고 배출할 수 있는 기반이 마련되었습니다.

동물보건내과학은 동물보건사 국가시험의 임상동물보건학에 속하는 시험과목이며, 동물보건학을 배우는 전문대학이나 4년제 대학의 교육과정에서 필수교과목에 해당합니다. 이처럼 중요한 과목임에도 불구하고 동물보건내과학을 공부하는 학생들이 공부할 만한 마땅한 교재가 부족하였습니다. 학생들의 눈높이에 맞으면서 체계적으로 동물보건내과학을 학습을 할 수 있는 교재의 필요성에 뜻을 모아 동물병원임상경험을 보유하시고 동물보건사를 양성하는 대학에 계시는 교수님들과 동물보건내과학 교재 집필을 시작하게 되었습니다. 실제 동물병원 현장에서 필요한 내용을 넣으면서 단순 기술과 실무를 익히는 것뿐만 아니라 수의사의 지도 아래, 환자의 질환 상태를 이해하며 동물환자를 간호할 수 있도록 계통별 질환을 중심으로 내용을 구성하였습니다. 그러면서도 질환별 내용에서 동물환자를 간호할 때 필요한 사항과 영양보조방법, 실무 팁들을 넣어 이해를 높였습니다. 본 교재를 통하여 많은 학생이 동물보건내과학을 더욱 쉽게 이해하고 체계적인 학습을 할 수 있을 것으로 생각됩니다. 동물보건사가 되기를 희망하는 동물보건학과 학생들뿐만 아니라, 이미 국가자격증을 취득한 동물보건사들에게도 이 책의 내용이 동물병원에서의 업무 수행 시에 도움이 될 거라 믿습니다. 수의학은 빠르게 성장하고 있기에, 최신의 내용은 계속 업데이트가 필요할 수 있으므로, 차후의 개정판을 통해 지속해서 최신의 내용을 담을 수 있도록 노력하겠습니다.

마지막으로 본 교재가 발간되기까지, 본 교재 집필에 참여를 수락하고 성심껏 집필해 주신 공동 저자 교수님들과 책의 나오기까지 여러모로 도움을 주셨던 박영스토리의 관계자 여러분께 깊은 감사의 말씀을 드립니다.

– 대표저자 한세명

차례

Chapter

12 종양 • 399

CHAPTER 01

신체검사와 보정

학습목표

동물의 신체검사 목적과 다양한 신체검사방법을 이해하고 습득한다.

신체검사를 위한 동물의 이동법을 이해하고 습득한다.

동물의 일반적인 검사를 위한 보정법을 이해하고 습득한다.

제1장 동물의 신체검사

동물의 신체검사는 신체 각 부위를 직접 보고(시진), 듣고(청진), 만져서(촉진) 심장 및 호흡소리, 체중, 치아, 귀, 눈 등 신체부위를 평가하고 질병이나 부상의 조기 발견 및 예방을 위해 수행한다. 예를 들어, 청진기를 이용한 심장 소리 확인 검사는 노령견에서 많이 발생하는 심장 질환을 조기에 발견하는데 아주 유용하다. 신체검사의 목적은 다음과 같이 4가지로 볼 수 있다.

① **질병예방**: 동물신체검사는 예방적인 의료검사로서 동물의 건강상태를 평가하여 질병을 예방하는 것을 목적으로 한다.

② **질병조기발견**: 동물신체검사는 질병이나 부상을 조기에 발견할 수 있는 중요한 방법으로 이를 통해 알맞은 시기에 진단과 치료를 받을 수 있으며 질병의 악화 및 심한 합병증을 예방할 수 있다.

③ **건강한 동물유지**: 동물신체검사는 동물의 건강상태를 평가하고, 적절한 예방 및 치료방법을 제시하여 건강한 상태를 유지하는 것을 목적으로 한다.

④ **건강증진**: 동물신체검사는 동물의 건강을 지속적으로 관리하고 개선하는 데 도움을 주며 이를 통해 동물의 삶의 질을 향상시키고, 건강하고 오래 살게 도움을 준다.

동물신체검사의 순서는 병력청취 및 망진(ocular inspection or visual inspection; 행동, 음성, 식사동작, 배변, 배뇨, 자세, 보행, 영양상태, 체격, 피부) → 체중 → 체온 → 심장 및 폐 청진 → 혈압검사 → 눈(시력, 안압, 눈물양)과 귀 검사 → 혈액 채취 및 검사 → 뇨검사 → 분변검사 → 흉부 방사선 검사 → 심전도 검사 → 심장초음파 검사 → 복부 초음파 검사 → 결과분석 → 상담 및 치료 순으로 이뤄진다.

표 1 신체검사 기법

신체검사 기법	내용
촉진 palpation	종류: 직접촉진법(손가락), 간접촉진법(probe 이용) 목적: 병변부의 크기, 경도, 온도, 민감도 파악 사용되는 용어 • doughy(밀가루 반죽 같은) - 지압에 의해서 움푹 들어가는 정도의 경도 • firm(굳은) - liver 정도의 가루반죽과 같은 경도 • hard(경화) - bone과 같은 경도 • fluctuating(파동성) - 지압의 촉감이 연하고 탄성과 파동성이 있으며 지압의 흔적은 곧 없어지는 상태 • emphysematous(기종성) - 조직 내에 가스가 저류된 상태로 지압에 의해서 부푼감이 있으며 문지르면 염발음(손가락 사이로 모발을 비빌 때 나는 소리) 발생
타진 percussion	체표에 타격을 가하여 심부조직에 진동을 일으켜 그곳에서 발생되는 음을 들어 심부의 조직상태를 파악하는 것 방법: 보통 한 손의 손가락을 체표에 밀착하고 다른 손의 손가락으로 타격 사용되는 용어 • resonant(만음) 공명의 - 공기가 있는 정상폐의 타진음 • tympanitic(고음) 고창의 - 가스가 꽉 찬 상태의 장기를 타진 시 나는 북소리와 같은 소리 • dull(탁음) 둔탁한 - 심장, 간 같은 고형장기에서 나는 타진음
촉타진/부구법 tactile percussion or ballottement	촉진과 타진의 병용으로 내부장기 또는 이물의 경도와 경계를 알 수 있다. 방법: 손끝으로 체표에서 내부장기 쪽으로 미는 듯한 급격하고도 강한 타격을 가하면 내부에 있는 장기 또는 이물이 일단 밀려나갔다가 되돌아왔을 때 손가락 끝에 닿은 촉감에 의해서 장기 또는 이물의 성상을 판단하는 것. 체강 내 액체저류 여부 진단.
청진 auscultation	직접 청진법(귀를 체표에 대고 장기 운동음을 들음), 간접청진법(청진기 이용)
타청진 combined percussion and auscultation	청진기를 검사하고자 하는 흉벽의 어느 일점에 대고 기관이나 흉벽의 다른 부위에 타격을 가하여 타진음을 유발시킨다. 이때 날카로운 음을 유발시켜야 하므로 타격은 기관연골이나 늑골 위에 짧고도 강하게 가한다. (음의 전달이 공기가 있는 조직보다 고형조직에서 잘 된다.) 진탕청진법(succussion) - 체강 내 액체의 존재를 탐지하기 위하여 몸체를 흔들어 청진하는 진단법
기타	생체조직검사법(biopsy), 천자술(paracentesis), 방사선검사법 등

I. 병력청취(History-taking)

병력청취 시에는 동물의 보호자에게 친절하게 대하면서 어려운 학술용어는 피하는 것이 좋다. 시간과 관계된 진술은 보호자의 진술에 신뢰성을 높이기 위해 재차 확인이 필요하며, 보호자는 전문가가 아니기에 진술한 증상이나 표현을 그대로 믿어서는 안 되는 경우도 있다.

① **동물의 신상자료**: 동물보호자에 관한 사항(이름, 주소, 연락처 등), 동물에 관한 사항(이름, 품종, 나이, 성별, 사는 환경(아파트, 주택, 마당 등), 기저질환 여부, 예방접종 여부) 등

② **질병력의 청취**: 동물이 보이는 증상, 증상이 나타난 시기, 증상의 정확한 위치와 성격, 이전의 치료조치(사용된 약제와 용량 및 효과), 예방조치, 과거 앓았던 질환 등

③ **생활습관의 청취**: 영양상태(사료, 간식, 음수), 교배와 출산관리, 일반관리(위생, 장난감) 등

④ **기타**: 건강검진 여부, 약물복용 여부 등

II. 시진(망진, 육안검사 Visual(Ocular) inspection or Gross(macroscopic) examination)

신체 전반적인 시진(視診) 또는 망진(望診)은 아픈 동물과 거리를 두고 눈으로 관찰하는 과정으로 동물에게 스트레스를 주지 않는 상태에서 자연스러운 걸모습이나 행동을 관찰하기 위한 과정으로 신체검사의 중요한 과정 중 하나이다.

(1) 행동과 전반적 외견의 망진

행동, 울음소리, 식이동작, 배변, 배뇨, 자세, 걸음걸이, 영양상태, 체격, 피부 등을 관찰한다.

① **행동**(behavior): 행동의 민감도는 건강 정도를 반영하며, 외부자극에 대한 행동의 민감도를 관찰하는 것이다. 외부자극에 대한 행동의 민감도가 정상인 것을 쾌활(bright), 정상보다 약간 둔한 것을 우둔(dull), 외부자극에 완전히 무관심하거나 기립상태를 지속할 수 있고 이동도 가능한 정도를 모조(dummy) 상태, 무의식과 기립불능의 상태를 혼수(coma)로 표현한다. 흥분상태(호흡, 맥박, 뇌파, 호르몬)는 침울(anxiety), 불안(apprehension), 초조(restlessness), 광조(mania-극렬한 비정상동작을 나타냄), 광폭(frenzy-난폭하여 사람의 접근이 어려움)의 상태 등이 있다.

② **울음소리**(voice): 광견병에서는 목이 쉬고, 신경형 케톤증에서는 간혹 지속적인 울부짖음을 들을 수 있고 급성통증이 있을 때에도 지속적인 울부짖음을 볼 수 있다.

③ **음식섭취**(food intake): 포식(prehension), 저작(mastication), 연하(swallowing)의 동작을 관찰한다. 포식장애는 소뇌성 운동실조, 경추의 골수염 및 경부 통증 시 나타날 수 있으며, 저작장애는 구강 질병 시, 연하장애는 식도게실(esophageal diverticulum, 식도결주머니), 식도협착,

인두 내 이물, 인두마비 등과 같은 통과장애가 있을 때 일어난다.

④ **배변**(defaecation): 변비, 직장마비 또는 직장 협착 시 배변곤란이나 노책(straining)을 보인다. 배변을 빈번히 하고 심한 배뇨 힘주기를 하며 매회 배변량은 극소량으로서 변에는 혈양점액이 혼유되는 증상을 뒤무직(tenesmus, 이급후증)이라 하며 직장염의 특징이다.

⑤ **배뇨**(urination): 배뇨로(urinary tract)에 부분폐색(partial blockade) 존재 시 배뇨곤란이 있고, 방광 또는 요도에 염증이 있으면 배뇨 시에 통증이 있다. 방광염이나 요도염 시 배뇨횟수는 증가하나 매회의 배뇨량은 소량이며 배뇨가 끝난 후에도 오랫동안 배뇨자세를 취한다. 배뇨실금은 오줌이 항상 새어나오는 상태로 방광괄약근의 마비 또는 요도의 부분폐색에 기인한다.

⑥ **자세**(posture): 자세이상은 반드시 질병과 관계되는 것은 아니지만 다른 증상과 함께 나타났을 때 병환부위와 병증의 정도를 파악하는 데 도움이 된다.

⑦ **보행**(걸음걸이)(gait): 보행은 걸음의 속도, 폭, 힘, 방향을 기준으로 평가한다. 소뇌성 운동실조에는 이 4가지에서 이상이 있고, 관절염 시에는 보폭이 줄어 질질 끌면서 비틀거리는 걸음걸이가 나타난다. 선회보양은 두부의 회전(rotation) 또는 치우침(deviation)을 동반하며, 영구적인 선회보양은 리스테리아병, 발작성 선회보양은 케톤증이나 임신중독증에서 볼 수 있다. 전진보양은 장애물에 무관하게 계속 전진하는 것으로 뇌척수염과 간기능 부전 시의 특징이다.

⑧ **영양상태**(nutritive condition): 정상(normal), 비만(obese), 야윔(thin), 수척(emaciation) 등으로 구분한다. 야윔은 생리적 기능은 정상이지만 수척은 정도가 심하여 피모가 거칠고 피부는 건조한 상태로 더욱 심한 상태를 보통 종말증(악액질, cachexia)이라고 한다.

⑨ **피부**(skin): 피모의 변화, 이상발한, 국한성 또는 미만성 피부병소의 유무, 분비물의 부착여부, 가려움증의 유무를 관찰한다. 피부의 미만성 병소관찰에서 피하수종, 피하출혈, 피하기종 등에 의한 종창, 림프절 및 림프관의 종창유무 관찰도 포함된다.

(2) 몸체 각 부위의 망진

두부, 경부, 흉부와 호흡, 복부, 외부생식기, 유방 및 사지 등 머리에서 꼬리쪽으로 관찰을 진행한다.

① **두부**(head region): **안면표정**(파상풍에 의한 안면경직 등), **골조직**(상·하학골의 종창 등), **연조직**(귀의 경직, 순막의 탈출, 비공 개장 등), **두부자세의 이상**(머리가 한쪽으로 구부린 것은 내이전정의 병변과 관계, 머리를 한쪽으로 비스듬하게 기울인 것은 연수와 경추쪽 척수병변과 관계), **눈의 이상**(안구돌출, 안구함몰, 인검경련 등)

② 경부(cervical region): 림프절, 타액선, 갑상선, 경정맥 박동, 경정맥 노장(phlebismus), 식도확장, 경구부 종창

③ 흉부와 호흡(thorax & respiration): 주로 호흡상태 관찰

a. 호흡수: 1분간의 호흡수(polypnoea, oligopnoea, apnoea)

b. 호흡율동: 정상호흡은 시간적 길이가 동일한 흡기, 호기, 휴지기로 구성된다. 흡기가 길어지는 것은 상부호흡도의 공기통과 장애에 기인하고, 호기가 길어지는 것은 폐기종과 같은 폐수축이 잘 되지 않을 때이다. 대부분의 폐질환에서는 휴지기가 결여되어 흡기와 호기로만 이뤄진다.

㉠ Cheyne-Strokes 호흡: 호흡의 깊이가 점진적으로 증가되었다가 그 후 점진적으로 감소되는 호흡형태. 중증의 신장병과 심장병 말기 시.

㉡ Biot's 호흡: 갑자기 교대로 과호흡과 무호흡이 나타나는 호흡형태. 연수의 뇌막염 시.

㉢ kussmaul 호흡: 깊고 힘들게 쉬는 패턴(깊은 호흡)으로 대사성산증(당뇨병성 케톤산증), 신부전 시 발생하며 호흡수나 호흡의 깊이를 증가시켜 혈액 내 이산화탄소를 감소시키는 과다환기의 호흡형태

㉣ 간헐적 호흡 : 전해질 수액의 산-염기 불균형 시

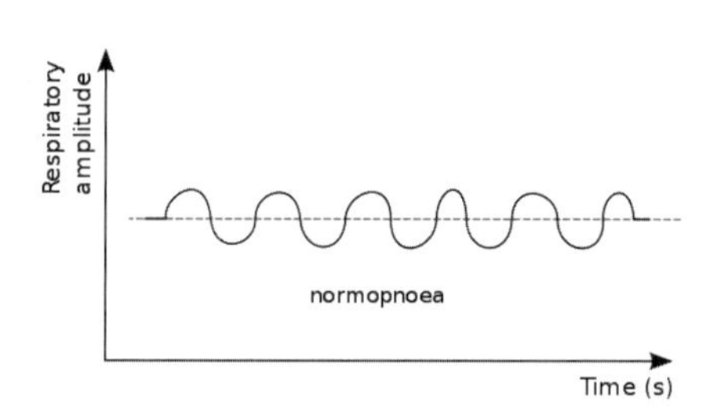

Normal respiration

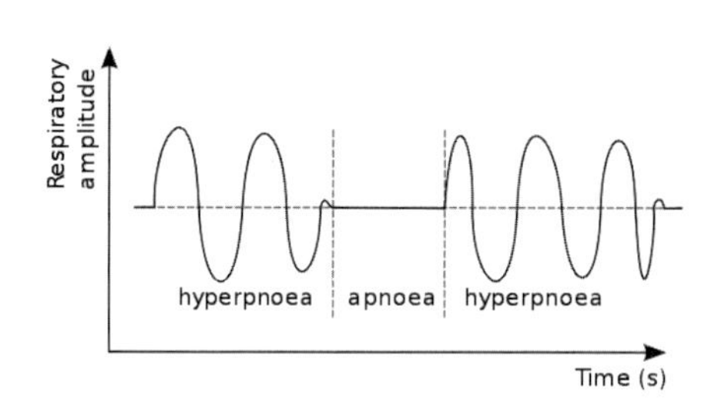

Biot's respiration

aka ataxic respiration
— Periodic breathing:
hyperpnoea (or normopnoea) and apnoea
— Poor prognosis
— Neuron damage

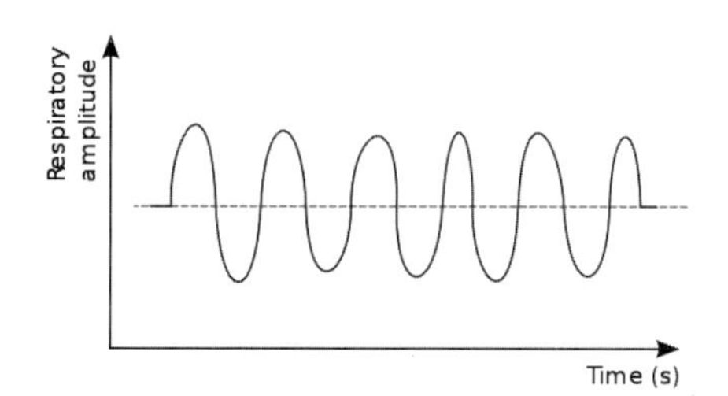

Kussmaul breathing

— Metabolic acidosis (Diabetes mellitus)
— Hyperpnoea
K = Ketones (Diabetic ketoacidosis)
U = Uremia
S = Sepsis
S = Salicylates
M = Methanol
A = Aldehydes
(U)
L = Lactic acid/Lactic acidosis

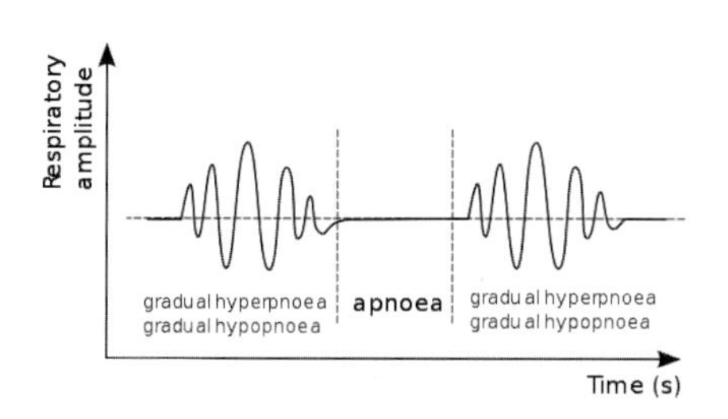

Cheyne-Stokes respiration

— Periodic breathing:
Gradual hyperpnoea/hypopnoea and Apnoea
— Sleep/Hypoxemia/Drugs
— Hypoperfusion of the brain (respiratory center)

그림 1 호흡의 형태

(출처: Cheyne-Stokes respiration - Wikipedia)

c. 호흡의 심도: 호흡의 깊이는 흉부 또는 횡격막의 동통성 질환 시 감소되고, 모든 형태의 산소결핍증에서 증가한다. 호흡의 심도가 중등도로 증가한 경우를 과호흡(hyperpnea), 더욱 심한 노력성 호흡을 호흡곤란(dyspnea)이라고 한다.

d. 호흡형: 정상호흡에서는 흉부와 복부의 운동이 동시에 나타난다(흉복식 호흡). 급성늑막염에 의한 통증 또는 늑간근(갈비사이근)의 마비 시 흉벽이 고정되어 복벽운동이 현저하게 커진다(복식호흡, abdominal type). 복막염이 있을 시 복벽의 운동이 제한되고 흉벽운동에 의한 호흡운동을 한다(흉식호흡, thoracic type).

e. 흉곽의 균형: 한쪽의 폐가 허탈(확장 or 무기폐) 또는 경변 시 흉벽의 운동이 제한될 수 있다.

f. 호흡잡음: 기침(coughing)은 인후두, 기관, 기관지의 자극으로, 재채기(sneezing)는 비강의 자극으로, 쌕쌕거림(wheezing, 천명)은 호흡도의 협착으로 기인한다. 코 고는 소리(snoring)는 후두림프절의 결핵성 림프선염에서, 후두의 공기통과장애에서 으르렁 소리(roaring)는 성대마비에서, 그렁거림(grunting)은 동통성 호흡을 동반하는 호흡장애에서 들을 수 있다.

④ **복부**(abdominal region): 복부의 팽대(과식, 가스, 과잉지방축적, 임신, 종양 등), 복부 크기 감소(절식, 심한 설사, 식욕감퇴)

⑤ **외부생식기**(external genitalia): 음낭종대, 질(농, 혈액 유출)

⑥ **유선**(mammary glands): 분방의 불균형, 유선의 염증, 위축, 비대

⑦ **사지**(limbs): 보행, 좌우 사지를 비교하며 골, 관절, 건막, 관절낭의 종대 및 림프절이나 림프관의 종대

III. 동물의 이화학적 검사(Physicochemical examination)

환축에 접근 또는 보정한 후에 검사하는 과정으로 체온, 맥박, 눈, 심장, 폐, 내장 등을 촉진 · 타진 · 청진 등의 방법으로 검사하거나 혈액, 뇨 등을 채집하여 실험실 검사 기법으로 검사하는 방법 및 기타 초음파, X-ray 등의 장비를 이용하여 검사하는 것을 말한다. 신체검사는 모든 검사를 하기보다는 기본검사에 추정질환에 알맞은 신체검사를 실시한 후 진단의 확립을 위한 보완적 실험실검사 및 기타의 특수검사를 실시하여 원인적 진단을, 이와 동시에 예후판정 및 치료방침의 지침이 취해져야 한다.

(1) 체온검사(Body temperature examination)

체온측정은 염증이나 감염 또는 체온조절 기능에 문제가 있는지 확인하기 위하여 체온을 측정한다.

측정방법으로는 체온계의 측정부분에 윤활액이나 물을 묻혀 직장에 삽입(직장 내 체온측정이

불가할 시 질 내에 삽입)하여 30초 정도 두고 체온을 측정한다(디지털체온계는 알람 울림 때까지). 대부분의 병원에서는 디지털체온계를 이용하고 있다. 항문이 느슨해졌거나 직장 내에 배변이 가득할 때에는 손가락을 넣어 직장점막에 체온계가 직장점막에 잘 접촉되어 있는가를 확인한다. 정상상태에서도 시간(오전, 오후)에 따라 또는 임신 상태에서는 1℃ 정도의 변화를 나타내고, 고온다습한 환경이나 운동 후에는 2℃ 정도의 체온변화는 있을 수 있다.

현저한 체온의 변화를 지칭하는 용어로는 열사병과 같은 임계점을 초과한 단순한 체온상승 시를 고체온(hyperthermia)이라 하며, 전염병과 같은 독혈증을 동반한 과온상태를 열(fever) 또는 발열(pyrexia), 정상하체온을 저체온(hypothermia)이라 하며 쇼크(shock), 갑상선기능저하증, 사망(death) 직전과 같은 경우에 나타난다.

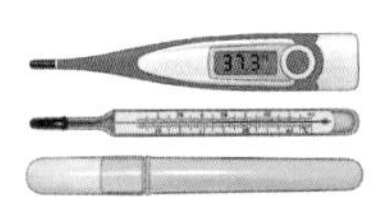

접촉식 체온측정계
(입, 직장, 겨드랑이 등)

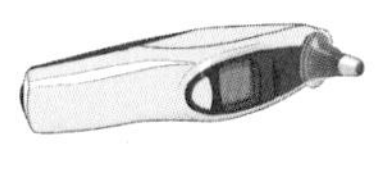

디지털체온계(귀)

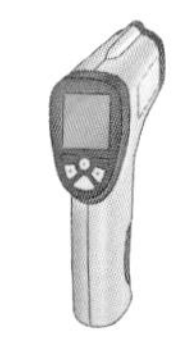

비접촉식 디지털체온계
(체표)

직장체온 측정

그림 2 체온계의 종류 및 직장체온 측정법

표 2 동물별 직장체온

직장체온(℃)	dog	cat	토끼
평균(범위)	38.9(37.9-39.9) 소형견 38.9(38.6-39.2) 대형견 38.1(37.5-38.6)	38.6(38.1-39.2)	39.5(38.6-40.1)

(2) 맥박검사(Pulse examination)

맥박은 심장박동에 의한 동맥내압의 변동과 그것에 동반하는 동맥혈관벽의 파동을 의미하며 심장의 이상활동 여부를 확인하기 위해 측정한다. 맥박검사는 맥박의 수, 율동, 폭, 강도, 크기, 압력, 형상 등을 측정한다.

맥박 측정방법은 직접촉진에 의한 방법과 청진기를 이용한 방법이 있다. 직접촉진에 의한 방법은 엄지와 검지를 이용하여 대퇴동맥촉진으로 맥박을 측정하거나 가슴이 좁은 견종(휘핏, 그레이하운드, 러처 등)이나 고양이 흉부(심장 부위)를 촉진하여 1분간의 맥박수를 측정(15초간의 맥박수에서 4를 곱하기도 한다)한다. 청진기를 이용한 맥박 측정방법은 3번째와 6번째 갈비뼈 사이의 심장

부위에 청진기를 대고 심장의 박동을 세거나 식도청진기를 이용하여 맥박을 측정한다.

pulse measure by femoral artery palpation

pulse measure by chest palpation

pulse measure with stethoscope from chest

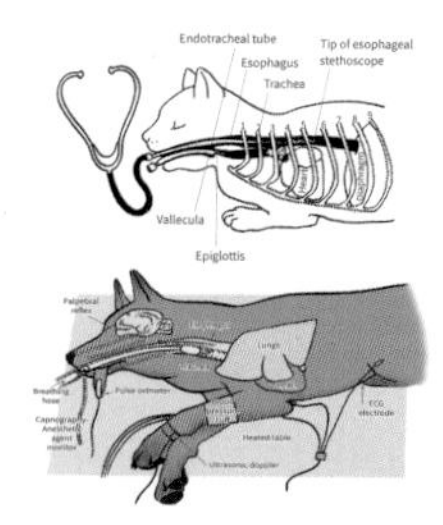

pulse measure with esophageal stethoscope

그림 3 맥박측정법

맥박수에서 부분적 또는 완전 심차단(heart block) 시에 발생하는 맥박수의 감소를 서맥(bradycardia)이라고 하며, 패혈증, 독혈증, 순환장애, 동통, 흥분 시에 발생하는 심박수 또는 맥박수의 증가를 빈맥(tachycardia)이라 한다.

맥박율동에서 맥박의 리듬이 불규칙한 것을 부정맥(arrhythmia)이라고 하며 호흡주기와 일치해서 나타나는 동성 부정맥(sinus arrhythmia)을 제외하고는 모두 이상증상이다. 규칙성 부정맥은 보통 부분적 심전도장애(partial heart block)와 관계되며, 불규칙성 부정맥은 심실의 기외수축(extrasystole) 또는 심방세동(artrial fibrillation)으로 발생한다.

Normal condition:
심박 및 ECG가 일정하게 나타난다.

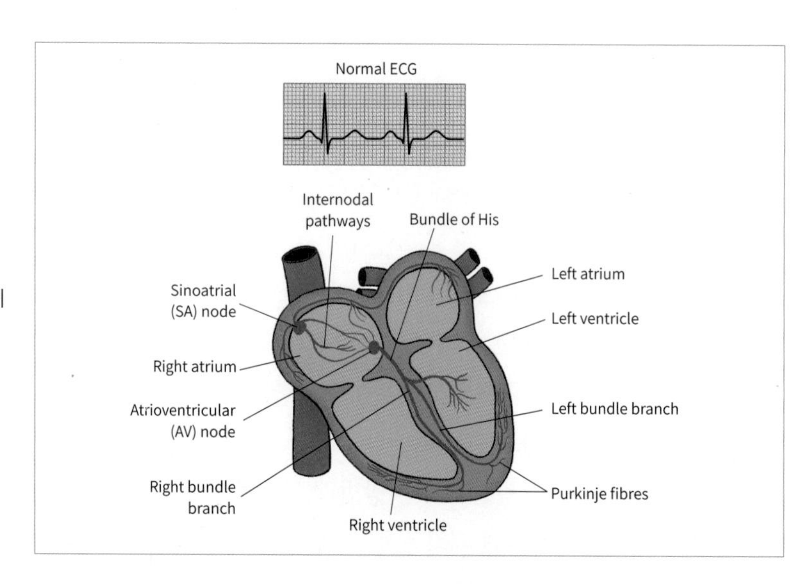

Extrasystole:
정상적인 율동과 관계없이 독립하여 심장의 동방결절 이외의 부위에 대한 자극에 반응해서 일어나는 조기 수축

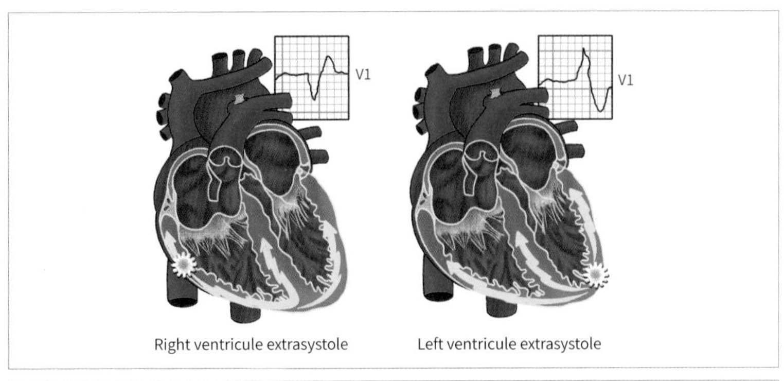

Atrial Fibrillation:
심방에서 유래되는 비정상적인 전기충격으로 인한 심실이 불규칙하게 수축하는 상태. 가장 흔한 부정맥 중의 하나

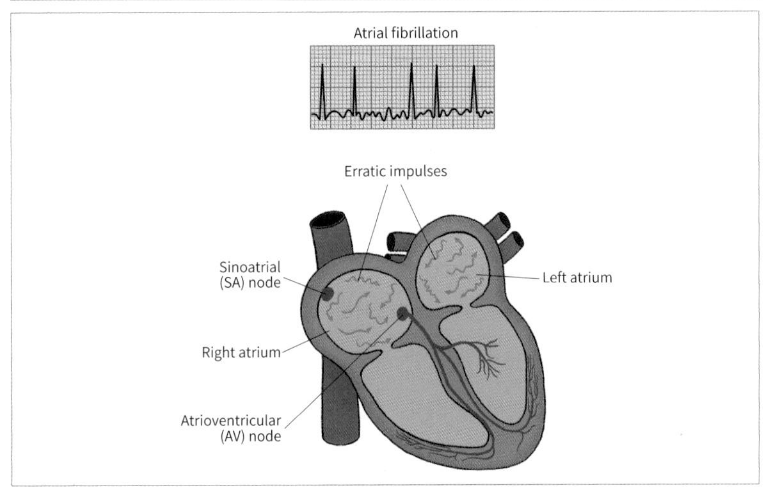

그림 4 비정상적인 맥박율동

맥박(진)폭은 맥파를 소실시키는 데 필요한 지압의 양에 의해 측정되며 그 크기는 대부분 심박출량에 의해 좌우된다. 진폭이 커지는 경우는 대동맥 반월판의 폐쇄부전(태맥, water-hammer pulse)에서 발생하며, 진폭이 감소되는 경우는 심근쇠약 시 발생한다.

맥압은 수축기압과 이완기압의 차이를 의미하며 정상범위 이하일 경우 저혈압(hypotension), 수축기압과 이완기압이 정상보다 높을 경우 고혈압(hypertension)이라고 한다.

표 3 동물별 맥박수 

구분	dog	cat	토끼
맥박(bpm, 분당박동수)	60-130 소형성견 100(90-140) 중형성견 90(70-110) 대형성견 75 (60-90)	110-130	205

*측정방법과 개, 고양이의 품종, 연령 등에 따라 달라질 수 있음

(3) 눈검사 Ocular(ophthalmic) examination

눈분비물은 누관의 폐색에서는 수양성이고 염증초기에는 장액성이며 염증후기에는 농양으로 변한다.

편측성 눈분비물은 국소염증에 기인하며, 양측성 눈분비물은 양안 또는 전신성 질병에서 나타날 수 있다.

안검(eyelids)의 과잉운동은 통증 또는 저마그네슘혈증, 납중독, 뇌염 등에서 볼 수 있으며, 안검이 닫혀있을 때에는 눈의 통증이나 광과민증(photosensitivity), 알러지(allergy) 발생 시에 나타난다.

각막검사는 각막염(keratitis)에 의한 백내장(cataract), 안구내압(glaucoma)에 의한 각막돌출 관찰, 눈썹이나 이물질에 의한 각막손상을 관찰한다.

결막검사는 말초혈관의 상태를 알 수 있는 좋은 지표이고 빈혈, 황달 등의 상태를 관찰한다.

안구돌출 유무관찰, 안구운동(안구진탕증 nystagmus - 산소결핍, 소뇌 또는 전정부 질환 시)을 관찰한다.

안구내부구조검사는 홍채, 동공의 형상 또는 위치이상을 관찰한다. 양쪽 동공의 과대한 확대는 양측성의 동공확대(산동, mydriasis)라 하며 중추신경계의 국소병변, 광범위한 뇌병변 등에서 발생한다. 양쪽 동공의 과도한 축소는 동공수축(축동, miosis)이라고 하며 유기인 살충제, 부교감신경 흥분제의 과용 시에 발생한다. light pen을 사용하여 동공확장반응을 관찰할 수 있다.

시력 및 눈반사 검사는 바람을 일으켜 눈을 자극하는 눈방어반사시험과 낯선 장애물을 배치하여 피하는 유무를 검사하는 장애물시험으로 실명 여부를 검사한다. 완전한 실명은 흑암시(amaurosis)라고 하고, 부분적인 실명은 약시(amblyopia)라고 한다.

1) 안압측정(Intraocular pressure)

안압의 측정은 녹내장 발생 여부를 판별하기 위해 실시한다.

녹내장 발생 시에는 안압(intraocular pressure)의 증가로 눈의 내부구조를 파괴하여 통증, 실명, 눈의 붕괴를 일으킨다. 안압측정(tonometry) 장비로는 기계식 안압측정계(Shiotz tonometer), Tono-Pen®, Tono-Vet® 등이 있다. 정확도와 용이성은 Tono-Vet® > Tono-Pen® > 기계식 안압측정계의 순이다.

안압측정을 위해서는 동물의 보정이 필요하며 스트레스(안압에 영향을 끼침)를 받지 않도록 조치한다.

국소마취제(proxymetacaine)로 양쪽 눈에 점적(1방울)하여 눈깜빡임을 방지한다. Tono-Vet의 경우 국소마취제나 사전에 수치교정을 할 필요가 없다.

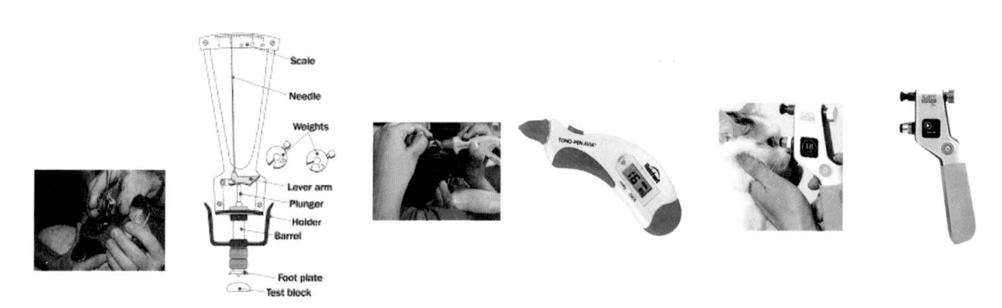

Shiotz tonometer　　Tono-Pen　　Tono-Vet

그림 5 안압측정기(Tonometric device)

2) 눈물검사(Lacrimal examination)

눈물검사는 정상적인 눈물생성과 배출을 확인하기 위하여 실시한다.

눈물생성이 부족하거나 눈물막이 과도하게 증발되어 안구표면이 손상되면 이로 인해 눈의 불쾌감 및 자극증상을 일으키는 눈물막 질환인 안구건조증 또는 건성 각결막염(keratoconjuctivitis sicca)이 발생한다. 아데노바이러스 감염에 의한 눈의 이물감, 눈물, 눈곱, 눈충혈, 눈꺼풀 부종, 동통 등이 발생하는 각결막염 등이 발생 시 눈물생성량이 달라진다.

눈물생성량을 측정하기 위해서는 동물의 보정이 필요하며 스트레스를 받지 않도록 조치를 한다.

Schimer tear strip을 이용하여 눈물의 생성량을 측정하며 맨손으로 종이를 만지지 말아야 한다. Schimer tear strip의 둥근 부위 쪽 눈금 시작부위를 접어 각막과 결막의 접합부에 넣을 수 있도록 아래 눈꺼풀을 부드럽게 펴서 strip의 접은 부위를 눈의 외측~중간지점 사이에 넣고 1분간 관찰한다. 생성된 눈물은 strip을 파란색으로 변색시킴으로 변색부위의 수치를 측정한다. 눈물생성검사는 양쪽 눈에 실시하여 비교평가한다.

(응용) Schimer strip으로 타액선의 침생성검사도 가능하다.

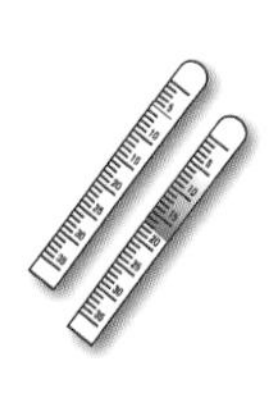

Schimer tear test strip

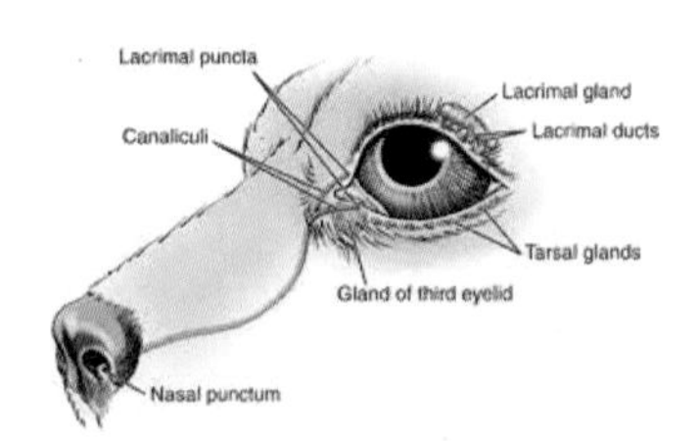

개의 눈물관 구조

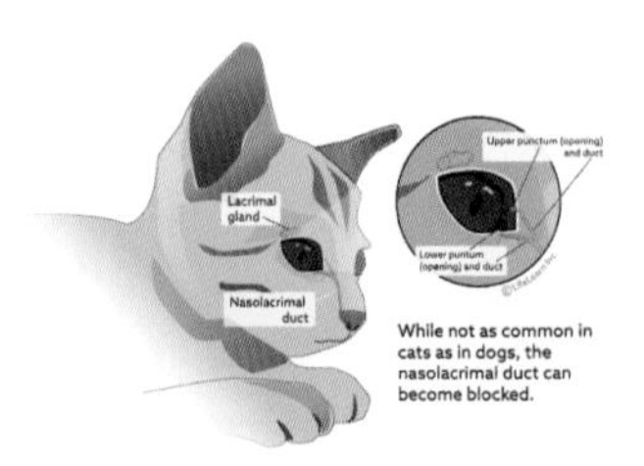

고양이의 눈물관 구조

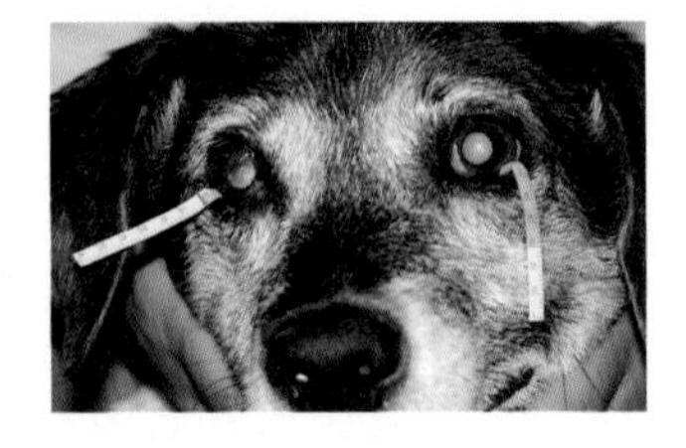

대형견의 눈물생성검사 예시

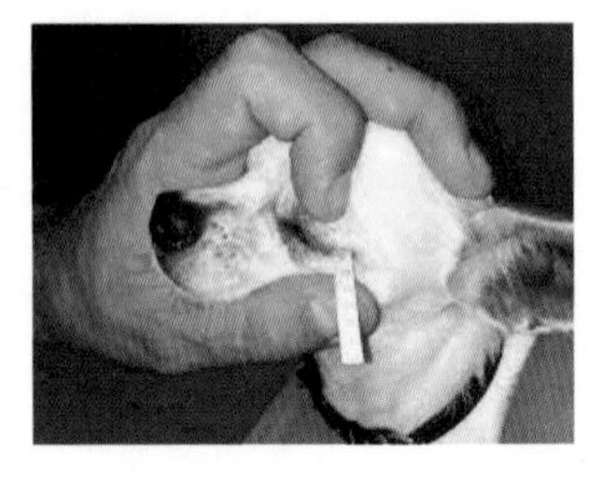

소형견의 눈물생성검사 예시

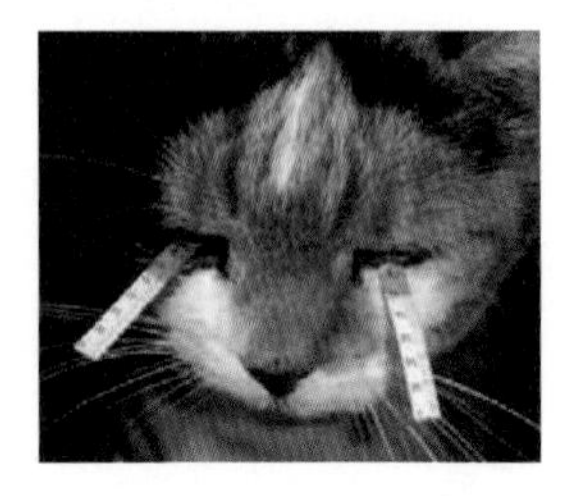

고양이의 눈물생성검사 예시

그림 6 눈물검사 방법

(4) 비강검사(Examination of nasal cavity)

호흡 시 발생하는 비강 내의 냄새를 관찰하는 것으로 비강 내 괴사성 질환(necrotic disease)이나 비강삼출물의 축적 또는 구강 내 괴사성 질환 등에서 비정상적인 냄새가 발생할 수 있다. 또한 좌우측의 촉감에 의한 배기량을 비교하여 다를 경우 비강 협착 또는 폐쇄유무를 관찰할 수 있다. 콧물(rhinorrhea)의 상태(편측, 양측, 색상, 점조성, 충혈성)를 관찰하여 질환유무를 알 수 있다.

(5) 구강검사(Examination of oral cavity)

과도한 침분비(유연, salivation)는 구강 내 이물이 존재하거나 구강점막이나 혀에 염증(수포, 미란, 궤양, 변색 등)이 있을 경우 발생한다. 과도한 침분비는 타액분비 신경핵을 침해하는 중추신경계의 질병 또는 납중독에 의한 뇌병변 질환에서도 나타난다. 구강점막의 건조는 탈수증, 알칼로이드중독 또는 요소의 과량급여 등에서 나타난다. 구강점막에서는 수포, 미란, 궤양, 점막의 변색, 출혈 등의 유무를 관찰하며, 혀에서는 수종이나 염증 또는 위축을 관찰하며, 치아는 유치/영구치, 치열, 치아골절, 치석, 등을 관찰한다.

(6) 호흡횟수 측정(Examination of respiratory rate)

동물의 생명유지에 중요한 심폐기능의 상태를 관찰하기 위한 검사이다.

호흡횟수를 측정하는 방법으로는 시각적 관찰에 의한 측정법과 청진기를 이용한 청각적 관찰에 의한 방법이 있다. 시각적 측정법은 동물을 편안한 자세로 유지하게 하여 1분간 흉곽이 움직이는 것을 보고 횟수를 세는 방법이고, 청각적 측정법은 기관지부위에 소리를 듣는 방법과 심음, 호흡, 체온을 동시에 측정할 수 있는 식도청진기를 이용하여 측정하는 방법이 있다.

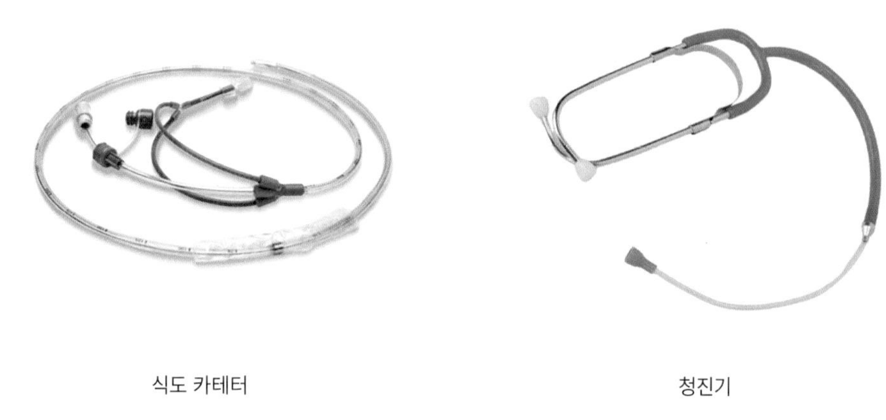

식도 카테터 청진기

그림 7 식도청진기

끝이 둥글고 부드러운 폴리에틸렌 카테터를 청진기에 연결하고 이것을 식도에 삽입하여 호흡음과 심장음을 동시에 듣는 감시장비이다. 수술 중에 환자의 심장음과 호흡음을 청취하기 어려운 환자에게 유용하다.

표 4 상태에 따른 동물의 호흡수

구분	상태	횟수/분	
		범위	평균
개	수면(24℃) 기립(안정)	18-25 20-34	21 24
고양이	수면 횡와	16-25 20-40	22 31

(7) 혈중산소포화도측정(Examination of blood oxygen saturation level)

혈중산소포화도는 마취 시 마취수준의 변화를 알기 위해 측정한다. 마취의 깊이가 감소하면 심박수가 상승하고 마취깊이가 증가하면 심박수가 느려질 수 있다. 호흡곤란 또는 의식변화 환자를 관찰하기 위해서도 사용한다.

산소포화도는 혈액 내 산소량을 측정하는 것으로, 헤모글로빈에 결합된 산소의 양에 따라 붉은색 정도가 달라짐으로 흡수반사되는 외부 빛의 파장도 달라진다.

산소포화도의 정상범위는 산소포화도 수치가 95% 이상일 때이고, 혀, 발가락 사이, 입술, 외음부, 포피에서 측정한다.

(주의사항) 산소포화도 측정 시 주변에 밝은 빛이나 붉은색을 띠는 것들을 피한다.

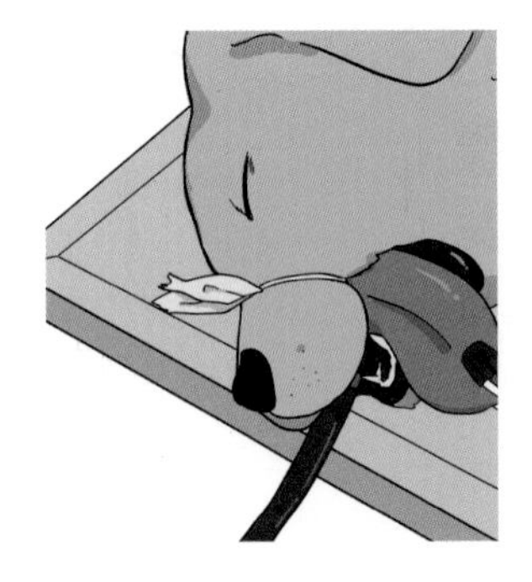

혀의 산소포화도측정

귀의 산소포화도측정

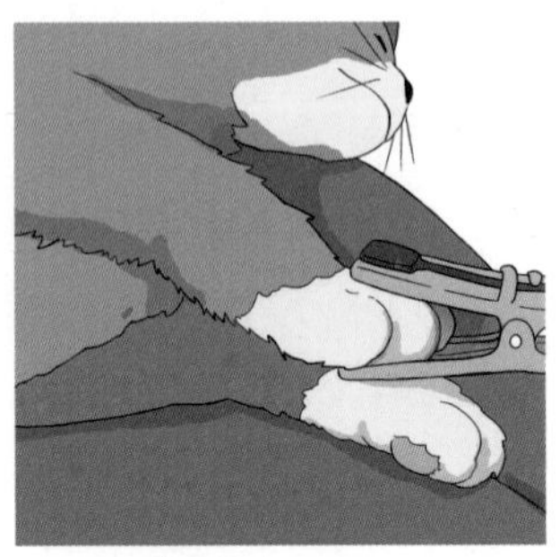

발바닥의 산소포화도측정

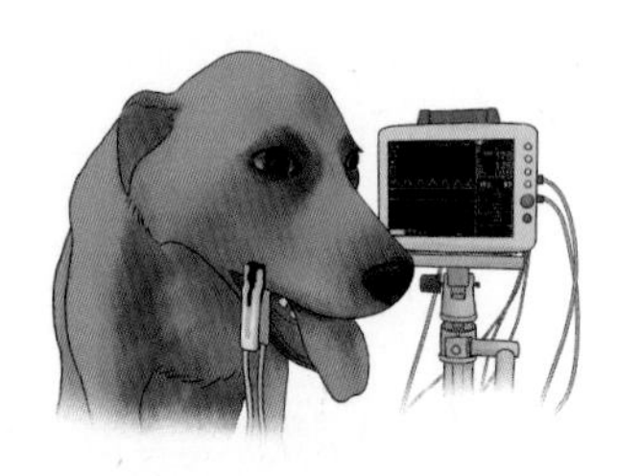

입술의 산소포화도측정

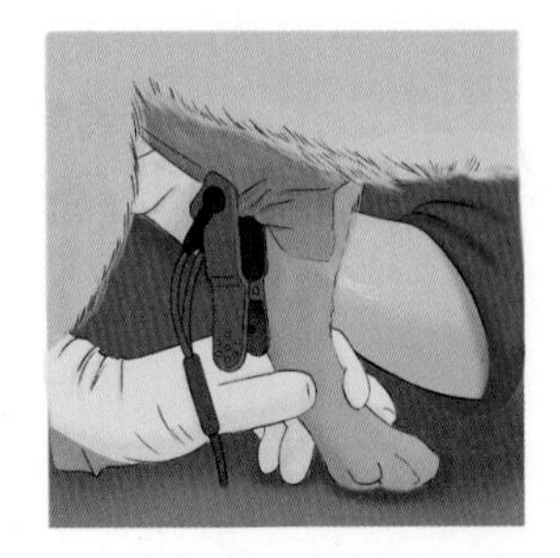

포피의 산소포화도측정

그림 8 산소포화도 측정방법

(8) 모세혈관재충만시간(CRT) 측정(Measure of capillary refill time)

모세혈관재충만시간은 신체의 체액량이 감소되었는지 여부를 판단하기 위해 측정한다.

동물의 입을 다물게 하고 입술을 들어 올려 치열공 위쪽(upper dental arch) 잇몸(gum)을 관찰한다. 엄지손가락 첫마디로 잇몸을 부드럽게 눌러 하얗게 만들고 분홍색으로 돌아오는 시간을 측정한다. 정상적인 모세혈관재충만시간은 1~2초이다. 순환혈액량이 감소되거나 탈수되었을 시에는 모세혈관재충만시간이 늘어나고 잇몸이 창백하면 빈혈, 청록색 또는 청색증은 호흡곤란, 황색 또는 황달은 간질환이나 용혈성 빈혈을 나타낸다.

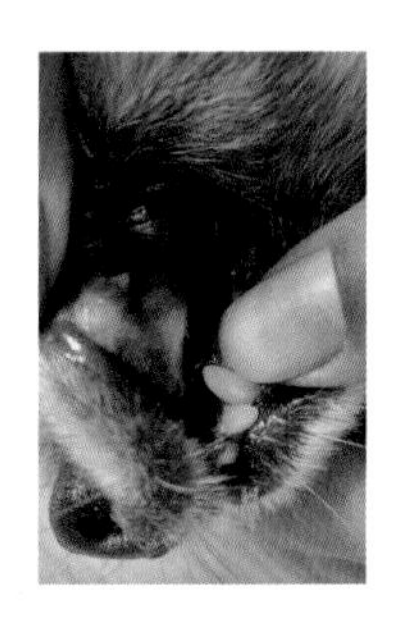

개의 잇몸부위 모세혈관재충만시간 측정방법

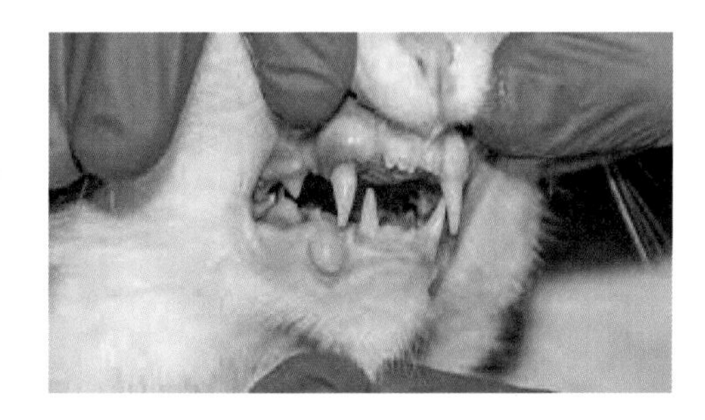

고양이의 잇몸부위 모세혈관재충만시간 측정방법

그림 9 잇몸부위의 모세혈관재충만시간 측정

(9) 심장검사(Heart Examination)

1) 심음(heart sound)

심음의 속도, 율동, 강도, 음질 등 심장소리 확인을 통해 방실판막, 반월판막의 정상작동 유무를 관찰할 수 있다. 심박동과 맥박수를 비교하여 맥박결손의 유무를 확인한다.

제3~6 갈비뼈 사이에서 측정하기 위해서는 동물을 보정하며, 온순할 경우에는 보정이 필요하지 않을 수 있다. 심음은 제1심음-제2심음-휴지기의 3기로 구분된다.

심장 내의 이상음을 심내잡음(endocardial murmurs 또는 bruits)이라 하며 판막우종(판막혹), 판막유착, 판막폐쇄부전, 판구(구멍)협착, 영구심실중격결손 또는 동맥관개존과 같은 기형 발생 시 나타난다.

고도의 수척, 빈혈, 독혈증에서 홉흡에 따라 증감되는 연한 심내잡음을 빈혈성심내잡음이라 하고, 심낭염의 초기에 나타나는 심낭마찰음을 심외잡음(exocardial murmur)이라고 한다. 흉막마찰음은 호흡운동과 일치해서 나타나므로 심낭마찰음과 구별되지만 호흡수와 심박동수가 같은 경우에는 심낭마찰음과 구별이 어렵다.

표 5 심음(heart sound)

심음	내용
제1심음	(수축기음 systolic sound) 좌우 방실판 폐쇄음으로 심첨부에서 가장 잘 들린다. 길고 낮은 소리로 수축기가 시작될 때 들리는 “뚜-ㄱ(영어로는 lub)” 소리이다.
제2심음	(확장기음 diastolic sound) 좌우의 반월판 폐쇄음으로 좌측흉부의 심장상부에서 가장 잘 들린다. 짧고 높은 소리로 심실의 이완기 때 들리며 “딱(영어로는 dub)” 소리이다.
제3심음	심실의 급속충만기 초기, 심방에서 심실로 혈액이 빠른 속도로 들어올 때 들리는 소리이다.

제4심음	P파 끝이나 Q파 시작 전, 심방수축의 정점에서 나는 소리이다.
	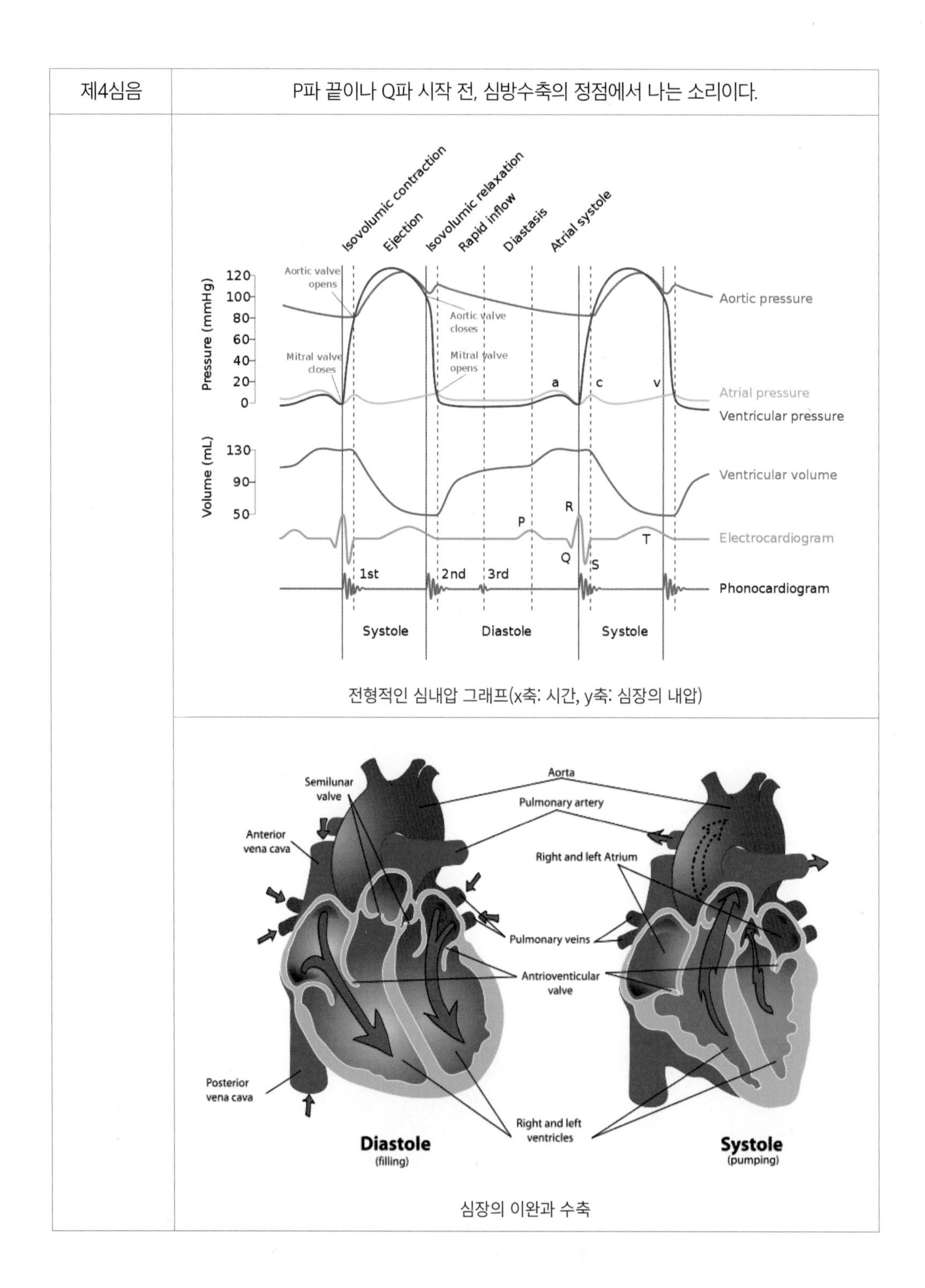

전형적인 심내압 그래프(x축: 시간, y축: 심장의 내압)

심장의 이완과 수축

2) **심전도**(Electric cardiac graph(ECG or EKG))

심전도는 심음과 함께 심장의 정상적인 활동을 측정하는 방법 중 하나로 심장을 박동하게 하는 전기신호의 간격과 강도를 기록하는 검사로서 심장질환(부정맥, 심전도차단 등)이 의심될 경우 심장박동에 대해 이해하고 파악하여 불규칙한 박동을 확인하기 위해서 사용된다.

심전도는 심장박동의 비율과 일정함을 측정하는 것뿐만 아니라 심장의 크기와 위치, 심장에 어떠한 손상이 있는지의 여부, 그리고 심박조율기와 같이 심장을 조절하는 장치나 약의 효과를 알아보기 위해 사용한다.

심전도(Electric cardiac graph, ECG)는 심장 근육의 전기적인 활동을 측정하는 장치로서 심장의 기능이상(tachycardia, bradysphygmia, arrythmia etc) 여부를 확인할 수 있다. 알코올로 소독한 리드를 사지에 붙인다(RA red, LA yellow, RH black, LH green).

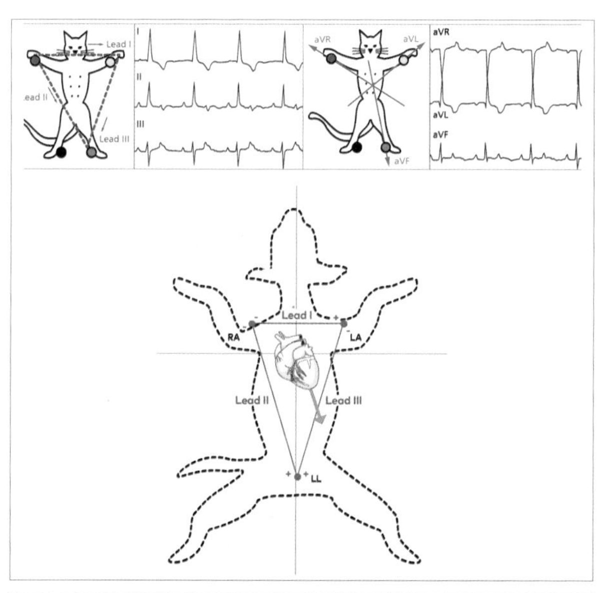

세 쌍극 전면 평면 리드(I, II 및 III)와 에인트호번의 삼각형(빨간색). 리드 I에서 오른쪽 앞다리(RA)는 음극이고 왼쪽 앞다리(LA)는 양극이다. 리드 II에서 오른쪽 앞다리(RA)는 음극이고 왼쪽 뒷다리(LL)는 양극이다. 리드 III에서 좌측 전방 다리(LA)는 음극이고 좌측 후방 다리(LL)는 양극이다.

심실(녹색 화살표)을 통해 이동하는 순 탈분극은 일반적으로 개와 고양이에서 왼쪽 뒷다리(리드 II의 양극)를 향하며, 따라서 QRS 복합체는 리드 II에서 주로 양극이고, 전극 4개를 사용하는 심전도 기계의 경우 오른쪽 뒷다리에 배치된 전극이 접지된다(리드의 일부가 아님).

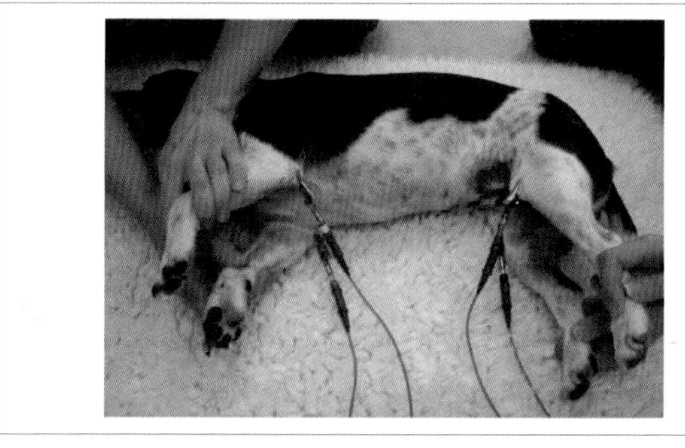

심전도 전극 측정 예시

그림 10 심전도의 측정방법

표 6 영국과 미국의 심전도 기계의 전극 배치 색깔

Electrode	UK	USA
오른쪽 앞다리	Red	White
왼쪽 앞다리	Yellow	Black
왼쪽 뒷다리	Green	Red
오른쪽 뒷다리	Black	Green

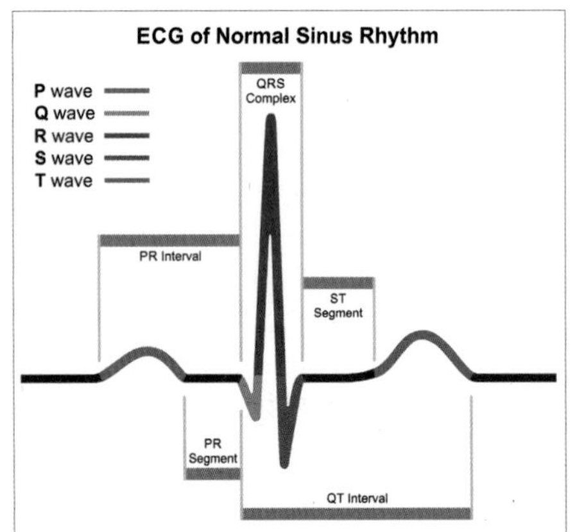

정상적인 ECG의 기본형태

P wave = Atrial depolarization.
Q wave = early ventricular depolarization.
우심실중격 심방 쪽 근방.
R wave = ventricular depolarization.
S Wave = late ventricular depolarization. 심실-심방 격벽
T wave = ventricular repolarization.

그림 11 ECG의 기본형태와 해석

표 7 심전도 리듬의 속도에 따른 해석

Tachycardia 빈맥	Normal 정상	Bradycardia 서맥
Sinus tachycardia	Normal sinus rhythm	Sinus bradycardia
Atrial fibrillation/flutter	Sinus arrhythmia	Atrioventricular (AV) block
Supraventricular tachycardia	Atrial fibrillation	Sinoatrial block/arrest
Ventricular tachycardia	Atrioventricular block	Escape rhythms
Premature complexes (atrial or ventricular)	Premature complexes (atrial or ventricular)	Atrial standstill

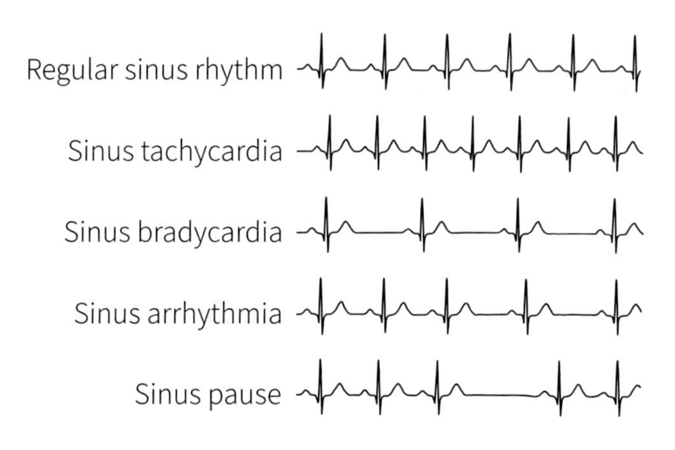

그림 12 정상, 비정상 ECG 그래프

(10) 폐부위 촉진·타진·청진(tactile, percussion, auscultation of thoracic)

폐부위 촉진으로 초기의 흉막 마찰에서 유래되는 늑만진전(pleuritic thrill), 흉강 내 액체가 저류되었을 때 나타나는 늑간(갈비뼈 사이)의 돌출, 폐허탈(폐확장부전 또는 무기폐) 발생부위의 늑간의 협소, 호흡에 따른 늑골운동의 감소를 확인한다.

폐타진으로 폐경변, 폐수종, 액체 저류 등 폐강 내 이물에 의한 탁음, 폐기종과 같이 폐의 함기량이 많을 시 청음이 나타난다.

폐청진은 청진기로 흉벽의 상하 중간부의 앞쪽에서 잘 들리며 "vee-eff"음으로 들린다. 소리는 폐포 내의 공기출입에서 생기는 공기의 이동소리로 비만한 동물에서는 잘 들리지 않는다. 강성한 폐포음은 호흡곤란, 폐렴, 폐충혈의 초기에 들리고, 감약되거나 손실된 폐포음은 폐포와 세기관지 내에 공기가 없어지는 폐렴의 후기, 폐수종, 폐허탈(무기폐)에서 들린다.

기관지음은 기관지에 공기가 통과할 때 생기는 음으로 정상동물에서는 흉벽의 폐기저부에서만 청취 가능하다. 폐에 출입하는 공기의 자유이동의 방해와 정상 폐운동을 방해하는 병변으로는 기관·기관지의 내강이 협소할 때 건성란셀(dry rale), 기관·기관지 내에 가동성 액체 또는 삼출물이 존재할 때 나는 습성란셀(moist rale), 말초세기관지 내에 삼출액이 있을 때 그 속을 지나갈 때 나는 염발음(crackling sound), 폐포가 파열되어 폐간질공극에 공기가 있을 때 나는 대염발음(loud crackling sound), 늑막염 또는 과대하게 폐가 팽대되어 극심한 폐기종에서와 같이 거친 늑막의 내외 양엽이 서로 마찰하여 발생하는 흉막마찰음은 모두 병적상태이다.

(11) 혈압측정(Measure of blood pressure)

1) 중심정맥압(CVP) **측정**(measure of central venous pressure)

몸의 수분상태와 우심실의 기능을 가늠할 수 있으며, 순환과 관계가 있어 혈액의 양과 증가된 혈액의 양을 견디는 심장의 능력에 대한 중요한 정보로서 수액요법의 주요 지표이다.

중심정맥혈압은 우심방으로 들어가는 혈액의 압력을 측정하는 것으로 측정 시 경정맥카테터는 심장 우심방과 수평을 이루어야 한다. CVP가 증가하면 과잉관류와 상승된 혈액량을 의미하며, CVP가 감소하면 쇼크나 혈액손실로 인한 심부전이나 혈압저하를 의미하여 수혈속도를 빨리해야 한다.

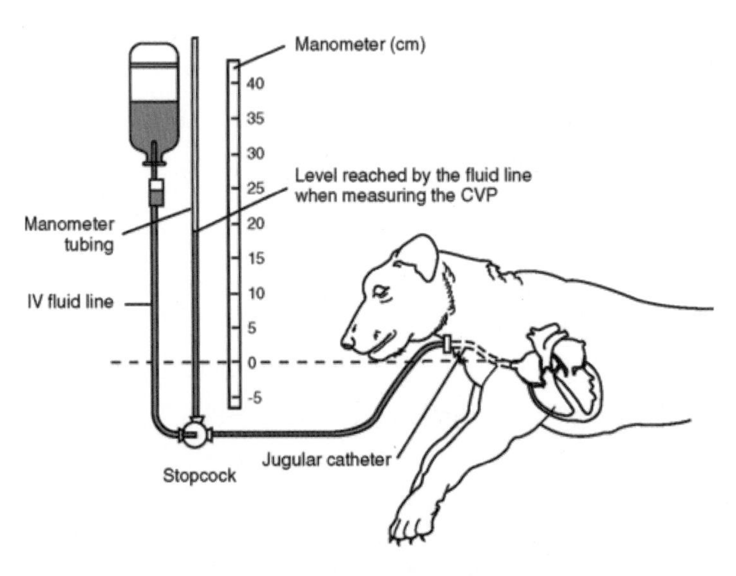

그림 13 중심정맥압 측정

표 8 개(30kg)의 혈관별 중심정맥압 및 속도

구분	대동맥	동맥	소동맥	모세혈관	정멕	소정맥	대정맥
평균혈압 (mmHg)	98	90	60	18	12	6	3
혈류속도 (cm/s)	13.0	6.0	0.3	0.05	0.1	1.0	9.0

표 9 동물별 평균혈압

동물	수축기압	이완기압	맥압
개	130	90	40
고양이	125	75	50
토끼	110	65	45

참고) Irregular blood pressure in dog & cat

구분	dog		cat	
	수축기압	이완기압	수축기압	이완기압
Hypotension	90↓	60↓		
Prehypertension	120-139/	80-89	140↓	
Hypertension I	140-159/	90-99	140-159	
Hypertension II	160↑/	100↑	160-179	
Emergency	180↑/	110↑	180↑	

2) 동맥혈압측정(Measure of arterial pressure)

동맥혈압은 마취 시 안전한 모니터링을 위해 측정한다. 마취 시에는 낮은 혈압을 유발하며, 혈압의 수치에 따라 마취제의 양을 조절할 수 있다. 고혈압은 나이 든 고양이에서 흔하게 보이며, 신부전에서도 관찰된다. 고혈압 시 망막출혈, 실명과 같은 질환이 발생하기도 한다. 고혈압 시에는 혈관에 부담이 가서 생기는 심근경색이나 뇌졸중, 신장병 등을 예방하기 위한 필수검사이다.

혈압측정은 비침습적 방법을 많이 사용하며 동물을 보정하고 스트레스를 받지 않게 측정한다. 스트레스를 받을 시 혈압이 상승할 수 있다. 측정부위로는 꼬리의 배측면, 앞다리(humerus~carpus), 뒷다리(femur~hock)이다.

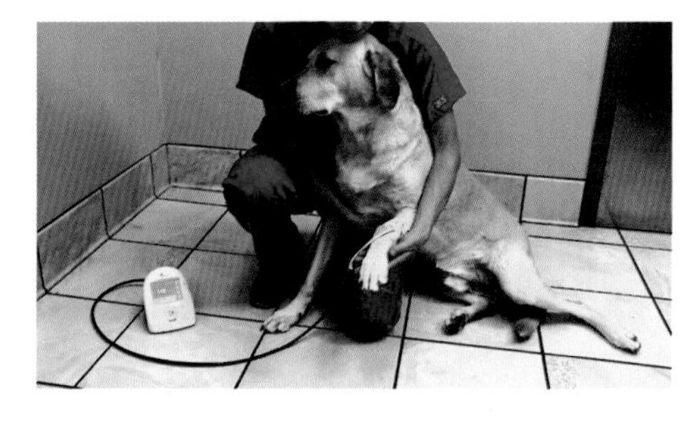

개를 혼자 보정하면서 동맥혈압측정

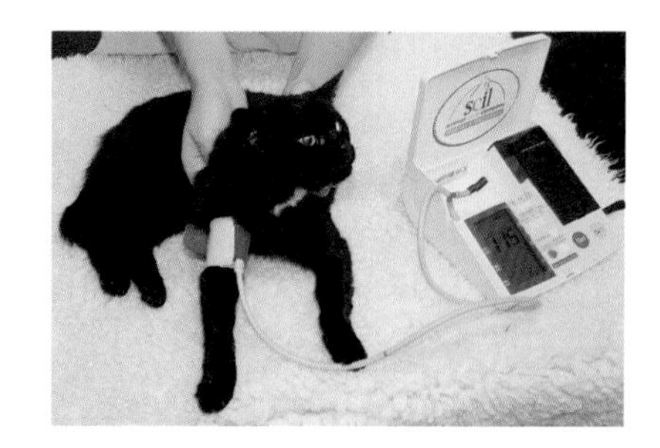

고양이 흉부 보정에 의한 동맥혈압측정

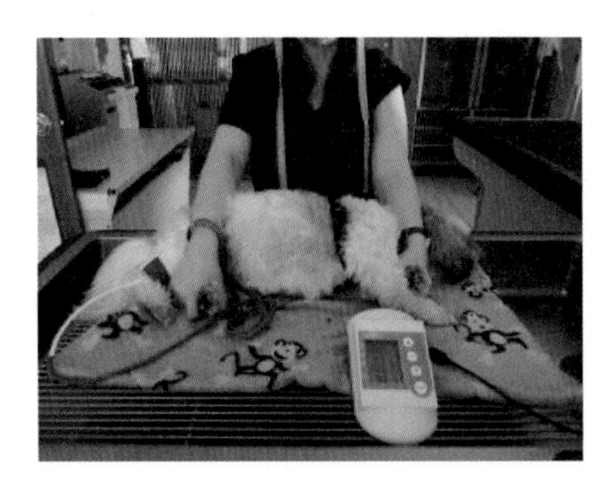

개를 눕혀 보정한 후 동맥혈압측정

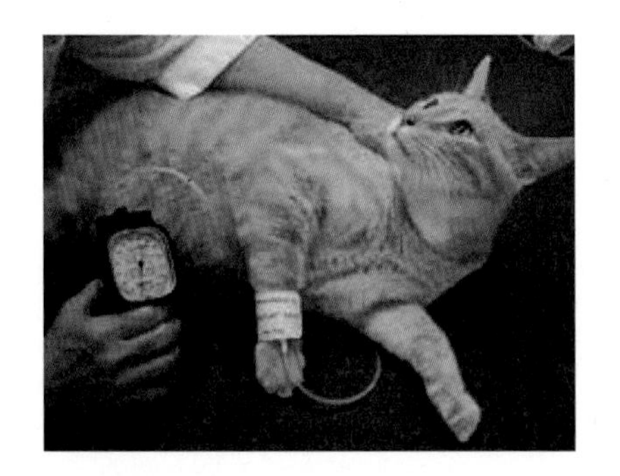

고양이 목덜미 보정에 의한 동맥혈압측정

그림 14 동맥혈압측정 방법

(12) 호흡 중 이산화탄소 측정(capnography)

마취 중에 호흡되는 이산화탄소(CO_2)를 모니터링하기 위하여 측정한다.

CO_2를 적외선 흡수원리에 따라 이산화탄소 분압을 측정하는 방법은 호기말 CO_2를 측정하는 mainstream 측정법과 호기말과 흡기 시의 CO_2를 측정하는 sidestream 측정법으로 두 가지가 있으며, mainstream 방법은 sidestream에 비하여 우발적 손상에 취약하고, 폐의 문제와 그로 인한 CO_2 분압의 증가를 식별하는 데 유용하다.

sidestream은 mainstream 측정에 비하여 정확도가 높아 환자의 마취진행과 마취장비의 효율성을 모니터링하는 데 유용하다.

호흡 중 이산화탄소의 측정은 저호흡, 산소-이산화탄소 교환을 방해하는 질환 등으로 과탄산혈증(CO_2 농도 증가)과 과호흡, 과도한 호흡률 등으로 인한 저탄산혈증(CO_2 농도 감소) 등의 증상을 측정하는 데 사용한다.

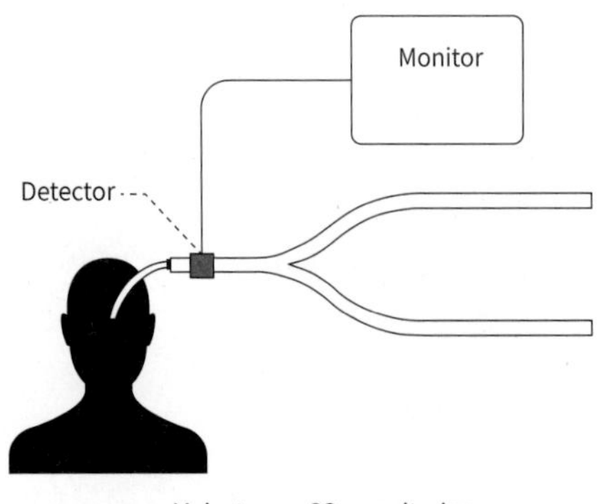

Mainstream CO_2 monitoring

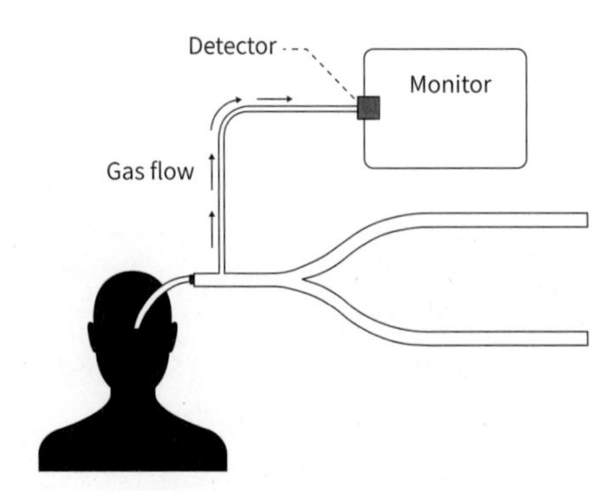

Sidestream CO_2 monitoring

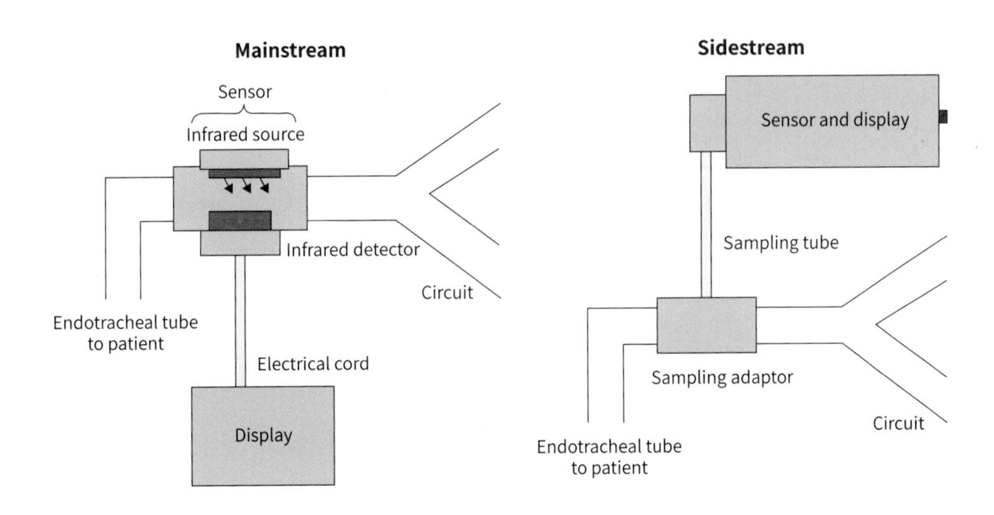

그림 15 호흡 중 이산화탄소 측정(mainstream, sidestream) 모식도

표 10 해발고도 "0"에서의 호흡가스의 분압(mmHg)

	흡식	폐포	동맥	정맥	호식
산소(PO_2)	158	100	95	40	116
이산화탄소(PCO_2)	0.3	40	40	46	32
질소(PN_2)	596	573	573	573	565
수증기(PH_2O)	5.7	47	47	47	47

Box 1 호흡가스 분압계산식

대기 조성:
O_2 - 21.0%(P_{O2} 159㎜Hg), CO_2 - 0.03%(P_{CO2} 0.23㎜Hg), N_2 - 79.0%(P_{N2} 600㎜Hg)

지구 어디에나 산소의 함량은 동일. 고도에 따라 분압이 다를 뿐
수증기 없는 상태 해발수준(760㎜Hg)에서
PO2 = 760 × 0.2095 = 159㎜Hg
수증기가 있으면 37℃에서 수증기 분압은 47㎜Hg
공기의 총 기압은 760㎜Hg이므로 수증기압(47)을 빼면 713㎜Hg
여기에 산소분압은 713 * 0.21 = 149㎜Hg
대기와 달리 폐포 내 산소함량은 14%, 따라서 713*0.14=100㎜Hg

Box 2 혈액 중 CO_2 함유형태

말초의 이산화탄소는 용해 CO_2, HCO_3^-, carbamino화합물(Hb이나 단백질과 결합)로 운반된다.

구분	CO_2분압 (mmHg)	전혈 (㎖/100㎖)	혈장(㎖/100㎖)			혈구(㎖/100㎖)		
			물리적 용해	HCO_3^-	carbamino 화합물	물리적 용해	HCO_3^-	carbamino 화합물
동맥혈	40	48.3	1.6	33.1	1.0	0.8	9.8	2.0
정맥혈	45.4	52.1	1.8	35.2	1.1	0.9	10.5	2.6

(13) 복부 촉진·타진·청진(tactile, percussion, auscultation of abdomen)

복부의 촉타진은 복강 내 액체의 과량 저류를 탐지하는 데 도움이 된다. 복강 내 저류의 예로는 방광파열에 의한 뇨저류, 울혈성 심부전에 의한 저류, 복막염에 의한 삼출액저류 등으로 복벽을 타격하면 액체의 파동이 전달되어 반대편 손바닥에서 감지된다.

장연동의 강도와 빈도의 증가는 장염일 때 나타나며 강대한 액체성 음질로 들리지만 장 경련에서는 더욱 강렬한 금속음으로 들린다. 대장변비에서는 복명음의 강도와 빈도가 크게 감소되고 결장의 기생성 동맥류와 전색(막힘)에 기인한 혈전산(혈액이 막혀 산증)에서는 장연동음이 완전히 소실된다. 장폐색에서는 장연동음이 현저하게 감퇴되거나 대개의 경우 완전히 소실되며 간혹 물방울 소리만 들릴 때가 있다.

(14) 뇨검사(Urinalysis)

질병 및 건강상태, 임신 여부, 요로감염 여부, 신장 또는 간 문제, 당뇨병과 같은 전신성 질환이나 대사질환을 확인하기 위하여 실시한다. 검사항목으로는 색(정상: 밝은 노란색), 혼탁도(정상: 혼탁하지 않고 맑다), 냄새, 요량, 단백, 당, 케톤체, 잠혈, 유로빌리노겐, 아질산, 백혈구, 비중, 산도 등이 있다.

뇨검사를 위해서는 동물의 보정이 필요하며 생식기부위의 소독을 실시하고 수컷은 음경(penis)을 돌출시키고, 암컷은 멸균손가락방법이나 질경(vaginal speculum)을 이용하여 요도를 확보한 후 멸균요로카테터(sterile urinary catheter)에 윤활유를 바르고 요도에 삽입하여 방광에 도달시킨다. 후 infusion set과 drip bag을 연결하여 배뇨되는 양을 측정한다. 시간당 뇨배출량은 신장기능의 지표가 되며 정상적인 신장은 시간당 1~2㎖/kg body weight의 뇨를 생성한다. 0.5㎖/kg 미만 시 심각한 탈수 또는 신장의 기능이상상태이다. 방광염 환자에게는 뇨로카테터 삽입을 실시하지 않는다.

canine male urinary catheter insertion

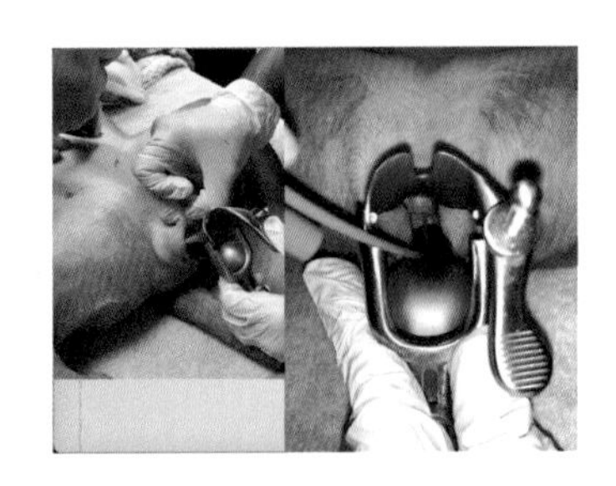

canine female urinary catheter insertion

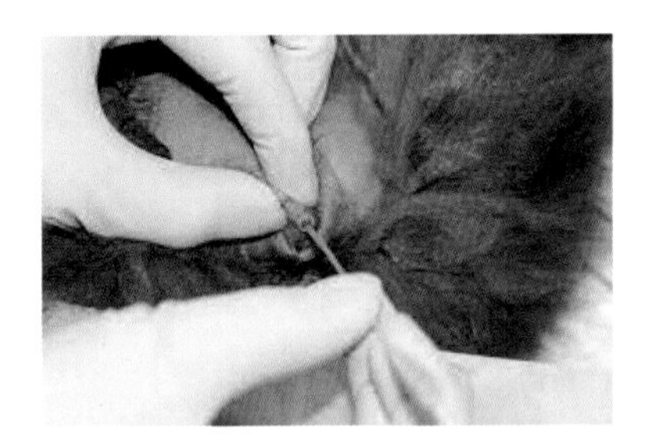

feline male urinary catheter insertion

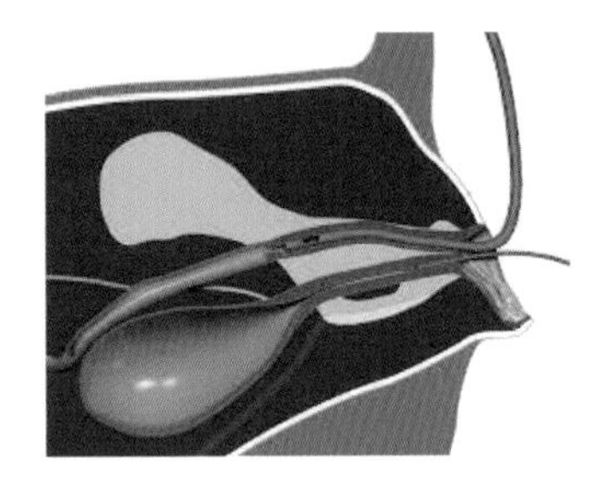

feline female urinary catheter insertion

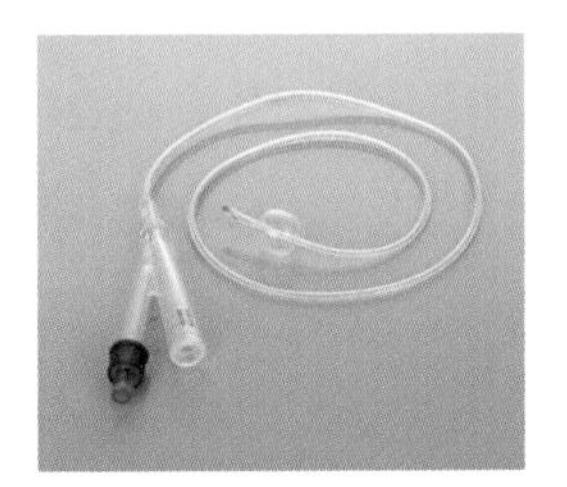

urinary catheter for dog

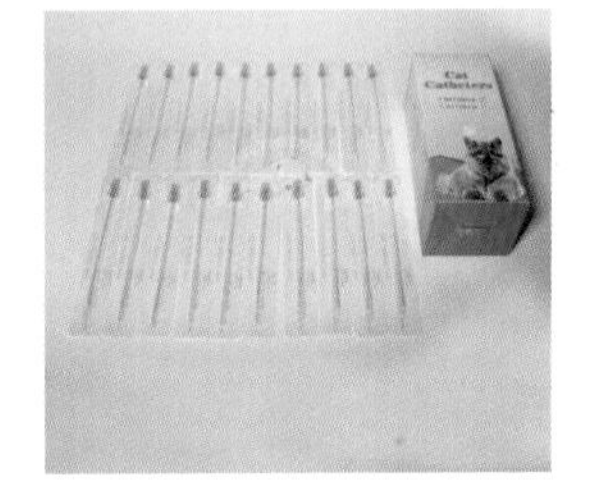

urinary catheter for cat

그림 16 뇨채집법 및 뇨카테터

표 11 개와 고양이의 뇨량과 뇨비중

urine	dog	cat
뇨량(volume)	20-100㎖/㎏/day	10-20㎖/㎏/day
비중(gravity)	평균 1.025 범위 1.016-1.060	평균 1.030 범위 1.020-1.040

제2장

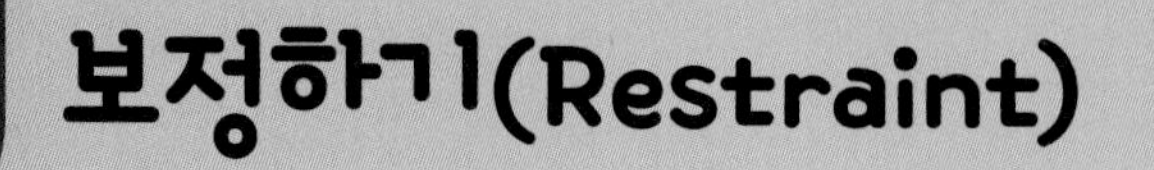

보정하기(Restraint)

보정(Restraint)은 동물신체의 전부 또는 일부가 움직이지 못하게 고정하는 행위로서 동물을 검진하기 위해서는 기본적이고 필수적인 행위이다.

보정을 하는 목적은 사람과는 달리 동물은 말을 알아듣지 못하기 때문에 검사를 하거나 채혈 등의 의료행위를 하는 경우에 예상치 못한 움직임이 발생하여 동물의 부상, 의료자의 물림, 할큄, 의료기구에 의한 손상 등의 사고가 발생할 수 있다. 따라서 의료행위자와 동물 모두 안전하고 신속하게 진료, 치료하기 위하여 보정을 실시한다. 이때, 제대로 된 보정은 동물이 안전하고 편안함을 느끼며 스트레스를 덜 받는다. 검진행위자의 처치완료에 따른 보정해제 지시가 있기 전까지는 절대로 보정을 풀지 않는다.

동물의 보정은 동물보건사(보정자)가 개인보호장비를 착용하고, 자신감을 가지고 조용하게 접근하여 머즐(muzzle)을 입에 씌워 사고에 대비하고, 의료행위 목적에 맞는 방법으로 보정한다.

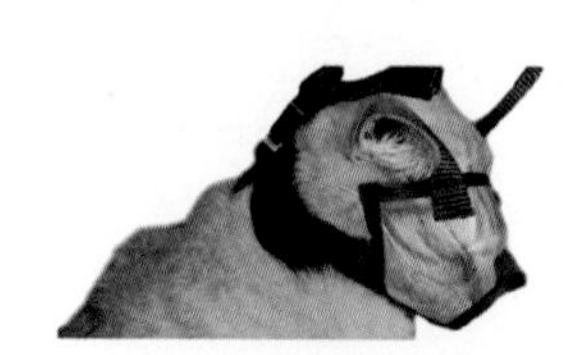

그림 17 다양한 머즐형태

I. 동물의 이동

동물을 수술대나 검사대 위에 올리기 위해서는 동물보건사, 수의사가 동물을 들어 올려야 한다. 이때 동물이 스트레스를 적게 받는 방법으로 들어 올려야 하며, 물리지 않도록 조심하여야 한다. 크기가 작은 동물의 경우 보호자에게 들어 올리는 것을 요청하는 것이 좋다.

(1) 소형견(15kg 미만) 이동

1) 다리 사이 흉부-복부

보정자가 동물의 측면에 서서 한 손을 앞다리의 가슴 부분에 넣어 보정자의 반대편 앞다리 겨드랑이부위 다리를 잡고 팔꿈치로 동물의 허벅지(대퇴)부위를 감싸 안아 보정자의 몸에 붙여 동물이 움직이지 않게 한다. 또는 강아지 몸의 측면에서 배 아래로 한쪽 손을 집어넣는다. 다른 한 손은 사타구니 사이로 넣어 강아지의 몸이 지면과 평행하도록 안아 올린다.

2) 양쪽 앞다리 겨드랑이-허벅지

강아지 몸의 측면에 서서 앞다리의 근처에 한쪽 손을 반대편 겨드랑이까지 통과시켜 감싼다. 다른 한 손으로 엉덩이에서 허벅지까지를 받쳐 안아 올린다. 보정자는 한쪽 무릎을 꿇으면서 천천히 올려야 안전하게 들어 올릴 수 있다.

3) 가슴-양쪽 허벅지

코커 스패니얼, 비글 등의 소형동물은 보정자가 동물의 측면에 서서 등을 바로 펴고 다리를 동물의 크기만큼 벌리고 무릎을 구부린 상태에서 한쪽 팔은 개의 가슴 앞부분을 감싸서 반대편 어깨부위를 감싼다. 다른 팔은 엉덩이 밑부분을 감싸서 반대편 대퇴근육 앞부분을 감싸서 동물을 보정자의 상체에 밀착시킨다. 이후 보정자는 일어서서 개를 테이블 위에 올려둔다.

한 팔로 들어올리기:
다리 사이 흉부-복부 잡아 들어올리기

양팔로 들어올리기:
양쪽 앞다리 겨드랑이-허벅지 부위
잡아 들어올리기

양팔로 들어올리기:
가슴과 허벅지 부위 잡아 들어올리기

그림 18 소형견의 운송방법

(2) 중형견 이상(15kg 이상)

1) 보정자의 힘이 강할 때

동물의 측면에 서서 앞다리의 근처에 한쪽 손을 통과시킨다. 다른 한 손으로 엉덩이에서 허벅지까지를 받쳐 안아 올린다. 보정자는 한쪽 무릎을 꿇으면서 천천히 올려야 안전하게 들어 올릴 수 있다.

2) 보정자가 2인일 때

동물의 측면에 2명의 보정자가 서서 허리를 곧게 펴고 다리를 약간 벌리고 무릎을 굽힌다. 머리부위에 서있는 보정자1(보호자가 하면 더 좋다)은 한 손을 가슴 아래에 넣어 들어 올릴 때의 무게를 분산시키며, 다른 한 손은 개의 목 아래에 팔을 집어넣어 반대편 견갑골(scapula) 부위까지 깊숙이 넣어 끌어안는다. 보정자2는 한 손은 복부에 넣어 무게를 분산시키며, 다른 한 손은 엉덩이 부위를 감싸서 반대편 허벅지 부위를 잡고 보정자 둘이 동시에 일어선다.

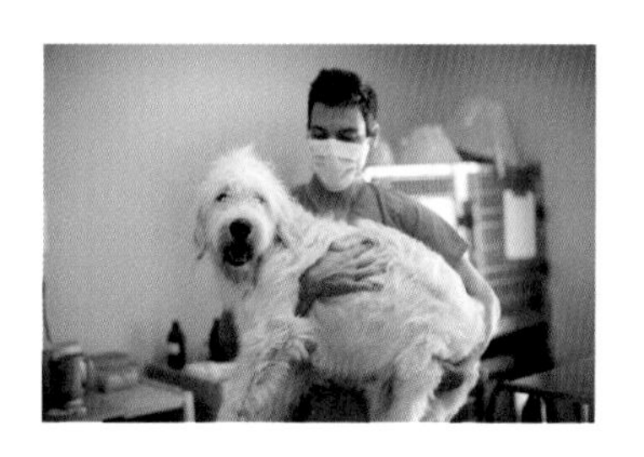

1인이 들어올리기

2인이 들어올리기

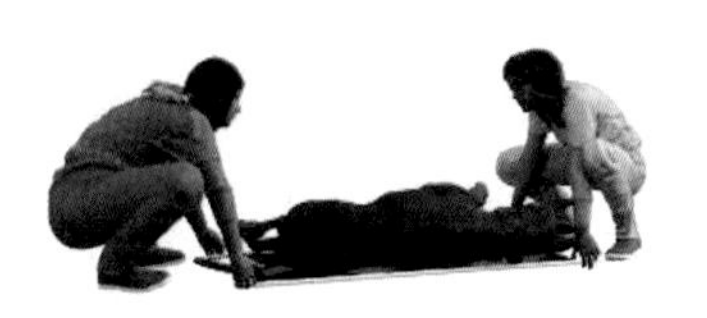

2인이 들어올리기
(들것 stretcher 이용)

그림 19 대형견의 운송방법

(3) 척추손상 개 들어올리기

다친 동물은 민감하기 때문에 조용하고 조심스럽게 접근한다. 개의 등 뒤에서 앞다리 겨드랑이로 손을 넣어 흉부를 감싸 쥐고 보호자의 몸에 붙여서 뒷다리가 늘어트려지도록 들어올리고 놓을 때에는 테이블 위에 옆으로 눕혀서 올려놓는다.

큰 동물이 척추를 다쳤을 경우에는 담요나 들것(stretcher) 등으로 몸 전체를 들어 올려 옮겨야 척추의 추가손상을 방지한다.

앞다리 겨드랑이에 걸쳐 들기

담요 등으로 들기

들것으로 들기

그림 20 척추손상 개 운송방법

(4) 고양이 들어올리기

순한 고양이는 소형견의 1) 다리 사이 흉부-복부, 2) 양쪽 앞다리 겨드랑이-허벅지 방법으로 보정을 하되 뒷다리가 공중에 들려있도록 한다. 이때, 목부위의 보정을 뒷목덜미 잡기를 하여도 된다. 그러나 겁에 질리거나 공격적인 고양이는 목덜미를 신속하고 확실하게 잡아들어 몸을 늘어트려서 테이블로 이동한다. 또한 담요나 천 등으로 고양이의 얼굴을 제외한 부분을 감싸서 이동시키는 방법도 있으며 케이지나 가방 등을 이용하여 이동하는 것도 좋다.

일반적인 고양이 보정법

사나운 고양이 들어 올리기

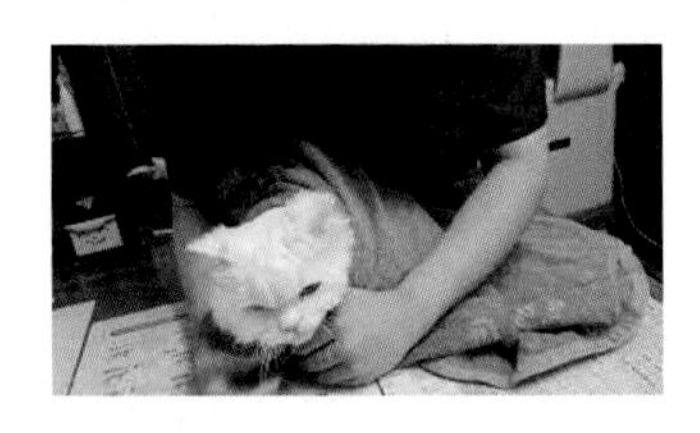

담요 등의 천으로 감싸서 들어올리기

그림 21 고양이 운송방법

II. 일반적인 검사를 위한 보정법

(1) 채혈 시 보정

1) cephalic vein(노쪽피부정맥, 요골측피부정맥) 채혈 or 카테터 삽입을 위한 보정

① 머리 고정법

동물이 머리 부분(척추 방향)이 시술자를 향하도록 한다. 한 손으로 목 부분을 감싸고 다른 한 손으로 팔꿈치 뒷부분을 감싸준다.

동물 기준으로 좌측다리 채혈 시 보정자는 오른손으로 목 부분을 감싸서 동물의 머리가 15도 정도 고개를 돌리게 한다. 이때, 동물의 목이 채혈이나 카테터 삽입을 못하게 공격하거나 무는 행위를 방지할 정도로 힘을 주어 고개를 돌리거나 앞으로 나아갈 수 없게 한다. 동물의 머리가 보정자의 어깨나 목 부위에 밀착하여 움직일 수 없도록 한다.

보정자의 몸으로 뒷다리 부위/허리부위를 눌러 동물이 앉는 자세를 취하도록 한다.

왼손으로는 팔꿈치 뒷부분(olecranon of ulna의 뒷부분, elbow joint 주관절)에 위치시켜 채혈이나 카테터 삽입 시 동물이 놀라 팔을 움츠리는 것을 방지하고, cephalic vein을 눌러 의료행위자가 혈관을 쉽게 찾을 수 있도록 한다.

(주의사항) (시술자의 지시에 따라 또는 카테터 삽입 시) 혈관을 누르고 있는 손가락의 힘을 빼 정맥이 과도하게 팽창되는 것을 완화시킨다(정맥의 과도한 팽창은 카테터에 과도한 피가 흘러나오게 함).

② 주둥이 고정법

한 손으로 주둥이를 감싸고 다른 한 손으로는 앞의 방법과 같이 팔꿈치 뒷부분에 위치시켜 동물을 보정한다.

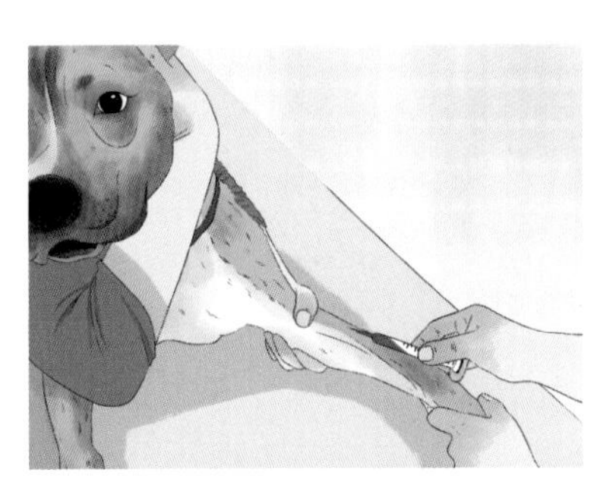

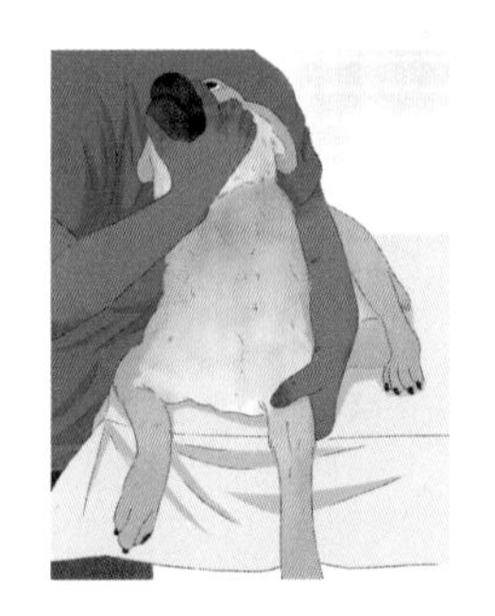

요측피정맥 채혈을 위한 머리 고정법　　　　요측피정맥 채혈을 위한 주둥이 고정법

그림 22 요측피정맥(cephalic vein) 채혈을 위한 보정법

2) jugular vein(경정맥) 채혈

한 손으로 턱 아랫부분을 잡고, 다른 한 손으로는 동물의 발목 부분에 검지를 다리의 사이에 넣고 엄지와 중지로 양발목을 감싸 쥐듯이 잡고 쭉 당겨서 다리를 신장(늘리기)시킨다.

고양이의 경우 턱 아랫부분을 잡고 다른 한 손으로 앞다리 주관절(elbow joint) 부위를 잡고, 뒷부분을 동물보건사의 몸에 부착한 뒤 지그시 눌러준다.

개의 목정맥 채혈을 위한 보정법

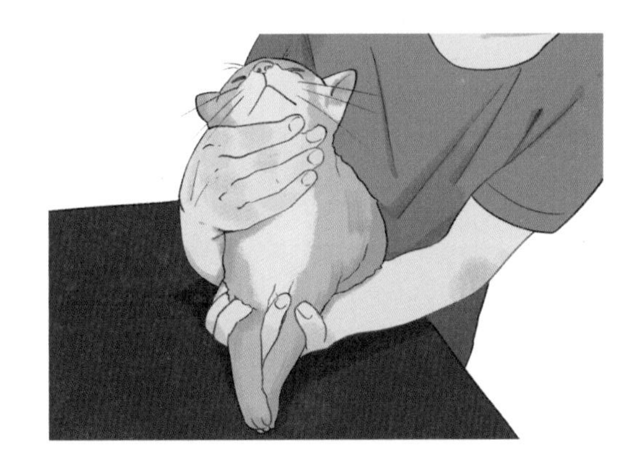

고양이 목정맥 채혈을 위한 보정법

그림 23 목정맥 채혈을 위한 보정법

3) Saphenous vein(복재정맥) 채혈

뒷다리 정맥채혈을 위한 보정으로 동물의 채혈이나 카테터 삽입과 삽입부위를 보정자의 반대방향으로 위치시키고 보정자의 가까이에 있는 앞다리와 뒷다리를 잡아서 등부위가 보정자의 방향으로 오게 천천히 눕힌다. 이때 동물의 등부위는 보정자의 복부에 기대어 움직이지 못하게

지지한다. 보정자는 팔로 동물의 목 부위를 지그시 눌러 목을 드는 행위, 기립하려는 행위를 방지한다. 이때 가능하다면, 손가락으로 앞다리의 발목 부분에 검지를 넣고 엄지와 중지로 앞다리를 전부 잡는다. 뒷다리 부위의 손으로는 잡은 부위의 다리를 신장시켜 동물이 움직이지 못하게 하거나 채혈을 위한 다리를 잡아 시술자의 행위를 돕도록 한다. 이 방법은 뒷다리에서 카테터 삽입을 시도할 때에도 이용할 수 있다.

그림 24 복재정맥채혈을 위한 보정법

4) 고양이 검사하기

순한 고양이는 고양이를 앉는 자세로 놓고 검사를 한다. 움직이기 시작하면 한 손으로 목덜미를 잡고 팔로 고양이의 몸통을 보정자의 옆구리에 붙인다. 다른 손으로 앞다리를 잡아 테이블에 붙인다.

민감한 고양이는 목덜미를 단단히 잡아 들어올리고 다른 손으로 뒷다리를 잡아 테이블 위에 옆으로 눕혀서 다리를 앞뒤로 신장시킨다.

수동적인 보정
passive restraint

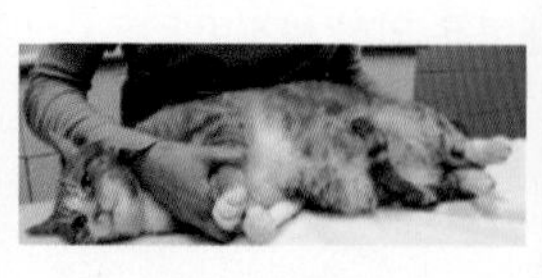

전신보정
full-body restraint

목덜미보정
scruff restraint

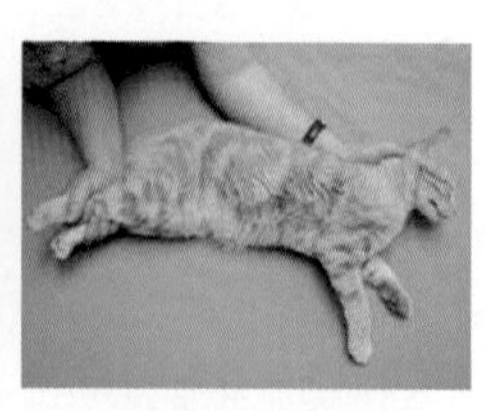

예민한 고양이 보정법

그림 25 고양이 보정법

TIP

*** 타월보정 (towel restraining)**

타월을 이용하여 고양이를 감싸는 보정 방법은 불안하거나 두려움을 보이는 고양이에게 매우 유용하다. 특히 공격적인 성향을 가진 고양이에게 타월을 이용하여 온몸을 감싸는 방법은 고양이의 발톱으로부터 보정자를 보호하는 데 도움이 될 수 있다.

1단계 고양이의 얼굴이 타월의 앞쪽 가장자리에서 살짝 떨어지게, 고양이의 몸통이 타월의 왼쪽에서 대략 30cm가량 떨어지게 올려둔다.
2단계 타월의 왼쪽 부분을 몸통 전체를 포함하여 고양이의 목부위를 감싼다.
3단계 고양이 얼굴을 제외한 나머지 부위가 타월에 꼭 감싸도록 당긴다.
4단계 타월의 다른 한쪽을 동일한 방법으로 고양이의 목 부위를 감싼다.
5단계 타월을 완전히 당기면서 고양이의 몸통이 완전히 감쌌는지 확인한다.

III. 약물투여를 위한 보정법

(1) 개

1) 안약투여

강아지의 머리 위에서부터 턱을 감싸듯이 잡은 후 강아지가 상체를 들어 올리지 않도록 무게 중심을 내려준다. 강아지의 목을 누르지 않도록 주의하고, 머리뼈를 잡는다. 눈의 검사 및 세척 시 보정자의 손가락을 이용해 환자의 눈을 벌려주고, 검사하는 동안 감지 않도록 하며, 머리는 항상 고정시킨다.

2) 귀 약물투여

보정자는 동물을 가볍게 보정하면서 한 팔은 개의 목 아래에 두고 머리를 가슴 쪽으로 당긴다. 약물을 투여하는 사람은 보정자의 반대쪽에 서서 귀에 약물을 바르거나 가볍게 떨어뜨린다. 이후 가볍게 귀를 마사지하여 점적액이 귀 안에 잘 퍼지도록 한다.

3) 근육주사

다리 근육에 주사하는데, 근육주사 부위로 이용되는 부위는 상완삼두근(Triceps m.), 대퇴사두근(Quadriceps m.), 반막근(Semimembranosus m.), 요추부위 측위근육(epaxial m.)이며, 이 중 대퇴사두근(Quadriceps m.)이 있는 뒷다리 앞쪽 근육에 주로 주사한다. 이때는 보정하는 사람과 환자가 마주 보는 자세로 보정한다. 주사액이 들어갈 때 근육주사하는 경우는 대부분 통증이 있으므로 환자가 얼굴을 돌려 시술자의 손을 물거나 움직이지 않도록 앞다리를 완벽하게 보정한다.

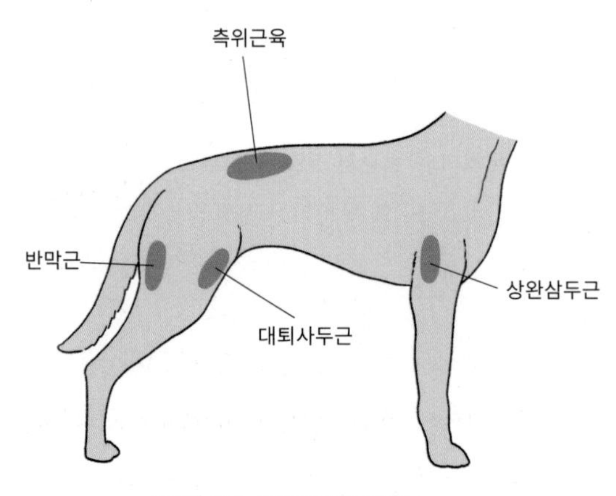

그림 26 근육주사부위

4) 정맥주사

환자를 처치대 위에 흉골자세(sternal recumbency)로 둔 다음, 보정자는 한 팔은 턱 아래와 머리 주위를 잡고 가슴 쪽 가까이로 당긴다. 다른 한 손으로는 정맥주사하려는 수의사 쪽으로 개의 앞다리를 뻗는다. 뻗는 앞다리의 팔꿈치를 감싸면서 수의사 쪽으로 밀어준다. 이때 엄지 혹은 검지를 이용하여 요피정맥(cephalic vein) 쪽으로 부드러운 압력을 가하여 지혈대 역할을 한다. (필요에 따라서는 토니켓과 같은 지혈대를 따로 이용할 수 있다.)

5) 피하주사

피하주사는 주로 목의 뒷덜미의 견갑골 사이에 투여한다. 수의사는 한 손으로 목의 뒷덜미를 단단하게 잡고 다른 한 손으로 피부를 늘리면서 주사한다. 따라서 동물보건사는 이에 맞게 주사 투여 시 얼굴과 앞다리를 움직이지 못하도록 보정할 필요가 있다. 주사기의 내용물이 모두 투여되면, 주사부위의 약물을 분산하기 위해 부드럽게 마사지한다.

(2) 고양이

1) 알약투여

미끄럼 방지매트에서 보정자는 앞다리를 잡고 보정자의 몸으로 고양이의 몸을 살포시 누른다. 약물투여자는 고양이의 머리를 감싸 쥐고 뒤로 젖힌다. 이때 다른 손으로 아래턱을 잡아 입이 자연스럽게 벌어지도록 한다. 알약을 입안 깊숙이 떨어트리고 입을 닫고 목을 부드럽게 쓰다듬어 삼킬 수 있게 유도한다. 경우에 따라서는 pill gun과 같은 투약 보조기를 이용하여 투약할 수 있다.

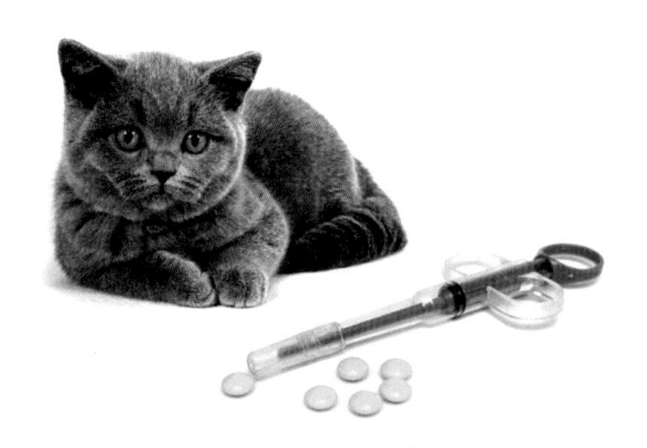

그림 27 고양이 약물투약에 주로 이용되는 pill-gun

2) 물약투여

수건을 무릎에 덮고 의자에 앉아 고양이를 보정자와 동일 방향으로 놓는다. 고양이의 머리를 뒤로 젖힌다. 이때 다른 손으로 아래턱을 잡아 자연스럽게 입이 벌어지도록 한다. 주사기로 천천히 액상물질을 입으로 흘려보낸다.

3) 근육주사

한 손으로 고양이의 목덜미를 잡고, 다른 한 손으로는 앞다리를 잡는다. 수의사(간호사)가 대퇴사두근에 주사를 하면 이때 고양이가 통증을 느끼므로 단단히 보정한다. 혼자서 근육주사를 실시할 경우에는 머리부위를 보정자의 겨드랑이에 넣어 움직이지 못하게 하고 주사할 뒷다리를 잡아서 근육주사를 실시한다.

4) 정맥주사

정맥주사는 여러 부위로 투여 가능하나 주로 요측피정맥이 선택된다. 개의 요측정맥주사 또는 카테터 방법과 유사하지만, 고양이에서는 단지 목덜미를 잡아 보정하는 것이 개와 다르다.

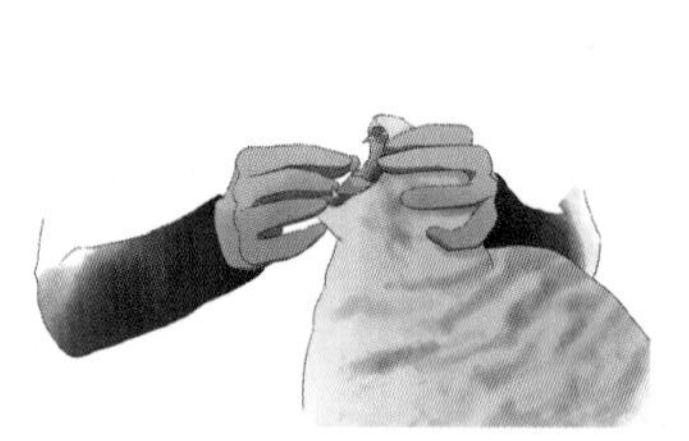

알약경구투여를 위한 보정

귀 검사 및 약물투여를 위한 보정

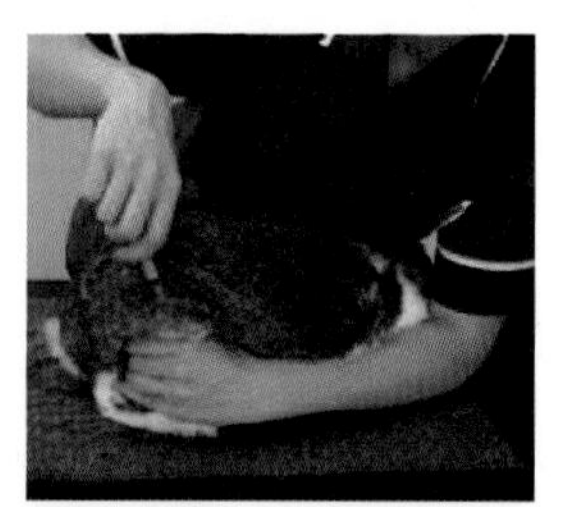

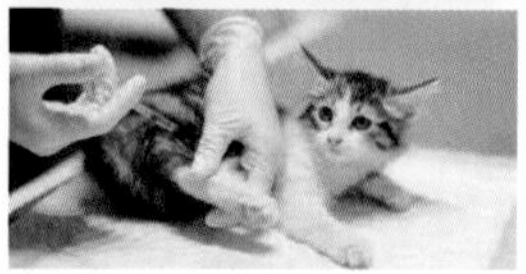

근육주사를 위한 보정

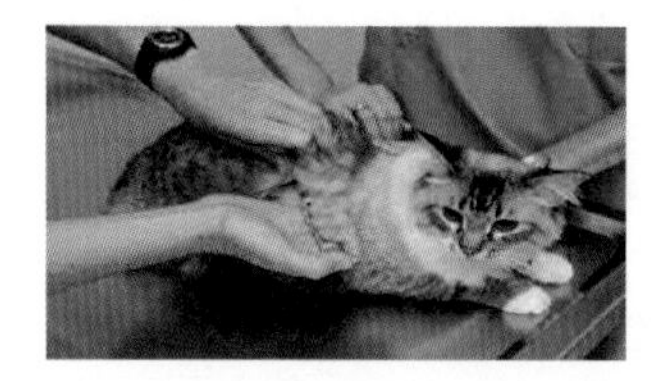

피하투여를 위한 보정

요측피정맥주사를 위한 보정

그림 28 고양이의 약물투여, 주사 등을 위한 보정법

CHAPTER 02

심혈관계 질환

학습목표

심혈관계에 대한 기본적인 구조와 생리학을 이해한다.

심혈관계 질환에서 발생할 수 있는 임상증상을 익힌다.

심혈관계 질환을 진단할 수 있는 다양한 검사방법에 대하여 학습한다.

심혈관 질환 동물환자를 간호하는 방법과 주의사항을 확인한다.

심혈관 환자의 식이 관리 방법에 대하여 이해한다.

제1장 임상증상

심장은 전신에 혈액을 공급하는 역할을 하는 근육으로 이루어진 기관이다. 이 장에서는 심혈관계에 대한 기본적인 구조(anatomy)와 생리학(physiology)을 익히고, 심혈관계 질환에 의해 발생할 수 있는 임상증상에 대해 학습한다.

1. 심혈관계 질환

심혈관계 질환을 공부하기 위해서 우선 '순환(circulation)'에 대해 이해해야 한다. 순환(circulation)은 체내에 존재하는 각 기관의 세포에 필요한 산소와 다양한 영양성분을 공급하고, 세포에서 배출되는 이산화탄소 등의 노폐물을 제거해 주는 일련의 과정을 의미하며, 순환과 관련된 몸안의 각종 기관들을 순환계(circulation system)라고 한다. 즉, 순환의 과정은 생명체가 살아가기 위해 필수적인 기능을 한다 이런 순환계 중 혈액의 흐름을 혈액순환이라 하며, 심장에 의해 혈액이 혈관을 타고 몸의 전신을 순환하게 된다. 이렇게 혈액순환을 담당하는 기관인 심장과 혈관으로 구성된 기관이 심혈관계(cardiovascular system)이다.

앞서 설명한 혈액순환은 전신순환(체순환)과 폐순환으로 나뉘는데, 심장은 이 두 순환 과정을 연결해 준다. 따라서 심장에 질병이 생기면 전신순환과 폐순환에 문제가 발생하게 되고, 결국 산소와 영양분을 각 기관에 공급하고 이산화탄소와 노폐물을 제거하는 혈액순환이 제대로 되지 않아 전신에 다양한 문제를 야기하게 된다. 이를 이해하기 위해서는 기본적인 심장의 구조 및 전신순환과 폐순환에 대하여 알아야 한다.

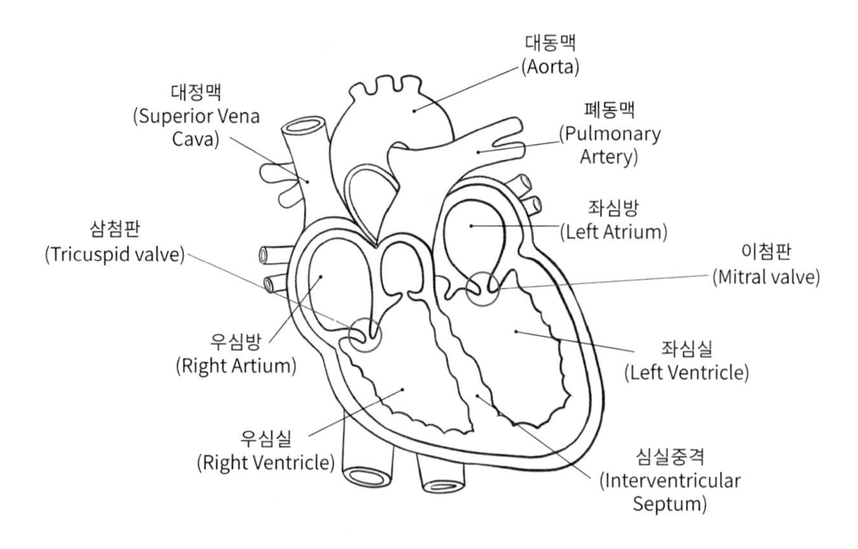

그림 1 심장의 구조 (단면)

심장의 구조를 살펴보면 4개의 방(chamber)과 판막(valve)으로 구분되어 있고, 각 방(chamber)은 큰 혈관들과 연결되어 있다(그림 1). 심장을 구성하는 4개의 방은 좌우 및 상하의 위치에 따라, 우심방(RA, right atrium), 우심실(RV, right ventricle), 좌심방(LA, left atrium), 좌심실(LV, left ventricle)로 나뉘며, 우심방과 우심실 사이에는 삼첨판(TV, tricuspid valve)이, 좌심방과 좌심실 사이에는 이첨판(MV, mitral valve)이 각각 존재한다.

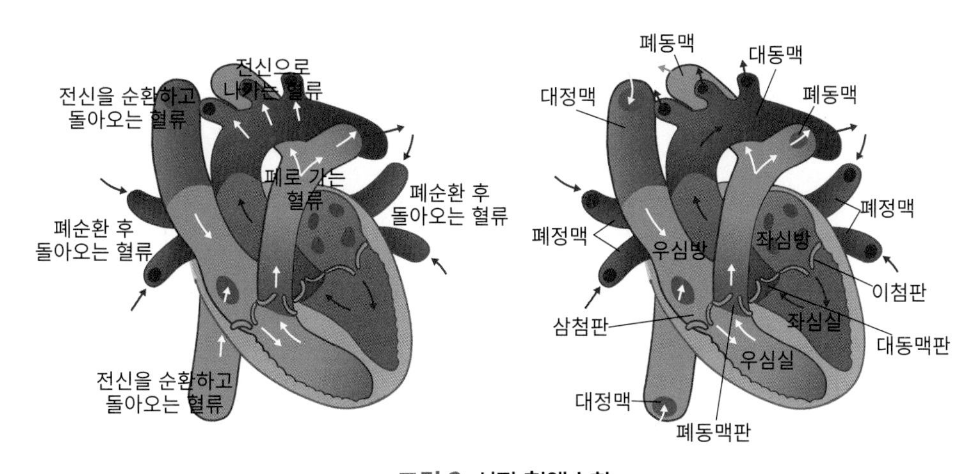

그림 2 심장 혈액순환

심장을 흔히 체내에 존재하는 '펌프(pump)'에 비유한다. 심장은 스스로 뛰면서 혈액을 각 기관에 존재하는 세포로 밀어내 주는 역할을 하는데, 이때 심장은 수축과 이완을 하게 된다. 심장이 수축하면 혈액은 심장과 연결된 혈관으로 배출되며, 심장이 이완하면 혈액이 심장 내로 들어오게 되는데, 이때 혈액의 흐름은 심장 내에 존재하는 판막에 의해 제어된다. 심장 혈액순환 모식도(그림 2)를 살펴보면서 전신순환과 폐순환의 흐름을 이해하여야 한다.

심장에서 온몸 즉 전신으로 산소와 영양분이 풍부한 혈액(동맥혈)을 배출하는 곳이 좌심실이다. 좌심실에서 배출된 혈액은 대동맥(Aorta)을 통하여 온몸의 기관(organ)으로 이동하게 된다. 이후 세포에서 모세혈관을 통하여 산소 및 영양분과 노폐물의 교환이 이루어지고, 노폐물이 많은 혈액(정맥혈)은 대정맥(vena cava)을 통하여 우심방으로 이동한다. 여기까지의 혈액 흐름을 전신순환(체순환)이라 부른다. 이후 혈액은 우심방에서 우심실로 이동한 뒤, 폐동맥(pulmonary artery)을 따라 폐로 이동하게 된다. 폐의 모세혈관을 통하여 이산화탄소 등의 노폐물과 산소 및 영양분의 교환이 이루어지며, 이후 혈액은 폐정맥을 따라 좌심방, 그리고 좌심실로 이동하게 되는데 이 과정을 폐순환이라 한다. 심장의 이런 수축과 이완은 심장 고유의 박동조율기(pacemaker)에 의해 생성된 전기적 자극에 의해 조절된다.

*** 전신순환(체순환, systemic circulation)**
좌심실 -> 대동맥 -> 전신기관의 세포 -> 모세혈관을 통한 물질교환 -> 대정맥 -> 우심방

*** 폐순환(pulonary circulation)**
우심실 -> 폐동맥 -> 모세혈관을 통한 물질교환 -> 폐정맥 -> 좌심방 -> 좌심실

심혈관계 질환이란 심혈관계를 구성하는 심장이나 혈관에 문제가 발생하여 혈액순환에 문제가 발생하는 것을 의미하는데, 해부학적인 심장 구조의 이상, 심장의 수축 및 이완 기능의 이상, 심박수나 심장 리듬에 영향을 미치는 심장의 모든 문제들을 포함한다.

II. 심혈관계 질환의 발생 특징

심혈관계 질환은 개와 고양이 모두에서 발생할 수 있지만, 발생 빈도는 개가 고양이보다 높다. 심장병은 선천성(congenital) 또는 후천성(acquired)으로 발생할 수 있는데, 일반적으로 선천성 심장병은 어린 동물에서 발생하고, 퇴행성 변화에 의한 후천성 심장병은 노령 개체에서 많이 발생한다.

개와 고양이에서 흔히 발생하는 심장병의 종류는 다르며, 개는 심장 판막의 구조적 이상이 발생하기 쉬운 반면, 고양이는 심장 근육의 이상이 흔하게 발생한다. 그 외에도 개와 고양이의 성별이나 품종에 따라 호발하는 심장병의 종류에는 차이가 있다. 아래 표에서 개와 고양이에서 일반적으로 나타나는 심혈관계 질환 및 그 호발 품종을 확인할 수 있으며, 각 심장병에 대한 특징 및 설명은 제3장(대표적인 심혈관계 질환)에서 자세히 살펴본다.

표 1 개와 고양이에 발생하는 일반적인 심장병과 호발 품종들

심장병	호발 품종				
이첨판 폐쇄부전증 (MVI, mitral valve insufficiency)	Cavalier King Charles Spaniels	Miniature poodles	Maltese	Shih Tzu	그 외 Chihuahua, Cocker Spaniels, Miniature Schnauzers, Dachshunds, Pomeranians 등 다수의 소형견 품종들
동맥관개존증 (PDA, patent ductus arteriosus)	bichon frise	Miniature poodles	Maltese	Pomeranians	그 외 Chihuahua, Cocker Spaniels, Collie, English Springer Spaniel, German Shepherd Dog, Labrador Retriever, Yorkshire Terrier 등 다수의 품종들
확장성 심근병증 (DCM, Dilated cardiomyopathy)	Doberman Pinscher	Great Dane	Boxer	Cocker Spaniel	그 외 대형견 품종들

비대성 심근병증 (HCM, Hypertrophic cardiomyopathy)	 Maine coon	 Ragdoll	 Sphynx	 British shorthair	그 외 Persian, domestic shorthair 등의 품종들

III. 심혈관계 질환의 임상증상

심혈관 계통에 문제가 생기면 심장이 전신에 적절한 혈액을 공급할 수 없는 상태가 되는데 이때 동물들은 다양한 임상증상을 나타내게 된다. 개와 고양이는 심장병의 종류도 다를 뿐 아니라, 심장병이 발생하였을 때 나타나는 임상증상에도 차이가 있다. 대부분의 고양이는 심장병이 중등도 이상으로 진행될 때까지 특이적인 임상증상이 나타나지 않는다. 다음은 심장병이 발생하였을 때 개와 고양이에서 나타날 수 있는 임상증상들이다.

(1) 기침(coughing)

심장병이 발생하면 가장 흔하게 나타나는 임상증상은 기침이다. 심장병으로 인하여 적절한 양의 혈액이 신체에 공급되지 못할 때, 이로 인해 증가한 압력과 체액이 결국 폐에 축적되는 울혈성 심부전(CHF, congestive heart failure)이 발생한다. 울혈성 심부전을 야기하는 가장 흔한 원인은 개의 이첨판폐쇄부전증(MVI, mitral valve insufficiency)과 확장성 심근병증(DCM, dilated cardiomyopathy)이다. 또한 심장의 크기가 커지면서 주변에 있는 기관(trachea)을 압박하기 때문에, 자극에 의해 기침이 유발되기도 한다. 고양이는 개와 다르게 심장병이 발생하여도 기침을 하는 경우는 드문 편이다. 다만 심장사상충에 감염되었을 때는 개와 고양이 모두에서 기침이 발생할 수 있다.

(2) 운동불내증(excercise intolerance)

환자가 쉽게 지치거나 피곤해하며, 이전처럼 놀거나 걷지 않는 것을 운동불내증이라고 한다. 운동불내증은 심장병이 발생했을 때 나타나는 첫 번째 임상증상이기도 하지만, 고양이는 개와 다르게 주기적인 산책이나 신체활동을 하지 않기 때문에 이를 인지하기 어려울 수 있다.

(3) 호흡곤란(Dyspnea)

심장병에 의하여 폐에 체액이 차는 폐수종(pulmonary edema)이나 흉강에 체액이 고이게 되는 흉수(pleural effusion)가 발생하면 호흡곤란이 나타난다. 호흡곤란이 발생하면 환자는 과도한 헐떡임(panting)을 보이거나, 입을 벌리고 숨을 쉬게 되며 호흡 시에 흉강과 복강의 움직임이 과도해진다. 환자에 따라서는 창백하거나 푸른 잇몸색이 관찰될 수 있다.

(4) 실신(syncope)

심장병에 의하여 전신으로 순환하는 혈액량에 문제가 발생하는 경우, 뇌로 가는 혈류량이 감소하여 일시적으로 의식소실이 발생하게 되는데 이를 실신이라고 한다. 흔하지는 않지만 심장병이 중등도 이상으로 진행된 경우나, 심장 리듬의 이상, 심장에서 혈액을 외부로 배출하는 데 문제가 발생한 경우에 나타날 수 있다.

(5) 기타 임상증상들

복수 발생으로 인한 복부팽만, 기침 시 객혈(hemoptysis) 등도 심장병에서 발생할 수 있는 임상증상들이다. 고양이의 경우 혈전에 의한 뒷다리 마비 증상이 갑자기 나타날 수도 있다.

위의 증상들처럼 심장병이 있는 동물들의 경우, 질병으로 인한 특이적인 임상증상을 나타낼 수 있다. 하지만, 질병의 초기에는 지속적인 식욕감소 및 체중감소, 움직임이 줄어들거나 숨어있으려고 하고 잠을 많이 자는 등 특이적이지 않은 증상들이 우선 나타난다. 반려동물의 호흡수가 증가하거나 개체가 노력성 호흡을 보이는 경우에도 심장병을 의심해 보아야 한다. 또한 심장병이 진행되면 체중감소와 함께 근육소모로 인한 악액질(cachexia)이 나타날 수 있다. 따라서, 심장병에 의해 나타나는 특이적인 임상증상뿐만 아니라 비특이적인 임상증상들에 대해서도 잘 인지하고 있어야 한다.

제2장

심혈관계의 진단검사 방법

동물병원에서 질병의 진단을 위해 활용되는 다양한 검사의 진행 시에 동물보건사는 이를 보조할 수 있어야 한다. 진단검사를 보조하는 기술적인 부분과 함께 왜 이런 검사가 필요한지를 이해하는 것이 중요하다. 이번 장에서는 개와 고양이에 발생한 심혈관계 질병을 진단하기 위하여 이용되는 다양한 검사방법에 대하여 알아보도록 하겠다.

1. 신체검사(Physical examination)의 진행

심장질병의 진단을 위한 첫 번째 단계는 환자의 병력을 검토하고 신체검사를 진행하는 것이다. 신체검사를 실시할 때는 우선 환자의 상태, 자세와 호흡상태를 관찰하여야 한다. 호흡곤란이 있는 환자의 경우 불안해 보이고, 주저앉거나 바닥에 엎드리는 모습을 보일 수 있다. 환자가 머리를 들어 목을 길게 늘리거나 팔꿈치를 바깥으로 향하게 외전시키는 모습, 입을 벌리고 숨을 쉬는 모습 등은 호흡곤란과 연관된 자세이다. 특히 고양이에서 입을 벌리고 숨을 쉬는 모습이 관찰된다면 호흡곤란이 극심한 상태로 산소공급 등을 통한 빠른 안정화 조치가 필요하다.

신체검사 시에 구강점막의 상태도 관찰해야 한다. 구강점막의 색깔을 평가하고, 모세혈관재충만시간(CRP, capillary refill time)을 측정하여 기록해야 한다. 혈관의 상태와 맥박도 체크해야 하는데, 머리를 정상 위치에 둔 상태에서 경정맥(jugular vein)이 확장되어 있는지 살펴본다. 동맥의 맥박(pulse)도 확인해야 하는데, 주로 사타구니 안쪽에 위치하는 대퇴동맥(femoral artery)을 만져본다. 심박수와 맥박수가 일치하지 않거나 대퇴동맥의 맥박이 약하거나 강한 경우 모두 비정상적인 상태이다.

심장이 위치하는 양측 흉강부위(보통 4-6번 갈비뼈 사이)를 손으로 만져본다. 대개 왼쪽의 5번째 늑연골(costochondral junction)부위에서 심장이 가장 강하게 뛰는 것이 느껴진다. 이곳에서 촉진을 통하여 심박수 및 호흡수를 측정할 수 있으며, 비정상적인 흉강의 떨림은 없는지 살펴본다.

이후 청진기를 이용하여 심장과 폐의 이상음을 확인해야 한다. 심장병에 의하여 심장 내 와류(turbulent flow, 불규칙한 혈액의 흐름)가 나타나는 것을 심잡음(murmur)이라고 한다. 심잡음의 위치, 강도 및 발생 시점(수축기, 이완기, 지속성)은 다양한 심장병의 진단에 중요한 특징이 된다. 심장병에 의하여 폐수종이나 흉수 등이 발생하게 되면 폐에서도 이상음이 들리게 된다. 일반적으로 동물보건사의 경우, 신체검사를 통하여 정상 심음과 비정상 심음을 구별하는 것이 중요하다. 환자의 심잡음이나 호흡음의 진단적인 특징은 수의사가 좀 더 정밀한 청진을 진행하면서 확인할 수 있다.

표 2 개와 고양이의 정상 심박수 및 호흡수

평가 항목	개	고양이
심박수	강아지: 70-220 bpm 소형견: 70-180 bpm 대형견: 60-140 bpm	120-240 bpm
호흡수	15-30회/분	15-30회/분

II. 혈압(Blood pressure)측정

(1) 혈압의 이해

전신 동맥압은 심장의 수축, 전신을 순환하는 동맥혈액량 및 혈관벽의 평활근 긴장도에 의해서 생성되기 때문에, 심혈관계 환자의 혈압 측정은 중요하다. 적절한 혈압이 유지되어야 혈액이 조직으로 정상적으로 관류(perfustion)되어 필요한 영양분과 산소를 공급할 수 있다. 따라서, 혈압을 주기적으로 측정하고 하는 것은 질병의 진단, 환자의 상태 평가 및 치료 반응을 관찰하는 데도 중요하다. 동물보건사는 개와 고양이의 혈압을 측정하는 정확한 기술을 익혀야 한다. 또한 정상과 비정상 수치를 구분하여, 문제가 발생한 경우 담당 수의사에게 이를 알려주어야 한다.

혈압은 수축기 혈압(systolic arterial pressure), 이완기 혈압(diastolic arterial pressure) 및 평균 혈압

(Mean arterial pressure)으로 나뉜다. 좌심실 수축에 의하여 혈액이 대동맥으로 진행할 때 수축기 혈압이 생성되며, 이후 좌심실이 확장하면서 혈액이 다시 채워지면 대동맥 압력이 감소하면서 이완기 혈압이 생성된다. 평균 혈압은 수축기 혈압과 이완기 혈압을 이용하여 계산할 수 있다.

평균 혈압 = 수축기 혈압 + (수축기 혈압 - 이완기 혈압)/3

개와 고양이의 정상 혈압은 아래 표와 같다. 개와 고양이 모두에서 수축기 혈압이 150 mmHg 이상이 되면 고혈압으로 평가하며, 평균 혈압이 60mmHg 이하가 되면 저혈압으로 평가한다. 특히 마취 중인 환자를 모니터링할 때 평균 혈압이 60mmHg 이하가 되지 않도록 해야 한다.

표 3 개와 고양이의 정상 혈압

평가 항목	개	고양이
혈압	수축기 혈압 90-140 mmHg 이완기 혈압 50-80 mmHg 평균 혈압 60-100 mmHg	수축기 혈압 80-140 mmHg 이완기 혈압 55-75 mmHg 평균 혈압 60-100 mmHg

(2) 혈압의 측정 장비

혈압측정방법은 크게 직접(direct) 혈압측정과 간접(indirect) 혈압측정으로 나눌 수 있다. 가장 정확한 혈압측정방법은 직접 혈압측정이나, 이 방법은 대동맥 내에 측정 카테터를 넣어서 측정해야 하기 때문에 실제 임상환경에서는 잘 사용되지 않는다. 일반적으로 사용하는 혈압측정방법은 간접 혈압측정법이며, 동맥혈의 흐름이나 혈관벽의 움직임을 말초 동맥에서 측정하는 비침습적인 방법이다. 간접 혈압측정방법은 도플러 초음파 검사법과 오실로메트릭 혈압 측정법의 두 가지로 나뉜다(그림 3).

1) 도플러 초음파 검사법(Doppler Ultrasonography)

이 방법은 10MHz의 초음파를 사용하여 말초 동맥의 혈류를 탐지하고 이를 스피커를 통해 들으면서 측정하는 방법이다. 작은 동물들에서는 보통 수축기 혈압을 측정하기 편리한 장비이다.

2) 오실로메트릭 혈압 측정법(Oscillometric Measurement)

이 방법은 자동화된 기계가 평균 혈압을 측정하고 이를 토대로 수축기와 이완기 혈압을 알고리즘으로 계산하여 제시한다. 따라서 수축기 혈압, 이완기 혈압, 평균 혈압 및 맥박수 등 도플러 초음파 검사방법보다 더 많은 정보를 제공한다. 자동측정이 가능하기 때문에, 적절한 사이즈의 혈압커프를 환자에 장착한 뒤 시작 버튼을 누르면 정해진 시간 간격에 따라 혈압이 자동으로 측정되는 장점이 있다.

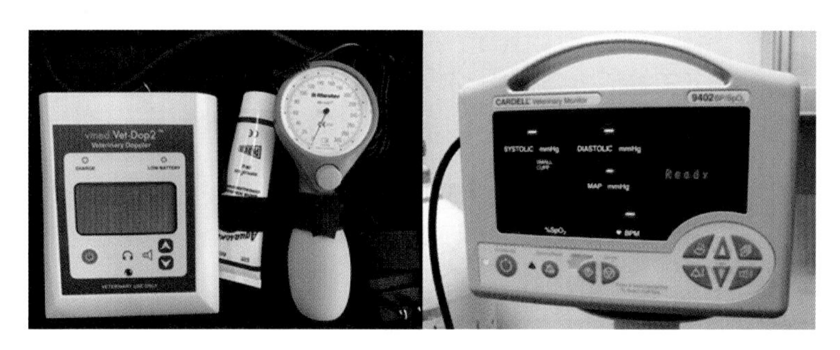

그림 3 **도플러 초음파 검사장비(좌) 및 오실로메트릭 혈압 측정 장비(우)**

3) 혈압계 커프의 선택 및 장착

정확한 혈압측정을 위해서는 올바른 사이즈의 커프를 선택하는 것이 중요하다(그림 4). 커프가 너무 작으면 혈압이 인위적으로 높게 측정될 수 있으며, 커프가 너무 크면 혈압이 낮게 측정되거나 측정값이 불규칙해진다. 혈압계 커프 사이즈를 결정하기 위해서는 커프를 장착하고자 하는 곳(앞다리나 뒷다리, 꼬리)의 둘레를 측정하여야 하며, 올바른 커프 사이즈는 측정된 적용 부위 둘레의 30~40%이어야 한다.

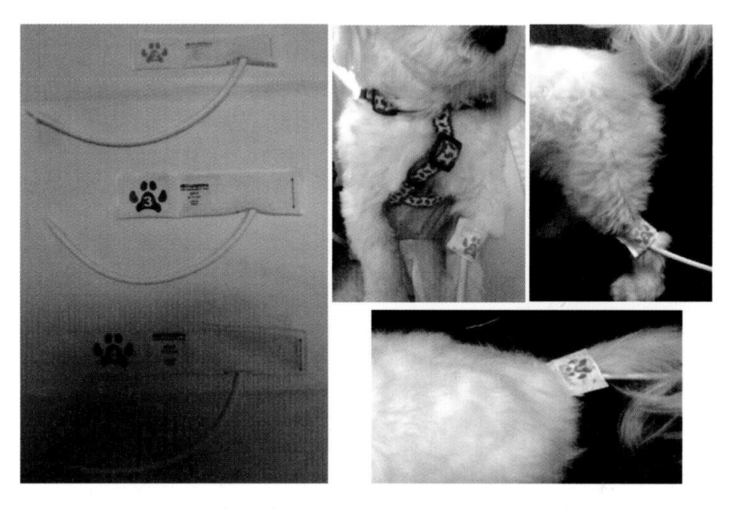

그림 4 **다양한 사이즈의 동물용 혈압계 커프(좌) 및**
앞다리, 뒷다리 및 꼬리에 혈압계 커프를 장착한 환자의 모습(우)

(3) 혈압측정방법

혈압을 측정하기에 전에 환자는 안정화된 상태여야 한다. 스트레스나 불안감은 인위적으로 혈압을 증가시킬 수 있으므로 환자가 병원 환경에 적응할 수 있도록 일정 시간을 두고 측정하여야 한다. 혈압측정 전 환자는 반드시 조용한 진료실에서 5~10분 이상 안정시킨 후 혈압을 측정하여야 하며, 보통 보호자와 함께 혈압측정을 하는 것이 좋다. 진료실이나 수의사가 있는 의료환경에서 혈압이 상승하는 현상을 '화이트 코트 증후군(white coat syndrome)'이라고 하는데, 이는 스트레스나 불안, 두려움에 의하여 혈압이 상승하는 것으로 정확한 혈압측정을 방해하는 요소가 된다. 만일 심장병 환자의 호흡이 좋지 못하다면, 혈압 커프를 환자에 조심스럽게 장착한 후에 환자를 산소케이지에 위치시키고, 자동으로 혈압이 측정되도록 하는 것이 좋다(그림 5).

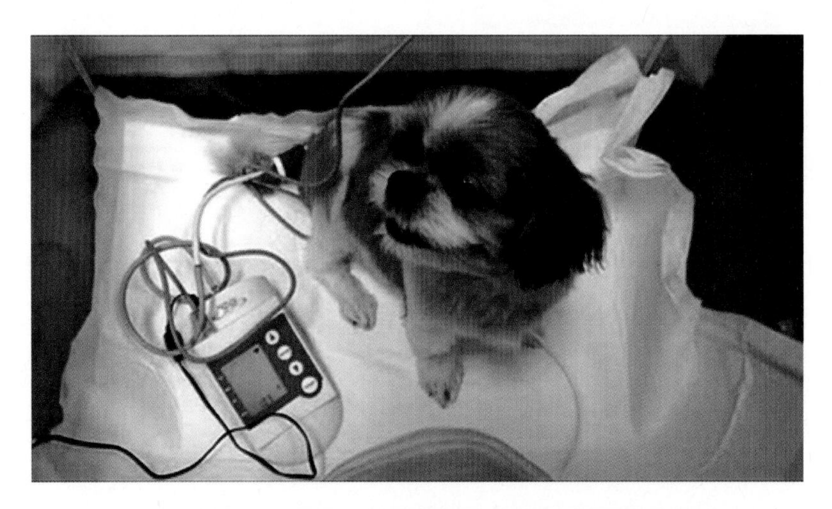

그림 5 산소케이지 내에서 오실로메트릭 방법의 혈압계를 장착하고 자동으로 혈압을 측정하고 있는 환자의 모습

1) 도플러 초음파 검사법(Doppler Ultrasonography)

① 도플러 프로브(probe)를 위치하기 좋은 말초 동맥의 위치를 확인한다. 일반적으로는 dorsal pedal artery, digital artery, coccygeal artery 등을 이용한다.

② 선택한 혈관 주위의 털을 삭모하고, 측정부위를 알코올로 적시거나 초음파 젤을 바른다.

③ 프로브를 혈류의 방향과 평행하게 혈관 위에 위치한다. 프로브의 위치가 정확하면 혈류흐름의 박동이 스피커를 통해 들린다.

④ 혈압계 커프를 프로브의 위쪽(proximal)에 장착한 후 커프를 부풀려서 동맥의 혈류를 차단한다. 혈류가 완전히 차단되면 스피커에서 혈류의 소리가 들리지 않게 된다. 혈류가 완전히

차단되었으면, 이후 혈압계의 눈금을 보면서 커프의 공기를 천천히 제거한다.

⑤ 스피커를 통해 혈류의 박동이 다시 들리는 순간의 압력이 수축기 혈압이다.

2) 오실로메트릭 혈압측정법(Oscillometric Measurement)

① 측정하고자 하는 곳에 혈압계 커프를 장착한다.

② 시작 버튼을 누르면 기계가 자동으로 커프를 부풀려 동맥 혈류를 차단하게 된다.

③ 이후 커프가 수축하면서 동맥벽의 진동을 자동으로 측정하여, 수축기 혈압, 이완기 혈압, 평균 혈압 및 맥박이 화면에 나타난다.

위의 두 가지 혈압측정방법 모두 혈압은 3회 이상 측정하여 평균을 구하도록 한다. 가장 이상적으로는 총 5회 측정 후, 가장 높은 혈압과 가장 낮은 혈압을 제외하고 남은 3회의 혈압의 평균을 계산하는 것이다.

III. 심전도 검사(ECG, Electrocardiography)

심전도 검사는 심장에서 발생하는 전기 신호를 측정하여 이를 그래프의 형태로 기록하는 검사방법이다. 따라서, 환자의 심박수와 리듬을 평가할 수 있다. 심박이 불규칙적으로 뛰는 것을 부정맥(cardiac arrhythmia)이라고 하는데, 심전도 검사는 부정맥을 진단하는 가장 좋은 검사방법이다. 그 외에도 심장의 방(chamber)의 크기의 변화 등 심장의 형태학적 변화를 평가할 때도 심전도 검사를 활용할 수 있다. 또 마취 중인 환자의 모니터링이나 다양한 응급상황에서도 심전도 검사가 활용되기 때문에, 동물보건사는 심전도 검사를 이해하고 보조할 수 있어야 한다.

(1) 심전도의 이해

심전도 그래프의 파형은 심장의 전기적 활동에 관한 정보를 제공하는데, 이를 이해하기 위해서는 심장의 전도시스템(conduction system)을 알아야 한다(그림 6).

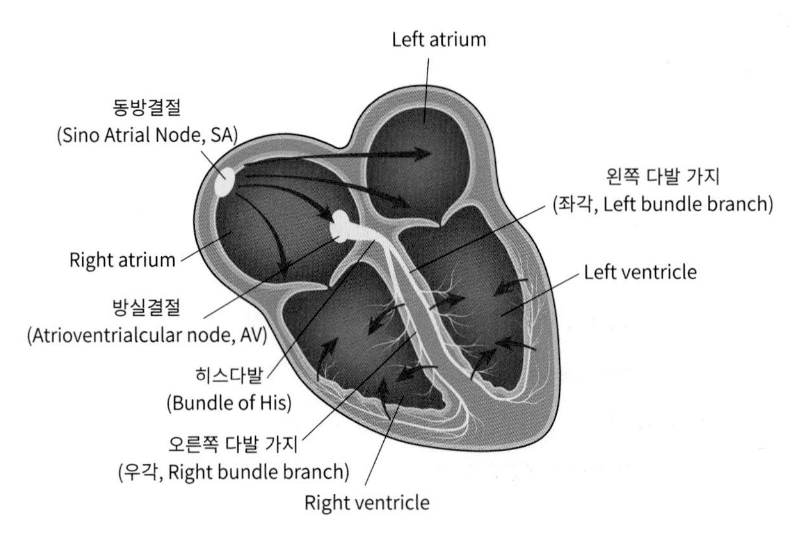

그림 6 심장의 전도시스템

심장박동은 우심방에 위치한 동방결절(SA node)의 탈분극에서 시작된다. 동방결절에서 시작된 전기자극은 양쪽 심방을 통해 전파된 이후 심실중격 근처에 있는 방실결절(AV node)로 모이게 되고, 이후 히스다발(bundle of His)을 통해 양측 심실로 이어지는 오른쪽 및 왼쪽의 다발 가지(right and left bundle branch)로 전달된다. 각 다발 가지의 말단에 이르게 되면 전기자극은 푸르킨예 섬유(Purkinje fibers)를 통해 근세포(myocyte)로 전달된다.

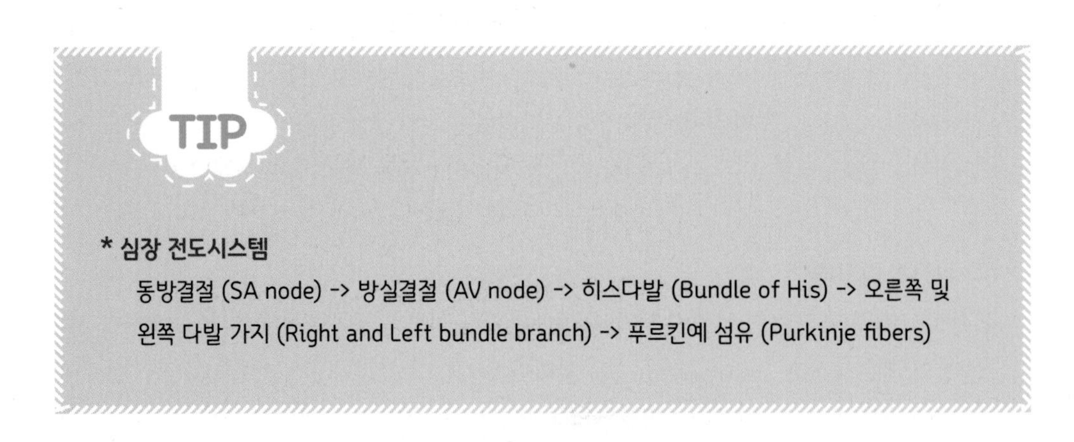
TIP

*** 심장 전도시스템**

동방결절 (SA node) -> 방실결절 (AV node) -> 히스다발 (Bundle of His) -> 오른쪽 및 왼쪽 다발 가지 (Right and Left bundle branch) -> 푸르킨예 섬유 (Purkinje fibers)

이렇게 전기자극이 심장 내의 전도시스템을 따라 이동할 때 자극을 받은 근세포는 주변세포에도 자극을 전도하여 수축을 일으키는데, 동방결절에서 자극이 전도될 때는 심방이 수축하여 혈액을 심실로 배출하며, 다발 가지를 통해 전기자극이 전도되면 심실이 수축하면서 혈액을 전신 순환으로 배출하게 된다.

심전도의 그래프를 살펴보면 아래(그림 7)와 같이 파형이 반복적으로 그려지는데, 그래프의 가로축은 시간을, 세로축은 전기적 흐름을 벡터의 합으로 나타낸 것이다. 크게 P-QRS-T만 구별할 수 있으면 되는데, P파는 심방의 수축, QRS파는 심실의 수축, T파는 심실의 이완을 의미한다.

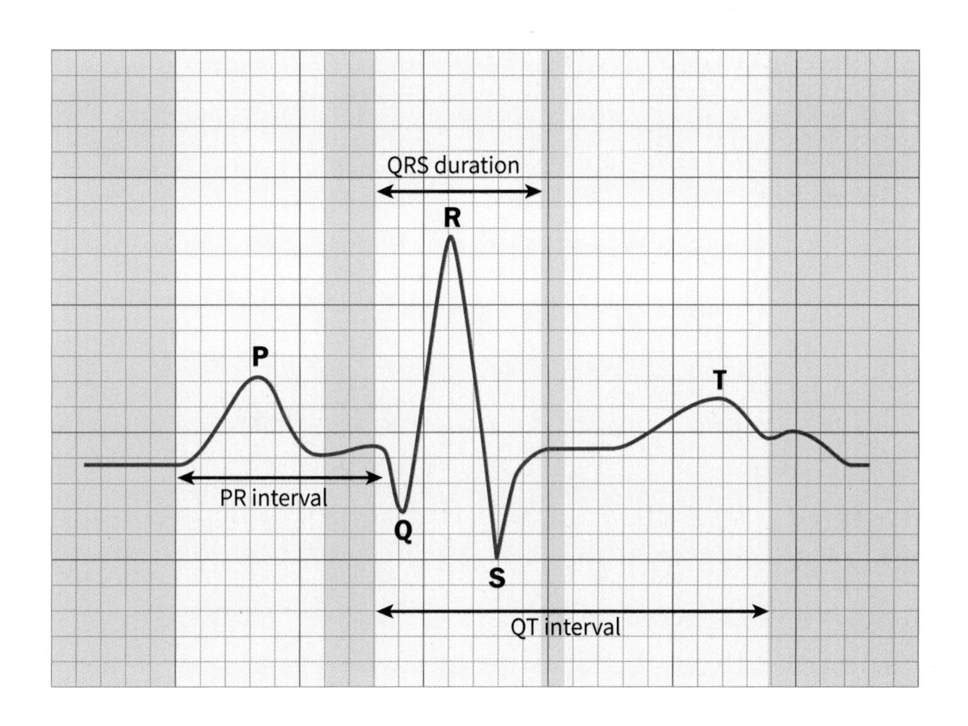

그림 7 심전도 파형

(2) 심전도 검사 보조

심전도 기계는 제조사에 따라 다양한 모델이 있다(그림 8). 심전도 기계에는 심전도 환자에 연결하는 전극용 케이블이 있는데, 일반적으로 빨간색, 노란색, 녹색 및 검은색의 4개의 케이블이 존재하나 기계마다 색깔의 구성이 다를 수 있으므로 케이블을 환자의 몸에 장착하기 전에 설명서를 참조하여 장착 위치를 확인해야 한다. 전극 케이블의 클립의 모양도 다양한데 일반적으로는 집게 형태의 클립을 많이 이용하며, 고양이나 서서 검사하는 환자의 경우는 버클 형태의 클립을 이용하기도 한다.

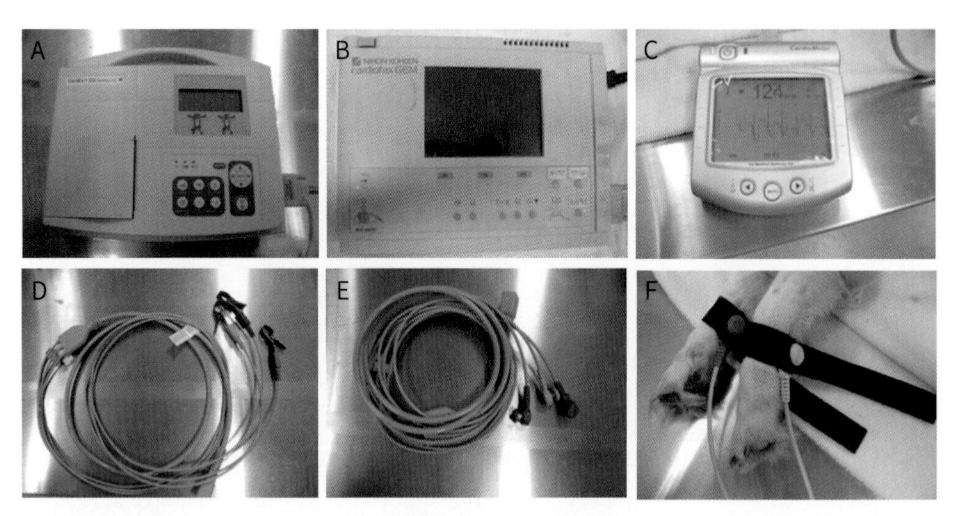

(A-C) 다양한 제조사의 동물용 심전도 장비, (D) 집게형 클립이 장착된 전극 케이블, (E)버클형 클립이 장착된 전극 케이블, (F) 버클형 전극 케이블을 장착한 모습

그림 8 심전도 기계 및 케이블 형태

심전도를 실시하기 위해서는 우선 환자를 심전도 실시 테이블에 올리고 몸의 오른쪽 옆면이 바닥으로 향하도록(right lateral postion) 옆으로 반듯하게 눕혀 보정한다(그림 9). 위에 설명한 4개의 전극은 소형동물의 경우 보통 겨드랑이 및 사타구니 쪽에 위치시키게 되며, 전극 케이블이 환자의 몸 위로 지나가거나 서로 겹치지 않도록 위치해 준다. 전극은 색깔마다 위치시키는 부위가 정해져 있는데, 일반적으로는 오른쪽 앞다리(붉은색), 왼쪽 앞다리(노란색), 왼쪽 뒷다리(녹색), 오른쪽 뒷다리(검은색)의 순서로 케이블을 위치시킨다. 전극 케이블을 환자의 몸에 장착할 때는 전기전도를 도와주기 위하여 전극을 위치시키는 부위에 알코올을 적셔 주거나 무균 젤을 발라 준다. 전기 전도에 간섭을 줄 수 있는 목줄, 목걸이, 옷 등은 제거하고 검사를 진행하며, 검사 테이블이 철제나 스테인리스 테이블이라면 두꺼운 수건이나 매트를 깔고 검사를 진행하여야 한다.

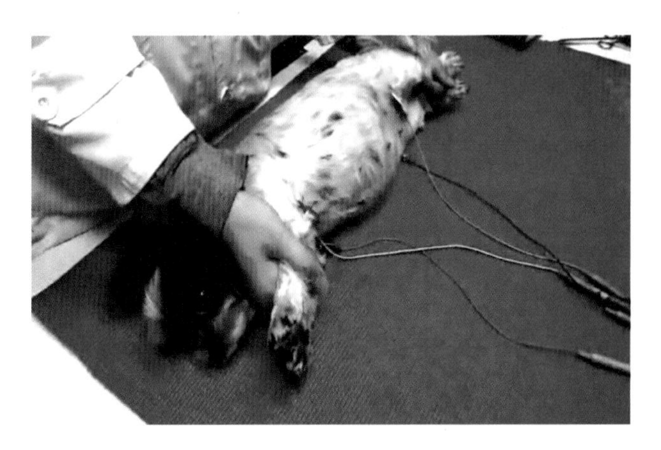

그림 9 환자의 심전도 검사 모습

TIP

* 심전도 모니터링이 필요한 상황
  - 응급상황
  - 마취
  - 수술 후 관리
  - 부정맥 의심환자
  - 약물중독증
  - 전해질 불균형 환자

Ⅳ. 방사선 검사

흉부 방사선(x-ray) 검사를 통하여 심장의 크기 및 주변 구조물을 확인할 수 있다. 또한 폐의 내부나 주변에 체액이 축적되었는지를 확인하기 위해서도 흉부 방사선 검사가 도움이 된다. 심장병 환자의 심장 및 주변 구조물과 폐의 상태를 확인하기 위해서는 일반적으로 측면(lateral)과 등배쪽(DV, dorsoventral) 또는 배등쪽(VD, ventrosoal)의 2부위 흉부 방사선 촬영이 필요하다. 보통 우측 측면(RL,right lateral)과 등배쪽 사진을 촬영한다(그림 10). 또한 일반적으로 최대 흡기(inspiration) 시에 촬영이 진행되어야 좋은 품질의 사진을 얻을 수 있다. 동물보건사는 흉부 방사선 검사 진행 시에 환자의 위치에 따른 정확한 보정 방법을 알고 시행할 수 있어야 하며, 환자의 호흡 상태도 확인해야 한다. 심장병 환자의 경우 호흡상태가 좋지 못한 경우가 많으며 이 경우는 무리하게 환자를 보정하면 안 된다. 필요에 따라서는 산소를 공급하면서 촬영이 진행되는 경우도 있다.

방사선 검사를 통해서는 평가할 수 있는 것들은 다음과 같다.

① 심장의 크기(좌심방, 좌심실, 우심방, 우심실의 비대를 각각 평가 가능함)

② 혈관의 비대 및 형태의 변화(대동맥, 폐동맥, 폐정맥 등 평가)

③ 폐수종

④ 흉수

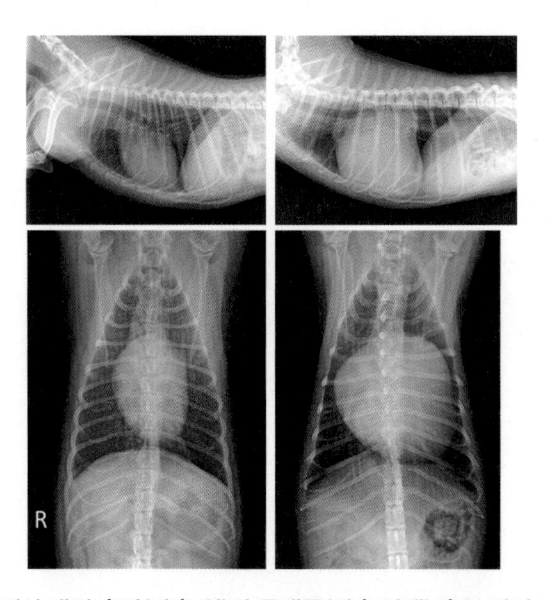

그림 10 정상 개의 측면(좌측 위)과 등배쪽(좌측 아래) 흉부 방사선 사진 및 심장병으로 인한 심비대 환자의 측면(우측 위)과 등배쪽(우측 아래) 흉부 방사선 사진

V. 심장초음파 검사

심장초음파 검사는 심장 내 방(chamber)의 크기, 심근의 두께, 심근의 움직임, 판막의 형태 및 기능, 그리고 심장 주위의 혈관을 비침습적으로 평가할 수 있는 가장 효과적인 검사방법이다(그림 11). 선천성 심장병을 포함하여 다양한 심장병의 정확한 진단을 위해서는 심장초음파 검사가 필수이다. 심장초음파 검사는 숙련된 수의사가 진행하며, 심장초음파 검사를 진행할 때 동물보건사는 환자를 적절히 보정하고 환자의 상태를 관찰해야 한다.

심장초음파를 진행하기 위해서 환자의 가슴부위 털은 적절하게 제거되어야 한다. 환자에 따라서는 털을 밀지 않고 검사를 진행하는 경우가 있는데, 일부 단모종이나 고양이의 경우 털을 밀지 않기도 한다. 하지만, 초음파 영상이 좋지 못한 경우에는 검사 부위의 털을 미는 것이 좋으며, 삭모 후 초음파 프로브와 피부 사이에 알코올을 적시거나 초음파 젤을 발라서 음향 접촉을 좋게 해주어야 좋은 영상을 얻을 수 있다. 검사를 위해 털을 제거해야 하는 경우에는 반드시 보호자에게 검사의 필요성과 털이 제거되는 범위 등을 미리 설명해 주어야 한다. 따라서, 동물보건사는 심장초음파 검사의 필요성을 인지하고 검사 진행과 관련되어 보호자에게 안내해야 하는 내용들을 미리 숙지해야 한다.

심장초음파 검사가 진행되는 동안 환자는 오른쪽 또는 왼쪽 측면자세로 위치하며, 검사자는 환자의 가슴 쪽에서 검사를 진행한다. 보정자는 환자의 등 쪽에서 오른손으로는 양쪽 앞다리를, 왼손으로는 양쪽 뒷다리를 잡고, 환자가 과도하게 움직이지 않도록 보정한다. 심장초음파의 프로브는 갈비뼈의 사이에 위치시키는데, 소동물의 경우 갈비뼈 사이 공간이 넓지 않기 때문에 환자의 호흡상태가 안정적이고 환자가 순응한다면 앞다리와 뒷다리를 앞뒤로 당겨서 갈비뼈 사이 공간이 조금 더 넓어질 수 있도록 해야 한다. 보통 심장초음파 검사 진행을 위하여 환자를 진정(sedation)시키지 않는다. 일부 환자의 경우 약한 진정을 진행할 수 있으나, 심장병 환자의 경우 약물이 환자의 상태에 영향을 줄 수 있기때문에, 약물 사용 없이 동물보건사의 보정만으로 검사가 진행된다. 따라서, 동물보건사는 심장초음파 검사 진행 도중 환자의 호흡상태와 의식상태를 면밀히 확인해야 하며, 환자의 상태가 좋지 못한 경우 즉시 검사자에게 이를 알려주어야 한다.

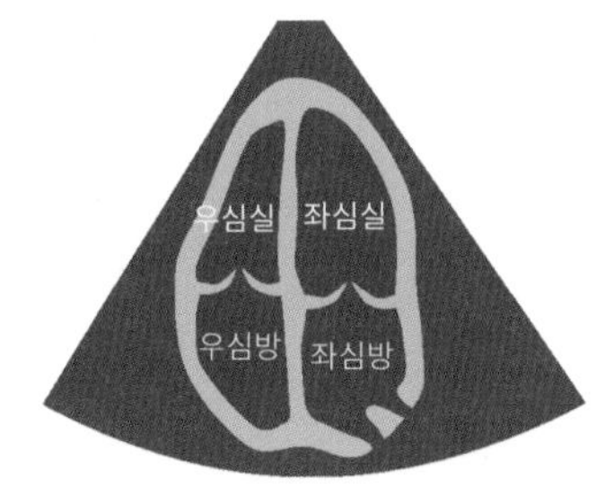

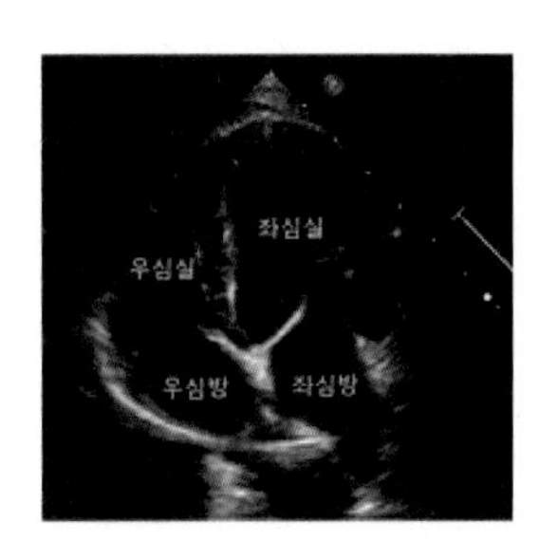

그림 11 심장의 4개의 방(chamber)이 보이는 심장단면 모식도(좌),
초음파 영상 모식도(가운데) 및 실제 환자의 초음파 영상(우)

제3장

대표적인 심혈관계 질환

개와 고양이에서 많이 발생하는 심장병의 종류는 서로 다르며, 질병 발생 및 그 특징에도 차이가 있다. 이 장에서는 반려동물에 발생하는 대표적인 심혈관계 질환들과 그 특징을 살펴보도록 하겠다.

I. 심장판막질환(이첨판 폐쇄부전증)

1) 특징

이첨판 폐쇄부전증(MVI, mitral valve insufficiency)은 좌심방과 좌심실 사이에 존재하는 판막인 이첨판에 발생한 퇴행성 판막질환(degenerative valve disease)으로, 개에서 발생하는 가장 흔한 유형의 심장병이다. 노령 개체에서 많이 발생하며, 암컷보다는 수컷에서 발생비율이 조금 더 높다. 대개 소형견 품종에서 주로 발생하는데, 카발리에 킹 찰스 스파니엘의 경우는 이첨판 폐쇄부전증이 다른 품종보다 어린 연령에서 발생한다. 좌심방과 좌심실 사이에서 혈류를 조절하는 판막인 이첨판이 두꺼워지고 유연성을 잃으면서 발생하는 질환으로, 형태 변형으로 인하여 판막이 제대로 열리고 닫히지 않게 된다. 이렇게 변형된 판막을 통하여 혈액이 심장 밖으로 배출되지 못하고 뒤로 역류하게 되며, 결국 폐에 체액이 축적되거나 폐수종이 발생하게 된다.

2) 진단

이첨판 폐쇄부전증에 이환된 환자의 주된 임상증상은 기침인데, 보통 저녁이나 운동 후에 기침이 심해진다. 그 외 호흡곤란, 운동불내성, 식욕부진, 무기력 등의 증상이 발생할 수 있다. 퇴행된 판막을 통한 혈액의 역류는 심잡음(murmur)을 발생시키며, 이는 청진기로 들을 수 있다. 폐수종이 함께 발생한 경우에는 비정상적인 폐음이 청진되며, 그 외 맥박의 이상이나 복부팽만 등이 관찰될 수 있다.

흉부 방사선 검사로 심장의 비대 및 폐의 상태를 확인할 수 있으며, 심전도 검사를 이용하면 심장축의 변화나 부정맥이 확인될 수 있다. 확진을 위해서는 심장초음파 검사가 필요하다.

3) 치료

이첨판 폐쇄부전증은 개에서 대표적인 심부전(heart failure)의 원인이다. 따라서, 환자의 상태에 따라 산소 처치 및 이뇨제, 동정맥 확장제, 강심제 등의 약물이 필요하다. 자세한 환자의 관리 및 치료에 대해서는 제4장 심부전 환자의 간호 부분을 참조하기 바란다.

II. 심장사상충(Heartworm disease)

1) 특징

심장사상충(Dirofilaria immitis)은 모기를 매개로 전염되는 회충의 한 종류로, 혈액매개 기생충이다. 모기가 심장사상충에 감염된 개체의 피를 빨게 되면 L1 유충(마이크로필라리아, microfilaria)이 모기의 몸속으로 들어가서 2~3주에 거쳐 L3 상태로 성장한다. 이때 다시 모기가 다른 개체를 흡혈하게 되면 L3 유충이 동물의 몸으로 이동하게 되고, 대략 100일에 거쳐 L5 유충으로 성장하게 된다. 이렇게 성장한 유충은 혈관으로 들어가서 폐동맥으로 이동하게 된다. 이후 L5 유충은 성장을 마치고, 암컷과 수컷 심장사상충이 짝짓기를 하여 마이크로필라리아(microfilaria)를 혈류로 방출하게 되는데, 처음 감염 후 마이크로필라리아를 배출할 때까지 대략 6개월이 걸린다(그림 12). 성충은 감염된 개의 심장, 폐동맥 및 인접한 큰 혈관 내에 존재하며, 다 자란 암컷 심장사상충은 길이가 15~36cm에 이른다.

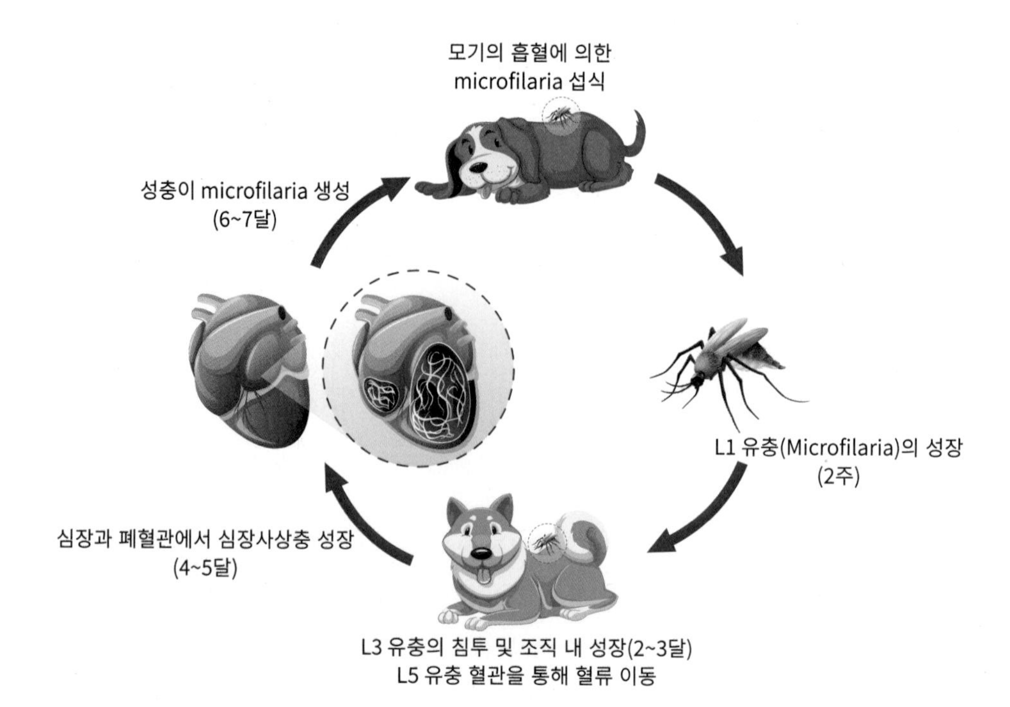

그림 12 심장사상충의 생활사(life cycle)

심장사상충은 전 세계적으로 발생하는 질환으로, 지역마다 서식하는 모기의 종, 기후 등이 유병율에 영향을 미치는데, 국내에서도 많이 발생하고 있다. 심장사상충의 전파에는 모기가 중간숙주로 꼭 필요하기 때문에 개체 간에 직접적으로 질병이 전파되지는 않는다.

2) 진단

심장사상충 예방을 실시하지 않는 실외에서 생활하는 개체의 감염빈도가 높으며, 실내생활하는 개체도 산책 등을 통하여 감염될 수 있다. 감염 후 임상증상을 나타내기까지 시간이 걸리기 때문에, 주로 2~8세 사이에 진단되며, 감염 초기에는 증상이 없다가 감염 중등도에 따라서 심한 폐질환 증상이 나타날 수 있다. 대개 심한 기침, 운동불내성, 호흡곤란 및 객혈을 보일 수 있으며, 실신을 보이거나 복수가 발생하는 개체도 있다. 즉, 임상증상이 두드러지게 나타난 경우라면 질병이 상당히 진행된 상태인 경우가 많다.

청진 시에 비정상적인 폐음이 들리며, 심잡음은 드물게 삼첨판 쪽에서 확인될 수 있다. 혈액검사 시에 직접 혈액 도말 검사를 통하여 심장사상충의 유충(microfilaria)을 확인할 수 있으며, 직접 검경에서 유충이 보이지 않는다 하여 심장사상충 감염을 배제할 수 없다. 보통 확진을 위하여 심장사상충 항원 검사 키트가 사용되며, 이는 암컷 성충의 항원을 검사하는 방법이다. 따라서, 감염된 후에도 심장사상충의 성장이 끝나는 대략 6~7개월까지는 검사 결과가 음성일 수 있다.

심장사상충이 진단되면 이후 안전하게 치료받을 수 있는지 개체의 상태를 확인해야 한다. 따라서 추가적인 진단검사들이 진행된다. 흉부 방사선 검사를 통해서 심장 및 폐의 상태를 확인할 수 있는데, 보통 우측 심장 및 폐동맥의 확장이 두드러지며, 폐실질의 변화가 관찰된다. 심초음파 검사를 통해서는 심장 내부 및 폐혈관의 변화를 직접 확인할 수 있으며, 감염이 심한 경우 우심실이나 폐동맥에서 심장사상충이 관찰되기도 한다. 그 외 혈액검사를 실시하여, 체내의 다른 장기의 손상 여부를 평가할 수 있는데, 보통 심장사상충 치료 전과 치료과정 중 검사를 진행하는 것이 권장된다.

3) 치료

과거 심장사상충 치료는 약물의 독성부작용이 많았으나, 현재는 안전한 약물로 치료 성공률이 높은 편이다. 치료는 성충(adult heartworm)치료와 자충(microfilaria)치료 두 가지로 진행되며, 그 외 병발한 다른 장기의 손상을 관리하기 위한 보조 치료들이 사용된다.

성충치료제의 성분은 melarsomine(상품명, Immiticide®)으로 주사제이다. 이 약물은 성충만을 죽이며 여러 번 투여가 필요한데, 이는 개체의 상태에 따라 담당 수의사가 투약 일정을 결정한다. 심장사상충의 치료 중에는 환자가 충분한 휴식을 취할 수 있도록 해야 하며, 스트레스를 주지 않도록 주의해야 한다. 약물에 의하여 성충이 분해되고 제거되는 데는 시간이 걸리며, 죽은 성충의 잔해물에 의하여 치료 합병증(혈전색전증(thromboembolism))이 발생할 수 있다. 약물 투여 후 한달 동안 운동을 금지해야 하며, 기침이 눈에 띄게 심해지거나 호흡곤란, 발열, 객혈 등이 나타난다면 병원으로 연락할 수 있도록 보호자에게 안내해야 한다.

성충치료가 끝나고 4~6주 뒤에 자충치료를 시작한다. 자충치료제를 투여한 개체는 이상반응이 없는지 일정 시간 동안 병원에서 환자의 상태를 관찰하는 것이 좋다. 자충치료가 끝난 개체는 정기적으로 심장사상충 예방약을 사용할 수 있도록 안내해야 한다.

증상이 없거나 경증의 환자는 대개 치료 반응과 예후가 좋은 편이다. 중감염에 의하여 심한 폐동맥 질환이나 울혈성 심부전이 발생한 환자의 경우 치료를 진행해도 폐사율이 40~60%에 이를 수 있으며, 치료 후에도 심장기능을 개선하기 위한 약물이 지속적으로 필요할 수 있다.

4) 예방

심장사상충 감염은 예방이 가능한 질병으로, 심장사상충 예방약을 사용하면 심장사상충에 감염되지 않도록 예방할 수 있다. 심장사상충 치료를 성공적으로 마친 개체는 이후 심장사상충 재감염을 막기 위하여 심장사상충 예방약을 사용하는 게 필수적이다. 국내의 경우 겨울에도 도

심에서는 모기가 관찰되기 때문에, 1년 내내 예방약을 투약하는 것이 도움이 되며, 만일 휴약기간이 존재한다면 재투약을 시작하기 전에 반드시 심장사상충 감염 여부를 확인해 보는 것이 좋다. 예방약은 다양한 형태의 상품으로 출시되어 있으며, 한 달에 1회 적용하여 심장사상충의 감염을 막을 수 있다. 따라서 동물보건사는 다양한 심장사상충 예방약물을 미리 파악하여 보호자에게 설명할 수 있어야 한다.

III. 선천성 심장질환

(1) 동맥관개존증(PDA, patent ductus arteriosus)

1) 특징

동맥관(ductus arteriosus)은 대동맥과 폐동맥 사이에 존재하는 혈관으로 태아에서 존재하다가 태어나면서 정상적으로 사라지는 구조이다. 태아는 태반을 통하여 필요한 산소를 공급받기 때문에 폐순환이 일어나지 않으며, 동맥관은 혈액이 폐를 우회하도록 하는 기능을 한다. 태어나면서 숨을 쉬게 되면 동맥관이 닫히고, 혈액은 폐순환을 시작하여 산소를 공급받는다. 동맥관개존증이란, 동맥관이 출생 후에 폐쇄되지 않고 지속적으로 열려있는 심장병으로, 개에서 가장 흔한 선천성 심장병이다(그림 13).

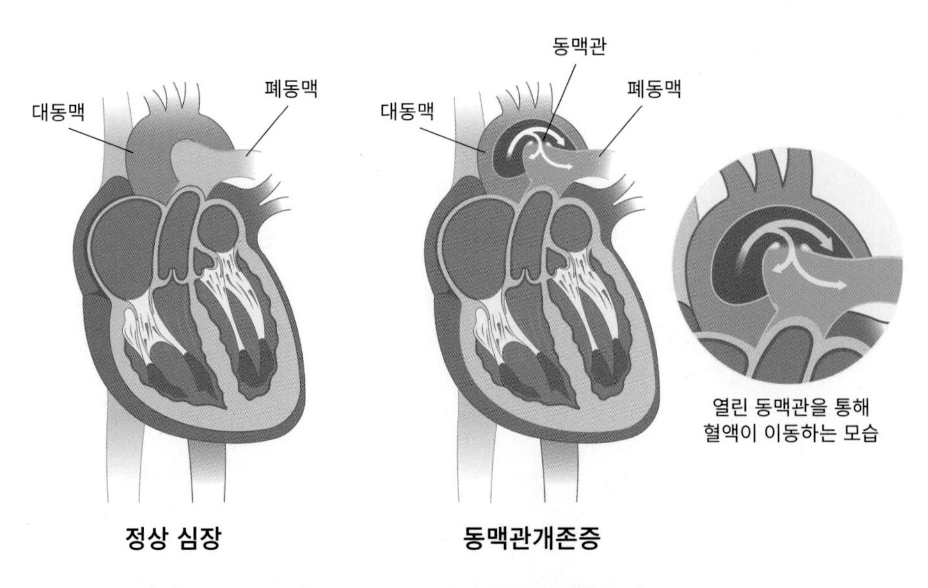

그림 13 정상심장과 동맥관개존증 모식도

앞의 그림처럼 동맥관이 닫히지 않고 존재하는 경우 혈액은 압력 차에 의하여 압력이 높은 대동맥에서 동맥관 개존부위를 통하여 폐동맥으로 이동하게 된다. 그럼 이미 폐순환을 마친 혈액이 불필요하게 폐로 재순환되어 좌측 심장으로 혈액이 이동하게 된다. 따라서 심장은 점점 비대해지고 울혈성 심부전이 발생하게 된다.

동맥관개존증은 미니어처 푸들, 말티즈, 포메라니안 등 소형견종에서 호발하며 암컷에서 발생빈도가 높다.

2) 진단

임상증상은 무증상부터 심한 울혈성 심부전까지 다양하게 나타난다. 호흡곤란과 운동불내성이 대표적이며, 크고 지속적인 심잡음(continuous heart murmur)과 비정상적인 맥박이 관찰된다. 다른 개체에 비하여 성장이 지연되거나 크기가 작을 수 있다. 일부 개체에서는 폐순환의 압력이 대동맥의 압력을 초과하여 동맥관개존 부위의 혈류 흐름이 역전될 수 있다. 이를 '역동맥관개존증(reverse PDA)'이라 하는데, 이 경우 심잡음이 사라지고 청색증이 나타날 수 있다. 심장과 폐의 상태를 평가하기 위하여 흉부 방사선 사진과 심전도 검사가 필요할 수 있으며, 나타나는 변화는 앞서 배운 이첨판 폐쇄부전증과 유사하다. 확진을 위해서는 심장초음파가 필수이며, 심장초음파 검사를 통해서 비정상적인 혈관인 동맥관과 동맥관에 흐르는 혈류의 방향과 속도 등을 평가할 수 있다.

3) 치료

치료의 목적은 비정상적인 혈관인 동맥관을 차단하여 핼액의 흐름을 막는 것이다. 치료 방법은 크게 외과적 수술법과 덜 침습적인 심도자 폐쇄시술(occlusion by cardiac catheterization)이 있으며, 두 방법 모두 동맥관을 차단하여 질병을 완치할 수 있다. 치료는 가급적 진단 후 빠른 시기에 실시하는 것이 좋으며 치료 시기가 늦어질수록 심장 내에 비가역적인 손상이 발생할 수 있다. 역동맥관개존증의 경우 수술이나 시술을 통한 동맥관의 폐쇄는 금기시되며, 이 경우는 임상증상에 대한 대증치료만 진행해야 한다.

합병증이 발생하지 않은 동맥관개존증의 경우 치료에 대한 반응 및 예후는 좋은 편으로 대부분 완치가 가능하다. 치료하지 않는 경우 60% 이상의 개체가 1년 이내에 폐사하게 된다. 역동맥관개존증 환자의 예후는 매우 불량하다.

(2) 심실중격결손증(VSD, ventricular septal defect)

1) 특징

심실중격결손은 고양이의 흔한 선천성 심장병으로 개에서도 발생하며, 중격결손의 발생 위치와 크기는 다양하다. 좌심실과 우심실 사이에 존재하는 중간 벽에 결손(구멍)이 있는 질환으로, 앞선 동맥관개존증과 유사하게 압력이 높은 좌심실의 혈액이 결손부위를 따라 우심 쪽으로 이동하게 되어 폐순환을 하게 된다. 따라서, 혈액이 불필요하게 폐 및 좌심 쪽으로 재순환하게 된다(그림 14).

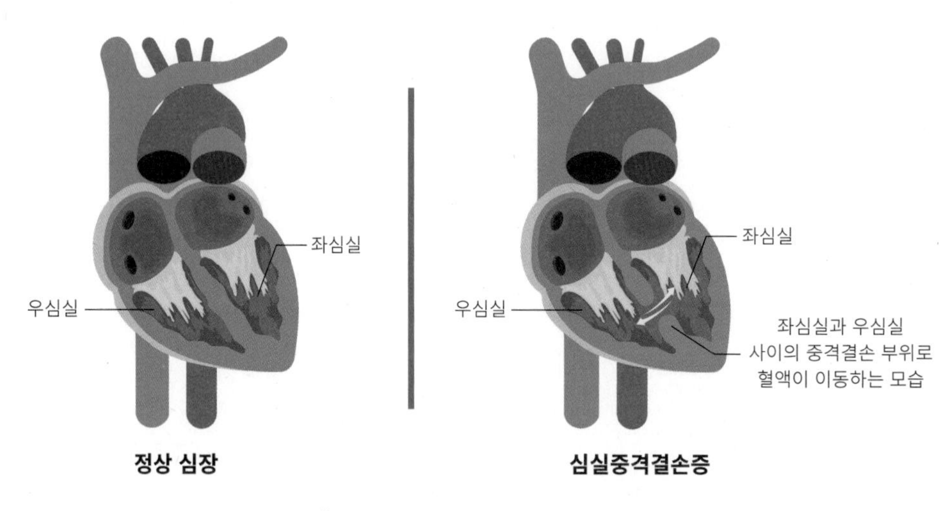

그림 14 정상심장과 심실중격결손 모식도

2) 진단

심실중격 결손부위가 작은 경우 특이적인 임상증상이 나타나지 않으며, 결손부위가 큰 경우 혈액이 폐 및 좌측 심장으로 이동하면서 울혈성 심부전 증상이 나타난다. 환자는 운동불내성이나 기침 등을 보일 수 있다. 청진 시에 특이적인 심잡음이 확인된다. 심장과 폐의 상태를 평가하기 위하여 흉부 방사선 사진과 심전도 검사가 필요할 수 있으며, 나타나는 변화는 앞서 배운 이첨판 폐쇄부전증과 유사하다. 확진을 위해서는 심장초음파가 필수이며, 심장초음파 검사를 통해서 심실중격의 결손부위의 크기와 결손부위 사이를 흐르는 혈류의 방향과 속도 등을 평가할 수 있다.

3) 치료

심실중격 결손부위의 크기가 아주 작은 경우에는 특별한 치료가 필요하지 않다. 결손부위가 큰 경우 수술적 교정을 실시할 수 있는데, 폐동맥 밴딩(banding)이나 수술적 결손부위 폐쇄 등이 있으나 많이 시행되고 있지 않으며, 높은 수준의 외과 전문지식이 필요하다.

예후는 심실중격 결손부위의 정도에 따라 달라진다. 결손부위가 작은 경우는 환자의 예후가 좋은 편으로 정상 기대 수명을 살 수 있지만, 결손부위가 큰 경우는 울혈성 심부전 등이 발생하고 이 경우 예후가 불량하다.

Ⅳ. 심근질환

(1) 확장성 심근병증(DCM, Dilated cardiomyopathy)

1) 특징

확장성 심근병증은 심장의 근육이 얇아지고 약해져서 심장이 적절하게 수축과 이완을 하지 못하여 발생하는 질병이다. 특히 심장의 수축 능력이 감소하기 때문에, 혈액이 배출되지 못하고 심장 내에 저류함으로써 심장 내강이 확장되어 심장비대(심장이 커짐)가 발생한다. 심장의 이러한 형태적 변화로 심장 판막이 잘 닫히지 않아 혈액이 역류할 수 있으며, 이는 폐와 복부에 체액의 축적을 야기한다.

대개 대형견 품종에서 호발하는 것으로 알려져 있으며, 수컷에서의 발생율이 높다. 발생 빈도는 나이가 증가하면서 늘어난다. 정확한 질병의 원인이 밝혀져 있지는 않지만 유전적이 요인이 영향을 주는 것으로 추정되며, L-카르니틴이나 타우린 결핍이 질병의 발생에 영향을 준다.

2) 진단

복수로 인한 복부팽만, 식욕부진, 체중감소, 호흡곤란, 기침, 운동불내성, 무기력 등의 증상이 발생한다. 청진 시 약한 심잡음이나 이상심음(gallop rhythms)이 들릴 수 있으며, 불규칙한 심박이나 부정맥 등도 확인될 수 있다.

심장의 수축기능 감소로 신장 관류가 감소하는 경우 혈액검사에서 요질소혈증(azotemia)이 관찰될 수 있으며, 간 울혈에 의한 간수치 상승도 확인될 수 있다.

다른 심장질병과 마찬가지로 흉부 방사선 검사로 심장의 비대, 폐의 상태 등을 확인할 수 있다. 심장근육 이상으로 인하여 부정맥 발생이 높은 편이라, 심전도 검사는 필수로 진행해야 한다. 역시 확진을 위해서는 심장초음파 검사가 필요하다.

3) 치료

환자의 상태에 따라 산소처치, 이뇨제, 동정맥 확장제, 강심제 등의 약물이 필요하다. 부정맥이 확인되었다면 항부정맥 약물치료도 병행해야 한다.

일반적으로 예후가 좋지 못한 질병이며, 심부전이 발생하면 대개 6개월~2년 이내에 폐사한다. 다른 품종보다 도베르만 핀셔 종에서 예후가 더욱 나쁜 편이며, 심장병에 의한 급사가 발생한다.

(2) 비대성 심근병증(HCM, Hypertrophic cardiomyopathy)

1) 특징

비대성 심근병증은 고양이에서 흔히 발생하는 심장병으로, 심장의 근육이 두꺼워져서 심장이 적절하게 수축과 이완을 하지 못하는 질병이다. 특히 두꺼워진 심근으로 인하여 심장의 이완 기능이 영향을 받게 된다. 비대성 심근병증에 이환된 개체는 울혈성 심부전이나 혈전 형성으로 인한 뒷다리 마비 등의 증상이 나타난다.

대개 6~7년령의 개체에서 질병이 발생하며 수컷의 발생률이 암컷보다 높다. 메인쿤과 랙돌 고양이의 경우 유전적 문제가 밝혀져 있으며, 그 외에도 다양한 품종에서 질병이 발생한다. 일부 개체의 경우 갑상선기능항진증, 말단비대증(acromegaly), 그리고 고혈압(hypertension)에 의하여 이차적으로 비대성 심근병증이 발생하기도 한다.

2) 진단

비대성 심근병증에 이환된 개체는 아무런 증상을 나타내지 않는 무증상, 급작스러운 호흡곤란과 무기력 발생, 또는 급작스러운 뒷다리 마비 증상이 발생할 수 있다. 청진 시에 부드러운 심잡음이나 이상심음(gallop rhythms)이 들릴 수 있다.

흉부 방사선 검사 시에 무증상의 개체는 큰 변화가 관찰되지 않기도 하며, 명백한 좌심방 확장이나 심비대가 확인되기도 한다. 만약 울혈성 심부전이 발생한다면 폐수종이 확인된다. 심전도 검사에서는 부정맥이나 전도 장애가 확인될 수 있으며, 확진을 위해서는 심장초음파 검사가 필요하다.

3) 치료

환자의 상태에 따라 산소처치, 이뇨제 등의 약물이 사용될 수 있다. 심박수가 빠른 경우 심박수를 줄이고 심근 이완을 개선하기 위하여 비선택적 베타 차단제나 칼슘 채널 차단제 등의 약물이 사용될 수 있다. 부정맥이 확인되었다면 항부정맥 약물치료도 병행해야 한다. 뒷다리 마비나 혈전이 형성된 경우, 혈전 용해 약물을 사용하기도 하며, 혈전 예방을 위한 항혈전 약물을 사용한다.

임상증상이 나타난 개체들의 예후는 보통 좋지 않으며, 대개 1년 이내 폐사하는 경우가 많다. 만약 혈전이 발생한다면 생존 기간은 더욱 짧으며, 급사하는 경우가 많다.

제4장

심부전 환자의 간호

개와 고양이에서 심부전의 치료는 근본적인 심장병의 종류에 따라 달라진다. 이 장에서는 개와 고양이의 심장병에 의하여 발생한 심부전 환자의 일반적인 치료 방법을 이해하고 심장병 환자의 간호 및 관리 방법에 대하여 다룰 예정이다. 심부전의 치료를 위해서는 원인을 해결해야 하는데, 선천성 심장병 중 동맥관개존증과 같은 질환은 비정상적으로 개통된 동맥관을 닫아주면 완치가 된다. 하지만, 안타깝게도 대부분의 심혈관 질환은 완치가 되지 않으며, 일단 질병이 발생하고 나면 질병의 급속한 진행을 막고 합병증이 발생하지 않도록 관리해야 한다.

심부전의 치료는 일반적으로 심장에 미치는 손상을 최소화하고, 폐에 축적된 체액을 제거하여 전신순환을 개선시키는 것에 치료의 초점이 맞추어져 있다. 또한, 심박수를 조절하고, 혈액 내 적절한 산소를 보유할 수 있도록 도우며, 혈전 발생 위험을 최소화하기 위하여 노력해야 한다.

(1) 산소 공급(Oxygen)

심장병 환자에게 산소의 공급은 중요하다. 심장의 기능이 저하되면서 전신순환이 나빠지기 때문에, 산소를 보충하여 조직으로 가는 산소를 증가시켜야 한다. 보통 환자의 검사가 진행되고 있을 때는 검사를 방해하지 않고 즉각적으로 환자에게 산소를 공급할 수 있는 '플로우 바이(flow-by)' 방법을 이용한다. 산소를 제공하는 가장 쉬운 방법으로 산소 튜브를 환자의 얼굴에 가까이 대는 방법이 있다. 하지만, 실내 공기 중의 산소 함량에 비해 증가시킬 수 있는 산소농도가 높지는 않으며, 산소의 유속을 높게 지속적으로 공급해야 하기 때문에 효율적인 산소 공급법은 아니다. 지속적인 산소의 보충을 위해서는 비강 카테터를 이용하거나 산소케이지의 사용이 적합하다. 의식이 없거나 응급상황에서는 기도삽관을 통하여 산소를 공급할 수 있다.

Flow-by 방법

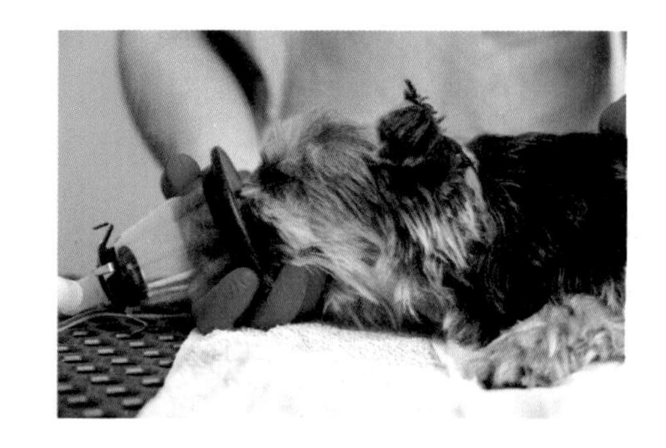

마스크를 이용한 산소 공급

그림 15 호흡곤란 환자의 산소 공급방법

다음의 임상증상을 보이는 환자에서는 산소 공급이 필요하다.

① 빈호흡(tachypnea)

② 호흡곤란(dyspnea)

③ 청색증(cyanosis)

④ 비정상적인 호흡소리

⑤ 기타 수의사의 지시가 있는 경우

(2) 정맥 확보를 위한 준비 및 보정

환자의 상태에 따라 약물의 빠른 효과나 응급약물의 투여를 위하여 정맥 내 카테터를 장착해야 할 경우가 있다. 정맥 내 카테터 장착이 필요한 환자는 스트레스를 줄이기 위하여 우선 산소 공급을 실시하며, 그 사이 동물보건사는 정맥 내 카테터 장착을 위해 필요한 물품을 미리 준비해 둔다. 수의사가 정맥카테터를 장착하는 동안 동물보건사는 환자를 보정하면서 환자의 호흡 등 상태를 면밀히 살펴야 하며, 필요시에는 플로우 바이 방법이나 마스크를 이용하여 산소를 공급할 수 있도록 조치해야 한다. 만일 환자의 호흡상태가 좋지 못하다면 무리해서 보정 후 정맥을 확보하지 않고, 바로 환자를 산소케이지에 위치시킨 후 우선 안정화를 실시해야 한다.

(3) 환자 안정화시키기

우선 환자의 스트레스를 최소화해주어야 한다. 환자가 진료실이나 산소케이지 내에서 불안해하는 경우, 환자의 불안요소를 잘 파악하여 이를 해소해 주어야 한다. 환자가 주위 소리에 민감하게 반응한다면 입원 케이지를 조용한 곳으로 마련하며, 환자가 처치실 내 사람이나 동물의 움직임에 민감하게 반응한다면 입원장 외부가 보이지 않도록 입원장을 일부 가려두는 것이 도움이 될 수도 있다. 이 경우, 입원장 내부가 잘 보이지 않기 때문에 환자의 모니터링이 제한될 수 있으므로 주의한다. 지속 모니터링이 필요한 환자는 입원장을 가려두지 않도록 한다. 환자에 따라 진정약물을 조심스럽게 사용하는 경우가 있다. 진정약물의 사용 여부와 처방은 수의사에 의하여 이루어진다. 동물보건사는 환자의 활력징후 및 의식상태 등을 지속적으로 모니터링하고, 환자의 상태에 대하여 수의사에게 즉각 알려주어야 하며, 진정약물을 사용한 경우 환자의 상태에 변화가 나타나는지도 지속적으로 관찰하고 기록해야 한다.

(4) 심부전 환자의 약물처치에 따른 관리

심부전 환자의 관리를 위하여 사용될 수 있는 약물은 다음과 같다. 동물보건사는 각 약물의 특징 및 약물 사용 전후 모니터링해야 하는 사항을 잘 알아두어야 한다.

1) 이뇨제(diuretics)

이뇨제는 혈류량(blood volume)을 줄이고 동시에 혈관, 특히 정맥의 압력을 낮추어 체내에 저류된 체액을 몸 밖으로 배출시키는 것을 도와주는 약물이다. 이뇨제는 다양한 종류가 있는데, 많이 사용하는 이뇨제의 종류에는 푸로세마이드(furosemide), 스피로노락톤(spironolactone), 하이드로클로로로타이아자이드(hydrochlorothiazide) 등이 있다.

이뇨제를 사용하는 경우 환자의 배뇨량과 횟수가 증가하고 음수량이 증가할 수 있다. 환자가 입원한 경우 환자의 배변패드를 자주 체크하여 배뇨량을 기록해 둔다. 금식인 경우를 제외하고는 환자에게 신선한 물을 공급하고, 음수량 역시 측정하여 기록해 두어야 한다.

2) 안지오텐신 전환효소 억제제(ACE inhibitors)

혈관의 이완과 확장을 도와 순환을 개선하고 혈압을 조절하는 약물로, 고혈압 치료제로도 사용된다. 대표적인 안지오텐신 전환효소 억제제에는 에날라프릴(enalapril), 베나제프릴(benazepril), 라미프릴(ramipril) 등이 있다. 이 약물이 처방된 환자의 경우, 약물 투약 전후의 혈압 및 심박수의 변화가 발생할 수 있다. 수의사의 지시에 따라 심박수 및 혈압을 주기적으로 모니터링해야 한다.

3) 강심제(inotropics)

강심제는 심장의 수축력을 증가시키는 약물로, 심장의 혈액 배출을 도와준다. 강심제는 보통 경구 약물로 처방되나, 환자의 상태가 좋지 못한 경우 정맥을 통하여 투여한다. 이 경우 환자의 심박수 및 혈압의 변화가 급작스럽게 나타날 수 있기 때문에, 약물 투여 초기에는 짧은 간격으로 심박수 및 혈압을 모니터링해야 한다. 경구용으로 처방되는 대표적인 강심제 약물은 피모벤단

(pimobendan)과 디곡신(digoxin)이다. 보통 강심제의 경우 처방 이후 식욕이 감소할 수 있으며, 소화기 증상(구토 및 설사) 등의 부작용이 나타날 수 있다. 약물 투약 이후 이러한 증상이 확인된다면, 바로 담당 수의사에게 알려야 한다.

4) 항부정맥 제재(antiarrhythmic medications)

심박수를 증가시키거나 감소시키는 약물이나 비정상적인 심장박동을 조절하는 약물들이 항부정맥 제재이다. 대표적인 약물로는 리도카인(lidocaine), 멕실레틴(mexiletine) 등이 있다. 항부정맥제를 처방받는 환자는 심전도 검사를 진행하게 되며, 동물보건사는 환자의 상태에 맞추어 적절한 보정을 실시해야 한다(제2장, III. 심전도 검사 참조). 항부정맥 약물이 필요한 환자는 심박수뿐만 아니라 심장의 리듬을 주의 깊게 관찰해야 하며 필요시에는 모니터링 장치를 지속적으로 장착해 두어야 한다. 또한, 식욕감소, 구토 및 설사, 혈압감소, 부정맥 등이 관찰될 수 있기 때문에 환자의 모니터링에 신경 써야 한다.

(5) 심부전 환자의 모니터링

위에서도 언급되었지만, 심장병 환자의 상태를 모니터링하는 것은 매우 중요하다. 모니터링 항목은 환자에 따라 다를 수 있으며, 수의사의 지시에 따라 필요한 항목을 결정한다. 환자가 안정화되지 않은 상태일 경우 대개 15~30분마다 환자의 활력징후(vital sign) 측정을 포함한 모니터링을 진행해야 한다. 이후 환자가 안정화 상태라면, 4~6시간마다 환자를 관찰한다. 주의할 점은 환자가 산소케이지에 있거나 상태가 몹시 불안정한 경우에는 산소케이지를 자주 열지 않도록 하며, 환자를 입원장에서 꺼내거나 과도한 스트레스를 주지 않도록 주의해야 한다. 환자의 모니터링 항목과 관찰 내용들은 제2장, I. 신체검사의 진행 부분을 참조한다. 병원 내에서 관찰된 모든 사항들과 모니터링 내용들은 환자의 입원차트에 기록해야 하며, 환자 상태의 급격한 변화가 있거나 예상하지 못한 증상이 확인된다면 반드시 담당 수의사에게 이를 알려야 한다.

제5장

급여 시 고려사항

심장병 환자를 관리하는 데 있어, 주의해야 하는 영양학적인 부분은 음식의 칼로리, 나트륨 함량, 칼륨 함량, 마그네슘 및 단백질 함량이다. 환자에게 발생한 심장병의 종류, 심장병의 정도, 처방받는 약물의 종류, 환자의 음식 기호성 등 다양한 요소들이 환자의 식단에 영향을 미칠 수 있다.

심혈관계 질환 환자의 기저 질환이나 환자의 특성에 맞는 영양학적 관리는 환자의 치료와 관리에 중요한 요소가 된다. 물론, 심장병이 있는 모든 개와 고양이에서 동일한 처방사료나 식단이 필요한 것은 아니다. 환자의 기저 질환의 종류, 몸무게 및 비만도, 체내 전해질 불균형, 특정 영양소 결핍 등의 요소는 환자의 식이에 영향을 줄 수 있다.

가장 중요한 것은 모든 환자에서 적절한 신체충실지수(BCS, body condition score)를 유지하는 것이다(그림 16). 보통 BCS는 5단계 또는 9단계로 나누어 평가하며, 다음 그림은 5단계로 구분된 BCS 평가표이다.

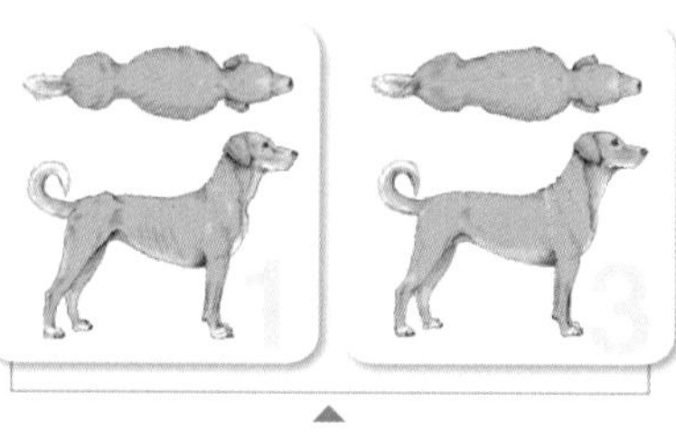

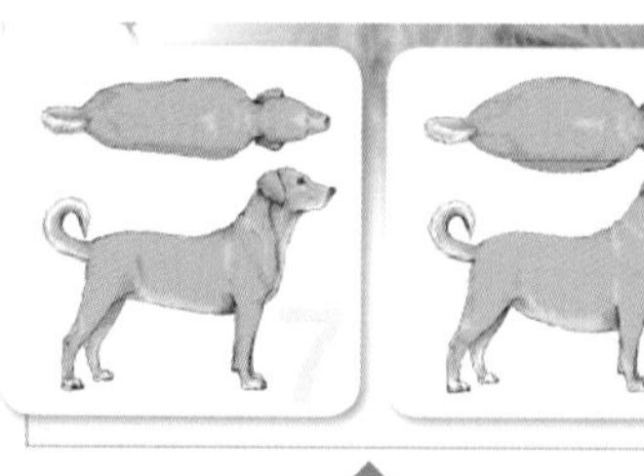

그림 16 개의 신체충실지수(BCS) 구분

(https://wsava.org/wp-content/uploads/2020/01/Body-Condition-Score-Dog.pdf)

(1) 칼로리

심장병 환자는 질병의 초기에는 비만인 경우가 많으나 질병이 진행됨에 따라 악액질(cachexia)이 발생하는 경우가 많다. 악액질이 발생하면 인터루킨-1과 같은 염증성 사이토카인(cytokine)이 증가하게 되며, 이러한 사이토카인들은 식욕부진을 악화시키고 체내 에너지 요구량을 증가시켜 근육량이 감소하게 되며, 체력 및 면역 기능도 떨어뜨려 결국 환자의 장기 생존에 좋지 않은 영향을 주게 된다. 따라서, 심장병 환자는 적절한 BCS를 유지할 수 있도록 칼로리를 조절해야 한다.

(2) 단백질 및 아미노산

심장병 환자의 근량소실을 보전하기 위하여 정상범위 또는 증가된 단백질 공급이 필요할 수 있다. 노령의 심장병 환자에서 신부전이 병발한 경우가 아니라면, 단백질의 제한이 필요하지 않다.

아미노산 중 하나인 타우린(taurine)은 심장병 발생에 영향을 준다. 타우린은 고양이의 필수 아미노산으로 타우린이 결핍된 식이를 제공받은 고양이의 경우, 확장성 심근병증이 발생하게 된다. 상업용 사료가 일반화되기 이전에 다수의 고양이가 타우린 결핍으로 인한 확장성 심근병증에 이환되었으며, 현재는 상업용 사료가 일반화되면서 이러한 영양소 불균형에 의한 심장질병의 발생은 확연하게 감소하였다. 개에서도 도베르만이나 복서(boxer)와 같은 특정 품종에서는 타우린 결핍에 의한 확장성 심근병증이 발생할 수 있으며, 타우린 결핍에 의한 확장성 심근병증 위험도가 높은 품종의 경우 심장병이 발생하였을 때 혈중 타우린 농도를 체크해 보고, 타우린을 추가로 공급해야 한다. 타우린은 그 외에도 항산화 효과가 있어 심장에 긍정적인 영향을 준다.

(3) 지방

오메가-3 지방산은 항염증 효과와 항부정맥 효과가 있는 것으로 알려져 있다. 앞서 언급한 인터루킨-1과 같은 염증성 사이토카인을 줄이는 방법 중 한 가지는 오메가-3 지방산(omega-3 fatty acids)을 공급하는 것이다. 일반적인 심장병 처방사료에는 오메가-3 지방산이 함유되어 있으나 충분하지 않은 경우가 많으며, 따로 급이 시에는 환자의 몸무게 kg당 40mg의 EPA(eicosapentaenoic acid)와 25mg의 DHA(docosahexaenoic acid)를 하루에 공급하는 것이 추천된다. 오메가-3 지방산의 공급은 근량 감소를 줄여주며, 일부 환자의 경우 식욕증가에도 도움을 줄 수 있다.

(4) 미네랄

심혈관계 질환 환자에서는 전해질의 이상이 발생하기 쉽다. 특히 처방된 심장병 관련 약물들은 특정 전해질을 몸 밖으로 과도하게 배출하거나 체내 보유량을 증가시키게 되는데, 이러한 문제를 해결하기 위하여 심장병 환자가 먹는 사료의 특정 전해질 양을 제한하거나 보충하게 된다. 사람의 경우 심장병이 발생하게 되면 저염식이 일반적으로 추천되는데 동물의 경우 심장병의 단계에 따라 염분의 제한 정도가 다르다. 일반적으로 동물의 사료 중 염분이 높은 수준이 아니기 때문에 심장병의 초기(임상증상이 없는 상태)나 중기까지는 특별한 염분제한이 필요 없는 경우가 많다. 중등도 이상의 심장병 환자에서는 염분의 제한이 필요하며, 이때는 처방사료의 급여가 도움이 될 수 있다. 간식이나 사람 음식을 급여하게 되면 기존 사료에서 공급되는 염분 이외에 추가적인 염분이 공급되기 때문에, 이런 음식의 제한은 전 단계의 심장병 환자에서 필요하다. 따라서, 심장병을 진단받은 환자의 경우, 과도한 간식이나 사람 음식을 주지 않도록 주의해야 하며 보호자 교육을 적절하게 실시해야 한다.

또 일부 환자에서는 체내 칼륨 수치가 상승하거나 감소하게 된다. 이뇨제를 사용할 경우 칼륨이 뇨를 통하여 체외로 배출되기 때문에 칼륨 수치가 하락할 수 있으며, 따라서 일부 심장병 처방사료는 저칼륨 혈증이 발생하지 않도록 칼륨이 추가로 첨가되어 있다. 하지만, 안지오텐신 전환효소 억제제(ACE inhibitor)를 사용하거나 칼륨을 체내에 저류시키는 심장약물도 있으며 이런 약물을 처방받는 경우에는 고칼륨 혈증이 발생할 수 있기 때문에 주의해야 한다. 따라서 심장병을 관리하는 환자의 전해질 균형을 잡기 위해서는 주기적인 전해질 검사를 통한 전해질의 제한 및 보충을 실시해야 한다.

(5) 비타민

대부분의 심장병 환자는 이뇨제를 처방받기 때문에 수용성 비타민인 비타민B군이 몸 밖으로 많이 배출된다. 따라서, 심장병 처방사료에는 비타민B군이 추가적으로 첨가되어 있으며, 과도한 이뇨제를 처방받는 환자의 경우 추가적인 비타민B군의 투여가 추천된다. 비타민E의 경우 항산화 효과가 있어 적절한 투여는 도움이 될 수 있다.

(6) 항산화제

코엔자임 Q10이나 그 외 항산화 효과가 있는 영양제의 경우 추가적인 투여가 도움이 될 수 있다. 하지만, 각 성분 투여에 따른 심장병 개선 효과가 과학적으로 입증되어 있는 것은 아니기 때문에, 이들 영양제의 효능을 맹신해서는 안된다. 또한, 심장병 관리를 위하여 처방되는 약물의 양이 많거나, 환자가 추가적인 영양제를 먹는 것을 힘들어한다면 먹이지 않는 것이 좋다.

(7) 삶의 질

환자의 식이를 결정할 때 꼭 고려해야 하는 요소 중 한 가지는 환자의 삶의 질(QOL, quality of life)이다. 환자가 맛있게 먹을 수 있고 보호자가 쉽게 준비할 수 있는 식단을 선택하는 것이 중요하다. 처방식이가 꼭 필요한 환자라도 음식의 기호성이 좋지 않아 먹지 않고 체중이 감소한다면 처방사료를 고집할 수는 없다. 처방받은 심장 약물은 대부분 환자의 식욕을 감소시키는 데 기여하기 때문에 환자가 잘 먹지 않는다면 BCS를 정상으로 유지하기 어려워진다. 만약 악액질이 발생한다면 환자의 예후는 불량하게 된다. 따라서 환자의 식이를 결정할 때 환자의 상태와 삶의 질을 고려하여 보호자와 함께 최적의 식이를 결정해야 하며, 지속적으로 환자의 상태를 관찰하여 필요에 따라 식이를 변경해야 한다.

CHAPTER 03

호흡기계 질환

호흡기계에 대한 기본적인 구조와 생리학을 이해한다.

호흡기계 질환에서 발생할 수 있는 임상증상을 익힌다.

동물에서 발생하는 대표적인 호흡기계 질환을 학습한다.

호흡기 질환 동물환자를 간호하는 방법과 주의사항을 확인한다.

호흡기 환자의 식이 관리 방법에 대하여 이해한다.

제1장

임상증상

호흡기관은 생명 유지에 필요한 산소를 공급하고 이산화탄소를 제거하는 중요한 기관이나, 질병이 심각한 수준으로 진행되기 전에는 호흡기계 질환을 진단하기 어려운 경우가 많다. 이 장에서는 호흡기계에 대한 기본적인 구조(anatomy)와 생리학(physiology)을 익히고, 호흡기계 질환에 의해 발생할 수 있는 임상증상에 대해 학습한다.

I. 호흡기계 질환

호흡기계 질환을 이해하기 위해 호흡기계의 해부학적 구조를 우선 살펴보자. 호흡기계(respiratory system)는 공기를 흡입하여 세포에 산소를 전달하고 이산화탄소를 제거하는 역할을 하기 때문에, 해부구조는 공기가 지나가는 일련의 통로로 이루어져 있다(그림 1).

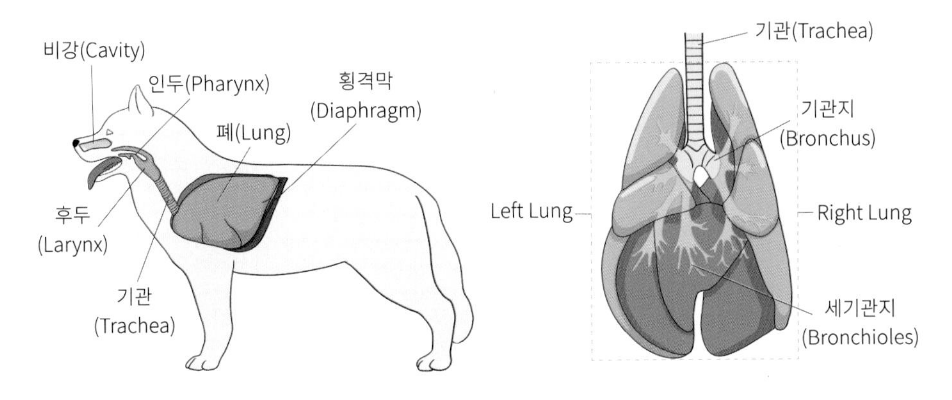

그림 1 호흡기의 구조

(1) 코와 비강(Nose and Nasal Cavity)

비강은 코 내부에 있는 공간으로, 비중격에 의하여 좌우로 구분된다. 공기를 체내로 흡입하는 역할을 하며, 비강의 점막은 공기를 정화(filter)하고 가습(humidify) 및 데우는(warming) 역할을 한다. 이후 공기는 인두(pharynx)를 거쳐 후두(larynx)로 진행한다.

(2) 인두(Pharynx)

인두는 코 및 구강과 연결되는 부위로, 음식과 공기의 경로를 조절한다.

(3) 후두(Larynx)

후두는 인두의 뒤쪽에 위치하고 있으며, 근육과 연골로 이루어진 복잡한 구조물이다. 다양한 이물질이나 음식물로부터 기도와 하부 기관지를 보호하는 구조이며, 성대가 있는 부분으로 동물의 발성에 중요한 역할을 한다.

(4) 기관(Trachea)

기관은 후두에서 시작하여 가슴으로 이어지는 공기의 통로(관, tube)로, 링(ring) 형태의 연골로 구성되어 있다. 공기를 체내로 안전하게 이동시키는 역할을 하며, 점막에 섬모(cilia)가 존재한다. 이 섬모는 이물질을 제거하는 기능을 한다. 기관은 아래로 내려가면서 폐 내부로 들어가는 두 개의 가지인 기관지(bronchus)로 나누어진다.

(5) 세기관지(Bronchiole)

기관지의 분지수가 증가하면서 폐 내부로 공기를 고르게 분배하고 확산시키는 매우 작은 관이 세기관지이다.

(6) 폐(Lungs)

개와 고양이의 폐는 좌측과 우측으로 나뉘며, 우측에 4개의 폐엽(cranial, middle, caudal & accessory lobes), 좌측에 2개의 폐엽(cranial & caudal lobes)을 가진다. 각 세기관지의 말단은 폐포(alveoli)로 연결되는데, 폐 모세혈관에 있는 혈액과 폐포에 있는 공기 사이에서 최종적으로 산소와 이산화탄소의 교환이 이루어진다(그림 2).

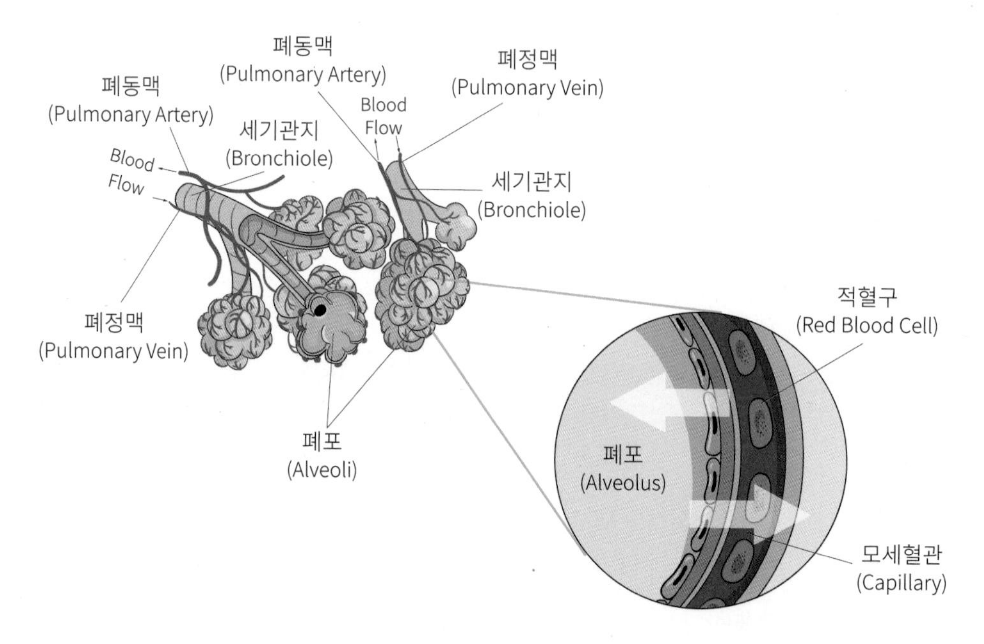

그림 2 폐포에서의 가스 교환

(7) 흉막(Pleura)

흉막은 폐를 감싸는 얇은 이중 막으로, 폐와 흉강 사이에 위치한다. 흉막은 호흡 시에 폐와 흉강 사이의 마찰을 줄이는 윤활 작용을 한다.

이렇게 호흡기는 다양한 해부구조와 기능을 가지며, 이들이 함께 작용하여 체내의 산소와 이산화탄소 농도를 조절한다. 어떠한 이유에서든 원활한 공기의 교환이 이루어지지 않으면, 산소 공급이 부족하고 이산화탄소가 체내에 쌓이게 되므로, 호흡기계 질환은 생명에 심각한 문제를 일으킨다.

TIP

*** 상부 호흡기**

코 - 비강 - 인두 - 후두

*** 하부 호흡기**

기관 - 기관지 및 세기관지 - 폐와 허파꽈리

II. 호흡기계 질환의 발생 특징

호흡기계 질환은 개와 고양이 모두에서 흔하게 발생하지만, 종종 이를 인지하거나 진단하기 어려운 경우가 많다. 개와 고양이에서 주로 발생하는 호흡기 질병의 종류는 다르며, 특히 품종에 따라 잘 발생하는 질병의 종류에도 차이가 있다. 질병의 원인에 따라 다르겠지만, 호흡기계에 급성의 문제가 발생하는 경우 호흡곤란으로 인한 사망의 위험이 높고, 만성적인 문제는 치료 및 관리가 어려워 반려동물과 보호자의 삶의 질에 악영향을 미친다. 호흡곤란이 발생한 환자는 다양한 검사를 진행하기에 앞서 반드시 환자의 상태를 안정화시키는 조치가 선행되어야 한다. 철저한 병력 조사 및 임상증상에 대한 평가가 필요하다.

호흡기계 환자를 평가할 때는 철저한 병력 조사, 다양한 임상증상, 그리고 전반적인 건강 상태에 대하여 함께 평가해야 한다. 예를 들어, 최근 여행력이 있는지, 생활 습관의 변화(활동량, 식욕, 피곤함 등)는 없는지도 살펴야 한다. 또한, 보호자가 특정 임상증상을 설명한다면, 임상증상이 야기되는 특정 시기나 행동이 있는지 구체적인 질문을 이어가야 하며, 이는 추후 환자의 간호 관리에 도움이 될 수 있다.

TIP

*** 상기도 폐색(upper airway obstruction)**

단두종(brachycephalic breeds)에 잘 발생하는 질병으로, 급성 호흡곤란을 일으킬 수 있다. 주로 퍼그, 보스턴 테리어, 잉글리쉬 불독이나 페키니즈와 같은 품종에서 발생이 보고되어 있다.

*** 심인성 폐수종(cardiogenic pulmonary edema)**

주로 소형 견종에서 발생하는 호흡곤란의 원인으로, 카발리에 킹 찰스 스파니엘 및 소형 견종에 발생한다.

*** 하기도 폐색(lower airway obstruction)**

주로 고양이의 급성 호흡곤란의 원인으로 '천식(asthma)'으로 분류되며, 샴 고양이와 히말라얀 품종에서 잘 발생하는 것으로 보고되어 있다.

III. 호흡기계 질환의 임상증상

다음은 호흡기 질병이 발생하였을 때 개와 고양이에서 나타날 수 있는 임상증상들이다.

(1) 호흡곤란(respiratory distress)

호흡곤란이 발생하면 이는 다양한 임상증상으로 나타나는데, 초기에 이런 증상들을 인지하고 빠르게 조치를 취하는 것이 중요하다.

1) 빈호흡(tachypnea)

호흡수의 증가를 의미하며, 정상적인 상태에서 개와 고양이의 호흡수는 1분에 30회를 넘지 않는다.

2) 노력성 호흡

들이마시는 숨(흡기, inspiration)과 내쉬는 숨(호기, expiration)의 양상과 노력성이 변할 수 있으며, 이를 평가하기 위하여 흉곽과 복부의 움직임을 자세히 관찰해야 한다.

3) 입 벌려 숨쉬기(개구 호흡, open mouth breathing)

입을 벌리고 숨을 쉬는 것으로, 호흡곤란의 형태이며 흥분, 과도한 운동이나 발열에 의하여 나타나기도 한다.

4) 청색증(cyanosis)

심한 산소 부족으로 인해 점막이 푸른색을 띠는 증상을 일컫는 용어로, 다양한 원인에 의하여 산소 공급이 부족할 때 나타난다.

(2) 기침(coughing)

호흡기 질병의 가장 일반적인 증상 중 하나로, 다양한 호흡기 질병에서 기침이 발생할 수 있다. 보통 외부 자극이나 감염원(바이러스나 세균)에 의한 염증, 알레르기 원인 물질 등이 기관이나 기관지를 자극하는 경우 기침이 발생한다. 또한 천식과 같은 질환에서는 기관지 수축 때문에 기침이 야기된다. 기침이 발생한다면 양상과 빈도는 질병에 따라 다르며, 마른기침(dry cough) 또는 분비물을 동반한 기침(wet cough)으로 나타날 수 있다.

(3) 콧물(nasal discharge) 및 재채기(sneezing)

콧물과 재채기는 호흡기계 중 코와 비강 내에 문제가 발생하였을 때 나타나는 임상증상이다. 이를 일으키는 원인은 감염(바이러스, 세균, 곰팡이 등), 이물, 알레르기, 종양 등 다양하다. 콧물은 한쪽 또는 양쪽에서 발생할 수 있으며, 분비물의 양상과 발생 위치는 시간에 따라 변화할 수 있다. 만일 코피가 발생한다면, 비강 내의 문제를 확인하기 전에 응고 장애와 같은 전신질환을 반드시 배제해야 한다.

(4) 시끄러운 호흡음(noisy breathing)

주로 코골이(stertor)나 천명음(stridor)으로 표현되는 호흡음은 숨을 쉴 때 공기가 좁아진 호흡기 통로를 지나가면서 발생하는 비정상적인 호흡음이다. 이런 소리는 상부 호흡기가 부분적으로 또는 완전히 막히면서 발생하는데, 청진기를 이용하지 않아도 들을 수 있다.

(5) 운동불내증(exercise intolerance)

호흡기에 문제가 발생하면 산소 부족으로 움직임이 감소하게 되며, 환자가 쉽게 지치거나 피곤해하며, 이전처럼 놀거나 걷지 않는 것을 운동불내증이라고 한다. 이러한 운동불내증은 호흡기계 질병에서 나타나는 특이적인 임상증상은 아니며, 전신질환이 있는 모든 환자에서 나타날 수 있다. 따라서, 환자에서 운동불내증이 확인된다면 몸의 어느 부분에 문제가 발생했는지 확인하려는 노력이 필요하다.

(6) 기타 임상증상들

급작스러운 목소리의 변화는 후두의 이상을 보여주는 증상일 수 있다. 그 외에도 기침이 잦은 동물의 경우 기침 후에 구역 행위가 발생할 수 있는데, 이것이 '구토(vomiting)'인지 기침 후 발생하는 반사 행위인지 확인해야 한다.

호흡기 질병의 경우, 특정 부위의 문제를 나타내는 특이적인 임상증상이 발생할 수도 있지만 다른 계통의 질병에서와 마찬가지로 지속적인 식욕감소 및 체중감소, 움직임이 줄어들거나 잠을 많이 자는 등 특이적이지 않은 증상들이 나타날 수도 있다. 또한 반려동물의 호흡수가 증가하거나 개체가 노력성 호흡을 보일 때는 호흡기 질병뿐만 아니라 심장병 여부를 함께 확인해 보아야 한다. 특히, 호흡곤란이 심한 환자의 경우 무리한 검사의 진행은 급작스러운 폐사로 이어질 수 있기 때문에, 호흡기계에 문제가 있는 환자가 내원한 경우에는 반드시 산소를 준비하고, 환자를 안정화한 후 다음 검사를 진행해야 한다.

제2장

호흡기계의 진단검사 방법

호흡기 질환이 있더라도, 증상이 서서히 그리고 오랫동안 진행됐다면 일부 보호자는 이를 정상적인 것으로 간주할 수도 있다. 따라서, 동물보건사는 호흡기 질환이 있는 동물의 진단을 위해 활용되는 다양한 검사를 이해하고 이를 보조할 수 있어야 한다. 이번 장에서는 개와 고양이에 발생한 호흡기계 질병을 진단하기 위하여 이용되는 다양한 검사방법에 대하여 알아보도록 하겠다.

1. 신체검사(Physical examination)의 진행

신체검사는 호흡기의 문제를 평가하는 데 매우 중요하다. 환자의 호흡상태와 자세를 주의 깊게 관찰하는 것만으로도 많은 정보를 얻을 수 있다. 신체검사를 시행할 때는 환자를 직접 만지기 전에 우선 상태를 관찰해야 한다. 일반적으로 안정된 상태의 개나 고양이는 호흡 시에 흉벽의 움직임이 잘 확인되지 않을 수 있다. 호흡곤란이 있는 환자의 경우 불안해 보이고, 주저앉거나 바닥에 엎드리는 모습을 보일 수 있다. 호흡이 힘들어지면 흉벽 근육이나 복부의 움직임이 두드러진다. 환자가 머리를 들어 목을 길게 늘이거나 팔꿈치를 바깥으로 향하게 외전시키는 모습, 입을 벌리고 숨을 쉬는 모습 등은 호흡곤란과 연관된 자세이다. 특히 고양이에서 입을 벌리고 숨을 쉬는 모습이 관찰된다면 호흡곤란이 극심한 상태로 산소 공급 등을 통한 빠른 안정화 조치가 필요하다.

신체검사 시에 환자의 자세와 호흡 패턴을 확인하고, 호흡수와 노력성 호흡 여부를 평가한다. 개와 고양이의 정상 호흡수는 15~30회/분이며, 흡기 시간과 호기 시간은 거의 같거나 호기 시간이 흡기에 비해 조금 더 길 수 있다. 이후, 구강점막의 색깔을 평가하여 청색증이 있는지 확인한다. 만일 청색증이 의심된다면, 모든 검사를 중단하고 즉각적으로 산소를 공급해야 한다. 이후, 얼굴의 대칭도를 평가하면서 양쪽 비강의 개통성을 확인한다. 비강의 개통성 확인을 위하여 가벼운 솜뭉치를 각각의 콧구멍 앞쪽에 위치시키거나 차가운 슬라이드 글라스를 콧구멍 앞쪽에 가져다 두고 습기가 생기는지 확인한다. 환자가 협조적이라면 입을 열어 입안 및 입천장을 확인하고, 치아와 잇몸의 상태를 관찰한다.

기관을 부드럽게 촉진하여 기침이 유발되는지 확인한다. 촉진 시에 기침이 쉽게 유발된다면 기관에 대한 정밀한 평가가 필요하다. 기관 촉진 이후 전반적인 흉강 부위를 촉진한다. 폐는 흉강 내에 존재하기 때문에, 다른 부위에 비하여 신체검사가 제한적이다. 이후 청진기를 이용하여 폐의 이상 음을 확인해야 한다. 폐실질에 문제가 없는 경우, 정상적인 호흡음은 주로 흡기 시에만 들리며, 청진기를 이용하더라도 듣기 어려운 경우도 있다. 목의 앞부분과 양측 흉곽의 앞부분과 뒷부분에서 청진을 시행해야 하며, 이때 비정상적인 소리가 들린다면 비정상음이 흡기 시에 들리는지 호기 시에 들리는지 확인한다. 이후, 환자의 호흡음의 진단적인 특징은 수의사가 좀 더 정밀한 청진을 진행하면서 확인할 수 있다. 호흡음이 정상이라도 호흡기 질병을 배제할 수는 없다. 일부 대형동물에서는 신체검사 시 타진(percussion)을 이용하기도 하지만, 대부분의 소형품종에서는 도움이 되지 않는다.

Ⅱ. 혈액학 및 혈액화학검사

호흡기 질환 환자의 혈액검사 및 혈액화학검사 소견은 특이적이지 않을 수 있다. 호흡기 질환과 관련하여 나타날 수 있는 검사 소견은 대개 전신질환에 의한 산·염기 불균형이나 빈혈, 만성적인 저산소 혈증(hypoxia)으로 인한 변화들이다. 호흡기의 염증에 의하여 백혈구 증가증이 나타날 수 있으며, 감염원에 따라 백혈구 중 호산구의 증가가 두드러질 수 있다. 하지만, 이런 검사 결과들이 특정 호흡기 질환에서만 나타나는 것은 아니기 때문에, 혈액학 및 혈액화학검사는 전반적인 환자의 건강 평가를 위하여 활용하며, 호흡기 질병의 진단에 특이적인 검사는 아니다.

Ⅲ. 방사선(X-ray) 검사

흉부 방사선 검사는 호흡기 질병을 진단하는 데 있어 가장 많이 활용되는 검사방법이다. 방사선 검사를 시행하기에 앞서 환자의 상태를 자세히 확인해야 하며, 호흡곤란이 명확하거나 안정화되지 않은 상태의 환자는 방사선 검사를 진행해서는 안 된다. 방사선 검사는 다양한 구조물이 겹쳐 나타나기 때문에 일부 병변을 확인하는 데는 좋지 않을 수 있으며, 질병을 진단하는 특이도 또한 낮으므로 단순히 방사선 사진만을 가지고 최종 진단을 내릴 수는 없다. 하지만, 흉부 방사선 검사를 통하여 병변 부위를 좁혀 나갈 수 있으며, 이는 질병의 감별진단을 좁혀나가는 데 도움이 된다. 다만, 이를 위해서는 방사선 촬영에 대한 환자의 순응과 함께, 정확한 자세와 촬영 기술이 무엇보다 중요하다.

일반적으로 흉부 방사선 사진은 우측 측면(right lateral view, RL)과 배등쪽(ventrodorsal view, VD)의 2가지 자세에서 촬영하며, 필요하다면 좌측 측면(left lateral view)과 등배쪽(dorsoventral view)도 촬영한다.

1) 우측 측면(right lateral view)

① 환자를 오른쪽 옆으로 눕힌다.

② 촬영 시에 팔꿈치(elbow)와 삼두근(triceps muscle)이 앞쪽 흉곽과 겹치지 않도록 양쪽 앞다리는 모아 잡고 최대한 앞쪽으로 당겨 고정한다.

③ 양쪽 뒷다리도 모아 잡고 최대한 뒤쪽으로 당겨 고정한다.

④ 환자의 흉골(sternum)과 척추를 잇는 가상의 평면은 촬영 테이블과 최대한 평형하게 위치한다.

⑤ x-ray 빔의 수직선은 견갑골의 뒷부분이 중앙에 오도록 위치하고 앞쪽은 흉곽 입구를 포함하고 뒤쪽은 마지막 갈비뼈를 포함하도록 범위를 정한다. x-ray 빔의 수평선은 흉강의 등쪽과 배 쪽을 모두 포함하면서 이를 균등하게 이등분할 수 있도록 배치한다.

⑥ 촬영은 최대한 흡기 시에 진행하고, 필요하다면 흡기와 호기를 나누어 촬영을 진행한다.

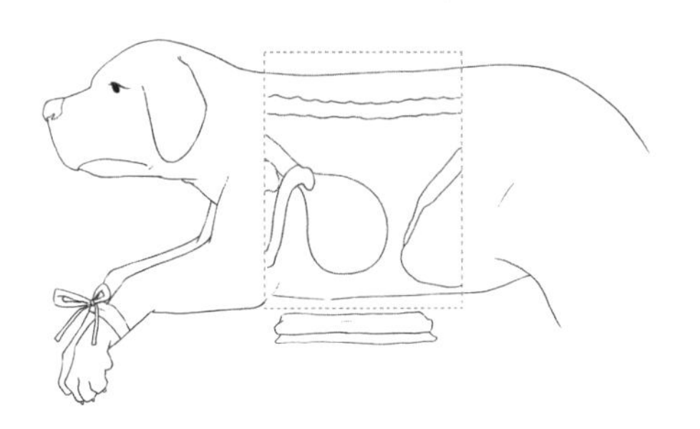

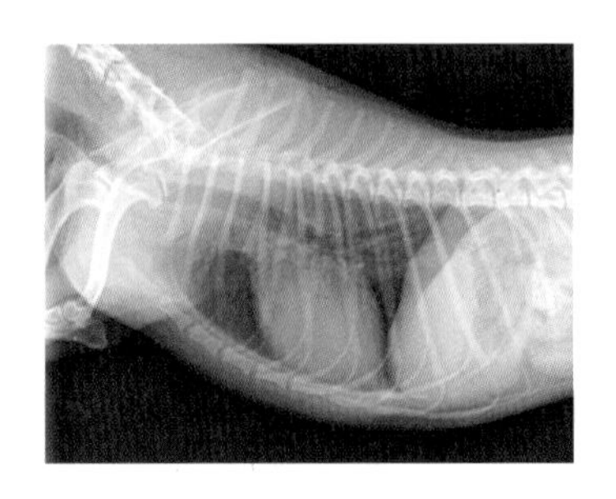

그림 3 x-ray 우측 측면 촬영 자세(좌측)와 정상 개의 우측 측면 방사선 사진

2) 배등쪽(ventrodorsal view)

① 배등쪽 촬영을 위해서 환자는 등 쪽으로 누운 자세로 위치한다.

② 목은 자연스럽게 펴서 똑바로 유지한다.

③ 환자의 척추와 흉골이 일자로 정렬될 수 있도록 균형을 잡고, 흉곽이 돌아가지 않도록 한다.

④ 횡와위 촬영과 마찬가지로 흉곽의 앞쪽과 주변의 뼈와 근육이 겹치지 않도록 앞다리와 뒷다리를 최대한 앞과 뒤로 당겨준다.

⑤ x-ray 빔의 수직선은 견갑골의 뒷부분에 위치하고, 수평선은 흉골과 겹치도록 배치한다. x-ray 빔이 흉곽 입구, 마지막 갈비뼈 및 흉곽의 양쪽 측면까지 모두 포함하도록 빔을 조절한다.

⑥ 촬영은 최대한 흡기 시에 진행하고, 필요하다면 흡기와 호기를 나누어 촬영을 진행한다.

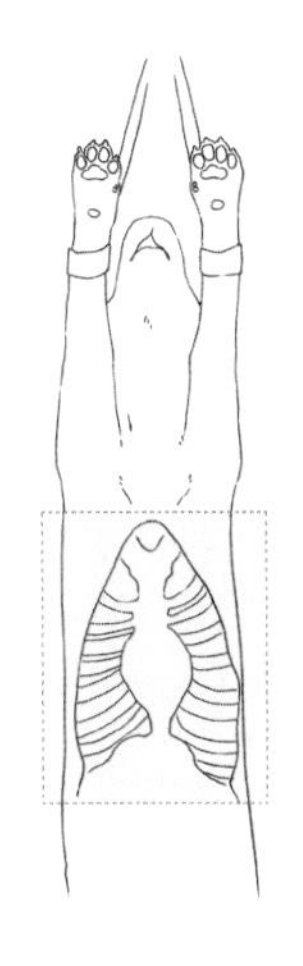

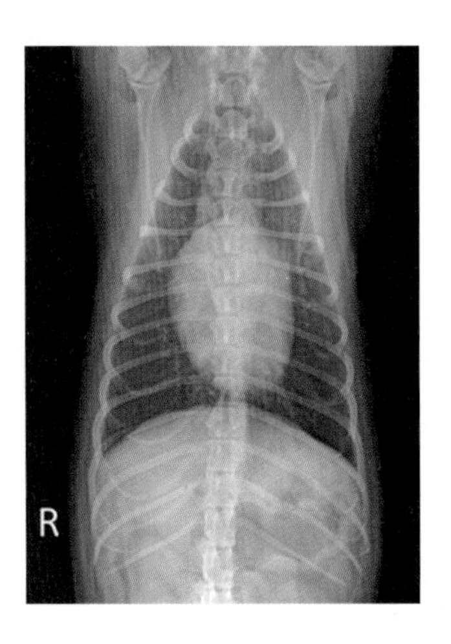

그림 4 x-ray 배등쪽 촬영 자세(좌측)와 정상 개의 배등쪽 방사선 사진

흉부 방사선 사진은 호흡기 질환을 평가하기 위한 가장 기본적인 검사이다. 정확한 평가를 위해서는 환자의 자세와 촬영 시점(흡기와 호기)이 중요하다. 동물보건사는 흉부 방사선 검사 진행 시에 환자의 위치에 따른 정확한 보정 방법을 알고 시행할 수 있어야 하며, 환자의 호흡상태도 확인해야 한다.

Ⅳ. 그 외 영상 검사들

방사선 검사 이외에도, 투시 검사(fluoroscopy)와 전산화 단층촬영 검사(computed tomography, CT)가 개와 고양이의 호흡기 질환 진단에 활용되고 있다.

투시 검사는 연속 방사선 영상을 모니터로 볼 수 있게 한 검사로, x-ray를 실시간 동영상으로 볼 수 있는 영상 검사방법이다. 투시 검사를 이용하면, 기관 직경 변화 정도와 위치를 실시간으로 확인할 수 있다. 특히, 기관 허탈(tracheal collapse)의 평가에 많이 활용된다.

전산화 단층촬영 검사(CT)는 x선을 이용하여 신체의 단면을 영상화하는 진단검사 방법이다. 기본 방사선 검사와 비교하면 해상도가 우수하고, 뼈 및 연부조직에 의하여 평가가 어려운 비강이나 흉강 내의 미세한 변화를 더 잘 평가할 수 있다. 특히 비강 및 흉강의 종양 평가, 폐 실질의 변화를 평가하기 좋으며, 그 외에도 심장과 흉강 내 혈관, 종격동 등의 이상을 확인하기 쉽다.

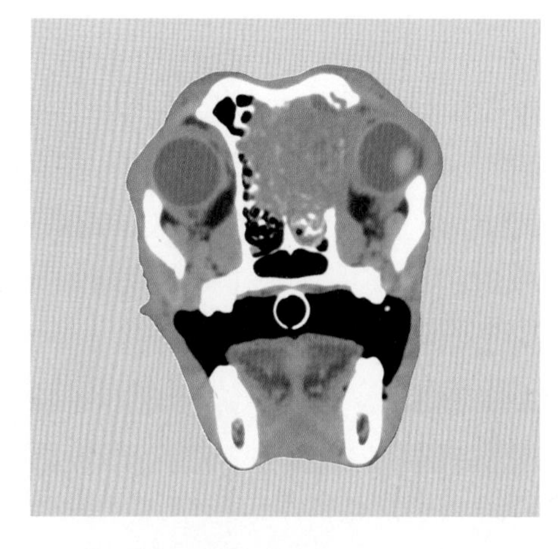

그림 5 비강 종양이 있는 개의 CT 사진

V. 내시경 검사(Endoscopy)

내시경 검사는 호흡기의 각 부위를 직접 시각적으로 관찰할 수 있는 가장 좋은 진단검사 방법이다. 호흡기에서 활용되는 내시경 검사는 비강 내시경과 기관지 내시경 검사가 있다. 내시경 검사는 검체 채취, 진단 및 치료의 수단으로 활용할 수 있다. 다만 내시경 검사를 위해서는 마취가 동반되어야 하기 때문에, 전신 검사를 진행 후 마취가 가능한 환자에서 내시경 검사가 진행되어야 한다.

(1) 비강 내시경 검사(Rhinoscopy)

내시경 검사는 코의 내부를 카메라를 이용하여 직접 눈으로 확인할 수 있다. 비강 내시경은 콧구멍을 통해 앞쪽으로 내시경을 삽입하는 전비경 검사(anterior rhinoscopy)와 구강의 입천장을 통해 코의 후방으로 내시경을 삽입하는 후비경 검사(posterior rhinoscopy)가 있다. 내시경을 이용한 검사의 목적과 질병에 따라 어떤 방법을 선택할 것인지는 수의사의 판단에 따른다. 내시경을 이용하면 비강 내부를 직접적으로 관찰할 수 있어 진단에 도움이 되며, 필요에 따라서는 조직이나 샘플을 바로 채취할 수 있다. 비강 생검(biopsy)을 할 경우 출혈이 야기될 수 있기 때문에 반드시 응고계 검사를 사전에 실시해야 한다. 이물질(foreign body)의 경우 내시경을 통한 진단과 제거를 통한 치료가 동시에 이루어진다.

(2) 기관지 내시경 검사(Bronchoscopy)

기관지 내시경 검사는 기관지를 직접 관찰하는 유일한 검사방법이다. 기관지 내시경을 진행하면 기관으로 들어가기 전 후두 부위를 평가할 수 있으며, 기관지 점막의 상태, 기관지 직경, 이물이나 종양 여부, 점액과 충혈, 분비물의 상태 등을 평가할 수 있다. 만성 호흡기 질환의 진단과 치료를 위하여 이용되며, 필요에 따라 조직이나 샘플을 채취하거나 기관지폐포 세척(bronchoalveolar lavage, BAL)을 시행할 수 있다. 기관지폐포 세척 샘플은 세포 검사, 세균이나 곰팡이 배양을 통하여 질병의 원인을 규명하는 데 활용된다.

내시경 검사는 마취가 동반되는 검사로 검사 전 8시간 이상의 금식이 필요하다. 비강이나 기관지 내시경 시술 중 마취로 인하여 구개 반사가 감소하기 때문에, 검사 중 사용한 세척액이나 환자의 구역 행위에 의한 음식의 역류는 흡인의 위험을 높이기 때문에 주의해야 한다. 검사 후 호흡곤란이나 발열이 나타나지 않는지 관찰해야 한다.

TIP

*** 오연성 폐렴(Aspiration pneumonia)**

음식물이나 구토물 등이 폐로 흡인되어 발생하는 폐의 염증으로, 개와 고양이 모두에서 발생할 수 있지만, 개에서 더 흔하게 발생한다. 보통 구토(vomiting)나 역류(regurgitation)를 일으키는 위장관 질병이나 신경계 문제가 있을 때 발생하며, 마취 합병증으로 발생할 수도 있다.

Ⅵ. 후두경 검사

후두 부위는 발성과 호흡에 중요한 역할을 하는 구조로, 후두의 구조와 움직임은 후두경 검사를 통해 직접 평가할 수 있다. 정상적인 후두는 연한 핑크색으로 혈관이 잘 관찰된다. 후두는 공기를 들이마실 때 양측이 동일하게 외전되는데, 이런 후두의 움직임에 문제가 생겼다면 후두마비를 의심해 볼 수 있다. 그 외에도 후두 부위의 점막의 상태, 염증이나 종양 여부, 성대의 이상 등을 확인할 수 있다.

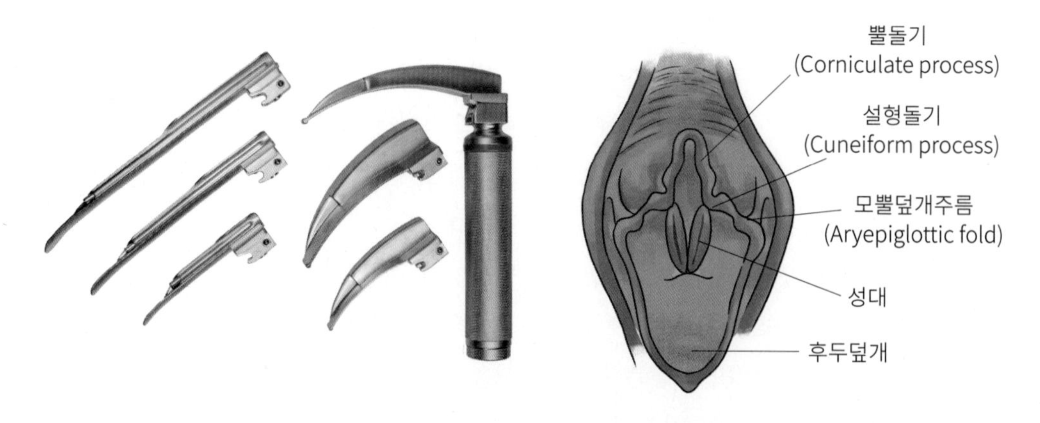

그림 6 후두경과 다양한 크기의 후두경 블레이드(왼쪽) / 후두의 구조 모식도(오른쪽)

제3장

대표적인 호흡기 질환

개와 고양이에서 많이 발생하는 호흡기 질환은 서로 다르며, 질병 발생 및 그 특징에도 차이가 있다. 이 장에서는 반려동물에 발생하는 대표적인 호흡기 질환들과 그 특징을 살펴보도록 하겠다.

1. 비염(Rhinitis)

1) 특징

비염이란 코의 점막에 염증이 생긴 것을 의미하며, 개와 고양이 모두에 발생한다. 비염을 야기하는 원인은 다양하며, 원인에 따라 급성 또는 만성으로 발생한다. 비염은 단독으로 발생하기도 하지만 상부 호흡기 감염 시에도 나타난다. 일반적으로 비염이 생기면 재채기, 콧물(맑은 장액성, 화농성, 출혈성 등), 코막힘 증상이 나타나며, 병에 걸린 동물은 코를 발이나 물체에 문지르는 등 불편한 증상을 보일 수 있다. 일부 동물에서는 비염과 부비동염(sinusitis)이 함께 나타나기도 한다.

2) 진단

비염을 야기하는 원인은 여러 가지가 있기 때문에, 진단 시에는 원발원인을 찾으려고 노력해야 한다. 다음은 개와 고양이의 일반적인 비염의 원인이다(표 1).

표 1 일반적인 개와 고양이의 비염의 원인

분류	원인
감염(infection)	바이러스 - canine distemper, feline herpesvirus, feline calici virus 등 곰팡이 - aspergillosis 기생충 - nasal mite 세균 - 일반적으로 세균은 다른 질병에 의하여 속발적으로 비염을 야기함
염증(inflammation)	알레르기 특발성 림프형질구성 비염(idiopathic lymphoplasmacytic rhinitis)
치아 문제	치근 농양(tooth root abscess)
이물(foreign body)	풀씨나 씨앗을 비롯하여 다양한 이물이 비염을 야기할 수 있음
신생물(neoplasm)	폴립(polyp)이나 종양
기타	외상, 선천적 이상 등

비염의 진단을 위해서는 임상증상을 기반으로 병력과 신체검사를 진행해야 한다. 하지만 신체검사만으로는 진단을 내리기 어려우며, 정확한 진단을 위해서는 다양한 진단검사가 필요한데, 머리의 방사선 촬영이나 CT 검사, 비강 내 분비물에 대한 배양이나 혈청학(serology) 검사, 세포 검사 및 마취를 동반한 내시경 검사가 포함된다. 비염이 만성화되면 진단과 치료가 까다롭다.

3) 치료

비염의 치료와 예후는 질병의 근본 원인에 따라 달라진다. 대부분은 약물적 치료를 진행하는데, 일반적으로 이차적인 세균감염이 흔하기 때문에 항생제를 사용하는 경우가 많다. 원인에 따라 항히스타민제나 스테로이드, 진균제와 같은 약물이 처방되기도 한다. 만일 이물이나 종양이 있는 경우라면 수술적 치료가 필요할 수도 있다.

비염이 있는 환자는 콧속이 건조해지지 않도록 가습해 주는 것이 치료에 도움이 되며, 신선한 물을 충분히 공급하는 것도 중요하다.

II. 기관허탈증(Tracheal collapse)

1) 특징

기관허탈증은 기관의 구조가 무너지면서 호흡곤란을 유발하는 질환이다. 기관은 목구멍과 폐를 연결하는 튜브 형태의 구조로, 링 형태의 연골이 기관의 튜브 모양을 유지한다. 연골은 기관을 둥글게 감싸고 있지 않고, 일부는 얇은 조직의 막으로 둘러싸여 있다. 링 형태의 연골이 약해지거나 조직의 막이 느슨해지면 숨을 들이쉴 때 기관이 튜브 형태를 유지하지 못하고 납작해지는데, 이를 기관허탈이라고 한다. 기관허탈이 발생하면 공기가 지나가는 통로가 형태를 유지하지 못하므로 공기가 폐에 도달하기 어려워진다. 기관 직경의 좁아진 정도에 따라 기관허탈증은 4단계로 구분할 수 있다.

요크셔테리어, 포메라니안, 치와와 같은 소형견에서 가장 흔하게 나타나며, 중년에서 노령견에서 주로 발생한다. 가장 흔한 증상은 지속적인 마른기침으로 특이적인 기침 소리를 만드는데, 이를 'goose honking sound'라고 칭한다. 특히 흥분하거나 운동 또는 목줄 등에 의하여 기관에 압력이 가해질 때 증상이 심해진다. 기관허탈이 있는 반려견은 호흡곤란과 노력성 호흡이 증가하며, 운동불내성이 나타난다. 심한 경우 산소 부족으로 잇몸에 청색증이 나타날 수 있으며 기절할 수 있다.

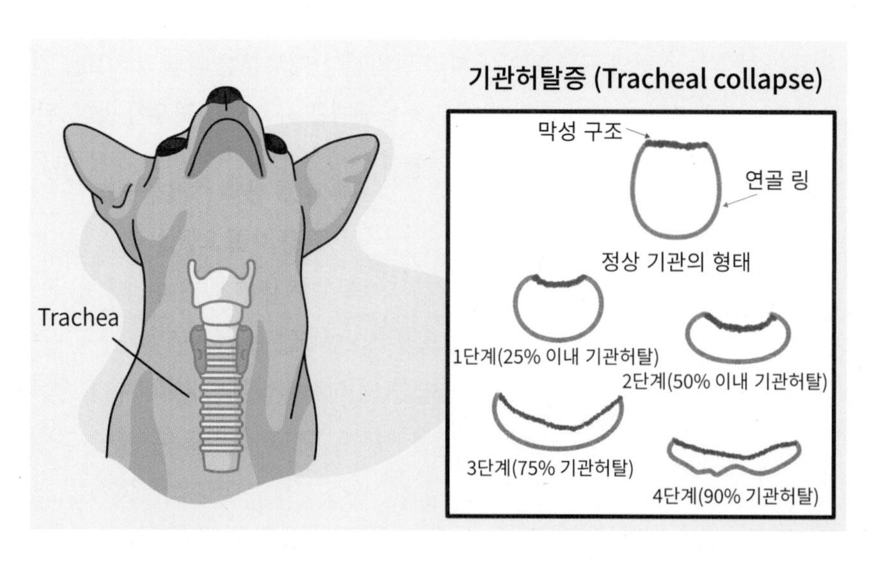

그림 7 기관의 위치와 기관허탈 모식도

2) 진단

특이적인 호흡음(goose honking sound)과 목 부위 촉진 시 기침이 쉽게 야기되는 경우 기관허탈증을 의심할 수 있다. 정확한 진단을 위해서는 기관 직경과 기도 폐쇄 여부를 확인해야 하는데, x-ray 검사나 투시 검사를 이용한다. x-ray 검사 시에는 반드시 흡기와 호기의 영상을 모두 촬영해야 하며, 투시 검사가 가능하다면 투시 검사를 통해 기관의 움직임을 직접 관찰하는 것이 좋다. 내시경 검사를 하면 기관 내부를 직접 눈으로 볼 수 있기 때문에 기관의 허탈 정도를 평가할 수 있으나, 기관허탈증 단독 진단을 위해서 마취를 포함한 내시경 검사를 진행하는 경우는 드물다.

3) 치료

치료는 내과적 약물치료와 수술적 교정이 활용된다. 근본적으로 기관의 구조적 변화가 원인이기 때문에 이 질병은 약물적 치료로 완치가 되지 않으며, 호흡곤란 등의 합병증이 발생하지 않도록 관리하는 것에 그 치료 목적이 있다. 기관허탈의 단계에 따라 경미한 경우 기관지 확장제의 사용과 함께 체중 관리가 중요하다. 또한, 증상을 악화시키는 환경 요인을 최소화해야 한다. 환자를 흥분시키면 안 되며 스트레스가 적은 생활 환경을 조성해 주어야 한다.

기관허탈이 심한 경우는 내과적 약물치료와 관리로 증상을 조절할 수 없으며, 일부의 경우 기관 스텐트 삽입이나 외고정을 통한 기관의 안정화가 필요할 수 있다. 수술적 교정도 질병을 완치시킬 수는 없으며, 수술 후에도 지속적인 약물 관리, 운동 제한 및 정기적인 모니터링이 필요하다.

III. 단두종 증후군(Brachycephalic syndrome)

1) 특징

단두종 증후군은 단두종 폐쇄성 기도 증후군(Brachycephalic obstructive airway syndrome, BOAS)으로도 불리며 상기도(upper airway)의 해부학적 이상이 복합적으로 나타나는 질환이다. 주로 단두종(brachycephalic breeds), 즉 코와 주둥이가 상대적으로 짧은 품종에서 발생한다. 대표적인 품종으로는 퍼그, 페키니즈, 시츄, 보스턴 테리어, 잉글리쉬 불독 등이 있다. 모든 단두종에서 이 질병이 나타나는 것은 아니나, 단두종에서 발병 위험이 높다.

주로 비공협착(stenotic nares), 연구개 노장(elongated soft palate), 그리고 후두낭 외번(everted laryngeal saccules)이 복합적으로 나타나며, 그 외에도 후두 부종이나 기관 저형성(tracheal hypoplasia)이 동반되기도 한다.

* 비공협착: 콧구멍이 좁아지거나 협착되어 코로 숨을 쉬기 어려운 증상
* 연구개 노장: 입천장 뒤쪽의 연구개가 지나치게 길어 기도를 부분적으로 막는 증상
* 후두낭 외번: 후두 내의 작은 낭성 구조물이 기도로 돌출되어 기도를 막는 증상

이러한 해부학적 이상은 신체활동이 증가하거나(운동이나 흥분), 덥고 습한 날씨로 인하여 호흡곤란을 초래할 수 있다.

표 2 단두종 증후군 호발 품종 

퍼그

페키니즈

시츄

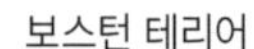

보스턴 테리어

잉글리쉬 불독

2) 진단

단두종 증후군이 있는 개는 시끄러운 호흡음, 코골이, 노력성 호흡 그리고 과도한 헐떡거림(panting) 등의 증상을 보일 수 있다. 일반적으로 이러한 임상증상과 품종 소인, 신체검사 소견 등을 종합적으로 평가하여 단두종 증후군을 진단할 수 있다. 필요시 후두경 검사나 내시경 검사를 통해 해부학적 이상 부위를 직접 관찰하고, 그 심각도를 평가할 수 있다. 기관의 변화나 이차적인 합병증을 평가하기 위하여 흉부 방사선 검사를 함께 진행할 수 있다. 증상이 심한 환자의 경우, 혈액 중의 산소와 이산화탄소의 수치를 평가하기 위하여 혈액가스 분석을 하기도 한다.

3) 치료

단두종 증후군 치료의 목적은 호흡곤란을 완화하고 환자의 삶의 질을 개선하는 것에 있다. 치료는 외과적 교정과 환경 관리로 나눌 수 있다. 단두종 증후군에서 나타나는 증상들이 기본적으로 구조적 이상이기 때문에 이러한 해부학적 결함을 해결하기 위해서는 수술적 치료가 필요하다. 수술적 치료에는 콧구멍을 넓히거나 연구개를 절개하는 등의 치료가 포함된다.

수술적 교정이 기본이지만, 모든 문제를 수술 단독으로는 해결하기 힘든 경우가 많다. 환자가 비만하다면 이는 전반적인 상태를 악화시킬 수 있기 때문에, 정상체중을 유지하는 것이 필수적이다. 또한 시원하고 통풍이 잘 되는 환경을 제공해 주고, 격렬한 운동과 스트레스를 피하는 것이 좋다. 단두종 증후군이 있는 반려견의 보호자는 이와 관련된 잠재적인 문제들을 인식하고 있어야 하며, 정기적인 검진을 통하여 환자의 상태를 모니터링하고, 합병증이 발생하지 않도록 노력해야 한다.

Ⅳ. 폐렴(Pneumonia)

1) 특징

개와 고양이의 폐렴은 폐의 염증을 특징으로 하는 심각한 호흡기 질환이다. 폐렴을 야기하는 원인은 다양한데 일반적으로 세균이나 바이러스 감염에 의한 경우가 가장 흔하다. 바이러스성 폐렴을 야기하는 원인은 보통 canine distemper나 canine influenza 바이러스이며, 어린 개의 경우 '전염성 기관지염(infectious trachitis, kennel cough)'에 걸린 이후 이차적으로 세균성 폐렴이 나타날 수 있다. 기생충이나 곰팡이 감염, 알러지원에 의한 자극 등도 폐렴의 원인이 된다. 이 외에도 구토(vomiting)나 역류(regurgitation)가 심한 환자, 발작이나 마취 이후에 위장관 내용물이나 분비물이 흡인되는 경우 오연성 폐렴(aspiration pneumonia)이 발생할 수 있다. 폐렴의 경우 원발 원인이 무엇이든 속발적으로 세균감염이 발생하는 경우가 많다.

폐렴은 고양이보다 개에서 더 흔하게 발생한다. 폐렴에 이환된 환자는 일반적으로 기침, 호흡곤란, 콧물, 발열, 무기력, 식욕부진 등의 증상을 나타낸다.

2) 진단

폐렴의 진단에 있어 가장 중요한 것은 임상증상이다. 기침과 발열이 특징적이긴 하나 고양이의 경우는 폐렴에 이환되었어도 기침을 하지 않을 수 있으며, 환자에 따라 발열이 확인되지 않기도 한다. 진단에 흉부 방사선 촬영이 중요한데, 환자의 호흡상태가 좋지 않다면 흉부 방사선 촬영을 바로 진행해서는 안 된다. 그 외 감염원을 확인하기 위한 혈청학(serology) 검사를 진행할 수도 있다.

3) 치료

폐렴 환자의 치료에 있어 중요한 것은 상태 안정화이다. 식욕과 활동성이 감소하고 호흡곤란이 발생한다면 이런 환자는 입원 치료가 필요하며, 산소 공급을 동반한 치료가 필요하다. 폐렴이 완전히 치료되는 데는 몇 주가 걸린다. 그동안 환자의 호흡수 및 호흡상태를 지속적으로 관찰해야 하며, 경우에 따라 흉부 방사선의 재촬영이 필요하다.

① **산소 공급**: 대부분의 경우 산소 공급이 필요하며, 보통 입원한 환자에서는 산소케이지를 사용한다.

② **항생제**: 이차적으로 발생한 세균성 폐렴의 치료를 위하여 항생제가 일반적으로 사용된다. 광범위 항생제가 일반적으로 사용되며, 치료 반응이 없는 경우 폐 깊숙한 곳에서 채취한 샘플을 이용한 배양 검사와 항생제 내성 검사가 항생제 선택에 도움을 줄 수 있다. 호흡곤란이 심하여 입원한 환자의 경우 경구용 항생제보다 주사제가 선호된다.

③ **분무치료**(네블라이저, nebulization): 분무치료는 수분과 약물을 폐의 깊은 곳까지 이동시키는 치료 방법이다.

폐렴의 예후는 근본 원인에 따라 다르지만, 일반적인 예후는 나쁘지 않다.

V. 폐수종(Pulmonary edema)

1) 특징

폐수종은 비정상적인 양의 체액이 폐실질에 축적되는 것으로, 일반적으로 심장질환에 의해 발생하는 심인성 폐수종(cardiogenic pulmonary edema)과 비심인성 폐수종(non-cardiogenic pulmonary edema)으로 나뉜다. 심인성 폐수종은 주로 좌심부전에 의하여 발생하며, 비심인성 폐수종은 폐모세혈관의 삼투압 감소나 혈관 투과성의 변화에 의하여 발생한다. 비심인성 폐수종의 원인으로는 감전(electric cord injury), 상기도 폐쇄(upper airway obstruction), 패혈증(sepsis) 등이 있다. 어떤 원인에서 폐수종이 발생하였든 빈호흡과 호흡곤란이 동반된다.

Chapter 03

2) 진단

진단 시에 심인성 폐수종과 비심인성 폐수종을 감별하는 것이 중요하다. 심인성 폐수종 환자는 신체검사 시에 심잡음(heart murmur)이나 부정맥이 확인되거나 심장병 병력이 있을 수 있다. 비심인성 폐수종의 경우 특이적인 병력은 없는지 확인해 보아야 한다.

진단검사 시에 흉부 방사선 검사가 중요하다. 흉부 방사선 검사 시에 폐의 실질 변화가 확인될 수 있는데, 동반된 심장의 이상은 없는지 함께 평가해야 한다. 심전도 검사나 심장초음파 검사를 함께 시행하면 심인성 폐수종과 비심인성 폐수종의 감별에 도움이 된다.

혈액화학검사를 통하여 혈액 중 단백질 함량을 평가해 보아야 하며, 단백질 수치가 낮은 경우 폐 모세혈관의 삼투압 변화로 폐부종이 발생할 수 있다.

3) 치료

폐수종의 원인이 심장병 때문이라면 치료에는 산소, 이뇨제, 혈관확장제 등 심장병 치료 약물이 사용된다. 비심인성 폐수종을 가진 환자는 일반적으로 산소 공급이 가장 중요하며, 치료는 근본 원인에 따라 달라진다. 폐수종 환자의 치료 시에 호흡수 및 호흡 패턴의 관찰, 심박수, 혈압, 산소포화도 평가가 필요하다. 지속적인 산소 공급이 도움이 되며 환자의 스트레스를 최소화할 수 있는 환경을 만들어 주어야 한다. 예후는 폐수종의 근본 원인에 따라 달라진다.

VI. 기흉(Pneumothorax)

1) 특징

기흉은 폐를 둘러싼 공간에 공기가 정체되는 상태를 의미한다. 폐 주위를 둘러싼 공기는 폐가 정상적으로 팽창하는 것을 막기 때문에, 기흉이 있는 환자는 호흡곤란과 함께 빈호흡, 청색증 등을 나타낼 수 있으며, 일부의 경우 흉통도 보인다.

기흉은 주로 흉부 외상에 의해서 발생하는데, 열린 상처를 통해 흉강 내로 공기가 유입되는 것을 개방성 기흉이라고 한다. 그 외에도 만성 폐쇄성 폐질환이나 천식 등의 호흡기 질환에 의하여 발생할 수 있는데, 폐나 기관지, 폐 조직이 찢어지면서 흉강으로 공기가 누출되는 경우로 이를 폐쇄성 기흉이라고 한다. 드물게 기흉이 자연발생으로 원인 없이 생기기도 한다.

2) 진단

기흉의 진단을 위해서는 환자의 병력과 철저한 신체검사가 필요하며, 흉부 방사선 촬영이나 CT 촬영이 진단에 도움이 된다.

3) 치료

기흉이 확인되면 주사기를 이용하여 흉강천자(thoracocentesis)로 흉강 내 공기를 제거한다. 이렇게 흉막공간에서 공기를 제거하면 기흉의 진단과 치료가 동시에 이루어진다. 아주 경미한 기흉은 별다른 치료 없이 케이지 안정화를 통하여 회복되기도 하지만, 대부분의 경우 호흡곤란 등의 임상증상이 동반되면 산소 공급과 흉강천자가 필요하다. 기흉의 원인에 따라 수술적 교정이 필요한 경우도 있으며, 예후는 질병의 원인과 심각도에 따라 달라진다.

Ⅶ. 흉막삼출(흉수, Pleural effusion)

1) 특징

흉막삼출은 흉강 내에 비정상적인 체액이 축적되는 것을 의미한다. 폐실질에 액체가 저류되는 폐수종과 달리, 체액은 폐를 둘러싸고 있는 흉막공간 내에 축적된다. 기흉에서와 마찬가지로 흉강 내의 액체는 폐가 충분히 팽창되지 못하게 하여 호흡곤란을 야기한다. 흉강 내 액체는 아래쪽으로 이동하기 때문에 청진 시에 흉부의 아래쪽에서 정상적인 폐음이 확인되지 않을 수 있다. 흉막삼출이 발생한 환자는 얕고 빠른 호흡이 특징적으로 나타난다. 증상이 심한 경우 전형적인 호흡곤란 증상들이 동반된다.

2) 진단

흉막삼출의 진단을 위해서 병력과 신체검사가 중요하다. 호흡수가 증가하거나 청진 시에 폐와 심장 소리가 잘 들리지 않을 수 있다. 흉부 방사선 사진을 통해 흉강 내 저류된 액체를 확인할 수 있으며, 흉막삼출이 확인되면 흉강천자를 통하여 흉강 내 액체를 제거해야 한다. 흉수의 제거는 환자의 임상증상 개선에 도움이 되며, 동시에 채취된 샘플의 성상을 분석하여 흉막삼출의 원인을 구분할 수 있다.

다음은 개와 고양이에서 발생할 수 있는 흉막삼출의 원인이다.

① **농흉**(pyothorax): 심한 세균감염에 의하여 흉강 내에 농이 저류된 상태로, 외상이나 혈액

을 통한 감염에 의하여 발생한다.

② **유미흉**(chylothorax): 흉강 내에 림프액이 축적된 경우를 의미하며, 림프액이 흉강 내로 누출될 때 발생한다.

③ **심부전**(heart failure): 심부전 환자는 전신으로 혈액순환을 잘할 수 없으며, 이로 인하여 폐 주위의 흉막공간에 체액이 축적될 수 있다. 이때 저류된 체액의 성상은 농흉이나 유미흉과 다르다.

④ 그 외 흉강 내 또는 폐의 종양, 횡격막 허니아(diaphragmatic hernia), 폐엽전(lung lobe torsion), 혈관염(vasculitis), 외상이나 혈액 응고 이상으로 인한 흉강 내 출혈도 흉막삼출을 야기할 수 있다.

3) 치료

호흡곤란이 심한 환자는 기본적으로 산소 공급을 해주어야 한다. 또한 흉강천자나 흉관 삽입을 통하여 삼출액의 제거가 치료에 도움이 된다. 기저 질환에 따라 치료 방법은 다른데, 일반적인 약물이나 관리에 반응이 없다면 수술적 교정이 필요할 수도 있다. 예후 역시 흉막삼출의 근본 원인에 따라 달라진다.

Ⅷ. 횡격막 허니아(Diaphragmatic hernia)

1) 특징

횡격막 허니아는 흉부와 복부를 구분하는 횡격막의 근육 파열이나 선천성 결함에 의하여 발생한다. 위, 장이나 간과 같은 복부 장기가 흉강으로 이동하여 폐를 압박하기 때문에, 폐가 충분히 팽창하지 못하여 호흡곤란이 야기된다. 횡격막 허니아는 태아의 횡격막 발달 이상으로 인한 선천성 횡격막 허니아와 외상에 의해 발생하는 후천성 횡격막 허니아로 나뉠 수 있다. 보통 외상에 의한 횡격막 허니아가 흔하며, 교통사고나 낙상에 의하여 주로 발생한다. 횡격막 허니아의 정도에 따라 임상증상은 무증상부터 극심한 호흡곤란까지 유발될 수 있다.

2) 진단

진단을 위해서는 병력 청취, 신체검사 및 흉부와 복부의 방사선 검사가 필요하다. 흉강 내에서 복강 장기가 확인되면 횡격막 허니아로 진단하며, 일반 방사선 검사 결과가 분명하지 않으면

초음파 검사나 조영 방사선 검사를 실시한다.

3) 치료

횡격막 허니아는 해부적 구조 이상 질병으로, 대개 수술적 치료가 실시된다. 심각한 외상에 의하여 횡격막 허니아가 발생한 경우, 환자의 전반적인 상태 안정화가 우선 진행되어야 한다. 진단 후 가능한 한 빨리 수술을 통한 교정을 실시하는 것이 좋으며, 횡격막 손상과 동반된 외상의 정도에 따라 예후는 달라진다.

TIP

*** 호흡기 약물 정리**

① 거담제
- 구아이페네신

② 점액용해제
- 아세틸시스테인

③ 진해제
- 부토파놀
- 덱스트로메트로판
- 코데인

④ 기관지확장제
- 아미노필린
- 테오필린
- 알부테롤
- 테르부탈린(터부탈린)

⑤ 항히스타민제
- 디펜하이드라민
- 클로르페니라민
- 하이드록시진
- 사이프로헵타딘
- 세티리진

⑥ 호흡 자극제
- 독사프람

제4장

호흡기 환자의 간호

이 장에서는 호흡곤란이 발생한 개와 고양이의 일반적인 관리 및 간호 방법에 대하여 다룰 예정이다. 호흡곤란이 발생하면 일반적으로 모든 검사를 멈추고 산소를 우선 공급해 주어야 한다. 과도한 스트레스는 환자의 상태를 악화시킬 수 있으며, 급성 호흡곤란은 환자를 폐사에 이르게 할 수 있다. 호흡곤란의 원인이 무엇이든 일반적으로 안정화 조치가 우선 이루어져야 한다.

(1) 안정화 실시(Stabilization)

1) 산소 공급(Oxygen supplementation)

앞서 심부전 환자의 관리에서도 언급되었지만, 호흡곤란 환자에서 산소의 공급은 매우 중요하다. 환자에게 산소를 공급하는 방법은 여러 가지인데, 환자의 호흡곤란이 심하지 않으면 즉각적으로 환자에게 산소를 공급할 수 있는 '플로우 바이(flow-by)' 방법을 이용하여 산소를 공급한다. 이는 산소 튜브를 환자의 얼굴에 가까이 대는 방법으로 산소를 제공하는 가장 쉬운 방법이지만, 효율적인 산소 공급법이 아니기 때문에 일시적으로만 사용한다. 호흡곤란 환자의 지속적인 산소의 보충을 위해서는 비강 카테터를 이용하거나 산소케이지의 사용이 적합하며, 의식이 없거나 응급상황에서는 기도삽관 후 양압 환기(positive pressure ventilation)를 통하여 산소를 공급할 수 있다.

2) 진정 약물(sedation)

일부 환자의 경우 지속적으로 흥분하여 산소케이지 내에서 안정화되지 못하는 경우가 있는데, 이럴 경우에 진정제를 투여할 수 있다. 일반적으로 사용되는 진정제에는 부토파놀(butorphanol)과 아세프로마진(acepromazine) 등이 있다. 진정제의 투여 이후에 동물보건사는 환자의 호흡수, 호흡 패턴과 행동을 잘 관찰하여야 하며, 특이적인 변화가 나타나면 바로 수의사에게 알려야 한다. 또한 진정제 투여 이후 심박수나 혈압의 변화가 발생할 수 있기 때문에 전반적인 생체지표(vital signs)를 지속적으로 모니터링해야 한다.

3) 흉강천자(thoracocentesis)

심한 호흡곤란의 원인이 기흉이나 흉막삼출에 의한 것이라면, 초기에 흉강천자를 통하여 흉강 내 저류된 공기나 체액을 제거해 주는 것이 환자의 호흡 개선에 도움이 된다. 흉강천자 이후 환자는 지속적으로 산소를 공급받아야 하며, 역시 호흡수와 호흡 패턴, 행동의 변화 등을 주의 깊게 관찰하여야 한다.

(2) 호흡곤란 환자의 치료 보조

호흡곤란이 발생한 경우 우선 안정화 조치 이후에 호흡곤란을 야기한 원인을 찾기 위한 체계적인 진단이 시행되어야 한다. 원인에 따라 환자에 사용되는 치료 약물과 방법은 다양하다. 다양한 치료 방법 중 호흡기 환자의 치료에 중요한 두 가지 치료 보조 방법에 대하여 잘 알고 이를 시행할 수 있어야 한다.

1) 분무치료(네블라이저, nebulization)

분무치료는 수분과 함께 항생제나 기관 확장제와 같은 약물을 작은 입자로 만들어 폐의 깊은 곳까지 침투시키는 치료 방법이다. 질병의 원인에 따라 사용하는 약물의 종류는 다르지만, 일반적으로 호흡기 점막에 수분을 공급하여 분비물의 외부 배출을 도와준다. 보통 한번에 10~15분 정도 실시하며, 분무치료 후 환자가 지속적으로 젖어있지 않도록 주의한다.

그림 8 분무치료를 위해 사용되는 네블라이저

2) 쿠파주(coupage)

호흡기 내의 분비물을 이동시키는 데 도움을 주는 물리적 치료 방법으로 분무치료 이후에 실시해 준다. 쿠파주는 주로 폐렴이나 기관지염 환자에 실시한다. 동물보건사는 양쪽 손을 컵 모양으로 만든 뒤 환자의 흉벽을 부드럽고 빠르게 반복적으로 두드려 준다. 이는 깊은 곳에 존재하는 분비물이 기도로 이동하는 것을 도와주는데, 매일 3~4회 이상 실시하는 것이 좋다. 이때 통증이 야기될 만큼 세게 두드려 불편함을 야기해서는 안된다. 쿠파주 이후 환자가 가볍게 돌아다닐 수 있게 해주면 분비물의 제거에 도움이 된다.

(3) 호흡곤란 환자의 모니터링

호흡곤란 환자의 상태를 지속적으로 모니터링하는 것은 매우 중요하다. 환자의 모니터링 항목과 관찰 내용들은 제2장, I. 신체검사의 진행 부분을 참조한다. 분당 호흡수와 노력성 호흡의 정도, 호흡패턴의 관찰이 중요하며, 병원 내에서 관찰된 모든 사항과 모니터링 내용들은 환자의 입원차트에 기록해야 한다. 환자가 산소케이지에 위치한 경우 모니터링을 위하여 산소케이지의 문을 열게 되면 케이지 내의 산소 농도가 급격하게 떨어진다. 따라서, 가급적 환자를 직접 만지지 않고, 외부에서 상태를 관찰하며 모니터링을 이어가는 것이 좋다. 만일, 환자 상태의 급격한 변화가 있거나 예상하지 못한 증상이 확인된다면 반드시 담당 수의사에게 이를 알려야 한다.

제5장

급여 시 고려사항

호흡기 질환 환자에서 부적절한 영양 관리가 발생하는 경우 환자의 질병 이환율과 폐사율이 증가할 수 있다. 호흡기 질환 환자를 관리하는 데 있어 특별히 주의해야 하거나 보충해야 하는 일반적인 영양학적 권장 사항은 없지만, 질병에 따라 개체 관리에 적절한 영양 보조는 아주 중요하다. 이를 위해서는 개체의 신체충실지수(BCS, body condition score)와 에너지 요구량을 정확히 평가해야 한다. 최근 체중의 증가 또는 감소가 있었는지 확인해야 하며, 환자의 식욕 및 급여하는 음식도 평가해야 한다. 이후 지속적으로 환자의 상태를 관찰하여 필요에 따라 영양 관리를 적절히 변경해 주는 것이 좋다.

(1) 적정 체중의 유지

호흡기 질환 환자의 적정 체중 유지는 질병의 관리와 예후에 영향을 미칠 수 있다. 비만 또는 과체중 개체의 폐 기능은 정상 개체보다 좋지 못하며, 호흡수 증가와 노력성 호흡이 유발될 수 있다. 또한 과도한 지방조직에서는 다양한 염증성 사이토카인들이 분비되어 질병을 악화시킬 수 있다. 따라서, 비만 관리는 호흡기 질환 환자의 관리에 긍정적인 효과가 있다. 효과적인 체중감량을 위해서는 동물의 현재 상태에 대한 정확한 평가와 함께, 음식의 종류와 양의 조절, 적절한 운동 관리가 필요한데 이를 위해서는 장기적인 계획과 지속적인 모니터링, 그리고 보호자 교육이 함께 이루어져야 한다.

비만이나 과체중뿐만 아니라 저체중이나 악액질(cachexia)도 질병의 관리에는 좋지 못한 영향을 준다. 균형 잡힌 영양과 칼로리 공급은 호흡근의 기능을 도와주고, 세포나 조직의 재생과 면역력에도 긍정적인 효과를 나타낼 수 있다. 만성 호흡기 질환을 앓고 있는 환자의 경우 장기적인 식욕감소로 인하여 칼로리 섭취가 줄어든다. 또한, 호흡곤란과 노력성 호흡으로 인하여 칼로리 소모가 증가하는 경향이 있다. 따라서, 장기간의 부적절한 영양 관리는 악액질(cachexia)을 야기하여 환자의 전반적인 건강과 질병을 악화시킬 수 있다.

(2) 에너지 공급

적절한 에너지의 공급을 위해서는 급여하는 음식의 탄수화물, 단백질과 지방의 수준을 평가해 보아야 한다. 환자의 식욕과 섭식량이 감소하는 경우, 공급하는 음식의 칼로리 밀도를 높여주는 것이 좋다. 동일 양의 탄수화물, 단백질과 지방을 이용할 때 생성되는 이산화탄소의 양은 지방이 대사될 때 가장 낮다고 보고되어 있다. 따라서, 호흡기 질환 환자의 경우 고탄수화물 식이를 피하고 양질의 충분한 단백질과 적당한 지방을 이용하여 에너지 요구량을 충족시켜 주는 것이 좋다.

(3) 음식 공급 방법 및 식욕 관리

호흡기 질환뿐만 아니라 만성 질환을 앓는 환자들의 경우, 전반적으로 식욕이 감소하는 경향이 두드러진다. 이 경우, 음식 공급 방법에 대한 고민이 필요하다. 우선 기존 사료를 기호성이 높은 사료로 대체한다. 습식 사료를 급여하거나 음식을 체온 정도로 데워서 제공함으로써 음식의 풍미를 증가시킬 수 있다. 하지만, 일반적으로는 이런 방법만으로는 섭식량을 충분히 증가시킬 수 없다. 이 경우 식욕 촉진제를 활용해 보는 것도 도움이 된다. 강제 급이는 음식물 흡인으로 인한 오연성 폐렴(aspiration pneumonia)을 야기할 수 있으므로 추천되지 않는다.

경구 섭식이 어려운 경우 코나 식도에 식이관을 장착하는 경장 영양법(enteral nutrition)이나 수액을 이용하여 정맥으로 영양을 공급하는 비경구 영양법(parenteral nutrition)을 고려할 수 있다.

어느 경우에도 환자에 과도한 스트레스를 유발하지 않도록 주의해야 하며, 환자가 앓고 있는 호흡기 질환과 환자의 상태에 따라 적절한 음식 공급 방법이 선택되어야 한다.

(4) 수분의 공급

신선한 물을 충분히 공급하는 것은 호흡기에서 점액이나 분비물이 효과적으로 제거되는 것을 도와준다. 호흡수의 증가나 심한 노력성 호흡은 기도의 수분 손실을 증가시킨다. 호흡곤란으로 인한 음식 섭취의 감소 역시 체내 수분량을 떨어트려 호흡기의 정화작용을 방해한다. 호흡곤란이 심한 환자에게 경구를 통한 강제적인 수분 공급은 호흡곤란을 악화시킬 수 있기 때문에 주의해야 한다.

스스로 음식을 먹을 수 있는 경우라면, 사료를 건사료에서 습식 사료로 교체하거나 신선한 물을 소량씩 자주 공급하여 수분을 보충할 수 있도록 도와주어야 한다. 스스로 물이나 음식을 제대로 섭취하지 못하는 경우라면, 정맥이나 피하를 통하여 추가적인 수분 공급을 도와줄 수 있다. 다만, 폐수종 등 일부 질병의 경우 수분 공급이 제한될 수 있으므로, 환자에게 필요한 수분량과 공급 방법은 수의사의 지시에 따라 제공되어야 한다.

(5) 항산화제

다른 질환에서와 마찬가지로 호흡기에 발생한 감염이나 염증 역시 세포의 활성산소를 증가시키고 산화 스트레스와 세포 손상을 야기할 수 있다. 따라서 다양한 항산화제의 이용은 호흡기 환자의 관리에 도움이 될 수 있다. 하지만, 아직 각종 항산화제 투여에 따른 호흡기 질환 개선 효과가 과학적으로 입증되지 않았기 때문에, 이를 과용해서는 안 된다. 일부 항산화제의 과용은 오히려 질병에 악영향을 미칠 수도 있으니 주의하여야 한다.

CHAPTER 04

소화기계 질환

학습목표

다양한 소화기계 질환의 특성과 차이를 이해한다.

소화기 질환으로 인하여 발생할 수 있는 임상증상을 이해하고

동물보건학적인 측면에서 환자를 간호할 때의 주의사항을 확인한다.

환자의 질환에 따른 식이 급여 방법을 이해한다.

제1장 임상증상

소화기계 질환은 동물병원에서 흔하게 만날 수 있는 질환이며, 반려동물의 보호자가 동물병원에 아픈 반려동물을 데리고 내원하는 주요한 원인이다. 따라서 동물보건사는 다양한 소화기 질환에 대한 병태생리학적 이해와 각각의 임상증상에 따른 올바른 간호 방법을 익히고 있어야 한다. 따라서 이번 장에서는 소화기 질환으로 발생할 수 있는 임상증상을 이해하고 질환에 따른 간호 방법과 식이 관리법을 알아본다.

1. 구토증상

개와 고양이에서 소화기계 질환으로 인해 발생할 수 있는 임상증상은 다양하다. 그중 구토, 설사 증상이 가장 흔하지만, 이러한 증상이 보이지 않는 때도 있다. 다양한 소화기계 질환으로 인하여 발생할 수 있는 임상증상은 다음 표 1에 표시해 두었다. 임상증상은 환자의 병력을 통해 확인하며 병원에 내원하여 각종 검사를 진행하거나 입원하는 동안 보일 수 있다.

표 1 소화기 질환으로 인한 임상증상

증상	설명
식욕저하(Anorexia)	음식에 관한 관심이 없고 먹고 싶어 하지 않음
연하곤란(Dysphagia)	음식물이 구강에서 인두, 식도를 거쳐 위장관으로 내려가는 데 장애가 느껴지는 것
배변곤란(Dyschezia)	배변 반사가 둔화하여 있어서 변이 배출되지 않음
구토(Vomiting)	위장관의 내용물이 장관과 흉벽, 복벽 수축을 보이면서 구강으로 배출됨
역류(Regurgitation)	상부 식도의 괄약근 앞에서 섭취되었던 음식물이 배출되는 현상
복명음(Borborygmus)	장내 가스와 액체가 이동하면서 소리가 들리는 현상
설사(Diarrhea)	수분함량이 많은 변을 자주 배출하는 현상
혈토(Hematoemesis)	상부위장관의 출혈이 발생하고 토하는 현상
혈변(Hematochezia)	선홍색의 혈액이 분변에 섞여 배출되는 현상
흑변(Melena)	상부위장관에서의 출혈로 소화된 혈액이 검은색으로 배출됨
변비(Constipation)	대변이 과도하게 딱딱하게 굳어 배변이 힘든 상태
이급후증(tenesmus)	배변 후에도 배변하려 하는 증상을 보이며 동통을 동반한 상태
배변 실금 (Fecal incontinence)	딱딱한 변, 물 변, 가스를 포함한 대변이 의지와 상관없이 나와 조절할 수 없는 상태

(1) 구토(vomiting) 및 구토와 유사 증상

구토(Vomiting)는 소화기계 질환 시 가장 흔하게 보이는 임상증상으로 위장관의 내용물이 장관과 흉벽, 복벽 수축을 통해 입으로 배출되는 현상을 말한다. 구토를 유발하는 원인은 1) 약물과 같은 구토를 유발하는 물질이나 약물의 복용 2) 위장관의 폐색 3) 위장관의 염증이나 복부의 염증으로 인한 자극 4) 소화기계가 아닌 다른 기타 질환 5) 식이성 6) 중추신경계나 자율신경계의 이상이나 화학수용체 자극 부위(Chemoreceptor trigger zone, CTZ)를 자극하는 질환 등이 있을 수 있다. 일부의 경우는 행동상의 문제나 특별한 자극에 학습된 반응으로 구토가 발생할 수도 있다. 관련된 구토의 원인은 표 2에 정리하였다.

표 2 구토를 유발하는 원인

원인	설명
약물과 같은 구토를 유발하는 물질이나 약물의 복용	• 화학요법 제제(독소루비신(doxorubicin), 사이클로포스파마이드(cyclophosphamide), 시스플라틴(cisplatin) 등) • 항생제(독시사이클린(doxycyclin), 아목시실린/클라불란산(Amoxicillin/clavulanic acid) 등) • 비스테로이드성 항염증제(NSAIDs(non-steroidal anti-inflammatory drug)) • 이외에도 많은 경구 섭취 약물이 구토를 유발할 수 있음
위장관의 폐색	• 양성 유문부 협착 • 이물섭취 • 위 점막의 비후 • 신생물(neoplasm) • 위의 확장 또는 꼬임 • 장 중첩 등
위장관의 염증	• 위염(궤양이나 미란이 동반될 수 있음) • 장염(파보바이러스 출혈성 위장염, 염증성 장 질환)
복부의 염증으로 인한 자극	• 췌장염 • 복막염 • 결장염 • 비장염
소화기계가 아닌 다른 기타 질환	• 요독증(uremia) • 부신의 기능부전 • 고칼슘혈증 • 간부전 또는 간질환 • 담낭염 • 당뇨성 케톤산증(Diabetus mellitus ketoacidosis, DKA) • 자궁축농증(pyometra) • 내독소혈증(endotoxemia) / 패혈증(sepsis)
식이성	• 무분별한 식이 • 식이 불내성
기타원인	• 자율신경계 기능이상 • 고양이 갑상샘기능항진증 • 수술 후 메스꺼움(postoperative nausea) • 과식 • 중추신경계 질환(종양, 수막염, 증가한 뇌내압력, 대뇌 변연성 간질) • 행동상 문제 • 특정 자극에 대한 학습된 반응

(출처: Small animal internal madicien, 5th ed; chapter 28, Clinical Manifastations of Gastrointestinal Disorders)

구토를 평가할 때는 병력과 신체검사를 바탕으로 역류(regurgitation)와 가래 배출(expectoration)을 구별할 수 있어야 한다. 가래 배출은 소화기계 증상보다는 기침과 같은 호흡기 질환과 관련이 있다. 하지만 심한 기침 또한 구토를 유발할 수 있으므로 세심하게 병력을 청취하는 것이 중요하다.

역류(regurgitation)는 섭취되었던 음식물이 위장관까지 도달하지 않은 상태인 상부 식도의 괄약근 앞에서 배출되는 현상이다. 따라서 소화되지 않은 음식물이 배출되는 것이 특징이다. 이 과정은 수동적이며 정상적인 연동운동에 역행하는 움직임이다. 이는 구토 증상과 대비가 된다. 구토 증상은 섭취하고 위장관까지 도달한 음식물이 배출되는 것으로 이 과정에서 메스꺼움(nausea), 헛구역질 (retching)을 동반하며 흉벽, 복벽 수축을 통해 구강으로 배출되는 능동적인 현상이다.

가래 배출(expectoration)은 호흡기의 물질을 배출하는 과정으로 주로 기침 증상을 동반하는 경우가 많다. 연속적인 기침 증상을 보이다가 마지막에 뱉어내는 듯한 행동을 보이는데 많은 보호자는 이를 구토 증상으로 오인한다. 따라서 동물보건사는 병력 청취할 때 이러한 부분까지 고려하여야 한다.

간혹 혈토(Hematoemesis) 증상을 보이는 때도 있다. 이는 상부 소화기에서 출혈이 있는 경우 구토하면서 혈액이 동반된 것을 말한다. 만약 선혈이 보이는 경우는 오래되지 않은 출혈이 위장관에 있음을 의미하며, 소화된 혈액(주로 갈색이나 커피색을 띤다)의 경우는 위장관 궤양(ulcer)이나 미란(erosion)이 발생하여 몇 분이 지났을 때 보인다.

TIP

*** 구토와 토출, 가래 배출 구별**

- 구토 : 보통 침 흘림, 입술 핥기 등과 같은 전조증상을 보이며, 강력한 복부 수축 증상을 보일 수 있음
- 토출 : 전조증상이나 구역 증상은 없음
- 가래 배출 : 연속적인 기침 증상을 보이다가 뱉어내는 행동을 함

II. 배변이상

(1) 설사(diarrhea)

설사 또한 가장 흔한 소화기계 질환의 증상 중의 하나이다. 설사는 과도한 수분을 포함한 변이 위장관을 통과하여 배출되는 현상을 말한다. 과도한 수분을 함유하고 있으므로, 심한 소장성 질환이 있는 환자에게서는 설사 증상이 흔하지는 않다. 설사 증상을 보인다면 장의 기능장애를 가장 먼저 의심해 볼 수 있으므로, 그 증상을 명확하게 파악하고 급성과 만성 여부를 파악해야 한다.

급성 설사는 보통 식이성, 기생충 또는 전염병에 의하여 발생한다. 식이성은 가장 흔한 원인이 되는데, 음식 불내성/알레르기, 급격한 식이 변화, 세균성 식중독, 저급의 음식을 공급한 경우가 많다. 그다음으로 장내 기생충이나 원충(지아르디아, 트리코모나스, 콕시듐 등)이 흔한 원인이 된다. 전염병에 의하면 바이러스(파보바이러스, 코로나바이러스, 고양이 백혈병 바이러스, 고양이 면역 결핍 바이러스 등) 또는 세균성(클로스트리듐 퍼프리겐스(Clostridium perfrigens), 캠필로 박터 제주니(Campylobacter jejuni) 등)이 원인이 될 수 있다. 이 외에도 출혈성 위장관염, 장중첩, 과민성 대장증후군, 급성 췌장염, 부신피질기능저하증, 독성물질(상한 음식이나 중금속, 화학물질이나 약물 등)과 같은 다양한 원인이 있을 수 있다.

만성 설사는 설사증상이 2~3주간 일반적인 치료에 반응하지 않을 때 만성이라 판단한다. 만성 설사 증상이 있는 경우는 기생충 질환 여부에 대하여 먼저 확인이 필요한데, 지아르디아, 트리코모나스, 선충 등이 원인이 될 수 있다. 이다음으로 대장 유래인지(대장성 설사), 소장 유래인지(소장성 설사) 확인이 필요하다(표 3). 소장성 설사는 흡수가 불량한 장 질환으로 다식(polyphagia)증상을 보이지만 체중감소를 보일 수 있다. 대장성 설사는 다식(polyphagia)증상을 보이는 경우는 드물고 체중감소를 거의 보이지는 않지만 심각한 결장의 침윤성 질환(결장히스토플라스마증, 결장림프종 등)을 가지는 경우에는 체중감소를 보일 수 있다. 만성 대장성 설사인 환자에서 점막이 병변을 확인할 수 없으면서 정상체중이며, 알부민의 혈중 농도가 정상이라면 치료적 시도를 해 볼 수 있다. 대개 고섬유식이와 저알러지성 식이를 공급해 볼 수 있으며 클로스트리듐 관련 장염에 관한 항생제를 적용하거나 기생충 치료 등이 이루어질 수 있다.

표 3 소장성 설사와 대장성 설사의 비교

임상증상	소장성 설사	대장성 설사
변의 횟수	평소와 비슷하거나 약간 증가	증가
배변곤란	없음	있음
점액성	흔하지 않음	흔히 관찰됨
혈액 혼입	흔하지 않음	흔히 관찰됨
흑변(melena)	관찰될 수 있음	없음
변의 양	증가	평소와 유사
변의 경도	수양성이거나 묽은 변	묽은 변이거나 단단한 변까지 보일 수 있음
체중감소	있음	흔하지 않음
구토 여부	있음	흔하지 않음

(2) 혈액이 혼입된 분변

신선한 혈액이 섞인 분변을 혈변(Hematochezia)이라 한다. 이때 변이 설사인지 정상 변인지 확인이 필요하다. 설사이면서 혈액이 섞인 것과 정상 변에 혈액이 있는 환자에서 수의사가 진단학적 접근이 달라질 수 있으므로 동물보건사는 이를 확인해야 한다(그림 1).

흑색변(melena)은 혈액이 소화되어 변의 색이 석탄과 유사한 색으로 보인다. 이러한 색은 녹색인 변과 흑색인 변을 구별하기 위해 주의가 필요하며, 동물보건사는 이러한 변의 색을 구별하여 기록할 수 있어야 한다. 이러한 변은 혈액의 섭취나 상부 소화기 출혈을 의심할 수 있다.

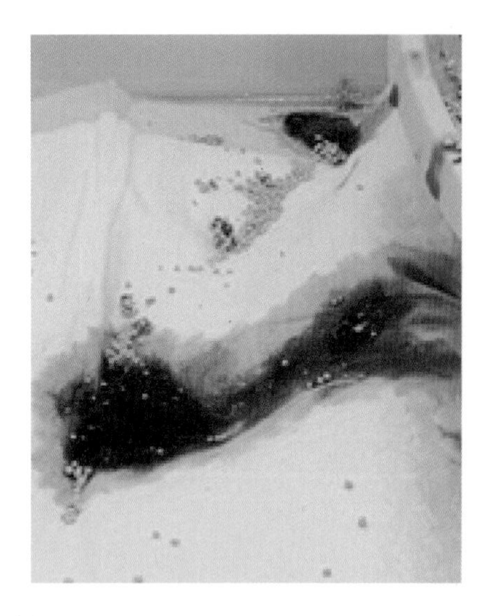

(A) 치료 전 다량의 수분을 함유한 혈액성의 배변상태

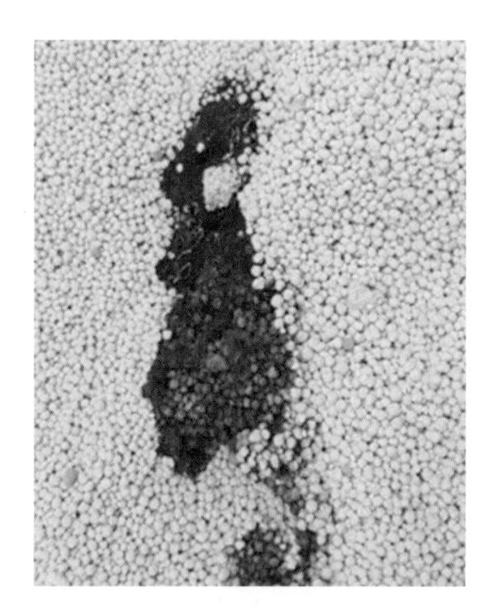

(B) 치료 3일차, 같은 고양이 환자의 배변상태로 다소 수분 함유가 줄었고 선혈도 감소하였지만 여전히 혈변의 양상으로 관찰됨

그림 1 범백혈구 감소증으로 진단된 고양이에서 치료 전과 입원 중 변의 상태

(3) 이상 배변 증상

이급후중(tenesmus)이란 동통을 동반하면서 배변을 계속하려는(변이 조금씩 나오거나 나오지 않을 수도 있음) 현상이다. 결장의 염증이나 변비, 전립선 질환, 회음부 탈장, 방광/요도 질환은 이급후증의 주된 원인이 된다. 환자를 관찰할 때 간혹 하부 요로계 질환(예: FIC 등)이 있는 고양이에서 이급후증이나 배변을 노력하는 모습으로 잘못 판단할 수 있기에 동물보건사는 배뇨 또는 배변 시도 모습을 구별할 수 있어야 한다.

변비(Constipation)는 배변을 자주 보지 못하고 힘들게 배변하는 현상을 말한다. 수의사는 변비를 유발하는 내재 질환에 대하여 혈청 화학 검사, X-ray, 초음파, 결장 내시경 등과 같은 각종 검사를 수행할 수 있다.

배변 실금(Fecal incontinence) 증상은 신경원성 질환(예: 말총증후군(cauda equina syndrome), 요천추협착(lumbosacral stenosis) 등)이나 부분적인 직장 폐색과 같은 원인이 있을 수 있다.

TIP

* 분변지수(fecal score)

분변의 상태를 평가하는 수치 시스템을 이해한다.

Grade 1: 건조하고 부서지기 쉬운 상태의 분변

Grade 1.5: 단단하고, 건조함

Grade 2: 형태를 갖추고 있으며, 집었을 때 자국이 남지 않음

Grade 2.5: 형태를 갖추고 있으며, 표면은 다소 촉촉하며 집었을 때 약간의 자국이 남음, 만지면 다소 끈적한 편

Grade 3: 수분이 있어 분변의 형태가 사라지기 시작, 집었을 때 명확하게 자국이 남음

Grade 3.5: 수분기는 많지만 명확한 형태를 가지고 있음

Grade 4: 대부분의 형태가 사라짐, 변의 연결이 제대로 되지 않으며 점성이 있음

Grade 4.5: 설사, 일부에서는 분변의 연결성이 보이기는 함

Grade 5: 물과 같은 설사

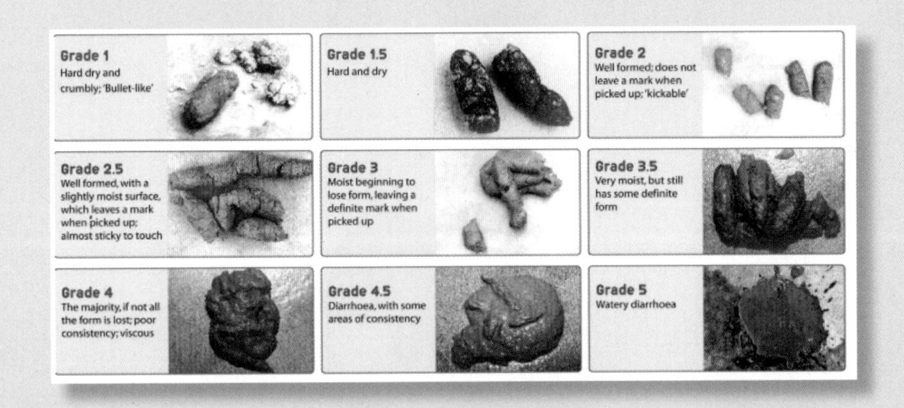

출처: Moxham, G. (2001) Waltham feces scoring system - A tool for veterinarians and pet owners: How does your pet rate? WALTHAM Focus, 11, 2, 24-25 (https://nagonline.net/wp-content/uploads/2018/04/Waltham-Fecal-Scoring-Chart.pdf)

급성복증(Acute abdomen)이란 갑작스럽고 심각한 복통을 유발하는 감염성 염증(예: 감염성 복막염, 파열된 자궁축농증 등)이나 췌장염, 장기의 확장이나 폐색(예: 장폐색, 장중첩, 위확장 등), 패혈증, 심한 복부의 통증을 유발하는 여러 질환을 말한다.

복부의 통증에 접근할 때는 신체 검사상에서 복부의 내부인지 외부인지 파악해야 하며 그다음으로 상복부의 통증인지 하복부의 통증인지 접근해야 한다. 복통을 보이는 환자에게서는 통증으로 인한 증상(예: 가만히 앉아있지 못하고 반복적으로 자세를 바꿈, 복부를 만지려 할 때 신음을 내거나 으르렁거림)을 보일 수 있고, 일부 환자에서 기도자세(praying position)에서 편안함을 느낀다(그림 2). 하지만 통증반응을 표현하지 않는 때도 있어서 복부에 힘을 주는 정도로만 나타내기도 하는데 단순한 복부팽만이나 비대와는 구별이 필요하다. 따라서 동물보건사는 동물환자가 보이는 증상이 통증으로 인한 것인지 등에 대한 이해가 필요하다.

복부팽만(abdominal distention)이나 비대는 앞에서 설명한 복부의 통증과 관련이 있을 수도 있지만 개별적인 경우도 있기에 급성 복증이 아니라면 다른 복부팽만의 원인에 관한 확인이 필요하다.

복부의 통증으로 인하여 통증을 경감시키기 위해 취하는 자세

그림 2 기도자세(praying position)를 취하고 있는 모습

제2장

소화기계의 진단검사 방법

주체적으로 진단검사 항목을 설정하는 것은 수의사이지만, 동물보건사도 원활한 검사의 보조와 진행을 위해서는 소화기계 질환에 대한 검사 항목에 대하여 이해가 필요하다. 따라서 각 검사의 목적과 진행과정 및 검사방법에 대하여 숙지하도록 하자.

I. 소화기계 진단을 위한 방법

(1) 신체검사(Physical examination)

어떤 질환에서든 마찬가지지만 일반 신체검사는 환자를 평가하는 첫 단계라고 볼 수 있다. 특히 소화관 질환이 의심되는 환자에게서는 소화관을 따라 구강에서부터 직장까지의 검사가 필요한데 만약 환자가 공격성을 띠거나 검사에 비협조적인 경우는 진정이나 마취가 필요할 수 있다. 특히 고양이의 경우 혀 아래 선형 이물(예: 실이나 끈 섭취)이 위치할 가능성도 있으므로 구강 검사는 반드시 진행되어야 한다.

복부를 촉진할 때 상·하복부를 나누어 촉진하며 통증이나 복수가 있는 경우가 아니라면 소장에서 대장, 방광까지 촉진할 수 있으며, 고양이에서 신장이 촉진되는 것은 정상이다. 비장종대, 간비대, 간이나 장간막의 종괴, 장 내 이물, 장중첩 등으로 인해 복강 내 장기가 촉진되는 것은 비정상적인 상태이다. 복수가 있는 경우는 파동감을 느낄 수도 있다.

직장 부위는 결장의 점막이나 항문조임근, 항문낭 등을 평가할 필요가 있다.

(2) 일반 실험실 검사

전혈구검사(Complete Blood Count, CBC)를 통해 백혈구 절대 수치의 변화를 확인하고, 각기 다른 백혈구 비율을 확인하는 것도 중요하다. 특히 파보 장염이나 중증의 패혈증의 경우 호중구(neutrophil)감소증을 보일 수 있다. 혈변이 심한 환자에게서도 빈혈 확인과 재생성 및 철 결핍 등을 확인하는 데 도움을 준다.

혈청 화학 검사를 통해서는 ALT, ALP, BUN, Creatinine, 총단백질, 알부민, 전해질(나트륨, 칼륨, 클로라이드), 콜레스테롤, 칼슘, 인, 마그네슘, 빌리루빈, 혈당 농도 등을 측정하여 환자의 상태를 진단하는 데 도움이 된다. 특히 저알부민혈증(hypoalbuminemia)을 확인하는 것은 장관림프관 확장증, 위장관 출혈, 침윤성 소화관 질환, 파보 장염 등에 중요하다.

뇨검사(Urinalysis)는 저알부민혈증의 원인 규명에 도움이 된다.

(3) 분변검사

분변검사는 반복된 검사가 중요하다. 분변의 기생충을 확인하기 위하여 분변 부유법(fecal flotation)은 소화관 질환이 있는 거의 모든 환자에게서 진행된다. 부유법에는 농축 소금 용액이나 설탕 용액을 사용한다. 만약 선충의 충란이나 지아르디아 낭(Giardia cysts)을 확인하기 위해서는 황산아연(zinc sulfate) 용액을 사용하는 것이 좋다(농축된 소금 용액은 지아르디아 낭을 변형시키기 때문).

직접 분변검사(direct fecal smear)는 신선한 분변을 채취하여 생리식염수로 희석하여 슬라이드 위에 도말한다면 지아르디아(giardia)와 트리코모나스(trichomonas) 영양형(trophozoites)을 관찰할 수 있다. 하지만 지아르디아를 진단하는 데 민감도는 다른 검사에 비하여 낮은 편이다.

세포학적인 접근을 위해서 분변 혹은 직장점막을 채취하여 세포학 검사를 진행할 수 있다. 분변 세포학 검사(fecal cytology)는 분변을 도말하여 수단(sudan) 염색으로 소화되지 않은 지방을 확인하거나 요오드(Lugol's iodine)를 이용하여 소화되지 않은 전분(starch) 입자를 확인할 수 있는 방법이지만 진단 가치는 낮다. 분변 세포학 검사에서 캠필로박테리아증(campylobacteriosis)을 확인하거나 내독소를 분비하는 클로스트리디움 퍼프리겐스(Clodstridium perfringens)를 딥퀵 염색(Diff quick stain)을 통해 확인할 수 있다. 하지만 클로스트리디움의 포자(endospore)가 ×1000배율의 현미경에 시야당 3~4개 이상일 때 클로스티리듐성 결장염을 강력하게 의심해 볼 수 있다. 직장 세포학 검사(rectal cytology)는 부드러운 면봉으로 직장점막을 문지른 다음 슬라이드에 묻혀 딥퀵 염색(diff quick stain) 후 확인할 수 있다. 만약 호중구가 확인된다면 세균 배양을 고려해 볼 수 있다.

(4) 분변 세균 배양(bacterial fecal culture)

분변의 세균 배양은 전염성 세균 질환이 강하게 의심되거나 내시경 검사나 생검 등에서 특이

사항이 있는 경우에 지시된다. 대부분 외부의 실험실에 의뢰되는 경우가 많으므로 수의사가 어떤 종류의 세균을 배양하려는지 확인하고, 동물보건사는 시료의 처리에 관한 실험실 방법을 숙지하고 따라야 한다.

(5) 방사선 검사(Radiography)

영상 검사는 식도와 위, 소장, 대장을 평가하고 이물이나 복강 내 종괴 등을 확인할 수 있다(그림 3). 경우에 따라 위장관의 윤곽을 드러내기 위하여(예: 위 유문부 폐색) 조영검사가 필요할 수 있다.

흉부 방사선 촬영과 마찬가지로 복부 방사선 또한 주로 우측 측면(right lateral view, RL)과 배등쪽(ventrodorsal view, VD)에서 촬영하며, 필요하다면 좌측 측면(left lateral view, LL)과 등배쪽(dorsoventral view, DV)도 촬영한다.

1) 우측 측면(right lateral view)

① 환자를 오른쪽 옆으로 눕힌다.

② 양쪽 앞다리와 뒷다리를 두 명의 촬영자가 각각 나누어 모아 잡고 앞다리는 앞쪽, 뒷다리는 뒤쪽으로 당겨 보정한다.

③ 환자의 척추는 휘지 않도록 수평이 되게 위치한다.

④ x-ray 빔의 수직선은 복부의 중앙 부분에 오도록 위치하고, 만약 특정 장기를 중심으로 촬영하고자 한다면 그 장기의 중심으로 빔을 위치시킨다.

⑤ 흉골의 끝인 횡경막 바로 앞과 고관절이 포함되도록 범위를 정한다.

⑥ 촬영은 최대한 흡기 시에 진행한다.

2) 배등쪽(ventrodorsal view)

① 배등쪽 촬영을 위해서 환자는 등 쪽으로 누운 자세로 위치한다.

② 목은 자연스럽게 펴서 유지하고 척추가 돌아가지 않도록 정렬한다.

③ 횡와위 촬영과 마찬가지로 흉곽의 앞쪽과 주변의 뼈와 근육이 겹치지 않도록 앞다리와 뒷다리를 최대한 앞과 뒤로 당겨준다.

④ x-ray 빔의 수직선은 복부의 중앙 부분에 오도록 위치하고, 만약 특정 장기를 중심으로 촬영하고자 한다면 그 장기의 중심으로 빔을 위치시킨다.

⑤ 흉골의 끝인 횡경막 바로 앞과 고관절이 포함되도록 범위를 정한다.

⑥ 촬영은 최대한 흡기 시에 진행하고, 필요하다면 흡기와 호기를 나누어 촬영을 진행한다.

복부의 방사선 검사 진행 시에 검사하고자 하는 목적에 따라 복부의 촬영 부위를 파악하고 정확한 보정 방법을 알고 시행할 수 있어야 한다.

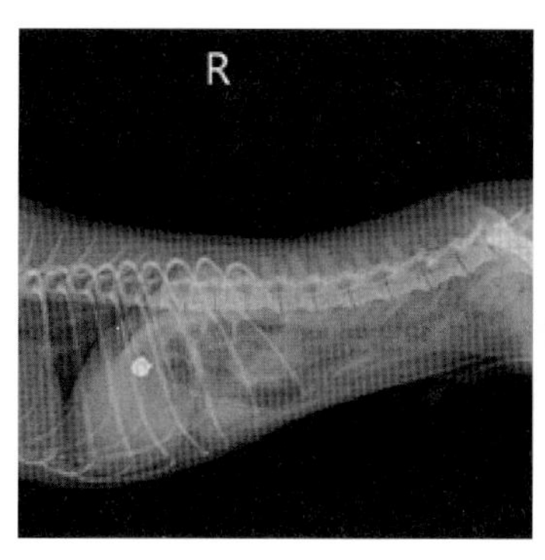

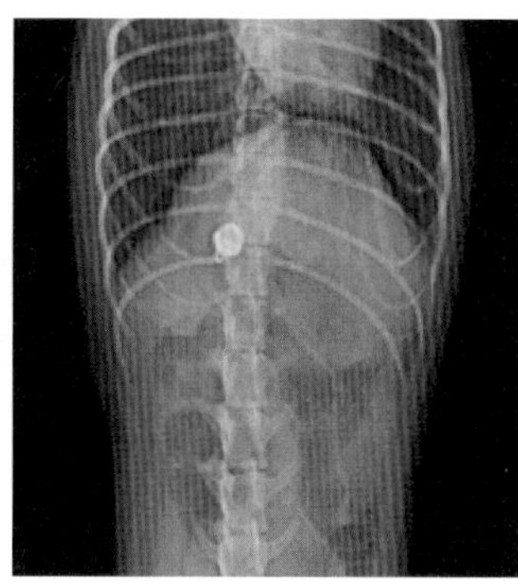

외측상(좌)과 복측상(우)에서 위 내의 고밀도의 이물질이 확인됨

그림 3 위 내 이물 환자의 X-ray 검사

(6) 초음파 검사(Ultrasonography)

초음파 검사는 구토, 설사, 체중감소, 급성복증, 복수, 복부 종괴나 팽만 등이 있는 경우 매우 유용한 검사방법이다(그림 4). 또한 방사선 검사에서 확인하기 어려운 췌장염이나 장중첩을 발견하기도 한다. 초음파 검사는 검사 부위의 털을 삭모하고 탐촉자를 복부에 대면서 검사하는데 동물보건사는 초음파 검사를 진행하는 동안 환자가 편안함을 느낄 수 있도록 보정해야 한다. 복부의 통증이 심하면 탐촉자의 압력으로 환자가 통증을 더 많이 느낄 수 있어 보정이 어려울 수 있다는 점을 염두에 두어야 한다.

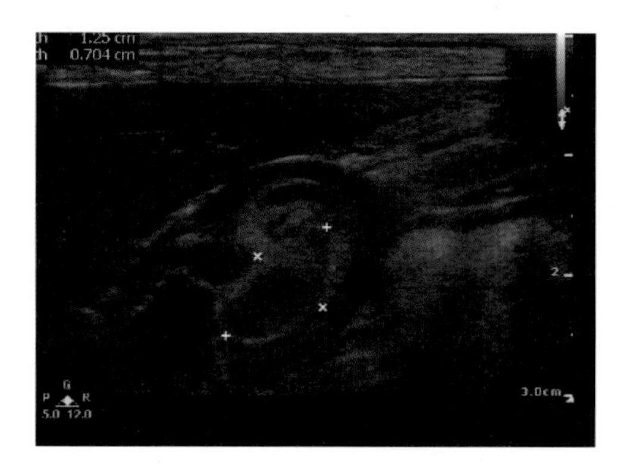

위의 유문부 가까이에 1.25x0.7cm가량의 연부조직이 확인됨

그림 4 위 내 종양이 의심되는 환자의 초음파 영상

(7) 내시경(Endoscopy)

앞의 검사들로 원인 확인이 안 되는 경우는 내시경이 효율적이다. 내시경은 침습적인 방법 없이 신속하게 소화관의 내부 점막을 확인할 수 있다(그림 5). 또한 종괴나 궤양, 폐쇄 등과 같은 형태 변화를 확인할 수 있다. 내시경은 다양한 종류의 상부 위장과 이물 제거가 가능하고 다양한 생검 시료를 채취할 수 있다. 4~5kg 이하의 개와 고양이에서는 외경이 9mm 이하의 내시경이 필요하며 이물 포집 등을 위해 부속기구(accessory)를 사용할 때는 이에 맞는 기구를 사용해야 한다. 따라서 동물보건사는 내시경을 진행하기에 앞서 내시경에 맞으면서 목적에 맞게 사용할 기구를 미리 확인하고 준비해 두어야 한다.

위십이지장 내시경 검사를 위해서는 최소 24시간 공복이 필요하지만, 환자에 따라 장기간 공복이 어려운 경우 지키지 못할 수도 있다. 결장 내시경 검사는 시술이 용이한 반면 시술 전 최소 36~48시간 절식시켜야 한다. 시술 전날에는 설사제를 투여하고 시술 전날 밤과 시술 당일 오전에 따뜻한 물로 관장해야 한다. 직장경도 관장은 필요하지만 결장 내시경만큼 깨끗한 준비가 필요하지 않을 수는 있다.

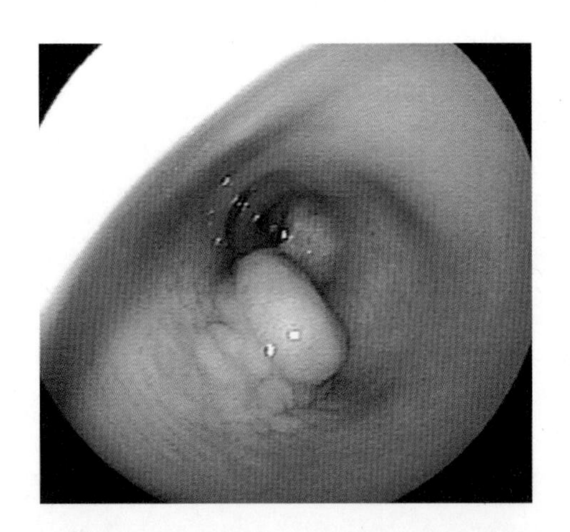

앞에서 보았던 그림 4의 초음파 영상과 같은 환자

그림 5 위내시경으로 확인된 샘의 과증식

(8) TLI(trypsin - like immunoreactiv) 검사

외분비성 췌장기능부전증(exocrine pancreatic insufficiency, EPI)이 의심되는 환자에서 검사해 볼 수 있다. TLI는 외분비 췌장에서 분비되는 순환 단백질을 측정하는 것으로 민감도와 특이도가 높다. 이 검사를 위해서는 12시간 절식 후 혈청 1ml를 냉장 상태로 보관 후 외부 실험실에 의뢰해야 한다.

(9) 혈청 비타민 농도 측정

혈청의 코발라민(cobalamin)과 엽산(folate) 농도 측정은 만성 소장성 설사나 만성 체중감소 환자에게서 도움이 된다.

제3장

대표적인 소화기계 질환

I. 구강질환(Oral disease)

(1) 침샘과 관련된 질환

침샘류(sialocele)는 침샘(salivary gland)의 관이 막히면서 피하조직으로 분비물이 유출되어 말랑한 종괴 양상으로 보이는 질환이다. 침샘관이 막히면서 심하면 파열이 되기도 한다. 주로 턱 아래나 인두 부위에 부종이 생기는 것으로 확인되며 심하게 붓는 경우는 통증을 보이지도 하지만 대부분은 무증상이다. 관련된 침샘의 위치에 따라 연하곤란이나 구토, 호흡곤란을 유발하기도 한다.

침샘염(sialadenitis)은 특정 침샘관을 타고 감염되는 질환으로 구토나 역류에 의해 발생한다. 보통은 통증 없이 커지지만, 상당한 염증이 있다면 통증과 함께 연하곤란을 일으킬 수 있다. 조직에 괴사까지 진행되는 경우는 침샘괴사(salivary gland necrosis)로 진단할 수 있다. 상당한 염증과 통증이 있는 경우는 수술적인 방법이 추천된다.

(2) 개의 구강종양

개의 구강에서 발생한 종양은 음식 섭취에 불편함을 주고 구취(halitosis), 연하곤란, 출혈을 일으킬 수 있다. 구강에서 발생할 수 있는 종양은 다음 표(표 4)로 나타내었다. 신체검사 시에 꼼꼼하게 구강 부위를 관찰함으로써 입 주변이나 잇몸, 혀 주변을 확인해야 한다. 이러한 구강종양이 있는 환자에게서는 종양의 원인에 따라 선호되는 치료적 접근 방법은 다르지만, 수술적인 절제가 필요한 경우가 많다. 특히 잇몸과 경구개의 편평세포암종, 섬유육종, 극세포종성 치은종, 초기 흑색종을 완전히 절제한다면 치료 효과가 뛰어나다. 유두종은 보통은 자연적으로 해결되기에 수술적인 제거를 추천하지는 않지만, 음식을 섭취하는 데 있어 방해된다면 수술이 필요할 수 있다.

표 4 구강에서 발생할 수 있는 종양

양성종양	
유두종(papillomatosis)	흰색에서 분홍색, 양배추와 유사한 모양으로 몸의 어디에나 생길 수 있음(드물게 악성인 편평세포함종으로 변할 수 있음)
섬유종성 치은종(fibromatous epulis)	분홍색으로 두툼하며 잇몸에서 발생, 단독 혹은 다발성으로 발생
골화 치은종(ossifying epulis)	분홍색으로 두툼하며 잇몸에서 발생, 단독 혹은 다발성으로 발생
극세포성 치은종(acantomatous epulis)	분홍색으로 두툼하며 잇몸 또는 앞쪽 하악에서 발생
호산구성 육아종 (eosinophilic granulomas)	붉은색으로 부으면서 육아종 형성, 입 주변에 주로 발생
악성종양	
편평세포암종 (squamous cell carcinoma)	깨끗하거나 궤양성, 앞쪽 치은부나 편측/양측성 편도, 혀 경계부나 혀의 기저부에 주로 발생
섬유육종(fibromatous)	분홍색으로 두툼한 형태
악성 흑색종(malignant melanoma)	분홍색에서 회색이나 검은색을 띨 수 있음, 보통 편평한 형태로 잇몸이나 혀 부위에 발생
형질세포종(plasmacytoma)	잇몸에 두툼하게 궤양성으로 성장

(3) 고양이에서의 구강종양

고양이의 구강종양은 흔하지는 않은 편이지만, 편평세포암종이나 호산구성 육아종인 경우가 많다. 구강종양은 구강 내부의 세균으로 인하여 궤양이나 괴사성을 보여 외형으로는 진단이 어렵다. 따라서 두 종양의 감별을 위해서 생검(biopsy)이 필수적이다. 편평세포암종의 경우 외과적 절제가 가장 우선시되며, 호산구성 육아종의 경우 고용량의 코르티코스테로이드를 이용한 치료 방법을 시도할 수 있다.

(4) 구강 내부의 염증

잇몸과 치아 사이 형성된 치석으로 인하여 세균이 증식되고 독소가 생성되면서 염증이 생기면서 치은염(gingivitis)이나 치주염(periodontitis)이 발생한다. 이때, 바이러스 감염((고양이 백혈병 바이러스(feline leukemia virus; FeLV), 고양이 면역부전바이러스(feline immunodeficiency virus; FIV), 고양이 칼리시바이러스(feline calicivirus))으로 인한 면역억압상태가 치은염, 치주염 발생에 영향을 미칠 수 있다.

치은염, 치주염, 구내염일 때 대부분 고양이와 개에서 침 흘림, 구취, 입안의 불편함으로 인한 식욕부진 증상을 보일 수 있다. 치은/치주염인 경우는 치석을 제거해야 하며, 규칙적인 칫솔질이 중요하다. 구내염이면 구내염을 유발할 만한 다양한 원인에 대하여 치료가 병행되어야 하며 규칙적인 칫솔질이 필요하다. 클로르헥시딘(chlorhexidine)으로 구강과 치아를 세척하는 것은 증상의 개선에 도움이 된다.

특히 고양이에서 발생하는 고양이 림프구성-형질세포성 치은염/인두염(feline lymphocytic plasmocytic gingivitis/pharyngitis)은 특발성으로 발생하는데 고양이 백혈병 바이러스(feline leukemia virus; FeLV), 고양이 면역부전바이러스(feline immunodeficiency virus; FIV), 고양이 칼리시바이러스(feline calicivirus)의 감염에 의한 면역 결핍이 유발하거나, 잇몸의 염증을 유발하는 다른 자극과 연관이 있다고 알려져 있다. 심한 구내염과 잇몸 증식을 보이는데 식욕부진과 구취 증상을 보인다. 육안으로 치아 주위 잇몸이 발적되고 잇몸이 증식되며 출혈을 보일 수 있다(그림 6). 진단을 위해서는 증식된 잇몸 생검이 필수이다. 아쉽게도 믿을만한 치료 방법이 없지만, 고용량의 스테로이드 요법이 도움이 되고 심각한 경우는 치아 발치가 염증을 완화할 수 있다.

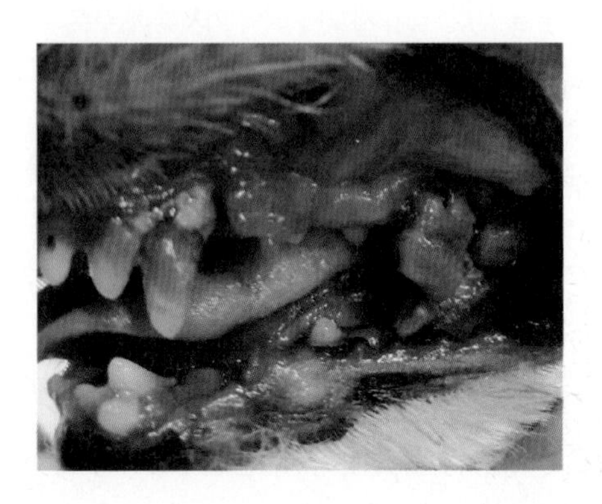

치아주위 잇몸 발적과 잇몸 증식이 보이며 치아는 심하게 흔들리는 상태

그림 6 심한 치은/치주염을 보이는 구강상태

II. 식도부위 질환(Esophageal disease)

(1) 식도무력증(esophageal weakness), 거대식도증(megaesophagus)

식도무력증은 선천성 혹은 후천성으로 발생할 수 있다. 선천성 식도무력증은 주로 어린 나이에 발생하는 편이다. 후천성 식도무력증은 보통 중근 근무력증이나 부신피질기능저하증으로 인한 신경병증, 근병증으로 인하여 발생한다. 대부분 구토 증상으로 내원하지만 실제로는 역류(regurgitation)를 보인다. 간혹 오연으로 인하여 기침이나 오연성 기관지염이나 폐렴 증상이 동반되기도 한다. 식도무력증으로 인하여 식도에 주머니 형태가 만들어지면서 섭취한 음식물이 식도에 정체된다(그림 7). 이러한 환자에게서는 적당한 식이요법이 필수적이다. 식도무력증 환자에게서의 식이 방법은 4. 환자의 간호 및 식이 관리에서 설명하도록 한다. 선천성 식도무력증 환자에게서는 가끔 식도의 기능을 다시 회복하는 경우가 있다. 후천성의 경우 원발 원인에 대한 적절한 치료에 반응을 보이지만 특발성의 후천성 식도무력증에서는 다시 회복하는 경우는 거의 없다.

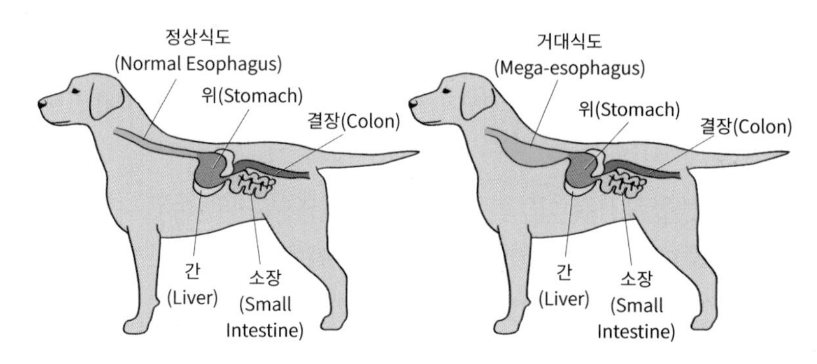

식도에 주머니 형태가 만들어지면서 음식물이 정체될 수 있다.

그림 7 정상개(좌)와 거대식도(우)를 가진 개의 식도 모양 비교

(2) 식도염(esophagitis)

식도염은 식도 점막의 염증으로 주로 위산의 역류나 구토, 식도 이물, 약물의 식도정체 등으로 인하여 발생될 수 있다. 염증의 정도에 따라 식욕부진과 침 흘림 증상을 보이고 구토나 역류증상을 보일 수 있다. 특히 삼키기를 힘들어하여 침 흘림 증상이 현저하게 나타날 수 있다.

식도염이 발생하였다면 식도로 위산의 역류를 방지하고 위산에 노출하지 않는 것이 중요하다. 위 내의 산도 감소를 위하여 H_2 수용체 길항제(H2 receptor anatagonist)인 파모티딘(famotidine)이나 양성자 펌프 억제제(proton pump inhibitor)인 오메프라졸(omeprazole)을 경구 혹은 주사로 투여한다. 증상이 심하다면 위절개술 후 피딩튜브를 이용해 음식을 공급하여 식도를 보호할 수 있다.

(3) 식도 열공탈장(hiatal hernia)

식도 열공탈장이란 식도 열공(식도가 횡경막을 지나는 구멍)이 어떤 원인으로 헐거워지거나 구멍이 커지게 되면서 위의 일부분이 흉강으로 밀려 올라온 횡경막 이상 증상으로, 심한 경우 위·식도 역류를 유발한다.

(4) 혈관고리 이상으로 인한 식도 폐쇄

혈관고리 이상은 배아기 때 사라져야 할 대동맥궁이 남아있으면서 식도를 조이고 있는 상태로, 우측네번째동맥궁잔존(persistent right fourth aortic arch; PRAA)이 가장 잘 알려져 있다. 선천성의 질환으로 동물이 고형음식을 섭취하기 시작하는 시기부터 구토 증상을 보이기 시작한다. 심장 앞쪽의 식도가 확장되어있는 것이 특징이다. 유동식은 어느 정도 섭취하지만 이러한 식이요법만으로 근본적인 치료가 될 수 없으며 반드시 이상 혈관을 수술적으로 절제해야 한다.

(5) 식도 이물(foreign body)

식도 이물은 음식물뿐만 아니라 뼈, 헤어볼, 놀이기구 등에 의해 식도 내에 걸리는 현상이다. 주로 흉곽의 입구, 심장 기저부, 횡경막 바로 앞에서 발생한다. 식도 이물에 의하여 역류증상이나 구토, 식욕부진을 보일 수 있고 이물이 기도까지 침입한 경우 갑작스러운 호흡곤란을 유발하기도 한다.

식도 이물의 대부분은 내시경으로 효과적으로 제거할 수 있지만, 식도 벽에 단단히 박혀있거나 식도 천공이 의심될 때에는 흉부 절개술이 지시된다. 이물을 제거한 이후에도 식도 점막에 염증이나 상처가 생길 수 있고 폐색이 발생할 수 있다. 따라서 이물을 제거한 직후 식도염이나 점막 반흔이 있다면 치료가 필요하다.

Ⅲ. 위 질환(Gastric disease)

(1) 위염(gastritis)

위염은 잘못된 음식이나 이물 섭취, 독성물질이나 화학물질 섭취, NSAID와 같은 자극성 약물의 복용으로 인하여 발생한다. 개에서는 잘못된 식습관으로 인하여 많이 발생한다. 증상은 급성 구토 증상과 식욕저하이다. 진단할 때 위내시경상에서 위벽에서 미란과 충혈이 관찰된다. 수액요법과 24시간 식이와 음수 제한으로 구토 증세가 회복될 수 있으며 필요하다면 항구토제 투여가 필요하다. 음수는 소량씩 자주 섭취하며 물을 먹으며 구토가 없다면 서서히 자극성이 없는 음식으로 식이 섭취를 시작한다.

(2) 유문 협착(pyloric stenosis)

유문 협착은 유문 부위의 근육이 비대되면서 주로 나타나게 되는데 이러한 원인에 대하여 명확히 알려진 것은 없지만, 가스트린(gastrin)이 유발을 촉진한다고 알려져 있다. 주로 어린 동물에서 잦은 구토를 유발할 수 있지만 다른 나이의 동물에서도 나타날 수 있다. 대부분 구토 증상을 보이는데, 음식물을 섭취한 즉시 토해내거나 분출 양상으로 토해낸다. 구토 이외 유문 협착으로 인한 구토 속발성으로 식도염 등을 보일 수 있다. 잦은 구토로 인하여 체중감소를 보이는 때도 있다. 대부분 외과적 교정이 지시된다.

(3) 위 내 이물(gastric foreign bodies)

식도를 통과한 이물은 위나 장에 머무르면서 이물로 작용할 수 있다. 결과적으로 위 유출을 방해하거나 위 점막 자극으로 구토를 유발할 수 있다. 드물지만 뾰족한 이물이 위 점막을 뚫은 경우는 장이 천공되거나 복막염이 발생할 수 있다. 대부분 구토 증상을 보이지만 일부의 경우 무증상으로 지내기도 한다. 소형의 이물은 위장관계를 통화하여 장으로 이동하며 배변될 수도 있지만, 소장을 통과하지 못하면서 소장 이물이 될 수도 있다.

위 내 이물을 치료하기 위해서는 구토 유발과 같은 강제 배출을 시도할 수 있지만 이때는 문제를 일으키지 않는다는 확신이 있어야 한다. 내시경 시술을 통하여 이물을 포획하여 제거할 수 있어야 한다(그림 8). 내시경으로 제거가 어려운 경우는 위절개술(gastrotomy)이 필요할 수 있다.

내시경이나 구토 유발과 같은 비수술적인 방법으로 이물을 제거한 경우, 이물을 제거한 이후라도 일시적으로 구토 증상이 남아있을 수 있다. 동물보건사는 이러한 반응을 잘 지켜보고 구토에 대한 적절한 처치가 들어갈 수 있도록 수의사에게 알려야 한다. 구토 반응이 없다면 소화가 잘되는 음식 위주로 급여할 필요가 있다. 위절개술과 같은 수술적인 방법으로 이물을 제거한 경우라면 수술 이후 금식 시간을 지키고, 물을 급여하였을 때 구토 반응이 없다면 천천히 유동식을 급여해야 한다.

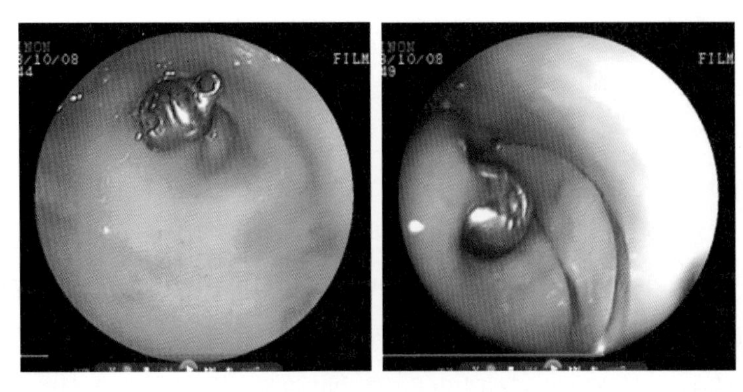

금속재질의 방울이 위 내에 위치(좌)하여 이를 snare forcep을 이용하여 제거하려 시도하는 모습.
앞에서 보았던 그림 3과 같은 환자이다.

그림 8 위 내 이물의 내시경 모습

(4) 위확장/염전(gastric dilation/volvulus)

위확장/염전(gastric dilation/volvulus(GDV))은 비정상적인 위 운동과 관련이 있는데 특히 흉곽의 형태가 GDV 발생의 위험도와 관련이 있다. 흉곽의 폭이 깊은 품종은 GDV가 잘 발생하는 것으로 알려졌지만 다른 품종에의 발생도 보고되고 있다. 음식의 섭취와 관련해서 GDV 발생 위험 요인은 한꺼번에 많은 양의 음식을 섭취하거나 급한 음식 섭취, 음식을 낮은 곳에 두고 섭취하는 것이 있다고 알려져 있다. 이러한 요인으로 위 내 가스가 과도하게 차 있을 때 어떠한 요인으로 위가 꼬이면서 위의 유출로가 막히면서 위가 확장된다(그림 9). 위확장이 심할 때는 중심정맥과 후대정맥 폐색을 일으켜 장간막 울혈과 심박출 감소, 심한 쇼크 상태를 일으킬 수 있다.

GDV 발생은 개와 고양이에서 모두 나타날 수 있는데 전형적으로 토사물이 없는 헛구역질과 복부의 통증을 일으킨다. 심해지면 앞쪽의 복부 팽창이 나타나기도 한다. GDV 환자에게서는 빠른 집중 치료가 필요한데 쇼크에 대한 완화치료와 위 내 압력을 떨어뜨리는 시술이 필요하다. 이는 위관 삽관 또는 좌측 늑골강 후방으로 12~14게이지의 주사침 삽입과 같은 시도가 진행될 수 있다.

GDV 재발의 방지를 위하여 위 고정술이 필요하다. 원인이 명확하지 않기 때문에 예방은 어렵지만, 식사 후 과격한 운동을 삼가고 유동식을 소량씩 급여하는 것이 도움이 된다고 알려져 있다.

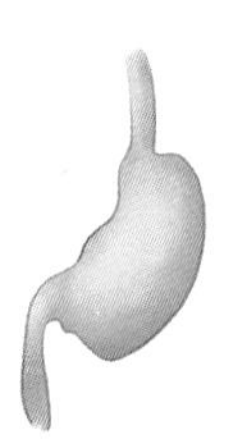
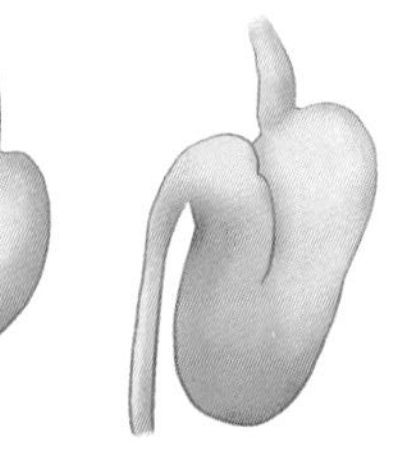
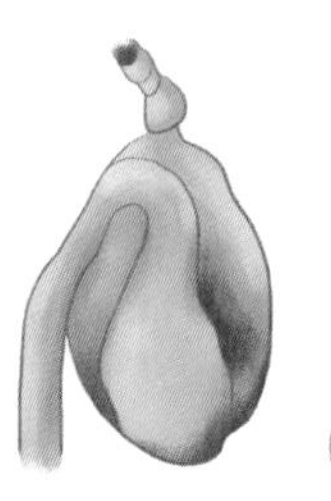
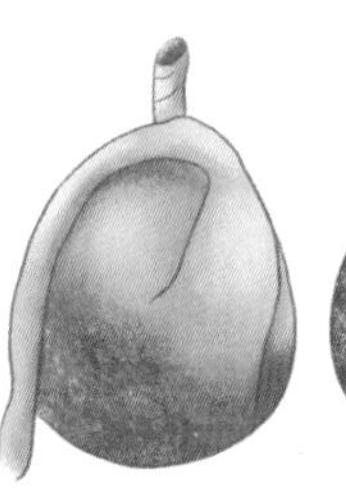

위 내 가스가 과도하게 차 있을 때 어떠한 요인으로 위가 꼬이면서 위의 유출로가 막혀 위가 확장되며 혈관압박을 보여준다.

그림 9 위확장염전의 발생과정을 보여주는 모식도

(5) 위장관 궤양/미란(gastrointestinal ulveration and erosion, GUE)

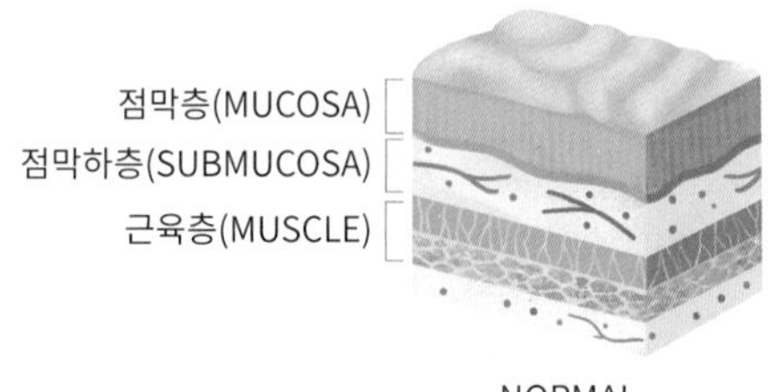
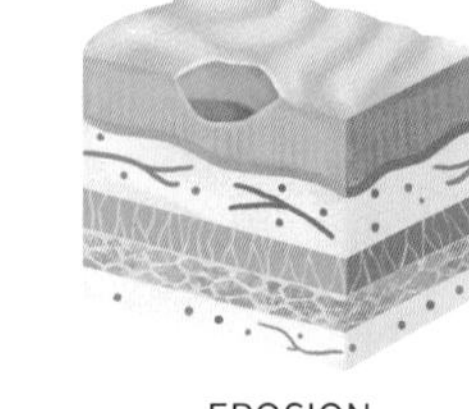
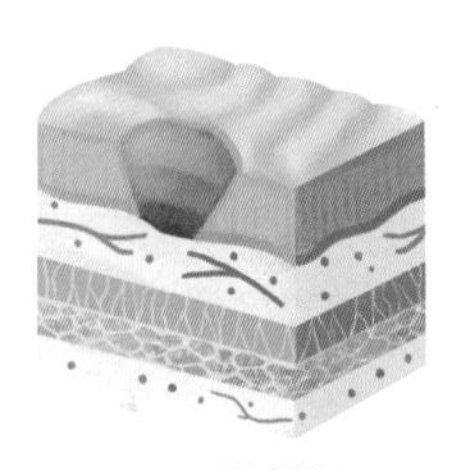

위벽은 점막층, 점막하층, 근육층, 장막층으로 이루어져 있다. 위장관 점막층 손상은 위장관 미란이라 하며, 점막하층까지 손상이 진행된 경우는 위장관 궤양이라 한다.

그림 10 위미란과 위궤양의 비교 모식도

위장관 궤양/미란(GUE)은 여러 원인으로 위 또는 장벽이 손상되는 것을 말한다. 위벽의 결손이 위점막에 한정되어 있다면 위장관 미란이라 부르며, 위 또는 장벽의 결손이 진행되면서 점막하층까지 손상이 발생한 경우를 위궤양이라고 한다(그림 10).

이러한 위궤양과 미란은 위 전정부(gastric antrum), 위 몸통(gastric corpus) 또는 십이지장(duodenum)에서 나타날 수 있다. 발생 원인은 외상, 수술 후 저혈량성, 세균성 또는 신경성 쇼크에 의해 나타날 수 있다. 개에서는 비스테로이드 소염진통제(nonsteroidal antiin flammatory drugs; NSAIDs)에 의한 위장관 궤양/미란의 주요 원인이 되는데, 이는 비스테로이드성 소염진통제의 반감기가 사람보다 개에서 길기 때문이다. 특히 이부프로펜(ibuprofen), 나프록센(naproxen) 등과 같은 약물은 개에게 위험하다. 또한 한 종류 이상의 NSAIDs를 동시에 투여하거나 NSAIDs와 스테로이드를 함께 투여할 때 위장관 궤양/미란 발생 위험성이 높다. 이 외에도 비만세포종(mast cell tumor)이나 가스트린종(gastrinoma)은 위산 분비를 촉진하면서 GUE 발생 가능성이 크다. GUE가 발생하면 식욕저하와 구토 증상이 일반적이며, 단기간 내 출혈이 발생할 때 흑색변(melena)이 나타날 수 있다.

GUE 치료를 위해서는 증상을 완화하는 제산제(H2 antagonist, proton pump inhibitor)나 수크랄페이트(sucralfate)를 투여할 수 있지만 가장 중요한 것은 예방이다. 따라서 NSAIDs 및 스테로이드를 적절하게 사용하는 것이 중요하다.

(6) 위 종양(neoplasm)

위에서 발생되는 종양은 개에서는 선암종(adenocarcinoma), 림프종(lymphoma), 평활근종(leiomyoma)과 평활근육종(leiomyosarcoma), 고양이에서는 림프종이 주로 발생하며 이러한 종양은 위장벽의 점막을 파괴하면서 위궤양/미란을 유발한다. 이러한 종양성 질환에 이환된 동물은 종양이 진행됨에 따라 위 배출 장애를 일으키면서 위 내 음식물 통과 시간이 느려지면서 구토나 토혈과 같은 증상을 보일 수 있다. 하지만 병이 진행되기 전에는 증상이 없는 경우가 많다.

이러한 종양성 질환은 종양의 종류에 따라 외과적 절제가 가능할 수도 있지만 불가능한 때도 있다. 특히 선암종과 림프종은 증상이 나타난 이후에 발견된 경우는 수술이 어려운 경우가 많다. 평활근종과 평활근육종은 조기에 진단할 때 수술이 가능하다. 수술 이후에는 일반 위 절개 수술 환자에 준하여 식이 관리가 필요하다.

Ⅳ. 장 질환(Diseases of intestine)

(1) 급성장염(acute enteritis)

급성장염은 세균이나 바이러스에 의한 감염이나 부적절한 식이 관리, 기생충 감염, 화학첨가물 섭취 등에 의해 발생할 수 있다. 급성장염은 구토, 설사, 탈수, 발열, 식욕부진, 복통 증상을 주로 보이며, 어린 동물이나 체력이 쇠약한 동물에서는 저체온증, 저혈당증, 혼수상태를 보이기도 한다.

치료를 위해서는 증상을 완화하는 대증요법을 진행하며 구토, 설사 등으로 탈수가 심하면 탈수교정을 위한 수액 공급이 필요하다. 이 외에도 체액이나 전해질 균형 유지를 위한 첨가제가 필요하다. 최근에는 급성설사에 대한 프로바이오틱스(probiotics)의 긍정적인 효능으로 사용이 증가하고 있다.

심한 장염 환자는 심한 구토, 설사로 경구로 음식물을 섭취하는 것이 오히려 증상을 악화할 수 있으므로 경구 섭취를 제한할 필요가 있지만, 금식을 길게 하는 것은 오히려 해로운 영향을 끼칠 수 있다. 따라서 소량의 음식물을 조금씩 급여하는 것이 장을 더 빨리 회복시키고 세균에 의한 패혈증 예방에 도움이 된다. 꼭 절식이 필요한 경우라면 가능한 한 빨리 사료를 급여하는 것이 좋다. 경우에 따라 비경구적인(parenteral) 영양공급이 필요할 수 있다. 동물보건사는 동물이 회복하면서 음식을 공급할 때 5~10일에 걸쳐 천천히 건강할 때의 식사로 돌아갈 수 있게 도와주어야 한다. 하지만 이러한 과정에서 임상증상이 심해지는 경우는 식이 전환을 천천히 진행할 필요가 있다.

(2) 감염성 설사(infectious diarrhea)

감염성으로 발생하는 설사는 다양한 감염성 원인체에 의하여 발생할 수 있다. 감염성 설사의 원인체가 될 수 있는 관련 질환을 표 5에 나타내었다. 자세한 감염성 질환에 대한 설명은 chapter 11에 더 자세하게 나타내었다. 세균성 질환의 경우 환자의 분변에서 세균의 단순 증식은 장 질환의 원인이라고 볼 수는 없다.

표 5 감염성 설사의 원인체가 될 수 있는 관련 질환

분류	원인체	병인론	증상	간호 및 예후
바이러스성 질병	개 파보바이러스 (Canine Parvovirus, CPV)	• 분변-경구 통로를 통한 CPV-2의 감염 • 분열이 왕성한 세포(골수 전구세포, 장상피세포)에 우선 침입	• 초기 우울, 식욕부진, 구토, 설사, 저알부민증, 호중구감소증, 중증의 경우 패혈증성 쇼크	• 수액과 전해질 보충 • 음식 • 급여가 구토를 악화시키는 게 아니라면 적절한 음식물 급여 • 환자의 탈수 여부, 체중 측정 등의 모니터링 • 적절하게 빠른 치료를 받은 개는 회복하는 편
	고양이 범백혈구감소증 바이러스 (feline panleukopenia virus, FPV)	• CPV와는 구분되는 다른 FPV에 의해 발생	• 식욕부진, 구토, 설사, 호중구감소증 등	• 개의 파보바이러스 감염과 비슷 • 적절하게 빠른 치료를 받은 고양이는 회복하는 편
	개 코로나바이러스	• 코로나바이러스가 성숙한 장 융모 세포에 침입하여 파괴	• 가벼운 구토, 설사	• 수액 요법과 증상에 대한 치료 보조 • 예후는 좋은 편
	고양이 코로나바이러스성 장염	• 코로나바이러스가 성숙한 장 융모 세포에 침입하여 파괴	• 성묘는 무증상, 새끼고양이는 경미한 발열과 설사	• 예후는 좋은 편

분류	원인체	병인론	증상	간호 및 예후
	고양이 면역결핍바이러스 (feline immunodeficiency virus)	• 고양이 면역결핍바이러스에 의한 화농성 결장염	• 심한 대장 질환	• 장기간 예후는 불량한 편
세균성 질병	캠필로박테리아	• 주로 캠필로박터 제주니(Campylobacter jejuni)가 주요 원인 • 건강한 개체에서도 관찰됨	• 점액성 설사, 혈변, 식욕부진, 발열, 만성 설사	• 사람과 다른 동물에 감염될 수 있으니 격리하여 간호 필요 • 예후는 좋은 편
	살모넬라	• Salmonella Typhimurium • 생식을 하는 개에서 감염 위험 증가	• 급성/만성 설사	• 설사만 있는 경우 예후는 좋은 편이나 패혈증까지 진행할 때 예후 좋지 않음
	클로스트리디움	• Clostridium perfringens와 clostridium difficile	• 급성 출혈성 설사	• 항생제 치료를 돕고 섬유질이 풍부한 사료 공급 • 예후 좋은 편
기생충	편충 (whip worms)	• 트리큐리스 불피스(Trichuris vulpis)가 주로 감염 • 성충이 맹장과 결장에 굴을 파면서 염증과 출혈 유발	• 혈변	• 예후 좋은 편
	회충 (Round worm)	• 개에서는 Toxocara canis와 Toxocara lenina • 고양이에서는 Toxocara cati와 Toxocara leonina • 회충의 성충이 장벽에 염증성 침윤 유발	• 어린 동물에서 설사와 성장 부전 유발	• 중증이 아니라면 예후는 좋은 편
	구충 (bookworm)	• 주로 Ancylostoma • 성충이 점막에 부착하여 소장 내강에 기생함	• 실혈, 빈혈, 흑변, 혈변, 설사	• 중증이 아니라면 예후는 좋은 편
	촌충 (Tapeworms)	• 개조충(Dipylidium caninum)이 가장 흔한 원인체 • 벼룩과 이와 같은 중간숙주 통한 감염	• 항문 자극(간지러움) • 드물게 장 폐색	• 프라지콴텔(Praziquantel)과 에피스프란텔(episprantel)로 예방이 중요함 • 중간숙주 제거를 통한 예방 효과 높일 수 있음

분류	원인체	병인론	증상	간호 및 예후
	분선충증 (Strongylodiasis)	• 분선충(Strongylodes steroralis)이 원인 • 정상적인 피부나 점막에 침입	• 점액성 또는 출혈성 설사 • 호흡기 증상	• 페벤다졸(Febendazole), thiabendazole, ivermectine과 같은 구충제 섭취 • 어린 동물에서 예후가 좋지 않을 수 있음
	콕시듐증 (Coccidoisis)	• 환경에 존재하는 아이소스포라(Isospora)의 낭포체 섭취로 감염 • 장의 융모 상피세포 침입 후 장 상피세포 파괴	• 무증상이거나 경증에서 중증의 설사, 간혹 설사	• 병원성 나타내지 않는 경우, 치료 예후 좋을 편
	크립토스포리디아 (Cryptosporidia)	• 작은와포자충(Cryptosporidium parvum)이 원인체 • 감염된 동물이나 물을 통해 낭포체 섭취를 통해 감염	• 무증상이거나 설사	• 소동물에서의 예후는 불분명함
	지아르디아 (Giardiasis)	• 원충성 질병으로 지아르디아(Giardia)에 의해 유발 • 소장에서 소화를 방해함	• 가볍거나 중증의 설사, 혈액성 또는 점액성의 설사	• 예후는 좋은 편
	트리코모나스 (Trichomonasis)	• 트리코모나스 페투스(Trichomonas foetus)가 원인체 • 분변을 통한 경구감염	• 대장성 설사, 간혹 혈액성과 점액성	• 예후는 좋은 편

V. 외분비성 췌장기능부전(Exocrine Pancreatic Insufficiency)

외분비성 췌장기능부전(Exocrine Pancreatic Insufficiency, EPI)은 개에서 흔하며 왕성한 식욕과 설사 증상, 체중감소가 특징적으로 보인다. EPI의 임상 특성과 간호 및 식이 관리에 대한 설명은 chapter 7에서 다룰 예정이다.

(1) 식이 반응성 질환(Dietary Responsive Disease)

식이 반응성 질환이란 음식 알러지(food allergy)와 식이 불내성(dietary intolerance)을 모두 포함하여 말한다. 이 두 질환은 엄연히 다른 질환이지만 발현하는 증상은 유사하다. 음식 알러지는 단백질과 같은 음식 중의 특정 성분이 몸안에 흡수된 후에 면역 반응이 발생하여 구토, 설사와 같은 소화기 증상이나 피부 증상을 보일 수 있다. 이와는 다르게 식이 불내성은 특정한 음식 중의 성분이 몸안에서 제대로 소화나 대사가 되지 못하면서 일어나는 질환으로 증상은 음식 알러지와 비슷한 구토와 설사를 보일 수 있다.

음식 알러지에서 식이는 반드시 신중하게 선택되어야 하는데, 알러지가 없다고 알고 있는 음식이나 이전에 환자가 접해보지 못한 음식으로 구성되어야 한다. 가수분해된 식이와 소화를 돕기 위한 저지방 식이가 소화에 도움이 될 수 있다.

(2) 소장의 염증성 장 질환(Small Intestinal Inflammatory Bowel Disease, IBD)

소장의 염증성 장 질환은 IBD(Inflammatory Bowel Disease)라고 주로 불리며, 특발성으로 장의 어떤 부위에서든 영향을 받아 발생할 수 있는 염증성 장 질환이다. 십이지장이 심하게 영향을 받는다면 주로 구토 증상을 보이며, 설사는 미약하거나 나타나지 않을 수도 있다. 하지만 더 심각한 형태였으면 심한 단백질 소실을 일으킬 수 있다.

치료를 시작할 때는 새로운 단백질(novel protein)이나 가수분해 단백질로 식이를 변환할 수 있다. 하지만 식이에 대한 반응이 모두 좋은 것은 아니므로, 종종 항생제와 함께 코르티코스테로이드 또는 면역억압제(예: azathioprine, chlorambucil, cyclosporin 등)를 복용할 수 있다. 약물은 환자의 치료반응에 따라 천천히 줄이지만 식이는 계속 유지해야 한다. 제한식이에 좋은 반응을 보이다가도 증상이 재발하기도 하는데 이는 제한식이 성분 중에 알러지가 생겼기 때문이다. 이때는 다른 제한식이로 변경이 필요하다. 혈중 코발라민(cobalamin) 농도가 낮은 환자에게서는 비경구적으로 코발라민을 투여하는 것이 가끔은 효과를 보일 수 있다.

증상이 심각해지기 전이나 환자가 쇠약해지기 전에 빠른 치료를 시작할 때는 예후는 좋은 편이다. 하지만 심각한 단백질 소실로 인한 저알부민혈증과 낮은 혈청 코발라민 농도 또는 쇠약한 몸 상태는 나쁜 예후를 보일 수 있다.

(3) 대장의 염증성 장 질환(Large Intestinal Inflammatory Bowel Disease, IBD)

대장의 염증성 장 질환은 클로스트리듐 결장염이나 기생충 감염, 식이 불내성 등이 원인이 되어 혈액성이나 점액을 보이는 대장성 설사 혹은 연변을 유발한다. 대장성 IBD의 경우도 소장성과 유사하게 저알러지 식이가 효과적이며 섬유질이 풍부한 식이에도 반응을 보인다. 만약 식이만으로 증상개선이 없다면 스테로이드나 항생제 등을 이용할 수 있다.

대장성 IBD는 소장성 IBD에 비하여 예후는 좋은 편이다.

Ⅶ. 단백소실장병증(Protein Losing Enteropathy)

심한 염증이나 침윤이 발생하는 어떠한 종류의 장 질환도 단백질소실장병증(PLE)을 유발할 수 있다. 앞에서 설명한 소장의 IBD는 흔하게 PLE를 유발하는 원인 중의 하나이다. 또한 장 림프관확장증(Intestinal lymphangiectasia)은 생각보다 흔하게 PLE를 유발하는 원인이다.

장 림프관확장증은 장의 림프계통 질환으로 림프관 폐쇄로 장 암죽관이 확장, 파열되면서 단백질이나 림프구, 킬로미크론(chylomicron)과 같은 림프관 내용물이 장점막으로 누출되는 질환이다. 매우 많은 소실이 되면서 단백질을 장에서 모두 흡수하지 못하면서 단백질이 소실된다. 이는 주로 특발성으로 발생하는데, 간헐적인 설사 증상을 보일 수 있고 주로 저단백혈증에 의한 누출성 복수를 보일 수 있다.

장 림프관확장증을 치료하기 위해서는 초 저지방 식이를 공급하는 것이 장 암죽관 충혈을 예방함으로써 단백질 소실을 예방할 수 있다. 몇몇 환자에게서는 식이 관리와 함께 스테로이드 투여가 필요할 수 있다. 조기에 진단하고 치료받는다면 예후는 좋은 편이지만, 일부 환자는 식이와 스테로이드 치료에도 사망하는 경우가 있다.

Ⅷ. 장폐색(Intestinal Obstruction)

장폐색은 단순 장폐색, 감돈성 장폐색, 혹은 장염전으로 발생할 수 있다.

단순 장폐색은 이물이나 종괴 등으로 나타날 수 있다. 임상증상으로 구토와 식욕감소, 기력저하, 설사를 보일 수 있으며 복통은 없을 수도 있다. 신체검사상의 촉진과 X-ray 촬영, 복부초음파 검사를 통해 진단을 내릴 수 있는데 이 중 복부초음파는 가상 신뢰도가 높은 방법이다. 때에 따라서는 복부 조영 촬영이 진행될 수 있다. 장폐색이 진단되면 마취 전 실험실 검사 후 바로 수술이 진행되어야 한다. 수술 시 패혈증이 없거나 넓은 범위의 장 절제가 아니라면 예후는 좋은 편이다.

감돈성 장폐색은 장이 꼬인 상태를 말한다. 폐색이 발생한 부위에서 세균증가로 인하여 전신 염증반응 증후군이 빠르게 나타날 수 있어 바로 수술을 진행해야 하는 응급상황이다. 감돈성 장폐색인 환자에게서는 급성 구토, 복부통증을 보이고 극심한 통증을 유발한다. 보통 응급수술이 필요하다.

IX. 소장의 신생물(종양)

소화기 림프종(alimentary lymphoma)은 림프구의 종양성 증식이다. 원인은 알려져 있지 않지만 림프종으로 진행되기 전 림프구성-형질세포성 장염(lymphocytic-plasmacytic enteritis)의 형태를 보일 수 있다고 여긴다. 소화기 림프종은 개와 고양이 모두에서 흔한 편이지만 개에서는 장 이외의 형태가 더 많이 발생한다. 소화기 증상으로 체중감소, 식욕부진, 소장성 설사, 구토 증상을 보일 수 있다.

장의 샘암종(adenocarcinoma)도 발생이 가능한데 이는 개에서 더 일반적이다. 장이 비후되거나 국소적으로 종괴 병변을 나타낼 수 있어 장폐색으로 인한 구토와 체중감소 증상을 보일 수 있다.

X. 대장의 염증

대장에서 발생할 수 있는 염증은 결장염(Acute colitis)이나 직장염(Proctitis)이 있다. 여러 원인에 의하여 발생이 될 수 있지만 세균이나 식이, 기생충에 의한 원인이 많다. 개에서 많이 발생이 되는데 대부분 혈변이나 설사, 점액변을 많이 보이며 대부분 증상은 양호한 편이다. 대부분 특발성인 경우가 많으므로 증상에 대한 치료를 먼저 시작한다. 24~36시간 사료 급여를 중단하면 증상 완화에 도움이 된다. 임상증상이 개선된다면 천천히 원래 식이로 되돌린다.

XI. 항문낭염(Anal sacculitis)

항문낭염은 개에서 흔하게 나타나지만, 고양이에서도 가끔 나타날 수 있다. 항문낭에 감염이 되면서 주위 조직에 염증이 발생하는 것으로 심하지 않으면 항문 주위를 핥는 정도의 증상을 보인다. 하지만 증상이 심한 경우 항문낭 주위 부종과 통증, 출혈, 염증 물질 배출이 나타난다. 치료 시 항문낭 내용물이 배출되도록 생리식염수를 주입하고, 필요하다면 항생제나 스테로이드를 주입하는 것이 도움이 된다. 항문 주위 고름집을 부드럽게 하기 위하여 온찜질을 진행한다. 만약 재발하거나 염증이 파열되어 심하다면 항문낭을 제거한다. 일반적으로 예후는 좋은 편이다.

XII. 항문 주위 신생물(Perianal neoplasms)

아포크린 샘암종(Apocrine gland adenocarcinoma, AGAC)은 항문낭의 아포크린샘에서 유래하는 샘암종으로 항문낭이나 항문 주위에서 종괴의 형태로 발생한다. 주로 식욕감소와 함께 체중감소, 구토, 다음, 다뇨, 변비 증상을 유발하며 혈액검사에서는 고칼슘혈증이 신생물딸림증후군(paraneoplastic syndrome)으로 나타날 수 있다.

또 다른 종양으로 항문주위샘 종양(Perianal gland tumor)이 있는데, 이는 항문 주위의 피지샘이 변형되어 나타난다. 항문 주위에 하나 이상의 여러 개의 융기된 홍반이 생기는 것으로, 수컷 호르몬의 자극으로 인하여 발생한다고 알려져 있어 나이 든 중성화하지 않은 수컷에서 많이 발생하는 편이다. 항문 주위의 종양부에서 가려움이 있을 수 있고, 드물게는 침윤성, 궤양성으로 발생할 수 있다. 전이되지 않은 양성의 종양에서는 수술적인 방법이 추천되며, 악성인 경우는 방사선 치료와 화학요법(chemotherapy)이 추천된다.

XIII. 변비

변비를 일으키는 원인은 다양한데, 항문 주위에 통증을 유발하는 질환(항문낭염 등)이나 부적절한 식이, 결장의 운동성 저하로 인하여 발생할 수 있다.

부적절한 식이로 인한 변비는 이물을 섭취한 개에서 흔하게 나타나는데, 머리카락이나 뼈, 종이 등과 같은 음식을 무분별하게 섭취한 경우를 말한다. 혹은 과도한 식이섬유는 충분한 수분을 섭취하지 못한 개에서 변비의 원인이 될 수 있다. 치료를 위해서는 이물을 섭취하는 식습관을 교정하고, 적절한 섬유소를 함유한 식이를 급여하며, 충분한 수분을 섭취하도록 돕는 것이 변비를 예방할 수 있다. 필요에 따라서는 관장을 하기 전 분변을 부드럽게 만든 다음 관장을 유도한다. 결장의 확장이 오래되거나 심하다면 결장의 기능이 떨어져 있을 수 있지만 일반적으로는 예후는 좋은 편이다.

특발성 거대결장(idiopatic megacolon)은 행동학적이 문제이거나 결장의 신경전달물질의 문제로 발생할 수 있다. 주로 고양이에서 많이 나타나며 때로는 개에서도 나타날 수 있다. 대부분 과도하게 팽창된 결장(그림 11)으로 인하여 식욕저하와 기력저하를 보일 수 있다. 따뜻한 물을 이용하여 관장하여 씻어내는 것이 효과적이다. 음식에 수분 함유량을 높이고 락툴로스(lactulose)와 같은 삼투성 설사제 혹은 위장관 운동 촉진제(예: mosapride, cisapride)를 투여하는 것이 도움이 될 수 있다. 이러한 치료가 실패한 경우에는 부분 결장절제술 (subtotal colectomy)을 고려해야 할 필요가 있다.

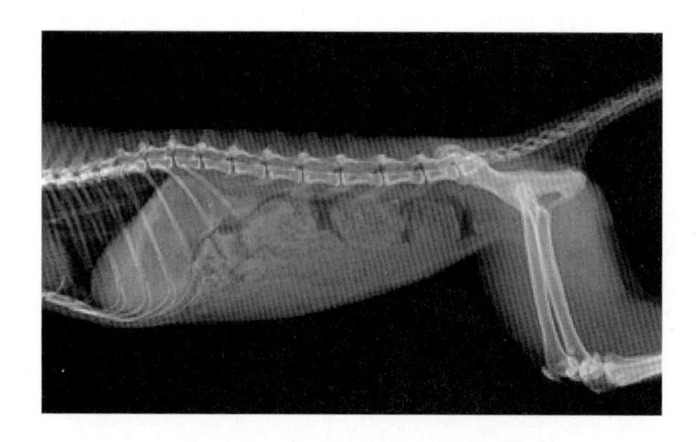

결장 내 단단하게 뭉쳐진 분변이 관찰된다.

그림 11 거대결장 고양이에서의 X-ray 촬영사진

제4장

소화기계 질환 환자의 간호 및 식이 관리

I. 소화기계 질환 환자의 간호

(1) 수액의 관리

수액 처치는 탈수나 쇼크, 전해질 불균형 등과 같은 환자의 몸 상태를 치료하기 위한 목적으로 사용된다. 특히 소화기 질환 환자의 경우는 구토나 설사 증상으로 인해 체액 손실이 심한 상태일 가능성이 크다. 따라서 구토나 설사가 있는 환자에게서는 어느 정도의 탈수 현상이 있다고 간주하고 처치를 해야 한다. 특히 위 내용물의 구토는 저칼륨혈증(hypokalemia), 저염소혈증(hypochloremia), 대사성 알칼리증(metabolic alkalosis)을 일으키며, 부신피질기능저하증이나 무뇨성 신부전 환자에게서는 고칼륨혈증일 수 있다. 위장관계 질환이 있는 환자에게서 전해질을 알지 못한 상태에서 수액 치료를 시작한다면 생리식염수에 KCl 20mEq/L를 첨가하는 것이 합리적인 치료 선택이다.

1) 수화(rehydration)

개에서 매일을 유지하기 위한 체액은 체중 kg당 40~60ml이며, 대형견은 체중당 필요한 수액이 소형견보다 적다. 구토나 설사 동반으로 인하여 체액이 결핍된 탈수 환자에게는 부족한 체액량을 대체하는 치료를 실시해야 한다. 이를 위해서는 탈수를 평가해야 하는데, 탈수를 평가하는 방법은 표 6에 나타내었다. 피부 탄력 회복 지연이 있는 환자는 5~6% 탈수를 의미하며 구강점막이 건조하고 끈적이는 경우는 6~7%의 탈수를 의미한다. 이러한 탈수율(%)을 동물의 체중에 곱하면 대체해야 하는 수액의 양이다. 이 양은 전형적으로 2~8시간에 걸쳐 대체되는데 그 시간은 환자의 상태에 따라 다르다. 단, 이때 투여되는 수액의 속도는 시간당 88mL/kg을 초과해서는 안 된다.

지속적인 수분의 손실을 간과하기 쉬운데, 수액의 처치가 적절한지는 환자의 체중을 규칙적으로 측정하는 것으로 평가할 수 있다. 급격한 체중 소실은 수액 치료가 적절하지 않다는 것을 뜻한다.

수액을 지속해서 공급받는 환자에게서는 식욕부진이나 구토, 설사가 나타나는 경우 칼륨을 적절하게 공급하여야 한다. 혈관 수액을 통하여 칼륨을 첨가하는 적용지침은 표 7에 나타내었다. 고칼륨혈증이 발생하지 않도록 감시하기 위해서는 심전도 모니터링이나 혈중 칼륨 농도 측정이 필요하며, 투여량은 시간당 0.5mEq/kg을 넘지 않도록 해야 한다. 칼륨을 투여하는 경우 리터당 30~40mEq 이상으로 칼륨이 투여되는 경우는 지속해서 칼륨 농도 확인이 필요하다. 칼륨은 경우에 따라 경구로 투여도 가능한데 이는 매우 효과적이다.

표 6 탈수 평가 단계 

탈수(dehydration) 정도 평가	증상
<5%	정상
5~6%	피부 탄력 감소
6~10%	피부 탄력 감소와 정상회복 지연, 안구함몰, 마른 점막
10~12%	피부텐트(skin tent), 안구함몰, 마른 각막, 저혈량의 증거
12~15%	저혈량성 쇼크(빈맥, 약한 맥박), 사망

표 7 정맥수액에 칼륨 첨가를 위한 지침 

혈장의 칼륨 농도 (mEq/L)	유지속도로 정맥수액투여 시 첨가하는 염화칼륨(KCl)의 양 (mEq/L)
3.7~5.0	10~20
3.0~3.7	20~30
2.5~3.0	30~40
2.0~2.5	40~60
<2.0	60~70

중증의 탈수 환자에게서는 정맥수액이 빠르게 수액을 흡수할 수 있어 효과적이지만, 쇼크 상태가 아니고 반복하여 수액 투여가 가능한 환자에게서는 피하 수액이 가능하다. 피하 수액은 환자의 크기에 따라 10~50mL의 수액을 피하 여러 부위에 주사할 수 있다.

TIP

*** 탈수 환자에서의 수액 공급량 계산**

- 유지수액량
  - 체중(kg) X 40~60ml/kg/24hr = 시간당 들어갈 수액량(ml/hr)
  - 소형견은 대형견에 비하여 체중 대비 시간당 필요한 수액량이 많으므로 60ml/kg/24hr(=2.5ml/kg/hr)를 이용하여 주로 계산한다.
- 탈수량
  - 체중(kg) X 탈수 평가 시의 탈수 정도(%) X 1000 = 탈수 교정을 위한 수액량(ml)

*** 케이스 적용**

- 4.5kg의 말티즈가 심한 구토와 설사로 인하여 내원하였다. 신체검사상에서 피부 탄력감소와 정상으로 회복지연, 마른 점막 등을 바탕으로 10% 탈수로 판단하였다. 6시간 동안 탈수 교정을 위해 0.9% Normal Saline을 투여하고자 할 때, 투여하는 수액의 총 양과 시간당 투여해야 하는 수액 속도는? (단, 무게를 부피로 전환 시 수액의 밀도는 1kg/l로 가정한다.)

  탈수량: 4.5kg x 0.1 x 1000 ml/kg = 450ml

  유지량: 4.5kg x 2.5ml/hr x 6hr = 67.5ml

6시간 동안 투여해야 하는 수액의 총 양: 450ml + 67.5ml = 517.5ml

6시간 동안 수액 투여 속도: 517.5ml / 6hr = 86.25ml/hr

II. 식이 관리(Dietary management)

(1) 소화기 질환 환자에서의 음식 급여 방법

위장관 장애가 있는 동물에서 식이 관리는 중요하게 고려된다. 보통은 부드럽고 소화가 쉬운 사료를 이용하여 대증적인 치료 방법으로 이용되거나 혹은 특정 성분을 제한하거나 저알러지 사료를 급여하는 것과 같이 특이적 치료 방법으로 접근할 수도 있다. 부드럽고 소화가 잘 되는 음식은 시판되는 처방식을 이용할 수도 있고, 혹은 가정에서 삶은 닭고기나 저지방성 코티지 치즈, 삶은 감자로 조리할 수 있다.

(2) 이외의 질환에서의 음식 급여 방법

1) 식도무력증에서의 식이 관리

식도가 운동성을 잃으면서 섭취한 음식물이 위까지 도달이 어려우므로, 삼킨 음식물이 위까지 도달하도록 음식물을 급여해야 한다. 따라서 소화가 잘 되고 식도를 통과하기 쉽도록 음식을 공급해야 한다. 또한 음식을 섭취 때 식도가 수직이 되도록 자세를 잡아주는 것은 음식물이 식도를 통과하는 데 도움이 된다. 따라서 음식이나 수분을 섭취할 때 입이 위쪽을 향하도록 높은 장소에 식이 그릇을 올려두거나 Baily chair와 같은 도구를 이용하여 식이를 급여한다. 식이섬유가 풍부한 건사료는 식도를 잘 통과하지 못할 수도 있으므로, 충분히 불리거나 수분을 첨가하여 공급한다. 저체중인 환자에게는 고영양식의 식이를 제공한다.

2) 식이 반응성 질환 환자에서의 식이 관리

저알러지 식이를 급여하는 경우는 식이 알러지(food allergy)가 의심될 때에 지시된다. 저알러지 식이는 일반 사료와 영양성분에서는 큰 차이는 없지만, 단백질원에 대해서는 가수분해된 단백질을 이용하여 음식 성분에 대한 면역 매개성 과민성의 가능성을 줄인다. 혹은 이전에 먹지 않았거나 알러지를 유발할 가능성이 적은 음식을 식이로 선택한다. 특정 성분을 제한하는 식이는 동물에서 정확하게 효과를 보이기까지 보통 3~4주가 걸리며 이 기간에는 어떠한 다른 음식을 주어서는 안 된다.

3) 급성위염과 장염 환자에서의 식이 관리

시판되는 사료는 저자극성으로 부드럽고 소화가 잘 되게 제조되어 급성위염이나 장염이 있는 환자에게 급여할 수 있다. 저지방 음식은 소화를 쉽게 만들고 젖당이 적기 때문에 소화불량을 예방한다. 홈메이드(home-made)로 제공하는 경우 삶은 닭고기나 저지방성 코티지 치즈, 익힌 쌀이나 감자를 이용한 조리를 제공할 수 있다. 따라서 위장관 증상(특히 설사 증상)이 멈출 때까지 저지방 사료 위주로 소량 자주 급여하고 그런 다음에 원래 먹던 사료로 천천히 바꾸어 나간다.

위염 환자는 위 안에 음식물이 머무르는 시간을 줄여주는 것이 좋다. 따라서 딱딱한 음식물이나 지방이나 식이섬유 함량이 높은 간식은 주지 않는 것이 좋다. 가능하면 부드럽고 저지방이나 수용성 식이섬유가 함유된 식이를 선택하여 공급한다. 구토가 없는 상태에서 경구로 조금씩 급여를 시작하는데 처음에는 하루 급여량의 1/4을 3회 이상으로 나누어 급여하고, 증상이 개선되는 상태를 보면서 2~3일에 걸쳐 증가시킨다.

소장성 장염 환자는 소장의 영양소를 흡수하는 기능을 회복하기 위해 저지방에서 중등도의 지방함량을 가진 음식을 공급하는 것이 좋다. 특히 오메가-3 지방산을 함유한 식이는 염증을 완화하는 데 도움이 된다. 적당한 식이섬유 함유는 장 내 환경을 정상화하는 데 도움이 된다.

대장질환에서는 고단백질과 고지방을 함유한 식이를 급여하는 경우 소화되지 않은 음식이 대장까지 오게 된다. 따라서 소화성이 높은 고품질의 단백질과 저지방의 식이를 제공하는 것이 중요하다. 대장질환이 있는 환자에서 설사 증상이 심한 경우는 섬유질을 강화한 식이를 공급할 수 있다. 이런 사료는 보통 2주 이상 섭취시켜야 하는데, 사료에 섬유질을 첨가하여 사용하거나 상품화된 고섬유질 사료를 급여한다.

4) 변비 환자에게서의 식이 관리

변비 환자는 배변을 돕기 위한 식이를 급여해야 한다. 수용성 식이섬유는 변의 수분량을 늘려 대변을 부드럽게 하여 장의 운동성이 정상화되도록 돕는다. 또한 소화율이 높은 식이를 급여할 때는 하루 급여량을 나누어 3~4회에 걸쳐 나누어 급여하고, 장의 운동성이 생기기 시작하면 급여량을 DER에 맞추어 천천히 늘려 급여한다.

(3) 특수한 급여 방법

1) 튜브를 이용한 급여

소화기 질환 상태에 따라 때에 따라서 튜브를 통하여 비강, 식도, 위장에 음식을 투여하는 피딩튜브(feeding tube) 급여 방법이 있다. 피딩튜브를 이용한 식이 투여 방법은 필요한 칼로리를 비교적 정확하게 급여하는 방법이다.

코식도 튜브(Nasoesophageal tube)는 정상적으로 기능하는 식도와 위장관을 가진 동물에게 유용한 방법이다. 하지만 구토가 있는 환자에서는 유지하기 어려운 방법이므로 주의해야 한다. 코식도 튜브를 유지하기 위하여 E-칼라(엘리자베스 칼라(elizabethan collar))의 착용이 필요할 수 있다. 코식도 튜브를 통하여 음식을 투여할 때는 상업적으로 판매하는 액상의 장관식을 먹여야 한다. 장관식을 투여하고 나서는 튜브가 막힐 수 있으므로 이를 방지하기 위하여 음식 투여 후 매번 물로 튜브를 세척해야 한다. 따라서 이 방법은 1~10일 정도의 짧은 치료에 효과적이다.

경우에 따라서는 환자가 튜브를 빼는 것을 방지하기 위하여 E-칼라 장착이 필요할 수도 있다.

그림 12 코식도 튜브를 장착한 고양이의 모습

코식도 튜브를 장착할 때는 코에서부터 7~8번째 늑골까지의 길이를 확인하고 표시(좌)하고 삽입한다.
식이를 투여할 때(우)는 5~10ml의 물을 이용하여 튜브를 세척하여 개통성을 확인한 후에 식이를 투여한다.
마개 주변부는 항상 깨끗하게 유지해야 한다.

그림 13 코식도 튜브의 장착과 식이 급여

식도절개튜브(esophagostomy tube)는 정상적인 식도와 위장관계를 가지지만 코식도 튜브보다 장기적인 장착이 필요한 환자에게 적용하는 방법이다. 위절개튜브(gastrostomy tube)는 음식이 입과 식도를 우회하므로 구토 증상이 있을 때 사용할 수 있는 방법이다. 공장절개튜브(jejunostomy tube)는 정상 기능의 장을 가진 환자에서 위의 정상 기능을 기대하기 어려울 때 적용한다.

피딩튜브를 장착한 환자에게 음식을 처음 공급할 때는 소량씩 나누어 급여하고 24~36시간 후 위장관 증상이 없다면 하루 필요한 에너지 요구량에 맞추어 주입량을 늘린다. 동물보건사는 피딩튜브를 통하여 음식 공급 시 누출되지 않는지 반드시 확인해야 하며, 이 외에도 피딩튜브가 삽입된 부위에 열감이나 발적, 부종 여부를 관찰해야 한다.

2) 비경구 영양공급(Parenteral nutrition)

비경구 영양공급법은 동물의 위장관을 거치지 않고 투여하는 방법으로 중심정맥이나 말초정맥을 통해 알맞게 조합된 영양액을 주입하는 방법이다. 환자의 위장관계가 영양분을 흡수하기 어려운 상태일 때 지시되며 확실하게 영양분을 보충해 주는 방법이다. 자에 맞춰 만들어진 영양수액은 일정한 속도로 정맥 내로 투여된다. 하지만 정맥을 통하여 공급하기에 비용이 많이 들고 감염이나 대사이상과 같은 합병증을 유발할 수 있다.

TPN(Total parenteral nutrition)은 칼로리 요구량의 100%를 공급하는 것으로 중심정맥카테터를 이용한다. 이때의 중심정맥카테터는 약물 주입이나 혈액 샘플 채취 등의 다른 목적으로 사용하지 않아야 한다. 카테터는 무균적으로 장착되어야 하며 카테터를 관리하여 패혈증 발생을 방지해야 한다. PPN(Partial parenteral nutrition)은 칼로리 요구량의 50%만을 공급하는 것으로 말초정맥을 통해 투여한다. 비경구 영양공급을 하더라도 소량의 음식을 경구로 소량씩 투여하여 장관의 융모가 위축되지 않도록 예방하는 것이 중요하다.

CHAPTER 05

간담도계 질환

학습목표

간담도계 질환의 병태 생리를 바탕으로, 임상증상을 이해한다.

간담도 질환을 가진 동물환자의 검사를 보조하거나 간호할 때의 주의사항을 익힌다.

간담도계 질환 환자에게 원활한 영양공급 방법과 식이 처방을 이해한다.

제1장 임상증상

간담도계 질환은 다양한 임상증상을 발현할 수 있다. 식욕저하, 체중감소와 같이 간담도계와 직접적인 관련이 없는 증상에서부터 복수, 황달, 간성 뇌증과 같은 특이적인 증상을 보일 수도 있다. 간의 비축능력은 매우 크기 때문에 이러한 임상증상의 심각성이 간질환의 중증도와 일치하는 것은 아니다. 따라서 이 장에서는 간담도계 질환의 대표적 임상증상과 관련 질환, 환자의 간호 방법 및 식이 관리법을 알아본다.

Ⅰ. 간담도계 질환의 대표적인 임상증상

간담도계 질환은 식욕저하, 구토, 구역질, 기력저하, 체중감소, 탈수, 설사, 다음, 다뇨와 같은 비특이적인 임상증상을 보일 수 있다. 경우에 따라서는 임상증상을 전혀 보이지 않는 경우도 있다. 이번 장에서는 일반적으로 간담도계 질환 시 특이적으로 확인될 수 있는 증상을 중심으로 설명하고자 한다.

(1) 복부팽만

간담도계 질환에서 복부팽만을 보이는 경우는 대개 간의 비대와 같은 장기 비대, 복수와 같은 체액의 저류, 복부 근육의 긴장도 저하 등이 주된 원인이 된다. 개에서는 종종 간질환 시 간섬유화로 인한 만성 감염으로 크기가 감소하기도 한다. 간비대는 주로 고양이에서 더 쉽게 촉진되는 편이다. 또한 간비대는 혈관 내 정수압을 증가시킬 수 있는 질환(예: 울혈성 우심부전 등)에 의해 2차적으로 발생할 수도 있다.

복수와 같은 복부 삼출액은 개에서 더 흔하게 볼 수 있다. 신체검사 시 복부를 촉진할 때 미끄러지는 느낌이 있을 때 소량의 삼출액을 의심해 볼 수 있으며, 다량의 삼출물은 복부를 팽만하게 하여 촉진을 어렵게 한다.

간비대나 복부 삼출액이 없으면서 보이는 복부팽만은 대개 복부 근육의 긴장도 저하를 의미한다. 이는 심한 영양결핍이 있거나 스테로이드 호르몬의 체내 증가로 인하여 근육 긴장도 저하로 인하여 발생할 수 있다.

그림 1 만성 간염으로 인해 발생한 복수로 심각한 복부 팽만을 보이는 15살의 믹스견

(출처: Vijay Kumar, Adarsh Kumar, A. C. Varshney, S. P. Tyagi, M. S. Kanwar, and S. K. Sharma. 2012. Diagnostic Imaging of Canine Hepatobiliary Affections: A Review. Veterinary Medicine International)

(2) 황달(icterus)

황달은 과도한 담즙색소(bile acid) 또는 빌리루빈(bilirubin)이 몸에 필요 이상으로 과다하게 쌓여 눈의 흰자위(공막)나 피부, 점막 등에 노랗게 착색되는 상태를 말한다. 빌리루빈이란 헤모글로빈과 같은 혈색소의 헴(heme) 단백질이 분해되면서 생성되는데, 정상적인 간은 빌리루빈을 정상적으로 저장하고 배출할 수 있지만, 빌리루빈이 간에서 배출하기에 과량(고빌리루빈혈증)이거나 담즙 배출이상(담즙정체)인 경우 황달이 생긴다.

총 빌리루빈 농도의 적정 범위는 개에서는 0.6mg/dL, 고양이에서는 0.3mg/dL 이하이다. 만약 빌리루빈 농도가 1.5mg/dL 이상일 때는 혈청상으로도 확인되며, 2.0mg/dL 이상인 경우 조직에도 노랗게 착색이 된다(그림 2). 뇨에서 빌리루빈이 배출될 때, 개의 세뇨관에서는 빌리루빈 재흡수 역치가 낮은 편이므로 빌리루빈이 정상적으로도 어느 정도 배출될 수 있다. 고양이의 신세뇨관은 재흡수 능력이 높기에, 고빌리루빈혈증 상태의 고양이가 빌리루빈뇨를 보이는 경우 반드시 병적인 상태임을 염두에 두어야 한다. 또한 빌리루빈뇨 증상은 다른 증상(고빌리루빈혈증과 황달 증상)보다 먼저 일어날 수 있기에 동물보건사는 간질환을 가지는 환자에서 소변 양상의 변화를 관찰하는 것이 중요하다.

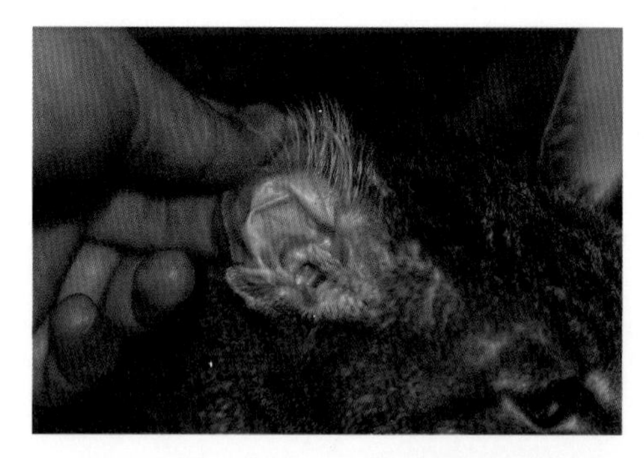

고양이의 귓바퀴 안쪽으로 노란 착색을 관찰할 수 있다.

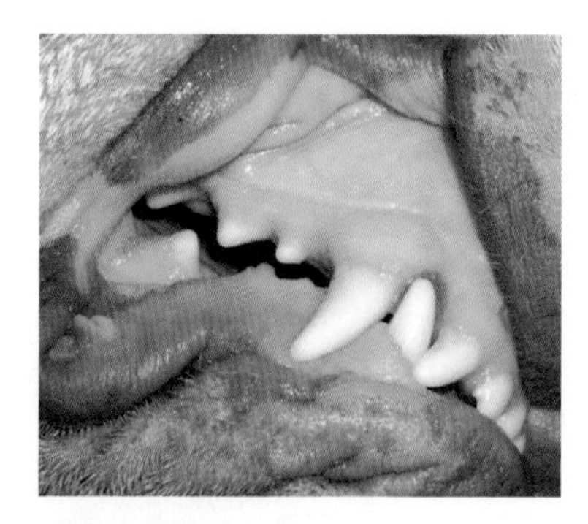

잇몸 점막에서의 노란색의 변화가 확인된다.

그림 2 신체검사시 고빌리루빈혈증을 보이는 환자에서 황달

(출처: long beach animal hospital)

(3) 간성 뇌변증(hepatic encephlophathy)

중증의 간담도계 질환의 동물 환자에서는 간에서 제거하지 못한 장내 독소들이 뇌로 이동하면서 여러 신경증상을 보일 수 있다. 이를 간성 뇌병증(hepatic encephalopathy)이라 한다. 암모니아, 메르캅탄, 단사슬 지방산, 스카톨, 인돌, 방향족 아미노산 등이 간성 뇌병증 발생과 연관된 물질에 해당하는데 이 중 혈중 암모니아 증가가 가장 중요한 원인이다.

이러한 혈중 암모니아를 증가시키는 원인은 주로 다음과 같은 요인이 있다.

① 결장의 세균이 소화되지 않은 상태로 남은 아미노산과 퓨린을 분해하면서 발생한 암모니아

② 장내세균에 의한 요소분해효소 작용으로 요소(urea)가 결장으로 확산

③ 소장의 세포가 글루타민을 대사하면서 암모니아 발생

④ 식이 단백질의 과도하거나 소화기 출혈 시의 단백질이 대사되면서 암모니아의 증가

표 1 간성 뇌병증으로 발생될 수 있는 주요 임상증상 

임상증상
기력저하(depression) 머리 압박(head pressing) 선회(circling) 중추성 시력소실 경련 혼수

(4) 응고장애(coagulopathy)

간에서는 대부분의 응고단백질과 응고억제인자들은 합성하기에, 간은 지혈작용에 있어서 중요한 기능이다. 따라서 심한 간담도계 질환을 가진 동물환자에서는 출혈 소인을 보일 수 있지만 임상학적 발생 가능성은 비교적 낮다. 많은 간질환의 환자에서 담관이 손상을 입거나 담도폐색이 발생하면서 비타민K 의존성 응고인자인 II, VII, IX, X이 합성되지 못하기도 한다. 간실질의 손상이 심한 환자에서는 응고인자 활성 변화와 함께 파종성 혈관 내 응고(Disseminated intravascular coagulation, DIC)가 발생할 가능성도 높다. 또한 혈소판의 격리와 소비증가로 혈소판 감소증이 발생할 수도 있다.

(5) 다음/다뇨(polydipsia/polyuria)

심한 간세포 손상 시 목마름의 증가와 배뇨량 증가를 보일 수 있다. 다음/다뇨의 기전은 정확히 알려져 있지는 않지만 간질환 환자에서 문맥혈관삼투압 수용기의 변화가 갈증을 자극하는 것으로 보기도 한다. 또한 간부전 환자에서 요소(urea)생성능력이 저하되어 요소에 대한 신장 수질 농도 차이가 소실되면서 다뇨증이 발생하고 이로 인하여 보상성으로 다음증이 발생한다.

제2장

간담도계 진단 및 질환

I. 간담도계의 진단검사 방법

(1) 전혈구검사(complete blood count, CBC)

적혈구, 백혈구, 혈소판 등과 같은 혈액세포들로는 간담도계 질환을 확인할 만한 변화는 크지 않다. 수의사는 적혈구 세포의 크기와 염색성 등을 바탕으로 염증성 질환이나 철분결핍성 빈혈 등을 감별한다.

(2) 혈청생화학검사(serum biochemistry)

간에 특이적인 효소활성도를 평가하는 것은 일반적인 혈청생화학검사로 가능하다. 이는 간세포와 담관의 손상 및 반응성을 평가할 수 있는 항목으로 본다. 정상적으로는 간세포의 세포질 내에 존재하는 효소가 혈청 내에서 증가한다는 것은 결국 간세포 내의 효소가 혈액 내로 유출되었음을 뜻하고 간세포의 구조적 또는 기능적인 손상을 의미한다. 이 중 ALT와 AST가 가장 진단적 가치가 있으며, 간세포에서 유출되기에 수치의 상승은 손상된 간세포 수와 연관이 있다. ALP와 GGT는 간세포와 담관 상피세포의 세포질에 저농도로 존재하며 이들의 혈청 효소활성도는 담도계에서의 효소 합성이나 분비를 나타낸다. 특히 ALP의 활성도는 항경련제(페노바비탈, 페니토인, 피리미돈 등)와 코르티코스테로이드 약물에 의해 현저하게 증가될 수 있다.

이외에 알부민, 요소질소화합물, 빌리루빈, 콜레스테롤, 포도당은 앞에서 언급한 간효소수치와 함께 간질환을 판단하기 위해 유용한 혈청화학검사이다. 이들은 단백질의 합성, 단백질이 분해산물에 대한 해독작용, 유기 이온 및 다른 물질들의 분비에 대한 간의 능력을 평가할 수 있다.

혈청 알부민 농도를 측정하는 것은 혈중의 알부민을 평가함으로써 저알부민증을 판단하기 위한 것이다. 간은 유일하게 알부민을 생산하는 장기로, 간부전에 의해 알부민 합성 능력이 떨어지면서 저알부민혈증이 나타날 수 있다. 물론 간에서의 합성부전을 고려하기 이전에 위장관계를 통한 손실 또는 신사구체를 통한 배출을 고려해야 한다. 수의사는 소화기계의 단백질 소실이나 단백뇨가 배제되었을 때 간질환에 의한 저알부민혈증을 판단한다.

혈액의 요소 질소 농도(blood urea nitrogen(BUN)) 측정 또한 간의 요소 해독 능력을 평가하는 방법이다. 섭취한 음식물로부터 생성된 암모니아를 해독하기 위하여 간에서 요소(urea)를 형성하는데, 이러한 간의 기능을 특이적으로 측정할 수 있는 항목이다. 다만 BUN은 여러 요인들의 영향을 받기 때문에, 간의 현저한 기능이상 시에 감소한다.

고빌리루빈혈증은 담즙의 색소가 과다하게 생산되거나 담즙의 배출이 영향을 받았을 때 나타난다. 적혈구의 과도한 파괴에 의해서도 빌리루빈 생산이 증가될 수 있지만, 간에서 빌리루빈을 처리하는 능력이 매우 크기에 간부전 단독으로 황달의 유발은 흔하지는 않다. 대개는 원발성 간담도질환을 가진 환자에서 적혈구막의 변화가 생기면서 적혈구 파괴가 심해지면서 동시에 혈청 빌리루빈이 발생하게 된다.

담즙정체가 있는 동물환자에서는 고콜레스테롤혈증이 관찰될 수 있다. 이는 담관 폐색 시 담즙이 배출되지 못하면서 혈액으로 역류가 발생하면서 나타난다. 저콜레스테롤혈증 또한 발생할 수 있는데, 이는 만성의 간질환 또는 선천성 간문맥 전신단락(portrosystemic shunts; PSS)인 개에서 담즙합성을 위해 콜레스테롤의 사용이 증가되면서 나타날 수 있다.

간담도질환 환자에서 저혈당은 흔하지는 않지만, 후천적으로 발생한 만성 간담도질환에서 정상 혈당 농도를 유지하는 능력이 떨어지면서 저혈당이 생길 수 있다.

혈청 담즙산(serum bile acid(BSA))을 측정하는 것은 간세포의 기능과 장-간문맥 순환 기능을 확인하는 데 유용하다. 정상적으로 장에서 담즙산을 흡수하는 장-간문맥 순환은 담즙산을 재이용하는 매우 효과적인 방법이다. 담즙은 소장에서 지방소화를 돕기 위하여 십이지장으로 분비된 후 문맥을 통해 흡수되어 간으로 되돌아가며 답즙으로 담낭에 저장되어 있다가 재분비된다(그림 3). 재흡수되지 않은 일부의 담즙산 소량은 장내세균에 의해 디옥시콜릭(deoxycholic), 리토콜릭(lithocholic)으로 바뀌어 일부만 문맥순환으로 흡수된다. 따라서 건강한 개체에서는 매우 소량만 말초 혈액에서 검출되고, 밥을 먹고 난 후에 많은 양이 담즙이 장으로 분비된다. 식사 후에는 공복 때보다 3~4배의 수준으로 높아질 수 있다. 이러한 원리를 이용하여 혈청 담즙산 농도를 평가하게 된다. 만약 공복이나 식사 후 측정된 혈청의 담즙산 농도가 정상수준보다 높다는 것은 간의 담즙분비이상, 문맥흐름의 문제, 간세포 흡수 이상을 의미한다.

혈장의 암모니아 농도를 측정하는 것은 간성뇌증이 의심되는 동물환자에서 필요하다. 최소 6시간의 공복의 상태에서 측정한 정상 수치는 개에서는 100mg/dL 이하, 고양이에서는 90mg/dL 이하이다. 또한 채혈 후 30분 이내 측정을 원칙으로 하여 채혈 즉시 원심분리하도록 한다.

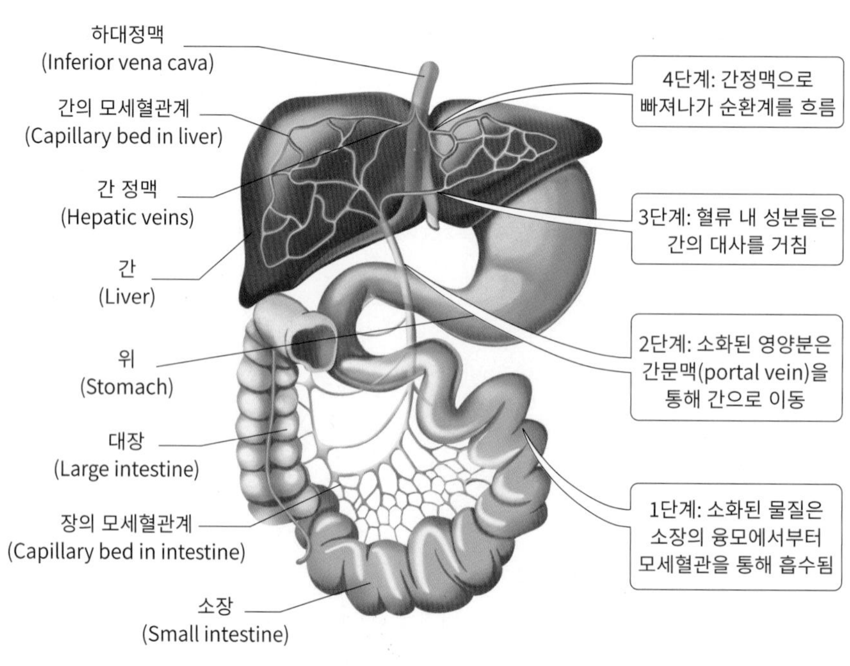

장으로부터 흡수된 물질은 간문맥(portal vein)을 통해 간으로 이동한다.

그림 3 장-간문맥의 순환

표 2 간세포의 효소활성도를 평가하는 혈청화학검사항목

항목	설명
ALT (alanine aminotrasferase)	간세포에서 유출됨, 수치의 상승은 관련된 간세포 수와 연관이 있음
AST (aspartate aminotransferase)	간세포에서 유출됨, 수치의 상승은 관련된 간세포 수와 연관이 있음
ALP (alkaline phosphatase)	여러 자극으로 인한 담관 상피세포의 반응과 합성, 분비 증가, 코르티코스테로이드, 항경련제와 같은 약물의 사용과도 관련됨
GGT (gamma-glutamyl transferase)	여러 자극으로 인한 담관 상피세포의 반응과 합성, 분비 증가
Albumine	단백질의 합성
BUN (blood urea nigrogen)	단백질의 분해와 탈독소화

bilirubine	빌리루빈의 흡수와 배설
cholesterole	답즙의 배설과 장간순환
glucose	간세포의 당신생 및 당분해능력과 연관
bilde acid	장간순환
ammonia	장간순환

TIP

*** 담즙산 자극 시험(bile acid stimulation test) 방법 이해하고 보조하기**

1) 수의사가 12시간 절식한 동물에서 혈액을 채취하면 이를 혈청 튜브에 3ml가량 담는다.
2) 지방의 함량이 20%가량인 정상 수준의 음식을 소량 급여한다.
3) 음식 섭취 2시간 후, 앞에서와 동일한 방법으로 동물의 혈액을 채취하면 혈청 튜브에 담는다.
4) 채취 후의 혈액은 원심분리 후 혈청만 채취하여 냉장 또는 냉동 보관한다.

(3) 뇨검사(Urinalysis)

간담도계질환을 가지고 있는 환자에서는 과도한 빌리루빈이 검출되거나 암모늄 요산(ammonium biurate)을 배출하기도 한다.

(4) 변 평가(Fecal evaluation)

간담도계 질환에서 변 상태를 보는 것은 그다지 유용하지는 않지만, 무담즙 변과 같이 변의 색소가 없거나 지방변을 보는 것은 간외 담도폐색으로 나타날 수 있다. 또한 오렌지색의 변은 빌리루빈 생성이 증가된 것을 의미한다. 또한 간담도계 질환을 가진 환자가 흑변을 보는 경우는 심각한 위장관 궤양이 문맥고혈압에 의해 발생할 수 있기에 유의해서 관찰이 필요하다.

(5) 복수의 평가

모든 간담도계 환자가 복수를 보이는 것은 아니지만 심각한 저알부민혈증을 동반하거나 만성

간부전, 문맥정맥 저형성증, 만성 문맥 혈전, 간외성 담도폐색으로 병발한 췌장염, 전염성 복막염, 종양 등에서 보일 수 있다.

복수의 평가는 신체검사와 복부 X-ray 촬영, 초음파 검사를 통해 확인되며 분석을 위해 5~10ml의 복수 샘플을 채취하여 얻을 수 있다. 대개는 호흡곤란과 같은 증상을 유발하는 것이 아니라면 매우 많은 양의 복수를 제거하는 것은 좋지 않다. 복수를 통하여 단백질이 소실된 상태에서 복수의 제거로 혈장 단백질이 급격하게 떨어질 수 있기 때문이다. 따라서 복막염과 같은 감염성인 경우가 아니라면 이뇨제를 통하여 서서히 제거하는 것을 추천하며, 신선동결혈장이나 교질(colloid) 수액을 동반하는 것을 추천한다. 수의사가 복수의 상태를 평가할 때 형상(색깔, 투명도 등), 유핵 세포수, 단백질 함량, 비중을 통해 판단한다. 따라서 동물보건사는 복수를 채취하거나 제거할 때부터 복수가 제공하는 정보를 확인해 두어야 한다.

(6) 응고계 검사

응고계 검사는 심각한 간 실질의 질환을 가진 동물에서 변화될 수 있지만, 임상적으로 간담도 질환을 가진 개와 고양이에서 응고장애를 보기는 드문 편이다. 응고인자의 비정상 수치는 간세포의 기능부전이나 비타민K의 흡수 및 저장 이상을 의미한다.

(7) 영상진단

간담도계 질환에 있어서 X-ray 촬영과 초음파 검사와 같은 영상학적 진단은 질환의 위치나 특성에 관한 정보를 제공할 수 있다.

X-ray 촬영은 간의 모양과 크기변화에 대하여 정보를 얻을 수 있다. 간담도질환에 접근하기 위한 X-ray 촬영은 위장관계가 비워진 상태에서 실시한다. 우측 횡와위 자세에서 촬영하면 늑골과 평행한 위치에서 간의 경계를 확인할 수 있다. 복배상에서의 촬영 시 간의 경계는 위의 기저부와 앞쪽 십이지장에 의해 확인된다. 동물보건사는 이러한 점을 파악하고 X-ray 촬영 시 빔의 위치를 촬영 중심에 맞추어야 한다.

초음파 검사는 조금 더 나은 진단학정 정보를 제공할 수 있다. 초음파 검사를 위해서는 대개 마취는 필요하지 않지만 털을 밀고 젤을 사용하여 탐촉자와 복부의 피부 간 접촉을 좋게 해야 좋은 영상을 얻을 수 있다. 간담도계의 충분한 영상제공을 위해 늑골 부위까지 충분한 털의 제모가 필요하다. 초음파 검사시 배위 자세에서 검사를 진행하며 탐촉부위에 따라 횡와위로 자세를 바꿀 수도 있다.

이외에도 컴퓨터 단층활영(Computed tomography)은 마취를 해야 한다는 단점은 있지만 최근 수의학에서 유용하게 이용되고 있으며, 다양한 간질환과 간종양을 이미지화한다.

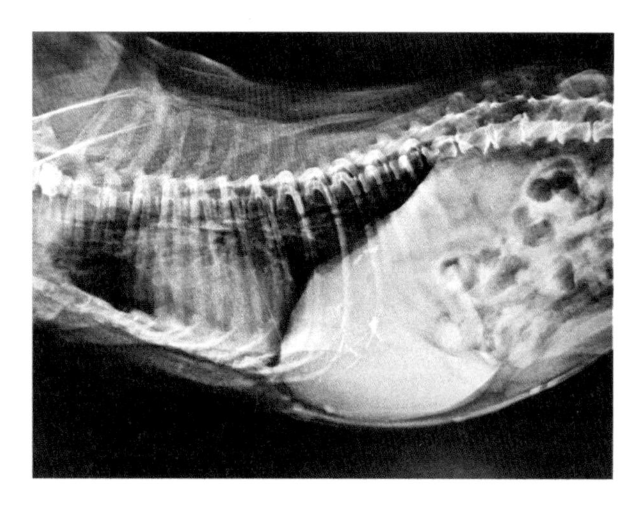

횡와위 자세에서 촬영한 모습으로 심한 간비대로 인하여 늑골의 바깥으로 간엽이 나와있다.

그림 4 개의 X-ray 촬영 이미지

(8) 이외의 검사방법

간생검(liver biopsy)은 피부를 통한 트루컷(tru-cut) 타입의 바늘생검이 이용되거나 복강경 혹은 개복술을 통한 쐐기생검이 이용된다. 생검 후 출혈에 대하여 주의 깊은 관찰이 필요하다.

II. 대표적인 간담도계 질환

개와 고양이의 간질환은 발생 원인과 증상에따라 여러 차이가 있다. 또한 간은 75%가 손상될 때까지 특이한 임상증상을 보이지 않을 수 있기에 지속적인 간효소 활성도를 보이는 환자는 유의해서 관찰이 필요하다.

(1) 만성간염(chronic hepatitis)

만성간염은 간의 효소활성이 4개월 이상 증가한 경우를 말한다. 조직학적으로는 간세포의 괴사, 염증세포의 침윤, 재생 및 섬유화를 특징적으로 나타낸다. 이 질환은 대개 중년령에서 흔하게 발생하며, 고양이보다는 개에서 더 흔하다. 만성간염의 원인은 바이러스, 세균 또는 감염, 중독, 면역매개성 등으로 발생할 수 있지만 감염원에 대한 조사로 확인되는 경우가 적고 비특이적인 진단으로 남는 경우가 많다. 일부 몇몇 품종에서 호발하는 경향이 있는데 아메리칸 코카 스파니엘, 잉글리쉬 코카 스파니엘, 베들링턴 테리어, 달마시안, 도베르만 핀셔, 래브라도 리트리버 등이 위험성이 높다고 알려져 있다.

만성간염의 임상증상은 대개 모호하고 다음/다뇨, 체중감소, 구토, 식욕부진과 같이 비특이적인 증상을 보이는 경우가 많다. 점차 간실질의 손실로 기능이 저하되면서, 섬유화로 진행되고 문맥에 고혈압을 유발하는데, 이는 담낭액을 정체시키고 황달을 유발할 수 있다. 복수와 같은 증상은 문맥고혈압에 의해서도 발생하지만 낮은 혈청 알부민 수치로 삼투압 저하로 발생할 수도 있다.

수의학적인 관리가 가능한 질환이기에 수의사는 보존적인 약물 치료를 시행하면서 간 대사가 있는 약물을 피하여 처방한다. 대개 항산화제를 통한간세포의 글루타치온 농도를 증가시키며, 담즙정체가 있는 경우 우르소디올(ursodeoxycholic acid)을 처방한다(단, 담도폐쇄 시에는 사용 금기). 간성 뇌병증의 증상이 있는 만성간염 환자에게는 락툴로즈(lactulose)를 처방하기에, 동물보건사는 이러한 환자에게서 락툴로즈를 투여하기 전에 설사가 있는지 확인이 필요하다.

(2) 구리축적질환(Copper storage disease)

구리축적질환은 구리 관련 만성간염(copper associated chronic hepatitis)으로 간세포에 축적된 구리가 간세포 괴사 및 염증을 일으키며 만성간염 증상을 유발하며 결국 간섬유화 및 간경화로 진행하는 질환이다. 식이에서 흡수된 구리는 장에서 흡수되어 알부민과 결합한다. 혈류를 통해 간세포로 흡수된 구리는 간에서 순환계로 배출되거나 간세포 내에서 사용되고 과량의 구리는 담즙배출을 통해 대변으로 제거된다. 일부는 간세포에서 메탈로티오네인(metallothionein)과 결합하여 저장된다.

하지만 장 및 간세포에서 구리의 흡수가 증가하거나, 세포 내 비정상적인 구리 대사가 일어나는 경우, 또는 답즙을 통한 구리제거가 제한되는 경우 구리의 축적이 발생한다. 특히 베들링턴 테리어와 같은 품종에서는 COMMD1(copper metabolism domain containing 1) 유전자 돌연변이로 구리배출이 되지 않으면서 간세포 내 구리가 축적하게 되고, 이로 인한 산화손상과 염증, 간손상, 섬유화가 진행될 수 있다.

초기증상은 식욕저하와 기력저하와 같이 알아차리기 어려운 변화이며, 수년 동안은 정상과 비슷한 상태로 지내기도 한다. 하지만 구리가 간에 점진적으로 축적되면서, 만성 간손상 및 기능상실이 심각해지면서 구토, 설사, 다음/다뇨, 황달 및 복수가 나타날 수 있다. 일부에서는 급성 간괴사로 인해 용혈성 빈혈, 신경증상을 보일 수 있다.

간의 구리농도를 낮추기 위해서는 구리흡수를 줄이기 위한 방법으로 킬레이트제를 투여한다. 대표적인 킬레이트제는 페니실라민(penicillamine) 또는 트리엔틴(trientene)을 사용한다. 이러한 킬레이트 치료방법은 간에 축적된 구리를 감소시켜 상당한 효과를 보일 수 있지만 장기간의 치료를 요하며 평생 치료가 될 수도 있다. 추가적인 치료방법으로 식이 내 아연을 보충하는 방법이다.

하지만 아연과 페니실리민을 동시에 투여하는 방법은 금기이다. 이외에 구리의 산화적 손상을 예방하기 위해 SAMe, Vitamine E, silymarin과 같은 항산화제를 투여할 수 있다. 따라서 이러한 환자에서는 구리가 풍부한 음식은 주의해야 하며 저구리 식단을 급여해야 한다.

(3) 간지질증(hepatic lipidosis)

간지질증은 고양이에서 잘 알려진 질환으로, 특발성이거나 혹은 비만인 고양이에서 다른 환의 속발성으로 발생할 수 있다. 대개 실내에서 생활하는 비만인 고양이가 스트레스 상황이나 식욕부진, 체중감소를 유발하는 다른 질환을 겪으면서 발생하는 경우가 많지만 원인을 알지 못하는 경우도 많다.

원발성의 간지질증의 명확한 원인을 알려져 있지 않지만, 식이 단백 및 다른 영양소의 결핍, 간으로의 과도한 말초지방 동원, 식욕저하 등이 복합적으로 작용하는 것으로 보인다. 특히 비만인 고양이에서 식욕부진과 스트레스로 인한 말초 지방의 과도한 동원의 주요 원인으로 여겨진다. 또한 필수 아미노산인 메티오닌, 카르니틴, 타우린은 지방 대사 및 동원에 중요하기에 이러한 영양소의 결핍은 간지질증 발생의 기전 중 하나로 여겨진다.

속발성으로 발생하는 간지질증의 발생기전은 원발성과 큰 차이는 없지만 스트레스에 대한 신경내분비 반응이 더 뚜렷한 것으로 여겨진다. 췌장염, 당뇨, 기타 간장애 등과 같은 병발질환이 식욕부진을 유발할 수 있으며 이외 식욕부진을 유발하는 어떠한 질환도 관련될 수 있다. 또한 비만인 아닌 정상 또는 마른 고양이에서도 나타날 수 있어, 병발질환이 있는 모든 식욕부진 고양이는 간지질증 발생의 위험이 높다고 여겨진다.

수의사는 간지질증을 치료할 때 내재하는 원인과 다른 임상증상을 동시에 치료한다. 또한 적극적으로 식이공급을 시작하기에 가능한 빨리 수액 및 영양공급을 시작한다. 특히 정맥수액치료는 치료 동안 낮아질 수 있는 칼륨과 인과 같은 전해질을 공급하기에 염화칼륨이 첨가된 생리식염수를 투여한다. 젖산이 포함된 수액은 간세포 기능부전에서는 금기이다. 또한 가능한 빨리 영양공급을 시작하는데 처음 수일간은 비강식도관(nasoesophagus)을 이용하여 투여하기도 한다. 가능한 고단백식으로 소량씩 자주 공급하며, 고양이용으로 제조된 식이를 제공한다. 동물보건사는 수의사의 처방에 따른 식이를 공급하는데, 처음 식이를 공급할 때는 영양재개증후군(refeeding syndrome)의 위험이 있기에 제1일에는 RER(resting energy requirement)의 20~50%로 시작하고 수일간에 걸쳐 천천히 증가시킨다. 이렇게 소량씩 자주 주입하며 점차 양을 늘려나가는 방법은 영양재개증후군 발생의 위험을 감소시킨다.

간지질증에 이환된 환자를 간호할 때, 식이 급여에 대한 반응을 평가하고 이상증상을 예측하는 것은 동물보건사의 중요한 역할이라 볼 수 있다.

(4) 독성간병증(toxic hepathpathy)

약물이나 식이의 대사와 독소제거에 있어 중심적인 역할을 하는 것이 간이다. 특히 복강 내의 정맥이 흘러 문맥을 통해 들어오기 때문에 위장관을 통해 흡수된 약물이나 화학물질, 독성물질에 직접적으로 영향을 받는다.

간에 영향을 미칠 수 있는 물질로 알려진 것은 매우 많다. 표 3은 개와 고양이에게 영향을 미칠 수 있는 약물과 물질을 설명하고 있다.

이러한 물질들을 섭취하고 몇 시간 이내에 소화기 증상을 유발한다. 구토나 기력저하, 식욕부진이 흔한 증상이며, 비특이적인 증상을 보이는 경우가 많다. 경미한 섭취는 가볍게 증상을 보이다 사라지는 경우가 많지만, 중증의 경우 황달, 응고병증, 저혈당증, 뇌병증 등을 보이기도 한다.

급성 간독성인 환자에서 영양공급은 필수적이며, 가급적 장관을 통해 영양공급해야 한다. 또한 동물보건사는 병원 내에서 환자에 대한 상태, 식욕, 복통의 유무 등을 연속적으로 체크하며 이 외에도 혈압, 맥박, 소변 배출량, 체중 등의 평가를 12시간마다 측정하여 변화를 확인해야 한다.

표 3 대표적인 간독성 유발 물질

아세트아미노펜(acetaminophen)
페노바비탈(phenobarbital)
디아제팜(diazepam)
비스테로이드성 소염제(non-steroidal antiinflammatory drugs, NSAIDs)
자일리톨(xylitol)

(5) 담낭점액종(gallbladder mucoceles)

담낭점액종은 담낭의 내강에 비정상적인 점액이 축적되면서 담즙 배출이 어려워져 담낭이 팽창되는 비염증성 질환이다. 주로 개에서 발병하지만 고양이에서도 가끔 발병한다. 고콜레스테롤혈증에서 담즙의 점도가 높아지게 되며 담낭 배출 장애 가능성이 높아지는 것으로 여겨지고 있다.

담낭점액종을 가진 개는 담낭 파열 증상이 없거나 무증상인 경우 내과적으로 관리한다. 이런 경우 담즙분비 촉진제(urodeoxycholic acid) 투여와 고지혈증에 대한 저지방 음식 공급, 담낭의 초음파 모니터링이 주요 방법이다. 고지혈증 환자에서 공급되는 저지방 음식은 지방함량이 7~15%가량이다.

(6) 고양이 담관염 콤플렉스(feline cholangitis complex)

이 질환은 고양이의 간 내 담도계를 중심으로 염증이 발생하는 담관염을 말한다. 경우에 따라서는 염증이 간 실질로 확장되기도 한다.

고양이 담관염 콤플렉스의 임상증상은 매우 다양한데, 종종 발열, 기력저하, 구토, 식욕부진을 보일 수 있고 심각한 경우 황달과 복통을 보일 수 있다. 일부 고양이에서는 체중감소 이외 임상증상이 없기도 하다.

수의사는 광범위 항생제를 처방, 투여하고 경우에 따라서는 글르코코르티코이드를 처방한다. 중증인 경우는 정맥주사액과 보전 요법을 위해 입원하기도 한다. 따라서 환자 간호 시 입원기간 동안 환자의 통증 여부를 파악할 수 있어야 한다.

(7) 간 및 담도종양(liver neoplasia)

간담도 종양은 간세포, 담도의 상피세포, 신경 내분비세포, 기질세포에서 발생하는 종양을 모두 말한다. 원발성으로 발생하는 경우는 개와 고양이에서 흔하지는 않고 대개는 다른 종양의 전이로 인해 발생한다.

간담도 종양을 가진 개와 고양이는 무증상인 경우가 많지만, 일부 식욕부진, 체중감소, 기력저하, 구토, 다음/다뇨 증상을 보이기도 한다. 복수 및 신경증상과 같은 증상을 보일 수도 있다. 신체검사 시 복수로 인한 파동감과 전복부 종괴가 촉진될 수 있다.

(8) 문맥전신단락증(portosystemic shunt, PSS)

문맥전신단락증은 문맥에서 다른 혈관으로 순환하는 비정상적인 혈관의 흐름을 의미한다. 이 비정상적인 흐름인 혈액이 간을 통과하지 않고 전신순환에 이르게 하기 때문에 간을 통해 대사되어야 하는 물질들이 순환계에 높게 측정된다.

대개는 선천적인 질환으로 발생하는데 고양이보다는 개에 많으며, 대형견보다는 소형견에 많이 발생하는 것으로 알려져 있다. 요크셔테리어는 문맥전신단락증의 발생이 많은 품종으로 알려져 있다. 경우에 따라서는 만성간염으로 인한 섬유화, 간경화가 발생되는데 이는 문맥고혈압 상승을 일으키며 후천적인 '션트(shunt)'를 만든다. 이는 문맥고혈압을 방출시키며 낮추는 역할을 한다.

선천성 문맥전신단락증의 치료방법은 수술적 결찰로 이루어지며, 후천성의 경우는 수술적 결찰은 금기이다. 선천성 문맥전신단락증 환자에서는 단백질 식이제한을 추천하지만 성장하는 동물에서는 성장에 필요한 단백질 요구량과 균형을 이루어야 한다.

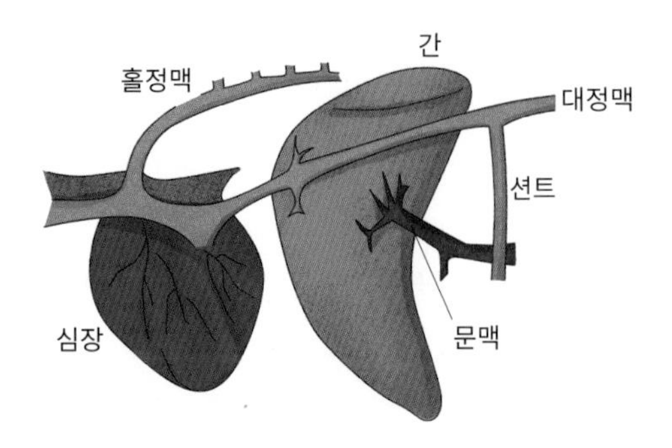

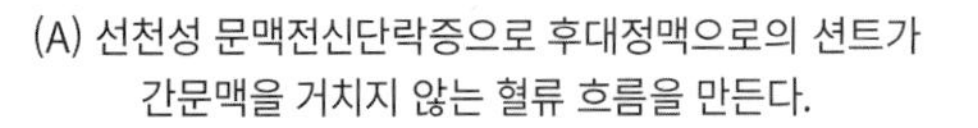

(A) 선천성 문맥전신단락증으로 후대정맥으로의 션트가 간문맥을 거치지 않는 혈류 흐름을 만든다.

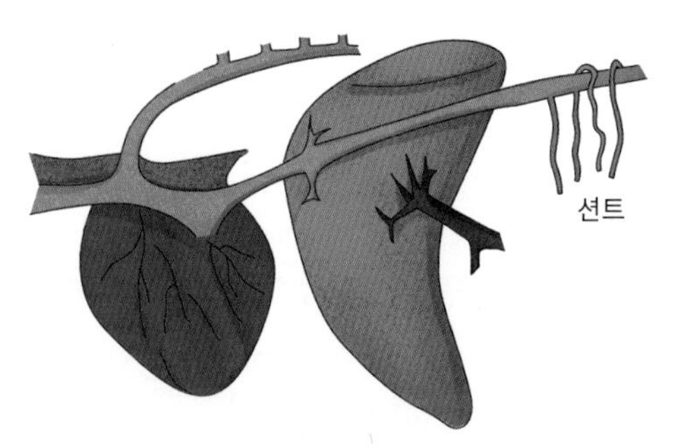

(B) 후천성 문맥전신단락증으로 문맥고혈압으로 인하여 대정맥의 압력이 높아지면서 새로운 혈관이 열리면서 '션트(shunt)'가 형성된다.

그림 5 문맥전신단락증의 모식도

제3장

간담도계 질환 환자의 간호 및 식이 관리

1. 간담도계 질환 환자의 간호

동물보건사는 간질환 환자를 간호할 때, 각각의 질환을 이해하고 질병의 근본 원인에 따른 간호관리가 다를 수 있음을 이해해야 한다. 대부분 지지요법(supprotive care)이 필요할 수 있고 수의사의 지시에 따라 결정된다. 환자의 탈수로 지속적인 체액손실이 있는 경우 결정질(crystalloid) 수액 공급이 요구될 수 있고, 만성간질환으로 인한 저알부민혈증이 있는 환자에서는 교질(colloid) 수액 보충이 필요하다. 만약 저혈당이 있는 경우는 정맥 내 포도당, 혈장수혈과 같은 적극적인 치료 방법이 필요할 수 있다. 또한 동물은 많은 약물을 한 번에 처방받아 먹을 수 있기 때문에, 약물의 복용에 따른 어려움과 약물의 상호 작용에 대한 면밀한 모니터링이 필수적이다.

간질환이 대사 감소를 유발하지만 이 때문에 적절한 영양공급을 줄여서는 안된다. 영양공급 감소는 고양이 환자에서 식욕감소로 인해 이차적인 간지질증이 발생할 위험이 높으므로 반드시 장관을 통한 영양공급에 신경 써야 한다. 만약 환자의 하루 영양섭취량이 일일 휴식 에너지 요구량(RER)의 85%에 미치지 못한다면 경관을 통해 음식을 공급해야 한다.

II. 각 질환에 따른 식이 관리

간질환 환자에게 급여하는 식이의 특징을 이해하고 급여방식을 알아보자.

(1) 간질환 환자에게 공급하는 식이의 성분

질환의 개에 음식을 급여할 때 고려해야 하는 식이 성분은 다음과 같은 사항이 있다.

1) 단백질

간질환 환자에서 질소대사장애를 피하고자 단백질을 제한하는 경우가 있는데 이는 추천하지 않는다. 대신 단백질을 구성하는 필수 아미노산의 비율이 최적인 양질의 단백질을 공급하며, 소화가 잘 되는 단백질을 위주로 하여 식이 급여를 해야 한다. 유제품이나 콩단백과 같은 식물성 단백질이 좋은 단백질원이 될 수 있다. 다만 너무 고단백인 경우는 혈중 암모니아 농도를 높일 수 있기에 주의해야 하며, 사료를 하루에 4~6회로 나누어 소량씩 자주 먹여야 한다. 대개는 간질환용으로 판매되는 처방식을 먹이는 것이 가장 쉬운 방법이며, 개체의 증상에 따라 단백질 함량을 조절하거나 추가할 수 있다.

2) 지방

지방은 적은 양으로 고칼로리를 제공할 수 있는 중요한 에너지원이므로 과도하게 제한하지 말아야 한다. 다만 지방변을 보이거나 지방을 소화하기 어려운 경우 제한이 필요하다. 필수지방산인 오메가-3와 오메가-6를 적절하게 공급하는 것은 염증완화에 도움이 된다.

3) 탄수화물

소화가 잘 되는 탄수화물을 제공하여 간에서 일어나는 당신생(gluconeogenesis)의 필요성을 줄인다. 다만 전체 칼로리의 35%가 넘는 탄수화물을 급여하는 것은 주의가 필요하다.

4) 섬유질

간질환 환자에게 섬유질을 공급하는 것은 결장의 세균에 질소를 공급하여 암모니아가 생성되는 것을 줄일 수 있다. 또한 비발효성 섬유질은 배변활동을 촉진하여 변비를 예방함으로써 암모니아가 생성되는 시간을 단축실킬 수 있다.

5) 아연

아연은 구리가 간에서 흡수되는 것을 감소시킨다. 또한 요소회로(urea cycle)의 효소로 사용되므로 뇌병증 감소에 도움이 된다. 이러한 이유로 만성간질환인 환자에서는 아연을 보충하는 것을 권장한다. 아연 함유량은 계란 노른자, 우유, 콩, 완두콩, 간, 쌀, 감자에서 높은 편이다.

6) 비타민

지용성 비타민 중 비타민E의 경우 항산화 효과가 높아 급여가 추천된다. 반면 비타민A와 D는 추가하는 것을 추천하지 않는다. 응고지연이 있는 환자라면 비타민K의 추가 투여가 필요할 수 있다.

수용성 비타민은 다음/다뇨 증상을 보이는 간질환 환자에서 손실 증가에 대한 비타민B를 보충해 주어야 한다.

(2) 간성뇌병증(hepatic encephaolpathy)인 환자에게 공급하는 식이의 고려사항

간성뇌병증 환자에서의 고암모니아 혈증은 식이성 단백질에 의해 유발된다는 관점이 많다. 하지만 식이성 단백질을 심하게 제한하는 것이 고암모니아 혈증을 개선하는 것에 도움이 되지 않으며 오히려 고암모니아혈증을 악화할 수도 있기에 추천하지 않는다.

표 4 간질환 환자에 음식급여 시 고려할 사항

대사 균형을 유지
손상받은 조직의 재생에 필요한 영양소를 공급
영양실조(malnutrition)를 교정하거나 예방
소화성이 높은 음식을 공급하여 간의 부담을 감소시킴
간독성과 신경독성 물질이 생성되지 않도록 유의
기저질환의 해결

(출처 : Small Animal Clinical Nutrition, 4th edi. 2000)

CHAPTER 06

피부질환

학습목표

다양한 피부질환의 임상증상을 파악한다.

피부질환 환자의 간호 시, 질환별 관리의 요점과 주의사항을 인지한다.

피부질환의 경우 식이 관리의 원리 및 적용을 학습한다.

제1장

임상증상

피부질환은 동물병원의 규모와 무관하게 흔하게 볼 수 있는 질환이다. 어린 나이부터 노령까지 개와 고양이에서 다발하고 별다른 치료 없이 회복하기도 하지만, 잘 관리되지 않은 피부질환의 경우 일상생활에 지장을 줄 수 있을 만큼 증상이 심한 경우도 있다. 이에 동물보건사는 기본 피부 구조에서부터 각 질환에 대한 원리를 익혀야 하며, 이에 맞는 간호법을 숙지하여야 한다. 따라서 이번 장에서는 피부질환으로 발생할 수 있는 임상증상을 이해하고, 기본 피부 진단 검사 시 준비 및 유의 사항, 그리고 적절한 식이 관리 등을 살펴보고자 한다.

1. 탈모(Alopecia)

탈모는 생리학적인 탈모와 병적인 탈모로 나뉜다. 생리학적인 탈모는 흔히 알고 있는 “털갈이”로, 계절성을 띠고 전신에서 발생한다. 또한, 가려움증이나 각질, 피모의 거칠어짐 등의 기타 증상을 동반하지 않는다. 그러나 발진, 가려움증, 비정상적인 냄새 등을 동반하며 비정상적으로 많은 양의 털이 빠지게 되면 병적인 탈모상태를 고려해야 한다. 대칭성으로 탈모가 발생한다면 단순한 피부의 문제보다는 내분비계 질환과 관련 있을 가능성이 높다. 국소적인 탈모나 비대칭성인 경우 모낭이상으로 인한 탈모일 수 있으며, 이는 가려움증의 임상증상이나 다른 피부 병변을 동반할 수 있다(그림 1). 선천적인 탈모는 특정 품종이나 유전적 돌연변이에 의해 발생할 수 있으며, 조직병리학적 검사를 시행했을 때, 모낭이 거의 없거나 수가 줄어든 것을 확인할 수 있다. 후천적 탈모는 피부질환으로 인한 가려움증으로 긁어서 생기는 모낭의 손상, 내분비계 질환에 의한 2차적 탈모(갑상선기능저하증, 부신피질기능항진증 등), Post-clipping alopecia(털을 깎은 후 탈모의 주기가 지연되어 털이 잘 나지 않는 상태, 포메라니안 등이 호발 품종으로 알려져 있다.) 등이 원인이 될 수 있다. 선천성인 경우 치료가 어려운 경우가 많으나, 후천적인 경우에는 원인 감별 후 교정 시 탈모가 해결될 수 있다.

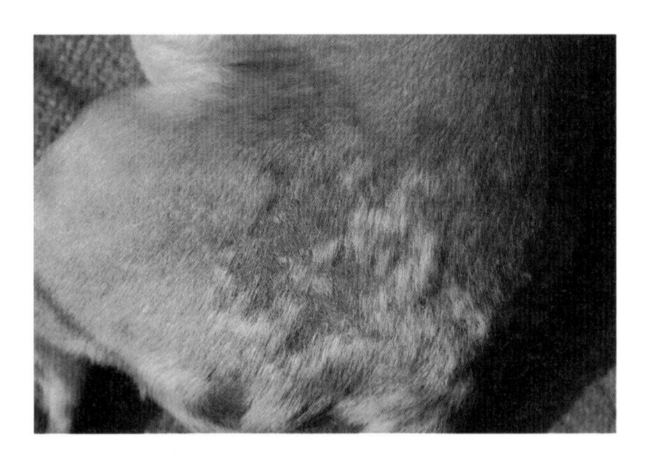

후천적인 탈모의 경우, 탈모의 원인에 따라 가려움증, 색소 침착 등의 다른 증상 및 병변을 동반하는 경우가 많다.

그림 1 탈모와 기타 병변

TIP

포메라니안, 스피츠 등 이중모로 구성된 품종은 다른 종에 비하여 평상시에도 털이 많이 빠진다. 이를 병적인 탈모와 혼동하지 않아야 한다. 특히 해당 종에 속한 개체들은 미용이나 수술 전 클리핑 시, 털을 너무 짧게 깎으면 털이 잘 자라지 않는 Post-clipping alopecia가 나타나는 경우가 있으므로 유의해야 한다.

II. 농피증(Pyoderma)

개의 정상 피부나 털에는 많은 세균이 상재하고 있으며, 이 중 대표적으로 황색포도상구균을 들 수 있다. 건강한 면역의 개체 피부에서는 정상적인 장벽을 유지하면서, 이 세균들에 의해 문제가 생기지 않는다. 그러나 노령, 마취, 호르몬 질환, 아토피 등에 의해 면역력이 떨어지거나 피부장벽이 약해지면 자체적으로 방어할 힘이 떨어지면서, 세균이 증식하게 된다. 이어 해당 피부가 붉게 변하고 노란 삼출물 등의 증상이 동반될 수 있다. 초기 증상은 모공에만 나타나지만, 점점 진행됨에 따라 원형모양으로 퍼지고, 중심부는 색소가 침착되는데 소의 눈 모양과 비슷하다 하여 "bull's eye"라고도 부른다. 농피증이 진행되면 가려움증이 유발되어, 발톱, 이빨에 의해 2차 상처가 생기기도 한다. 겨드랑이, 사타구니, 발바닥, 발가락 사이가 호발 부위다.

III. 지루(Seborrhea)

코커 스패니얼, 시츄에서 흔하게 나타나는 피지의 분비과잉의 증상으로, 몸 전반적으로 기름지고, 각질이 동반되는 경우가 많다. 특유의 냄새가 동반되거나 만성화된 경우 피부가 까맣게 변하는 경우도 있다. 알러지, 호르몬 불균형, 감염, 영양결핍 등이 원인이다.

IV. 가려움증(Pruritus)

가려움증은 피부의 불쾌한 감각으로 정의되며, 주로 동물은 피부를 발톱으로 긁거나, 이빨로 물어뜯거나, 혀로 핥는 행위로 표현한다. 가려움증의 기전은 명확하지 않으나, 진피, 표피 연접부, 표피의 심층에 존재하는 수용체에 의해 매개되어 신경을 통해 척수로, 그리고 뇌의 피질로 전달하는 것으로 생각하고 있다.

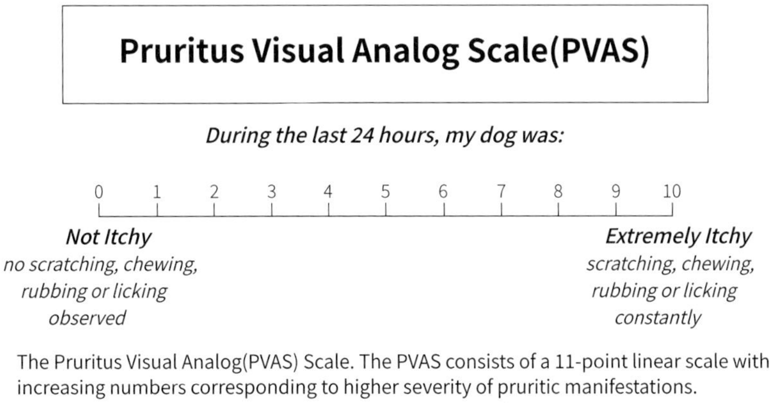

Pruritus Visual Analog Scale(PVAS)

During the last 24 hours, my dog was:

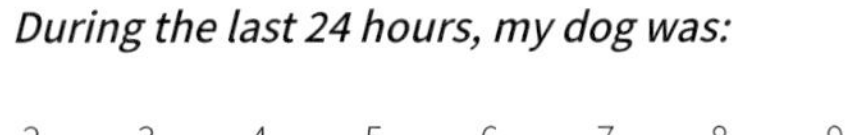

Not Itchy
no scratching, chewing, rubbing or licking observed

Extremely Itchy
scratching, chewing, rubbing or licking constantly

The Pruritus Visual Analog(PVAS) Scale. The PVAS consists of a 11-point linear scale with increasing numbers corresponding to higher severity of pruritic manifestations.

그림 2 가려움증 평가 척도의 예시

(출처: The Pruritus Visual Analog (PVAS) Scale. The PVAS consists of a... | Download Scientific Diagram (researchgate.net))

가려움증은 주관적인 지표이지만, 객관화하여 기록하고 평가하기 위하여 PVAS(Pruritus Visual Analog Scale)와 같은 척도가 마련되어 있다(그림 2). 가려움증이 피부의 병증 상태와 정비례하여 가감되지는 않는다. 같은 피부의 병증이더라도, 개체의 민감도 차이나 환경 등에 의해 가려움증의 정도가 변할 수 있다. 가려움증은 개체의 삶의 질을 떨어뜨리는 주 증상 중 하나이며, 실제로 잠을 잘 못 들 정도의 증상을 호소하는 경우도 있다. 또한, 이런 가려움증으로 인한 2차 상처에 감염 등이 동반되어 피부 병증을 더 악화시킬 수 있기 때문에, 적극적인 관리가 필요하다. 가려움증이라는 것은 진단명이 아닌 증상이고, 가려움증의 원인을 찾아 해결하는 것이 매우 중요하다.

제2장 피부질환의 진단검사 방법

Ⅰ. 피부 생검(Biopsy)

피부 생검은 피부 병변을 확진하기 위해 실시한다. 피부질환 초기 내원 시에 진단을 위해 바로 실시하는 경우도 있고, 오랫동안 치료해도 치료 반응이 미미하거나 피부 종양 등을 감별하기 위해 치료 도중에 진행되기도 한다. 조직 채취 시술 시, 통증이 발생할 수 있기 때문에 병변의 위치나 환자의 불안감에 따라 국소마취 혹은 전신 마취 후에 진행한다. 피부 생검에 필요한 도구는 모두 멸균상태여야 한다. 그러나 일반적으로 검사할 피부 검체는 별도로 소독 처치를 진행하지 않는다. 이는 소독, 세척 등의 과정에서 진단에 필요한 특징이 사라질 수 있기 때문이다. 국소마취 과정에서 불편한 감각이 느껴질 수 있기 때문에 확실한 보정이 필요하다. 마취가 잘 이루어진다면 피부 생검 시에는 거의 통증이 발생하지 않는다.

수의 임상에서 표준적으로 사용하는 바이옵시 펀치는 앞이 동그란 칼날로 구성되어 있다. 일반적으로 직경 6mm나 8mm를 준비하도록 한다(그림 3). 피부 생검 시에 출혈이 발생할 수 있기 때문에 멸균 거즈와 같은 지혈도구를 준비하도록 한다. 또한, 조직 샘플을 채취 후 봉합 과정이 필요하므로 봉합사(예: nylon 4-0)와 니들홀더 등의 도구를 멸균 상태로 준비한다. 조직 샘플링이 완료되면 시술 보조자는 피부 샘플을 받아 묻어있는 혈액을 거즈로 조심히 제거한 후, 포르말린 고정액에 고정하도록 한다. 적절한 조직의 고정을 위해서는 포르말린의 양은 검체 부피의 10배 이상이어야 한다. 포르말린이 조직 내부로 스며들어가 고정되는 원리이므로, 조직이 너무 큰 경우 안쪽까지 충분히 고정되지 않는다(최대 약 1cm 정도의 조직을 고정). 진단을 위한 피부 생검의 대상은 "병변"이기 때문에 정상 조직에 비해 혈관 분포도가 높아져 있고, 조직 자체도 약해져 있을 수 있다. 이에 출혈량이 많고, 지혈 또한 오래 걸릴 수 있으며, 봉합이 수월하지 않을 수 있기 때문에 검사 후 상처 부위의 관리가 중요하다.

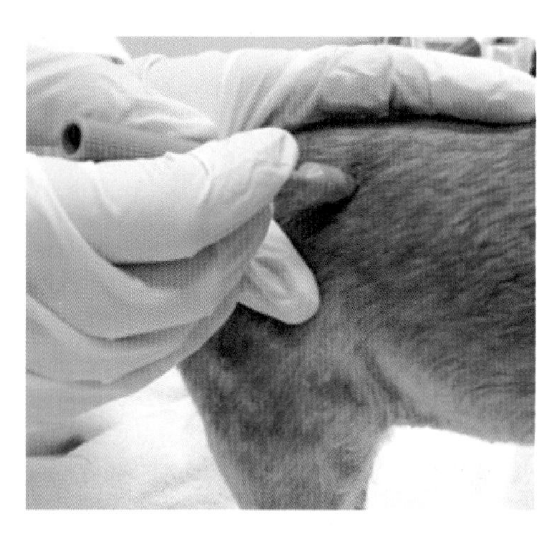

그림 3 피부 생검 시 사용하는 바이옵시 펀치

TIP

피부 생검을 위해서는 국소마취제(예: 리도카인), 바이옵시 펀치(6mm, 8mm), 포르말린 고정액, 봉합사, 포셉, 수술용 가위, 블레이드 등의 도구 등이 필요하다. 이때 필요한 도구는 모두 멸균상태로 준비한다. 유의해야 할 점은 수술과 달리, 샘플을 채취하는 피부는 별도의 세척, 멸균 과정을 진행하지 않도록 한다(진단에 오류가 발생할 수 있다).

II. 피부모근검사(Trichogram)

피부모근검사는 털의 모근 부분을 현미경으로 관찰하는 검사법이다. 겸자를 이용하여 부드럽게 털을 뽑고, 모근을 중심으로 하여 슬라이드 글라스 위에 올려놓는다. 그 위에 미네랄 오일을 한 방울 떨어뜨린 후, 커버글라스로 덮고 현미경으로 ×40배율에서 관찰한다(그림 4). 모근의 상태나 털의 상태 및 색소 분포, 모근 주변의 감염체 등을 관찰할 수 있다. 본 검사는 통증이 거의 수반되지 않으며 출혈 등의 기타 부작용이 적은 편이고, 저렴한 비용으로 간단하게 검사가 가능한 장점이 있다.

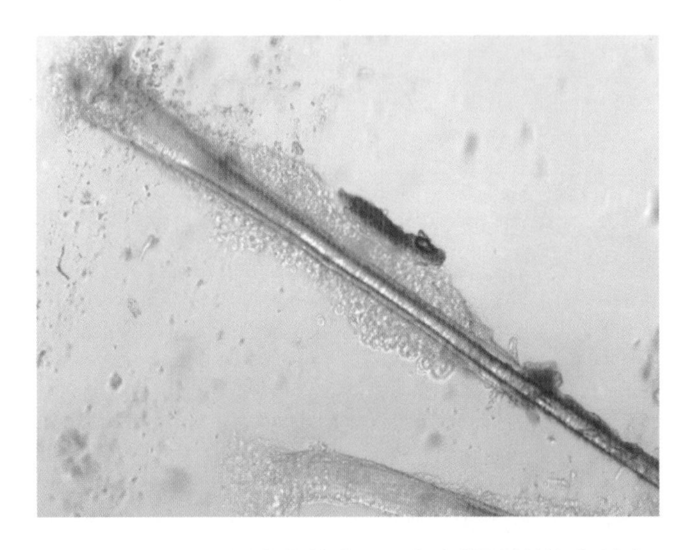

그림 4 **피부모근검사를 통하여 모근의 상태를 관찰할 수 있다.**

TIP

피부모근검사를 위한 준비물: 겸자, 미네랄오일, 슬라이드글라스, 커버글라스, 현미경 등

III. 피부 스크래핑(Skin scraping)

피부 스크래핑 검사는 블레이드로 피부를 긁어냄으로써, 피부에 서식하고 있는 진드기, 벼룩 등을 확인할 수 있는 검사법이다. 검사에 사용되는 블레이드는 멸균상태여야 하며, 검사 시 피부는 별도의 소독, 세척과정을 거치지 않는다(진단에 방해가 될 수 있다). 서식하고 있는 원인체에 따라 표층 스크래핑, 깊은 층 스크래핑으로 검사법이 나뉜다. Sarcoptes 등은 피부 표면에 살고 있기 때문에, 이들을 찾기 위한 검사로는 표층 스크래핑이 행해지며, 넓은 부위(약 5cm × 5cm)로 실시하고 각질 등 부산물도 샘플로 이용한다. Demodex canis 등은 모낭 깊은 곳에 살고 있어서, 깊은 층까지 스크래핑을 실시하고, 피부를 긁어낸 이후 피부 압출(squeezing) 과정을 통하여 모낭의 원인체가 배출될 수 있도록 한다. 이러한 스크래핑 검사를 통하여, 진단뿐 아니라 치료 경과도 확인할 수 있다(예를 들어 모낭충 치료 시, 스크래핑 재검사를 통해 관찰되는 모낭충의 개수를 세어 이전 결과와 비교한다. 치료에 적절히 반응한다면, 현미경에서 관찰되는 모낭충의 수가 줄어들 것이다).

IV. 피부 세포학 검사(Cytology)

피부 병변부의 세포형태나 구성, 감염체 등을 현미경으로 관찰함으로써, 피부의 상태나 원인 등을 감별하는 데 이용하는 검사법이다. 주로 농포, 결절, 낭, 종양 등에 대해 검사를 수행한다. 현미경으로 병변부의 샘플을 관찰하게 되면, 염증성 질환, 감염체(세균, 곰팡이 등), 종양의 악성 변화, 자가면역성 피부질환에서 탈락하는 세포 등을 확인할 수 있다. 샘플의 채취 방법은 병변의 특징에 따라 다르다. 병변부를 셀로판테이프로 압착시킨 후, 테이프에 간단한 염색 과정을 거치고, 슬라이드 글라스에 올려서 현미경으로 관찰을 하는 테이핑법(taping)부터, 결절이나 종양에 주사바늘(needle)을 찔러내어 세포를 채취하는 미세침흡인검사(FNA; Fine needle aspiration), 면봉을 이용하여 병변에서 샘플링 후, 면봉에 묻어있는 병변검체를 슬라이드글라스에 도말하여 검사하는 롤 도말법(면봉법), 병변부를 바로 슬라이드글라스를 압착하여 샘플링하는 압착도말법(impression smear) 등이 있다. 염색법은 대부분의 병원에서 간단하게 실시할 수 있는 Diff-Quick 염색법을 선호하지만, 때에 따라 다른 특수 염색법이 적용되기도 한다.

V. 우드램프 검사(Wood lamp exmaination)

우드램프 검사는 피부사상균증(Microsporum canis 등)을 확인하는 진단 방법이다. 자외선을 사용하는 검사법으로, 해당 감염원에 감염된 병변부에 우드램프를 비추었을 때 애플그린(apple-green)의 형광빛이 나타나게 된다(그림 5). 단, 사상균이 감염되었다 하더라도 애플그린 형광빛이 나타나지 않는 경우도 대다수이기에, 우드램프 검사에서 음성이다 하더라도, 피부사상균증을 배제할 수는 없다.

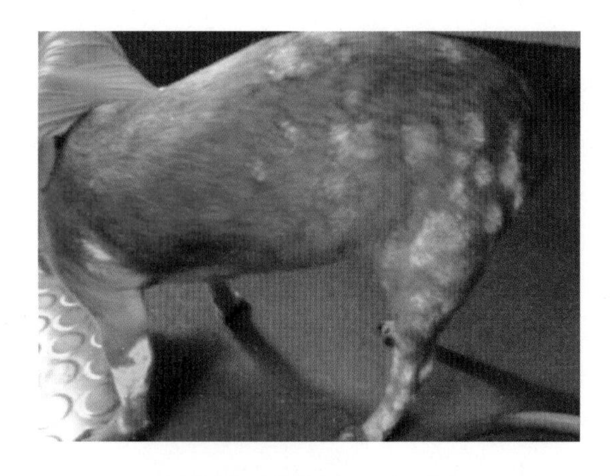

애플그린 형광빛을 확인할 수 있다.

그림 5 피부사상균 감염 환자의 우드램프 결과

TIP

우드램프가 사용하는 자외선은 온도에 영향을 받기 때문에, 검사에 사용되기 5-10분 전에 미리 켜두어야 한다.

Ⅵ. 피부사상균검사 배지(Dermatophyte test medium; DTM)

피부사상균검사 배지(임상에서는 "DTM배지" 용어를 더 많이 사용한다.)에는 pH에 반응하는 phenol red를 비롯하여 피부사상균을 제외한 다른 곰팡이와 세균의 증식을 억제하는 성분 등이 함유되어 있다. 이 배지에 피부사상균이 감염된 털을 뽑아 심게 되면, 피부사상균의 성장이 촉진되고, 다른 세균이나 곰팡이는 성장이 억제된다. 피부사상균이 자라면서 집락을 형성하고, 심은 후 3~14일 정도 이내 배지 색이 노란색에서 붉게 변하여, 쉽게 피부사상균 감염을 확인할 수 있다(그림 6). 이 검사의 장점은 쉽고 간단하며, 비용이 적게 든다. 단점으로는 피부사상균이 아닌 경우에도 배지 색이 바뀔 수 있다.

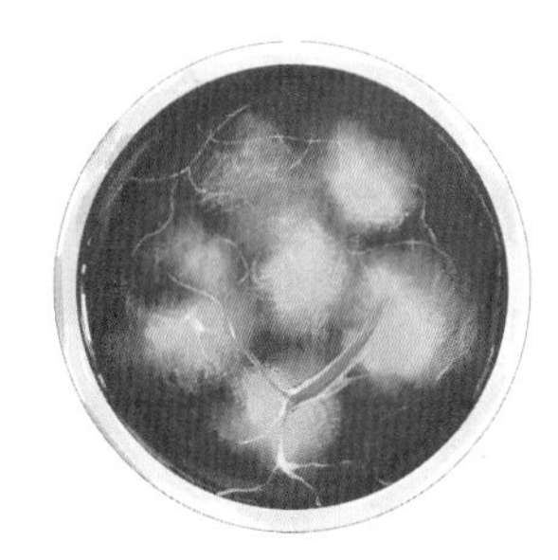

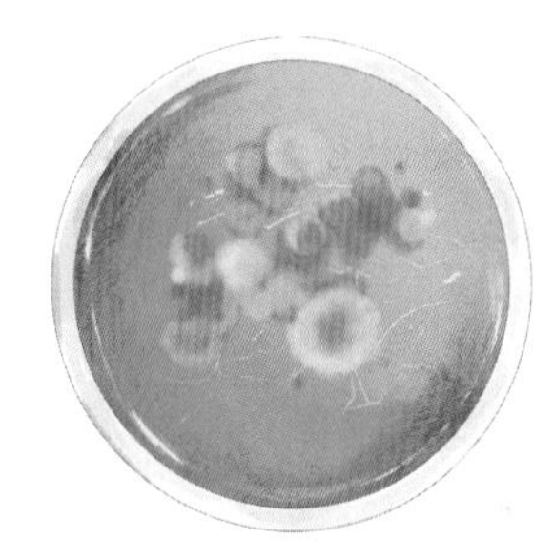

DTM배지에 피부사상균이 감염된 털을 심게 되면 배지 색이 변하여 쉽게 감염 여부를 확인할 수 있다.

그림 6 DTM 검사

Ⅶ. 세균배양, 항생제 감수성 검사

개와 고양이의 감염성 피부질환 중 피부 상재균에 의해 일어나는 경우가 흔하게 관찰되므로, 모든 피부질환에서 세균배양을 실시하지 않는다. 오랫동안 치료해도 반응이 없는 경우, 농포가 형성되어 치료반응이 미미한 경우, 해당 병변부를 채취하여 세균배양을 실시할 수 있으며, 그 결과로 감염원의 종류를 확인할 수 있다. 이때 확인된 세균을 이용하여 항생제 감수성 검사를 진행할 수 있다. 이 검사는 몇 가지의 항생제와 해당 세균을 직접 반응시켜보는 검사로, 임상에서는 감수성이 있는 항생제를 찾는 데 의의를 둔다. 검체를 샘플링하는 과정은 면봉 등 멸균 과정을 거친 도구를 이용하여 삼출물이나 피부를 스왑하는 것이라 간단하지만, 검체를 얻고 다루는 과정에서 다른 세균이 오염되지 않도록 각별히 유의해야 한다.

제3장

감염성 피부질환 및 아토피(Atopy)

I. 세균감염

피부는 정상적으로도 세균이 상재하고 있으며, 이들은 주로 표피 각질층이나 모낭 안에 존재하고 있다. 동물에서 피부의 병적인 세균감염은 원발성은 흔하지 않으며, 주로 내과적 내재질환이나 피부면역저하에 의한 속발성이 대부분이다. 세균성 피부질환은 피부 바깥층부터 표피, 표재성, 심재성 감염으로 나뉠 수 있다.

(1) 표피 세균감염

표피(Surface, 표면성) 세균감염은 피부의 가장 바깥층의 감염을 의미한다. 표피층의 세균감염은 다른 원발 원인에 의하여 가려움증이 유발되어, 자가 창상(발톱, 이빨 등)으로 인한 이유가 가장 흔하다. 이러한 감염에 의해 피부 염증이 유발된 경우를 창상성 피부염이라고 부른다. 가려움증 유발의 원인은 상재균이 아닌 다른 원인체의 감염(과민성 반응), 더운 날씨, 행동 장애 등이 있다. 이런 피부질환 발생 경우 털을 밀고 세척 후, 건조시켜 주어야 한다. 국소적으로 피부에 자극이 덜한 소독제를 이용하여 관리하고, 필요시에 항생제 및 가려움증을 감소시키는 약을 사용한다. 가려움증의 원인을 찾아서 치료해야 해당 질환이 해결될 수 있다.

다른 형태의 표피 세균감염은 샤페이, 단두종(페키니즈 등), 코커 스패니얼, 페르시안 고양이 등 피부 주름이 많은 종에서, 피부가 접히는 부위가 지속적으로 습윤하고 피부가 접촉하면서 유발되는 피부 주름 피부염이다. 이런 경우, 체중감량이 도움이 될 수 있으며, 소독제를 이용하여 관리한다. 필요하다면 해당 주름을 외과적으로 교정하는 방법도 고려한다.

(2) 표재성 세균감염

농가진(Impetigo)이란 동물의 비교적 털이 적은 부위(겨드랑이, 서혜부 등) 등에서 나타나는 세균 감염이다. 대부분 한 살 이하의 어린 동물에서 발생하고, Pastuerella multocida, Staphylococcus intermedius 등에 의해 유발된다. 다른 원인체의 감염에 따른 속발 감염, 어린 연령에서의 피부 면역 저하, 영양결핍 등이 원인이 되어 나타난다. 대부분 유발 요인을 제거하고, 국소제제(클로르헥시딘 등)를 적용하면 해결된다.

표재성 세균성 모낭염도 표재성 세균감염의 대표적 질환이다. 주로 병변부에 둥근 모양으로 털이 빠지거나 각질, 농포 등을 동반하기도 한다. 농가진과 마찬가지로 다른 기저 원인이 있을 가능성이 높다. 표재성 세균성 모낭염의 경우 항생제를 사용해야 치료되는 경우가 많으며, 샴푸, 국소 외용제 등을 같이 적용하여 관리한다.

(3) 심재성 세균감염

심재성 세균감염의 대표적인 원인으로는 모낭충증, 피부사상균증 등과 같은 다른 원인체로 인한 피부 염증 상태, 내분비 질환, 면역 억제 약물의 사용(스테로이드제제, 항암제 등), 외상, 종양 등을 들 수 있다.

심재성 세균성 모낭염은 Proteus spp. Pseudomonas spp. 등에 의해 발생하고, 모낭이 파열됨에 따라 유출되는 케라틴 성분 등에 대한 이물 반응이 유발된다. 초기에는 주로 구진, 농포로 나타나지만 이후에 궤양, 색소 침착, 탈모 등으로 이어질 수 있다. 항생제 감수성 검사를 실시하고, 이에 적합한 항생제를 3주 이상 사용하며, 국소 소독제(클로르헥시딘, 2~5% 알루미늄 아세테이트) 등을 적용한다. 원발 원인이 따로 있다면 그 원인을 먼저 해결해야 한다.

봉와직염(Cellulitis)은 외부에서 보았을 때, 경계가 명확히 보이지 않으며 피부 밑 넓은 직경으로 부종이 관찰된다. 봉와직염에 관련된 세균들은 Pastuerella multocida, Staphylococcus intermedius 등이다. 이때 피부 밑 공간에 산소가 저하되며 혐기성 세균이 관여하기도 한다. 항생제 감수성 검사에 기초하여 치료하며, 필요시 배농을 시키기도 한다.

TIP

세균감염을 국소관리하는 경우 샴푸, 소독제, 린스, 스프레이, 연고 등을 고려할 수 있다. 동물의 피부는 사람의 피부 pH와 다르기 때문에, 사람 제품의 의약품을 사용하는 경우 건조해지거나 가려움증이 악화될 수도 있다.
샴푸제제는 클로르헥시딘, 과산화벤조일(Benzoyl peroxide), 포비돈 등이 포함된 제제를 사용한다. 클로르헥시딘은 0.5~2% 정도의 농도를 적용한다.

II. 진균 감염

진균 감염이란 피부, 털, 발톱 등에서 발생하는 곰팡이 감염을 뜻한다. 주로 마이크로스포럼(Microsporum)과 백선균(Trichophyton), 칸디다(Candida), 말라세치아(Malassezia) 감염증 등을 들 수 있다.

(1) 피부사상균증(Dermatophytosis)

피부사상균증은 인수공통감염병으로 면역력이 저하된 동물과 사람 모두에게 발생할 수 있다. 피부사상균증의 원인체는 여러 가지가 있으며 이 중 개와 고양이에서 흔하게 관찰되는 것은 Microsporum canis이다. M. canis는 상재하는 진균이 아니므로 병변부에서 확인된다면 감염을 지시하며, 해당 원인체는 전염성이 매우 높다. 직접적으로 동물에서 동물로, 오염된 환경으로부터의 접촉 등으로 전파될 수 있다. 피부사상균에서 쉽게 관찰되는 임상증상은 "링웜(Ring Worm)"으로 부르는 둥근 모양의 탈모, 각질, 발적이다(그림 7). 이와 같은 증상이 국소적으로도 전신적으로도 나타날 수 있다. 탈모뿐 아니라 근처의 털이 대부분 부러지거나 짧아져있고 가려움증에 의해 2차 손상이 동반되는 경우도 있다. 이러한 임상증상이 한 곳에 국한되어 있는지, 전신적으로 퍼져있는지에 따라 국소적, 전신적 피부사상균증으로 분류할 수 있다. 피부사상균증에 노출되었다 하더라도, 임상증상이 나타나지 않는 경우도 있다. 곰팡이 배양에서 양성이 확인되었으나 증상이 나타나지 않은 경우 "무증상 보균" 상태로 불리며, 다른 동물이나 사람에 감염시킬 수 있기 때문에 관리에 유의하여야 한다.

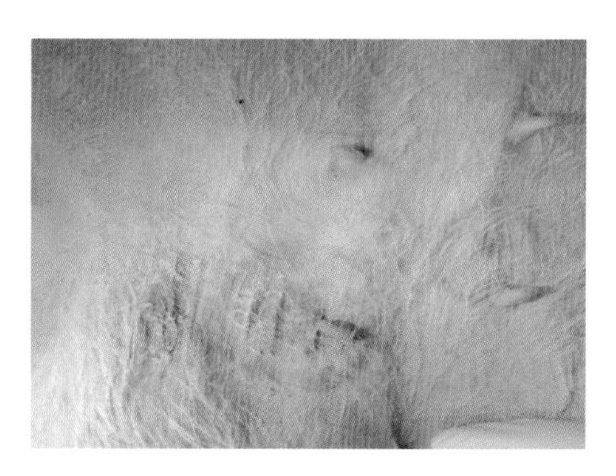

그림 7 피부사상균증에 이환된 개의 링웜 임상소견

피부사상균증의 진단은 증상의 병력, 임상증상, 병변 모양, 우드램프 검사, 곰팡이 배양, 현미경 검사, 조직병리검사 등으로 한다. 우드램프 검사법은 니켈이나 코발트에 걸러진 자외선 빛을 병변에 조사하여 애플그린 형광빛을 확인하는 것이다. 그러나 이 검사법은 M. canis의 감염된 병변의 50%만 애플그린 형광빛이 나타나기 때문에 단일 진단검사로 이용하기에는 어렵다. 자외선은 온도에 영향을 받기 때문에, 검사 10분 전쯤 램프를 켜놓아야 한다. 비듬 등에 의해 위양성의 결과가 나오는 점도 유의하여야 한다. 피부사상균검사 배지(DTM배지)를 이용하여 14일 이내 배지의 색 변화를 관찰하는 것도 간단하게 사용할 수 있는 진단법이다. 그러나 이 검사법도 다른 곰팡이들도 색을 변화시킬 수 있기 때문에 단독검사로는 진단에 어려움이 따른다. 곰팡이 포자를 직접 현미경으로 관찰하는 방법도 있다. 필요시 조직병리검사로 감염체 및 피부 감염상태를 확인할 수도 있다.

피부사상균에 감염된 개체 중 건강한 숙주의 경우 쉽게 치유되기도 하지만, 원인체 특성상 인수공통감염병인 점, 전파력이 좋은 질환인 점 등을 이유로 치료를 권고한다. 같은 이유로 국소감염일지라도, 국소제제보다는 전신적으로 관리하는 것을 추천한다. 그렇지 않은 경우, 치료가 잘 이루어지지 않아 만성화되고 다른 숙주에 감염시킬 가능성이 높다. 병변은 클리핑 등을 실시하여 깨끗한 환경을 유지하도록 한다. 항균 샴푸로 주기적으로 관리해주며, 전신 항진균제(이트라코나졸(itraconaole), 케토코나졸(ketoconazole) 등)를 적용한다. 치료가 시작되면 4주 정도 후에 곰팡이 재배양을 통해 모니터링하며, 일반적인 치료기간은 4~8주 이상이다.

TIP

피부사상균증은 병원 내에서도 감염에 유의하여야 한다. 해당 진료 이후에는 반드시 손을 세정해야 하며, 원내 소독이 이루어져야 한다. 표백제를 적절한 농도로 희석하여 진료실, 처치실, 대기실 등을 소독하며, 사용한 빗, 면도기 날, 타월 등은 폐기하는 것을 권고한다.

(2) 말라세치아 피부염(Malassezia dermatitis)

말라세치아 피부염은 개와 고양이에서 매우 흔하게 관찰된다. 말라세치아는 피부, 귀, 점막의 정상 미생물총이다. 그러나 높은 습도, 내분비 질병, 유전적 소인, 과민성 반응, 면역억제 등에 의해 과다 증식하며 피부질환을 유발하게 된다. 임상증상은 소양감, 겨드랑이, 서혜부, 배 쪽, 목 등의 태선화 및 색소 침착, 발적, 비듬, 악취, 삼출물 등이 나타날 수 있다. 주로 세포학 검사로 말라세치아가 과다 증식한 것을 확인함으로써 진단하지만, 단순히 말라세치아가 많다고 해서 진단이 될 수 있는 것은 아니기에 임상증상 및 병력 등을 고려하여야 한다. 말라세치아는 상재 미생물총 중 하나이기 때문에 피부사상균증과 달리, 국소적이거나 증상이 약한 경우에는 국소적으로만 관리한다(연고, 크림, 샴푸 등). 전신 감염 혹은 증상이 심한 경우 약욕(항진균샴푸(2% 미코나졸, 클로르헥시딘 등))을 2~3일 주기로 실시하거나, 항진균제를 복약하여 전신적인 치료를 한다. 피부 상태에 따라 말라세치아와 세균감염이 동반되는 경우가 있으므로, 같이 관리할 필요가 있다. 원발 원인이 있는 경우 만성적으로 재발하기 때문에, 해당 원인을 확인하여야 한다.

TIP

* 말라세치아 피부염에 적용할 수 있는 외용제 성분

  클로르헥시딘(1~4%)

  케토코나졸(1~2%)

  미코나졸

  과산화벤조일(Benzoyl peroxide)

III. 기생충 감염

(1) 모낭충증(Demodicosis)

모낭충증은 개에서 호발하는 질환으로, 모낭충은 정상적인 개체의 피부에서도 상재한다. 즉, 모낭충을 가지고 있다고 해서 증상이 나타나는 것은 아니며, 생후 4~9개월의 성장기나 전신 혹은 피부의 면역력이 저하된 경우 증상이 발병되는 경우가 많다. 주로 어린 성장기 개에서는 국소로 증상이 나타나는 경우가 많으며, 치료 없이 자발적으로 호전되는 경우가 많다.

모낭충의 여러 원인체 중 개에서는 Demodex canis가 가장 흔하게 발견된다. 모낭이나 피지선에 기생하는 모낭충의 숫자가 많아지면 해당 부위 탈모나 염증이 유발된다. 입, 아래턱, 눈 주위, 앞발 등에서 시작하는 경우가 많으며, 증상이 점점 심해지는 경우 허리, 등, 다리 등으로 전신으로 증상이 진행된다. 이때 2차적으로 농피증이 동반되면서 소양감, 구진 증상 등이 동반되고 림프절 종대가 같이 관찰될 수 있다. 주로 피부 스크래핑 검사(그림 8)를 통하여, 과증식된 모낭충을 확인하여 진단하거나 피부 생검을 통한 조직병리검사를 이용하여 확인한다. 이때 전신 면역력 저하 등이 원인이 된 경우, 추가적인 내과 검사를 통해 기저질환을 밝히고 치료해야 모낭충증을 개선할 수 있다. 모낭충증을 치료하기 위해서는 아미트라즈, 이버멕틴, 플루랄라너 등을 사용한다.

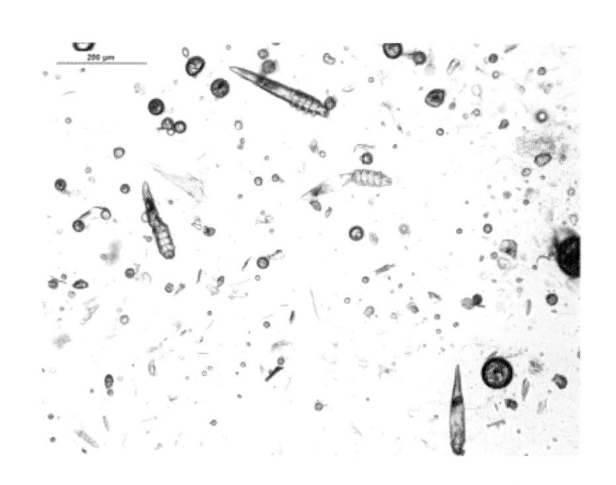

그림 8 피부 스크래핑을 통해 확인된 개의 모낭충 감염

(2) 벼룩 감염

동물의 피부에 벼룩이 감염되는 경우, 벼룩의 타액 성분 중 펩틴이 항원으로 작용하여, 과민 반응(알러지 반응)과 기계적인 자극으로 인한 피부염이 유발된다. 주 원인체는 Ctenocephalides felis, Echidnophagia gallinacea 등이다. 주로 귀 뒤나 몸통, 꼬리 등에서 탈모와 함께 발진이 일어나며, 심한 가려움증이 특징이다. 이러한 가려움증에 의해 수면 부족 등의 삶의 질이 떨어지며, 긁음으로 인한 2차 자가 찰과상 및 이에 따른 추가 감염이 문제를 일으킨다. 진단은 삭모 후 벼룩이 육안으로 보이기도 하며, 현미경으로 원인체를 확인할 수 있다. 치료를 위해서는 감염된 개체와 생활 환경에서 벼룩을 구제하는 환경 관리가 필수이다. 특히 카펫, 침구류 등에서도 쉽게 번식할 수 있고, 사람에서도 피부염을 유발하므로 넓은 범위의 구제가 필요하다.

(3) 개선충(옴진드기) 감염

Sarcoptes scabies 진드기에 의한 감염으로 개선충 감염이라고도 일컫는다. 감염된 개에서 매우 심한 가려움증이 유발되며, 귀 가장자리, 몸통 등에서 각질, 탈모, 발진 등의 증상이 나타난다. 접촉에 의해 전파되기 때문에 집단 사육환경에서 호발한다. 사람으로도 감염이 가능하며, 사람에서의 임상증상도 동물과 동일하게 가려움증, 발진 등이 나타난다. 피부 스크래핑 검사를 통하여 현미경으로 원인체를 확인한다. 아미트라즈, 이버멕틴 등을 이용하여 치료하며, 생활 환경에서 광범위한 구제가 필요하다.

TIP

감염성 피부병 치료 및 관리에 손쉽게 적용할 수 있는 대표적인 관리법이 약용샴푸 적용이다. 전신적 피부 감염이 의심되는 경우, 피부 전체적으로 물을 적신 후 약용샴푸를 골고루 도포해주어야 한다. 이때, 피부오염이 심한 경우 일반 샴푸를 이용하여 먼저 오염물질을 제거하고, 2차로 약용샴푸를 적용하기도 한다. 약용샴푸를 도포한 후, 10분 정도 경과하여야 약용샴푸의 성분이 효과를 나타낼 수 있다. 10분 정도 마사지를 지속적으로 해줄 수 있다면 더욱 좋다. 시간 경과 후 물로 충분히 헹구어 주어야 한다. 감염부위가 발이나 꼬리와 같이 부분적이라면, 해당 부분만 약용샴푸를 적용해주어도 좋다. 피부 상태에 따라 3일에서 7일에 1회 정도 약욕을 권고한다. 감염성 피부병의 경우 습한 환경이 미생물 번식에 도움이 되므로, 약용샴푸 적용 후 잘 건조해주도록 한다.

(4) 아토피(Atopy)

특정 물질에 노출되었을 때 과민반응을 보이는 것을 알러지 반응(allergy reaction)이라고 한다. 예를 들어 특정 꽃가루에 노출되었을 때, 주변 사람들은 괜찮은데 유독 한 사람만 재채기나 가려움증을 호소하는 경우, 이를 과민반응, 알러지 반응이라고 일컫는다. 이러한 개념은 동물에서도 동일하게 적용된다. 이러한 과민반응 중, 귀나 눈 주위를 포함한 얼굴, 앞발, 뒷발, 사타구니 등에 가려움증을 호소하고, 발적, 부종 등의 피부 증상이 도드라지게 나타나는 경우를 알러지에 의한 피부병, 아토피(Atopy)라 일컫는다.

아토피성 피부염을 가지고 있는 개체는 환경에 존재하는 항원을 흡입하였을 때, 몸에 유해하지 않은 물질임에도 불구하고 과다한 면역반응이 유발된다. 항원이 체내로 유입되었을 때 면역글로불린이 생성되고, 이 면역글로불린이 피부와 반응하여 염증을 유발하는 사이토카인이 대량 분비된다. 이러한 물질에 의해 가려움증이 유발되고 혈관 확장, 부종, 발진 등의 증상이 유발된다(그림 9). 개에서 알러지 반응의 주된 원인은 꽃가루, 진드기, 먼지 등이 알려져 있다. 전 세계적으로 아토피에 이환된 개에서 발을 핥거나 재발성 양측 외이염, 안면 및 전신 가려움증 등이 나타나며, 대부분의 지역에서 집먼지 진드기 중 Dermatophagoides farinae가 알러지를 유발하고 있다고 알려져 있다. 아토피는 생후 6개월에서 3살 사이에 처음 발병하는 경우가 75%로 높게 보고되어 있으며, 유전소인이 있다고 추정한다(셔틀랜드 쉽독, 골든 리트리버 등).

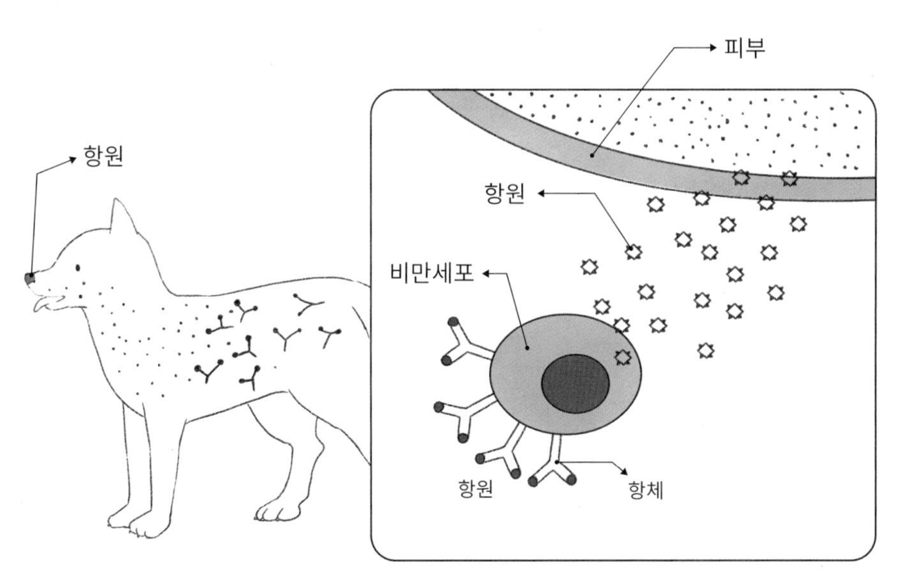

알러지 – 면역기능에 의해 체내에 들어온 이물질이 유해하다고 판단되면 항체를 만든다.
그리고 다시 같은 물질이 몸속에 들어오면 항체는 그 물질과 결합하여 알러지를 일으킨다.

그림 9 개에서 아토피성 피부염

아토피는 가려움증, 피부 발진의 임상증상만으로 진단할 수 없기 때문에, 진단 및 감별 과정에 어려움이 따른다. 가려움증의 다른 원인, 즉 세균감염, 진드기감염, 내과적 기저질환 등이 감별되어야 한다. 또한, 세균감염, 농피증 등은 아토피와 별도로 가려움증을 유발할 수도 있으나, 아토피와 같이 병발하고 있을 수도 있다. 아토피성 피부염을 앓고 있는 동물들은 피부 증상으로 병원에 내원하기도 하지만, 자주 재발하는 양측 외이염도 아토피의 일환으로 고려하여야 한다. 또한 재발성 모낭염, 농피증, 말라세치아 피부염 또한 아토피의 범주로 생각해야 한다.

진단은 피부의 조직병리검사나 혈청화학검사(IgE 검사), 피내자극시험(IDST: Intradermal skin test) 등을 이용한다. 그러나 이러한 검사들이 아토피를 확진하기에는 한계가 있으며, 보조적인 진단 도구로만 이용되고 있다. 아토피의 여러 진단 기준 중 일부를 표1에 표기하였다. 한 연구에서는 몇몇 기준에 따른 민감도와 특이도를 제시한다(Reference: Preaud P et al, Rev Med Vet 149 149; 1057-1064, 1998). 예를 들어 스테로이드에 개선되는 가려움증을 가진 경우 민감도 95%, 특이도 33%, 6개월령에서 3살 사이에 첫 증상이 발현된 경우 민감도 78%, 특이도 59%, 귀 주변 병변이 있는 경우 민감도 42%, 특이도 80%, 양측 외이염이 있는 경우 민감도 48%, 특이도 83% 등을 제시하였다. 이와 같이 아토피는 확진에 어려움이 많아서 여러 감별진단과 진단 기준을 이용하여 접근한다.

표 1 아토피의 진단기준

(Willemse의 진단기준에 따르면 최소 3개의 major와 3개의 minor를 충족 시 아토피성 피부염으로 본다.)

	Willemse(1986)의 진단기준
Major	- Pruritus - Typical morphology and distribution : Lichenification of the flexor surface of the tarsal joint and/or the extensor surface of the carpal joint : Facial and/or digital involvement - Chronic or chronically relapsing dermatitis - Individual or family history of atopy and/or the presence of a breed disposition
Minor	- Onset of symptoms before the age of 3 years - Facial erythema and cheilitis - Bilateral conjunctivitis - Superficial staphylococcal pyoderma - Hyperhidrosis - Immediate skin test reactivity to inhalants - Elevated allergen-specific IgG - Elevated allergen-specific IgE

(출처: Canine Atopic Dermatitis Diagnostic Criteria: Evaluation of Four Sets of Published Criteria among Veterinary Students, JVME 42(1) 8 2015 AAVMC doi: 10.3138/jvme.0414-038R1)

아토피의 진단 도구 중 하나인 피내자극시험은 알러지 반응을 유발할 수 있는 항원을 피내에 주사하여, 과민반응이 유발되는지 확인하는 검사법이다(그림 10). 필요에 따라 전신 마취, 진정 혹은 국소마취가 동반되어야 하는 검사이다.

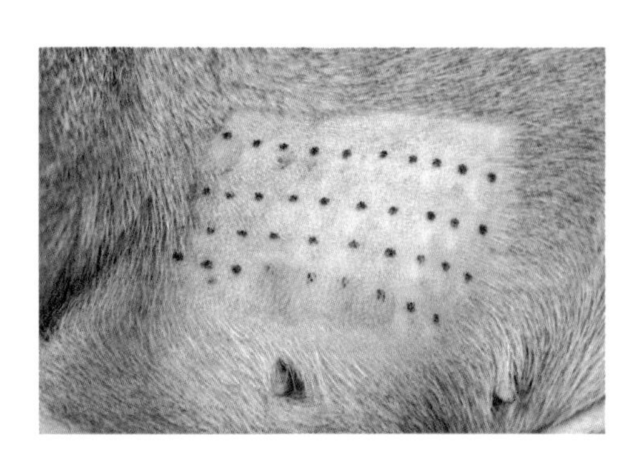

그림 10 개에서 피내자극시험(intradermal skin test)

혈청화학 IgE 검사는 혈액검사로, 상대적으로 검사과정이 간단하여 자주 이용된다. 다만, 양성반응의 결과가 아토피가 아닌 개체에서도 나타날 수 있으며, 음성반응이라 하더라도 아토피가 아니라고 할 수 없기 때문에 보조적인 수단으로 이용하는 한계점이 있다.

아토피의 완전한 치료는 매우 드물다. 아토피에 걸린 개체는 평생 피부나 귀의 질환을 가지고 있을 수 있고, 병원에서의 치료는 이를 관리해주고 도와주는 개념임을 보호자에게 숙지시켜야 한다. 증상이 심한 경우에 스테로이드를 이용하여 가려움증을 조절하기도 한다. 대부분 가려움증 호전 후 스테로이드를 단약하지만, 지속적인 증상 재발이 있을 수 있다. 아토피를 관리할 때, 항생제를 사용하는 경우도 있다. 이는 선택적 약물로 주로 아토피와 Staplhylococcus pseudointermedius가 연관(아토피가 있는 개체에서 S. pseudointermedius의 특정 항원에 의해 IgE가 반응)되어 증상이 악화되는 경우 사용된다. 이외에도 항히스타민제나 리놀산, 에이코사펜타에노산 등의 지방산을 이용할 수도 있다.

샴푸 등의 외용제를 적용해보기도 한다. 클로르헥시딘이나 셀레늄 성분을 주로 이용하는데, 너무 잦은 샴푸 적용은 오히려 피부를 건조하게 할 수 있으므로 주의해야 한다. 아토피의 경우 건조한 상태에서 악화되는 경우가 다발하므로 프로필렌글리콜, 글리세린 등의 보습제, 린스를 병용해 사용하는 것을 권고한다.

증상이 경미한 경우는 환경 관리만으로도 개선되기도 한다. IgE 검사나 피내자극시험 결과를 이용하여 면역요법을 수행할 수도 있다. 면역요법은 아토피의 증상 발현 빈도를 낮추고 다른 아토피 관련 투약성분을 줄이는 것이 목표이다. 면역요법은 개체에 따라 효과가 아예 없는 경우도 있고, 치료 반응이 늦게 나타나는 경우가 있기 때문에, 치료 전 보호자와 충분한 소통이 중요하다. 가려움증에 의한 긁는 행동이 행동학적인 문제와 연결된 경우도 있다. 가려움증이 먼저 나타나고, 긁는 증상이 속발적으로 강박행동이 되어 2차 상처를 유발하고, 지속적으로 낫지 않는 경우도 있다. 반면, 강박행동이 우선시되어 상처가 유발되고 이에 가려움증이 유발되는 경우도 있다. 후자의 경우 아토피가 있다고 보기에 어려움이 있을 수 있으나, 이 또한 감별의 어려움이 있다. 아토피와 강박행동이 연관되어 있다고 판단되면, 강박행동에 대한 행동학적 관리 및 약리학적 치료가 동반되어야 한다. 위에서 나열한 것처럼 아토피의 치료 방법은 다양하며, 완치의 개념보다는 관리의 개념이다. 이는 보호자가 치료 기간 내에 포기할 가능성이 높다는 것을 의미하기 때문에, 병원에 내원한 보호자에게 충분한 설명과 지속적인 소통이 유지되어야, 효과적으로 관리할 수 있다.

(5) 음식알러지(Food allergy)

음식알러지는 면역학적으로 관련된 가려움증으로 아토피와 본질이 같으며, 그 원인이 음식이 된 경우를 일컫는다. 이는 개와 고양이 모두에서 자주 발현되는 과민증상 중 하나이다. 즉, 아토피와 음식알러지를 완전히 감별하는 것은 어려우며, 동반되어있는 경우도 다양하게 보고되고 있다(13~80%). 음식알러지를 일으키는 주 성분은 단백질이며, 탄수화물이나 식품첨가제도 알러지의 원인으로 제시되고 있다. 음식알러지는 전 연령에서 발생할 수 있으나, 많은 경우에서 1살 이하에서 처음 증상을 보인다. 아토피에서도 언급된 것처럼, 음식알러지 또한 명확하게 진단할 수 없기에, 임상증상과 특징 등을 고려하여 접근한다. 대표적인 임상증상은 계절에 무관한 귀, 안면, 서혜부, 혹은 전신 가려움증이다(그림 11). 이러한 가려움증으로 인한 2차적 피부 변화, 탈모, 발진, 태선화 등이 동반될 수 있다. 음식알러지는 피부의 임상증상뿐 아니라 소화기 증상(구토, 설사, 분변의 형태와 빈도변화)이 나타날 수 있다.

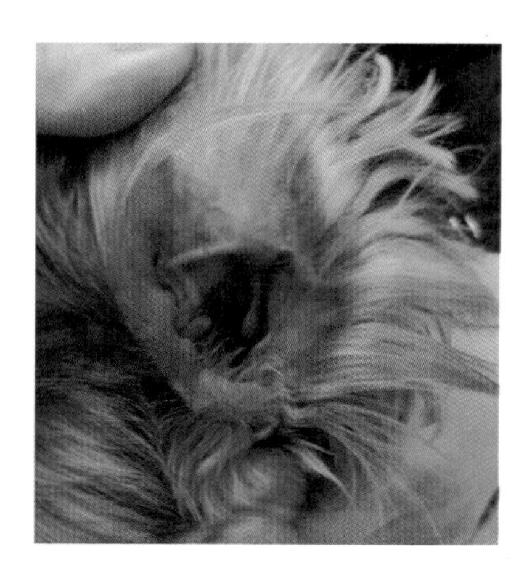

그림 11 음식알러지가 있는 요크셔테리어에서 나타나는 임상증상 – 재발성 양측 외이염

음식알러지의 진단은 혈청화학 IgE 검사 등을 보조적으로 실시할 수 있으며, 식이의 종류를 제한하는 식이제한검사도 유용하게 이용된다. 식이제한검사를 실시할 경우, 집에서 만드는 단일 단백질과 단일 탄수화물을 이용한 식단을 10~12주 정도 유지하면서 임상증상을 관찰한다. 집에서 음식을 만들기 어려운 경우 8,000~12,000 daltons보다 적은 분자로 이루어진 가수분해 사료를 사용한다. 가수분해 사료를 추천하는 경우, 보호자에게 진단 기간이 오래 걸리며, 이 시기에 다른 음식을 급여하지 않아야 함을 반드시 교육해야 한다. 이런 식이제한만으로 50% 이상 임상증상이 개선되었다면, 음식알러지 진단에 다가갈 수 있다. 개와 고양이에서 음식알러지를 유발하는 항원으로 잘 알려진 것은 소고기, 닭고기, 우유 등이 있다. 일반적으로 알러지를 유발하지 않는 음식이어도, 상태에 따라 분해된 아미노산이 과민반응을 유도하는 경우도 있다. 음식알러지도 아토피와 마찬가지로 완치의 개념으로 접근하기 어려우며, 관리해야 하는 질환임을 숙지하여야 한다.

TIP

식이제한검사 시 가수분해 사료만을 먹이기 시작한 시점부터 임상증상이 개선되는 시기는 며칠에서부터 몇 주까지 매우 다양하다. 특히 이 기간에 새로운 간식이나 약 등을 먹게 되면 식이제한검사가 무효화되므로, 식이제한검사를 시작할 때 다른 음식을 섭취하지 않도록 충분한 보호자 교육이 필요하다.

제4장 식이 관리

피부의 상태는 전신 질환 및 영양 상태에 따라 변화할 수 있다. 또한 음식에 대해 피부 과민반응이 일어난 경우는 별도의 치료 없이 식이 관리만으로도 개선될 수 있기 때문에 피부 상태에 따른 식이 관리는 매우 중요한 요소이다.

I. 영양결핍에 따른 피부질환

(1) 단백질 결핍

동물이 기아상태, 만성 식욕저하상태, 심각한 저단백질 식이를 지속한 경우, 단백질 요구량이 높은 피부와 털에 영향을 미친다. 특히 성장기나 수유, 임신 중인 동물의 경우 더욱 증상이 뚜렷하며, 고양이가 개의 사료를 먹는 경우 또한 단백질 함량이 부족하여 증상이 나타날 수 있다. 털은 메티오닌과 시스테인 아미노산을 다량 함유하며, 95% 이상이 단백질로 구성되어 있기 때문에 영향을 많이 받는 조직이다. 단백질이 결핍된 동물의 경우 피부가 건조해지며 털의 윤기가 사라지고 잘 부러진다. 또한 털의 색소를 구성하는 성분 또한 단백질이기 때문에 털의 색소도 부족해지고, 탈모가 발생하기도 한다. 단백질 결핍은 피부에도 직접적인 영향을 주어, 각질, 상처치유 지연, 궤양 증상이 발생한다. 기저질환이 없이 단순히 단백질 결핍에 의해 유도된 피부병변은 단백질 함량이 높은 식이로 변경 시 피부 상태가 개선될 수 있다. 건강한 성견에서 최소 18%, 건강한 성묘에서 최소 30% 이상의 단백질 공급을 권고하고 있다.

(2) 필수지방산(EFAs) 결핍

필수지방산이란 동물이 스스로 체내에서 합성할 수 없기 때문에 반드시 식이로 섭취해야 하는 구성요소이다. 필수지방산은 리놀레산, 아리키돈산, 오메가-6-지방산이 있다. 상대적으로 고양이의 경우 리놀렌산에서 아라키돈산 전환 효소 활성이 부족하여 두 가지를 모두 섭취하는 것이 권장된다. 각 필수지방산의 식이 유래는 표 2에 제시되어 있다. 주로 식물성 지방은 리놀렌산, 동물성 지방은 아라키돈산이 함유되어 있다.

표 2 필수지방산을 포함하고 있는 음식

필수지방산 포함 음식
야채, 홍화 씨앗기름, 해바라기 씨앗기름, 옥수수 씨앗기름, 달맞이꽃, 보리지씨앗, 서양까치밥나무, 생선기름, 마늘라유, 아마유

리놀레산은 피부 방어벽을 유지시키는 세라마이드의 구성요소이며, 아라키돈산은 표피 증식에 도움을 준다. 필수지방산 결핍에 의한 피부질환은 식이의 적절하지 못한 보관상태로 인한 영양소 파괴(음식이 산화될 때 필수지방산, 비타민D, 비타민E 등이 파괴된다. 주로 산화는 높은 온도에서 일어난다.), 기저질환 중 장흡수장애, 췌장외분비 장애, 간질환 등으로 나타날 수 있다. 초기 증상으로는 각질과 피모의 윤기가 사라질 수 있으며, 만성으로 진행 시 피부가 기름진 상태로 변하면서 정상 세균총의 변화를 야기한다. 조직검사 시에 표피 과형성증, 이상각화증 등이 관찰될 수 있다. 이와 같은 피부의 변화가 다른 기저질환이 없다고 하였을 때, 필수지방산이 제대로 공급되면 한 달에서 두 달 이내로 피부 상태가 개선된다. 개의 경우 건사료 기준 최소 5%의 지방, 1% 이상의 리놀렌산을, 고양이는 9%의 지방, 리놀렌산 0.5%, 아라키돈산 0.02% 이상 함유를 권고한다. 지방함량을 높여 식이 관리를 하기 어려운 기저질환을 갖고 있는 경우(예: 췌장염), 지방산을 함유하는 보조제나 외용제를 사용하기도 한다.

(3) 아연 결핍

아연은 DNA 및 RNA 중합효소와 각종 효소의 보조인자로, 피부가 정상적으로 상피화되는 과정의 필수 요소이다. 구체적으로 각질세포가 표층으로 올라오는 과정, 상처 치유과정 등에 관여하고 있다. 아연이 체내 함유하고 있는 양 중 20%가 피부에 있으며, 특히 코, 혀, 발바닥 패드 등에 집중되어 있다. 즉, 아연이 결핍된 경우 피부에 증상이 발현될 수 있다. 말라뮤트, 시베리안 허스키 등은 아연이 흡수, 대사되는 과정에 결함을 가지고 있는 유전 특성을 보인다. 이 경우 눈, 구강, 귀 끝에 비듬, 탈모, 가피 등의 증상을 관찰할 수 있다. 성장기에 미네랄을 적정 수준 공급받지 않은 경우에도 아연이 결핍되기도 하는데, 이때는 입 주변, 발바닥 등이 과각질화되는 증상을 나타낸다.

또한 아연은 필수지방산 대사와 연관되어 있어, 아연 결핍 시 필수지방산 결핍 증상도 같이 나타날 수 있다. 해당 병변을 조직병리 검사를 실시하면 모낭, 상피의 과각화증 특징을 보인다. 아연 함량을 늘린 식이를 하거나 별도로 아연 성분을 급여 시, 한 달에서 두 달 이내 피부 상태가 개선될 수 있다.

아연 급여 시에는 아미노산과 결합된 형태가 흡수율이 높아진다고 알려져 있다(예: 메티오닌 아연(zinc methionine) 형태의 급여). 비타민A의 적정량 섭취(10,000IU SI)도 도움이 되며, 외용제로는 과산화벤조일 성분이 함유된 각질용해샴푸 등을 사용할 수 있다. 유전적인 이유가 있다면, 평생 치료가 이루어져야 한다. 적정량의 아연 투여에 따른 부작용은 대부분 경미한 증상으로 위장장애(오심, 식욕부진, 구토) 등인데, 음식과 함께 급여 시 이러한 부작용을 줄일 수 있다. 혹은 부작용 발현 시, 아연의 용량을 줄여서 급여하거나 다른 형태의 아연이 포함된 제제를 대체하는 것도 추천된다. 기본적으로 아연은 위장관 내 흡수율이 떨어지기 때문에 아연 투여에 따라 피부 개선 효과가 떨어진다면, 오메가-3 혹은 오메가-6와 조합하여 아연을 급여하면 흡수의 효율이 높아질 수 있다고 알려져 있다. 이러한 처치에도 불구하고, 지속적으로 아연 흡수율이 떨어지는 경우 아연의 정맥주사를 통해 치료하기도 한다. 이때는 헐떡거림, 부정맥 그리고 혈관 밖으로 새었을 때 나타날 수 있는 조직괴사 등을 모니터링해야 한다.

(4) 비타민A 결핍

비타민A, 레티노이드는 각질상피 분화와 세포의 증식 기전의 요소이다. 비타민A 결핍 시, 피모가 거칠어지고 탈모 및 피부 상태 악화의 결과가 나타날 수 있다. 주로 아메리칸 코카 스파니엘, 래브라도 리트리버, 미니어처 슈나우저에서 유전 소인이 있다고 여겨진다. 충분히 비타민A가 포함된 식이를 하고 있음에도 증상이 악화되면 비타민A를 추가로 급여하며, 급여 후 한 달 정도 이후 피부 상태가 개선될 수 있다. 고농도의 비타민A 공급은 각화를 억제해 주는 역할을 할 수 있으며, 과산화벤조일 성분이 함유된 샴푸를 같이 이용할 수 있다.

(5) 비타민E 결핍

비타민E는 대표적인 항산화제로 활성산소로부터 세포를 보호하고 안정시키는 역할을 한다. 비타민E가 낮은 식이가 지속되면 황색지방증 등의 피부 증상이 발현된다. 조직병리학 검사 시 대식세포, 지방층염, 세로이드를 함유한 지방세포 등이 관찰될 수 있으며, 홍반, 비듬 및 피부가 기름지고 두꺼워지는 임상증상을 나타낸다. 이 경우 식이에 비타민E가 보충되면 두 달 정도 이후 피부 상태가 개선될 수 있다.

(6) 비타민B복합체 결핍

비타민B복합체는 체내 대사 경로에 관여하며 대표적인 수용성 비타민이다. 만성장염, 다뇨를 유발하는 질환을 앓고 있는 동물의 경우 쉽게 비타민B복합체가 결핍될 수 있으며, 탈모, 각질 등이 주 증상이다. 비오틴이 결핍된 경우, 전신적으로 가피가 형성되거나 눈을 비롯한 안면부의 탈모가 일어난 증례가 보고되었다. 이때, 직접적인 비오틴 섭취 부족보다는 아비딘을 함유하는 계란 흰자가 많이 들어간 음식을 섭취하였을 때, 아비딘이 비오틴과 결합하여 흡수량이 부족해진 경우가 많다. 리보플라빈이 결핍된 경우 눈 주변과 복부 피부가 건조해지거나 비듬이 생기는 것으로 알려져 있다. (식이에 적당량의 고기, 유제품이 있으면 직접적인 섭취부족으로 결핍되는 경우는 드물다.) 니아신이 결핍된 경우 복부, 뒷다리 쪽 가려움증을 동반하는 피부염이 특징적이다(펠라그라병). 피부병변뿐 아니라 소화기계 궤양, 설사 등을 유발하기도 한다. 주로 단백질 함량이 낮은 식이, 혹은 옥수수 함량이 높은 식이(옥수수에는 상대적으로 트립토판 함량이 적다. 이때 트립토판은 니아신 합성에 필요한 성분이다.)를 하였을 때 발생할 수 있다. 마지막으로 피리독신의 결핍은 실험적으로 피부질환을 유발한 경우가 보고되었다. 고양이의 경우 피부가 지성으로 변하면서 피모상태가 악화되고 전신 비듬, 안면 및 사지에서 탈모 등이 관찰되었다.

II. 음식알러지에서의 관리

수의학에서 음식알러지 연구가 현재까지도 활발히 진행 중이며, 아직까지 구체적인 기전이나 원인이 밝혀지지 않은 것이 많다. 그러나 임상증상 등으로 추정한 음식 관련한 피부질환은 벼룩에 대한 과민반응, 아토피 다음으로 흔하게 관찰된다. 개에서 알러지를 많이 유발하는 음식은 주로 고기류(닭고기, 양고기, 소고기), 유제품, 계란, 밀, 콩 등이 알려져 있다. 고양이도 유사하게 소고기, 양고기, 닭고기와 같은 고기류뿐 아니라 유제품, 생선 등이 원인으로 생각되고 있다. 음식알러지를 가진 개체의 경우, 많은 수에서 두 가지 이상의 단백질에 반응을 보이는 경우가 많다.

임상적으로 음식알러지를 진단하는 방법으로 식이제한검사가 유용하게 이용된다. 이 검사는 일정 기간(10~12주) 동안 이전에 먹던 원료가 배제된 특정 식이 관리나 사료를 먹이면서 피부 증상의 개선을 관찰한다. 일정 기간 이후에, 하나의 원료를 추가해 보면서 피부 증상을 모니터링하며 알러지 여부를 평가하는 것이다. 이 기간 동안 기존 식단뿐 아니라 간식이나 식품첨가제 등을 함유한 보조제 등도 중단하는 것이 좋다. 검사에 사용되는 식이는 적은 수의 새로 노출되는 특정 단백질이나 수화된 단백질을 이용한다. 집에서 만드는 식이로 관리가 어려울 경우, 상업적으로 만들어진 사료를 이용할 수 있다. 직접 집에서 만드는 것에 비하여 영양균형이 잘 잡혀있고 비용적으로 저렴하며, 보관 및 급여에 매우 용이하다. 그러나 조리 과정 중에서 원재료의 변형을 배제할 수 없고, 불가피하게 추가되는 첨가제 또한 고려하여야 한다. 이러한 사료들은 주로 가수분해하여 작은 펩티드를 이용한다. 즉, 단백질의 분자크기를 작게 하여 항원성을 낮추고, 알러지 반응의 가능성을 적게 하는 것이다. 일정 기간 이후 원료를 추가하며 테스트 할 때에도, 정확한 반응평가를 위하여 단일 종류의 단백질 혹은 탄수화물을 사용하는 것을 권고한다. 식이제한검사는 보호자의 깊은 이해와 많은 노력이 따라야 성공할 수 있다. 일단 이 검사가 시작되기 전에, 피부 임상증상의 다른 원인(세균감염, 아토피, 기생충 감염 등)을 배제하여야 한다. 집에서 만든 식이로 테스트를 진행한다면, 영양적으로 균형이 양호한지(특히 성장기나 임신, 수유개체에서 유의하여야 한다. 또한, 고양이에서는 반드시 체중 1kg당 125~250mg의 타우린이 포함되어있는지 확인해야 한다.), 보관방법이 올바른지, 그리고 시작하기 전에 식이제한검사 기간 동안 드는 비용 및 노력을 감당할 수 있는 지 등을 미리 파악해야 한다. 상업적인 사료를 이용하는 경우에도, 이 기간 동안에는 제한된 식이를 제외하고는 그 어떤 것도 급여하지 않아야 하며, 이런 부분에서 검사를 실패할 가능성이 높다. 간식, 기타 첨가제 포함된 보조제나 약뿐만 아니라, 동거견이나 동거묘가 있는 경우 식이 방법 등도 충분히 논의하고 시작해야 한다. 이러한 기간을 10~12주간 유지해야 하므로 보호자의 많은 노력이 요구된다.

식이제한검사로 진단이 이루어지고, 피부 증상이 개선된다면 매우 바람직한 결과이지만, 음식알러지가 있는 경우, 다른 환경적인 요인에도 과민반응을 보이는 아토피를 동반한 경우가 매우 많아서, 증상개선이 부분적이고 한정적일 수도 있다. 이럴 경우 원래 먹던 식이를 노출하고, 가려움증의 악화나 피부 상태가 악화된다면, 식이알러지를 진단할 수 있을 것이다. "어떤" 항원이 알러지를 유발하는지를 확인하려면 해당 성분이 급여된 후로 1~2주 정도 후 가려움증이 급격하게 증가한다. 식이제한검사 후, 알러지 유발테스트를 통해 알러지 유발원이 밝혀진다면, 해당 음식을 피함으로써 피부 상태를 개선하고 가려움증을 완화시키며 관리할 수 있다. 식이제한검사에 대한 내용은 그림 12로 정리되어 있다.

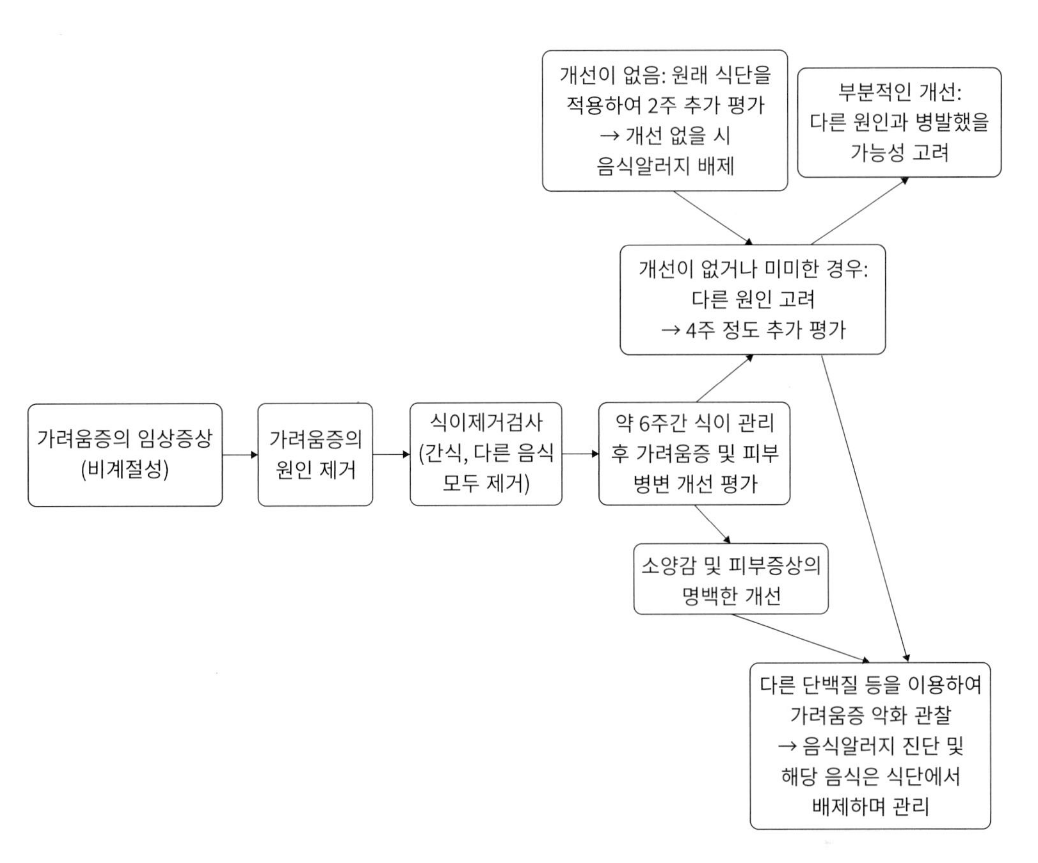

그림 12 식이제한검사를 통해 음식알러지를 진단하는 알고리즘

III. 피부질환에 이용되는 영양제

사람에서 피부질환 개선을 위해 다양한 합성레티노이드가 개발되었고, 이 형태(Isotretinoin, Eteretinate)들은 소동물 임상에서도 활용되고 있다. 합성레티노이드는 특발성 지루, 다양한 형태의 피부염, 피지선염, 상피성 T세포 림프종, 편평상피종 등의 치료에 효과가 있다고 알려져 있다. 그러나 비용의 문제로 합성 레티노이드 대신 비타민A가 보조제로 이용되기도 한다.

필수지방산은 피부 개선 영양제에 흔하게 사용되는 성분이다. 필수지방산은 아토피 피부염의 가려움증 및 피부 상태 개선, 불량한 피모의 상태 개선, 각화부전 등에서 효과가 있는 것으로 보고되었다. 해당 성분에 대해서는 수의학에서도 실험으로도 17~56%까지 개선율의 결과가 다양하지만 효과가 입증되고 있다. 필수지방산은 피부의 에이코사노이드 생성을 조절한다. 오메가-3

지방산, EPA(eicosapentanoic acid), DGLA(Dihomogammalinolenic acid, 디호모-감마리놀레산) 등은 아리키돈산과 경쟁하여 항염증효과가 생성되고, 아리키돈산으로부터 에이코사노이드가 생성되는 것을 감소시킬 수 있다. 또한, 사이토카인이 분비되는 과정을 저해하고, 세포신호전달을 차단함으로써 항염증반응을 증진시킨다. 또한, 오메가-6 지방산은 표피의 세포 사이에 있는 지방들과 결합하여, 피부의 수분 손실을 차단하기도 한다. 표피에 대한 효과뿐 아니라, 피모상태, 즉 피부에 윤기가 생기고, 각질이 줄어드는 등의 효과도 입증되었다. 그러나 대부분 수의학에서의 연구는 오메가–6 지방산에 대한 연구로, 오메가-3 지방산 등의 효과 입증은 한계가 있다.

아연이 부족한 경우에 있어, 아연보충으로 피부 상태가 개선되는 것뿐 아니라, 필수지방산(리놀레산)과 병용하여 급여하게 되면, 아연부족 피부 상태가 아니더라도 피모상태가 개선되어 있음이 확인되었다.

니코틴아미드를 히스티딘, 콜린 등과 병용하면 경피의 수분 손실이 감소하고, 비오틴이 공급되면 피모상태가 양호해짐도 밝혀짐에 따라, 피부 개선 영양제에 이용되고 있다.

CHAPTER 07

내분비계 질환

학습목표

다양한 내분비계통의 질환을 이해하고, 각 질환별 임상증상을 파악한다.

내분비 질환 환자의 간호 시, 질환별 특성을 파악하고 주의사항을 인지한다.

각 질환별 식이 급여 방법을 이해한다.

제1장

부신(Adrenal gland)

내분비계 질환은 각 질환별로 특이적인 증상을 가지는 경우도 있으나, 비특이적인 경우가 많아 보호자들이 초기에 내원하지 않는 경우가 많다. 대표적으로 물을 많이 마시고, 소변을 많이 보는 증상은 다양한 내분비 질환에서 공통적으로 나타나기 때문에, 병원 내에서도 진단하는 데 어려움이 따른다. 이러한 내분비 질환을 각각의 특성에 맞게 이해하고 적절한 간호 방법을 숙지하며, 식이 관리의 중요점 등에 대해 살펴보고자 한다.

I. 부신피질항진증(Hyperadrenocorticism)

(1) 병인론

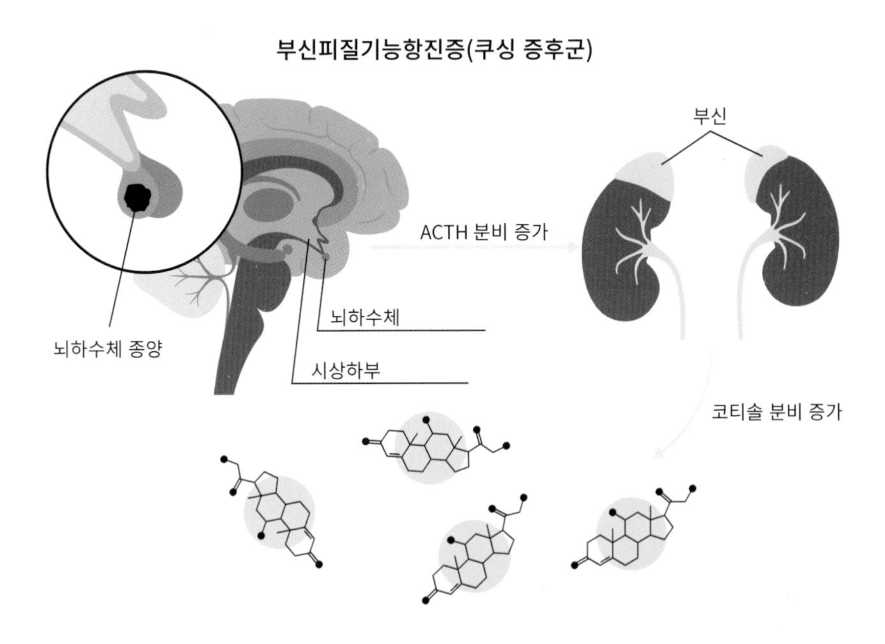

뇌하수체 종양에 의해 ACTH가 과다분비된다.

그림 1 뇌하수체 의존성 부신피질기능항진증의 병인론

부신피질항진증(Hyperadrenocorticism, 부신겉질항진증)은 수의 임상에서 흔하게 관찰되는 질병으로, 특히 개에서 많이 발병한다. 동의어로 쿠싱 증후군(Cushing's syndrome)으로도 알려져 있다. 이는 발생 원인에 따라, 뇌하수체의존성(Pituitary dependent hyperadrenocorticism; PDH), 부신피질의존성(adrenal dependent hyperadrenocorticism; ADH) 그리고 의인성(iatrogenic, 글루코코르티코이드의 과다 투여)으로 분류한다.

뇌하수체의존성 부신피질항진증(PDH)은 뇌하수체 종양에 의해 부신피질자극호르몬(Adrenocorticotropic hormone; ACTH)이 과다분비함으로써 발생한다. ACTH 분비가 지속됨에 따라 양측 모두 부신 피질이 증식되고, 부신 피질에서 분비하는 코티솔(Cortisol) 또한 과다분비가 된다. ACTH 농도가 지속적으로 높지만, 뇌하수체의 종양에 의해 음성되먹임(negative feedback) 기전도 적용되지 않는다. 약 부신피질항진증의 80~85%가 뇌하수체의존성 부신피질항진증으로 보고되었다. (코티솔(cortisol)은 체내 단백질과 지방의 이화작용, 혈압조절, 혈당 조절 등에 기여하는 호르몬이다.)

부신피질의존성 부신피질항진증(ADH)은 부신피질에서 발생하는 종양에 의해 발병한다. 이 종양은 암종일 수도, 샘종일 수도 있다. 부신피질암종의 경우 주변 조직으로 전이 및 침범이 가능하다. 부신의 종양은 결과적으로 뇌하수체의 조절을 받지 않고, 과도한 양의 코티솔을 분비하게 된다. 15~20% 정도가 부신피질의존성으로 발병한다.

의인성 부신피질항진증(iatrogenic hyperadrenocorticism)은 병원 내에서 피부질환 및 면역매개성 질환 등의 치료목적으로 사용한 글루코코르티코이드(glucocorticoid) 투약에 의해 발생한다. 글루코코르티코이드의 전신 투약뿐 아니라 안약, 귀 외용제, 피부 연고 등에 의해서도 발병할 수 있다. 의인성 부신피질항진증이 발병한 환자는 생리학적으로 정상 시상하부-뇌하수체-부신 기능 상태이다. 즉, 글루코코르티코이드가 과량 투여된 경우, 전신순환하는 ACTH가 음성되먹임기전에 의해 감소하게 되며, 장기간 지속 시 부신피질이 위축된다.

의인성 부신피질항진증을 제외한 자연발생적인 부신피질항진증은 주로 중년령 이상(주로 6세 이상, 평균 11세)에서 발병하며, 어린 연령에서는 흔하지 않다.

(2) 임상증상

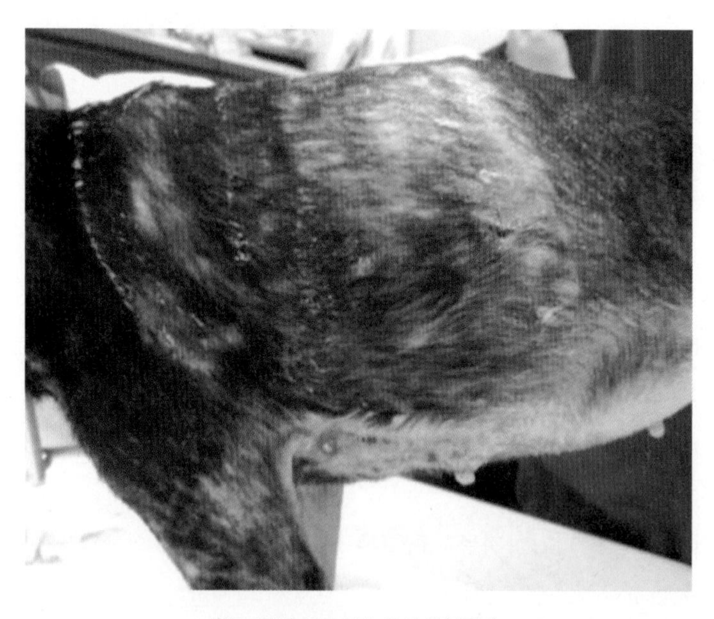

탈모, 각질, 칼슘침착 등이 관찰된다.

그림 2 부신피질항진증에 이환된 개에서 피부 병변

부신피질항진증의 원인과는 무관하게, 임상증상은 코티솔의 과다분비로 인한 증상으로 대부분 유사하다. 부신피질항진증을 가지고 있는 대다수의 개(90% 이상)는 다음, 다뇨, 다식, 과도한 헐떡임(panting) 증상을 나타낸다. 이와 함께 복부팽만, 근육 위축, 대칭성 탈모 증상 등을 나타내어, 이러한 외관 모습을 통틀어 Pot belly라고 지칭하기도 한다.

표 1 부신피질항진증(Cushing syndrome)의 임상증상 및 합병증 

임상증상 및 합병증
다음, 다뇨, 다식
피부가 얇아지고, 근육이 위축됨
좌우 대칭성 탈모
과도한 헐떡임(panting)
운동기능저하
피부질환 재발(소양감, 여드름, 모낭충증, 말라세지아증 등)
뇌하수체의존성 부신피질항진증의 경우, 뇌하수체 선종에 의한 중추신경계 증상(발작, 행동변화, 치매 등)*
응고인자 증가에 의한 혈전 생성으로, 폐 혈전증(호흡곤란)**
쿠싱성 당뇨(인슐린 저항성증가)
간기능 부전(스테로이드성 간장애)
전신 고혈압(합병증: 망막박리, 울혈성심부전, 심근비대, 사구체신증, 단백누출성병증)

* 뇌하수체성 거대종양 증후군: 뇌하수체종양이 시상하부와 시상 안쪽으로 확장되며 신경증상이 생긴다. 주로 의식이 저하되거나, 식욕부진, 운동실조, 머리 떨어뜨리기, 선회운동 등이 나타날 수 있다. 이는 컴퓨터단층촬영(CT)이나 자기공명영상(MRI) 등을 통하여 확진할 수 있다.

** 장기간 코티솔에 노출되면, 혈액응고인자 농도 증가, 적혈구 용적률 증가, 항트롬빈III농도 감소 등의 이유로 혈전색전증이 유발될 수 있고, 폐혈전색전증이 나타나게 되면 호흡곤란 증상이 야기된다. 이때 방사선 진단 결과상, 폐포성 침윤, 흉수 등이 확인될 수 있으며, 문제가 확인되지 않을 수 있다. 이는 혈관 조영술 등으로 확진하기도 한다.

(3) 진단검사 방법

부신피질항진증의 경우 여러 임상증상과 더불어 다양한 합병증이 있기 때문에, 의심이 되는 경우 광범위한 검사가 이루어져야 한다. 혈액검사, 소변검사, 초음파 검사, 필요시 MRI 검사 등이 요구된다.

1) 진단검사

① ACTH 자극검사(ACTH simulation test)

ACTH 자극검사는 부신피질저하증 및 의인성 부신피질항진증을 증명하는 데 유용하게 사용된다. 부신피질항진증의 진단에도 도움이 되는 검사법이지만, 이 질환의 진단에서는 민감도

(60~85%)와 특이도(85~90%)가 다소 낮은 편이다. 특히, 고양이에서는 개에서보다 검사 결과의 신뢰도가 낮다. 이 검사는 주로 트릴로스탄(trilostane) 치료에 대한 반응을 알아보는 데 유용하게 이용된다. 검사법은 합성 ACTH를 적정량 투여하고, 투여 전과 1시간 후에 채혈하여 샘플(혈청, serum)을 얻는다. 혈청 내 코티솔 농도를 측정하는 검사를 시행하게 되며, 병원 내 장비를 이용하기도 하고, 외부 실험실에 의뢰하기도 한다. 외부 실험실에 의뢰하는 경우, 샘플이 변질되지 않도록 혈청 분리 후 냉장 혹은 냉동 보관하여야 한다.

ACTH 자극검사를 실시할 때는 환자의 스트레스를 최소한한 상태로 진행한다(코티솔은 스트레스와 직접적으로 연관되는 호르몬이므로, 이 검사 중에는 초음파 검사 등의 다른 검사를 미루도록 한다).

표 2 ACTH 자극검사 결과 해석

합성 ACTH 투여 후, 1시간 뒤 혈청 코티솔 값(㎍/dL)	결과 해석
6~18㎍/dL	정상범위
18~24㎍/dL	결정적이지 않은 값(Gray zone)
5㎍/dL 이하	의인성 부신피질항진증 부신피질저하증
24㎍/dL 이상	부신피질항진증 의심

② 저용량 덱사메타손 억제시험(LDDST: Low-dose dexamethasone suppression test)

저용량 덱사메타손 억제시험은 0.01mg/kg의 덱사메타손을 정맥주사하고, 검체는 주사 전, 투여 4시간 후, 투여 8시간 후 혈청을 샘플로 한다. ACTH 자극검사와 동일하게 검사 시 환자의 스트레스를 최소화하며, 혈청 내 코티솔을 측정하는 방법으로 진행한다. 정상적인 개체에서 저용량의 덱사메타손이 투여되었을 때, 생리학적으로 뇌하수체에서 ACTH 분비가 감소하고, 이어서 혈청 코티솔 농도도 저하된다. 뇌하수체의존성 부신피질항진증(PDH)의 경우 덱사메타손 투여 시, 초반에는 코티솔 농도가 억제되지만, 투여 후 8시간 정도 뒤에는 억제 효과가 사라진다. 부신피질의존성 부신피질항진증(ADH)은 ACTH에 의해 조절받지 않기 때문에, 덱사메타손 투여가 혈청 코티솔 농도에 영향을 주지 않는다. 결론적으로, 뇌하수체의존성과 부신피질의존성 모두, 덱사메타손 투여 8시간 후에는 코티솔 농도가 억제되지 않고, 부신피질의존성의 경우 4시간 후 검사에서도 억제되지 않는 결과를 보인다.

정상 개 또는 고양이

뇌하수체
덱사메타손
(-)
코티솔
(-)
ACTH
(+)
↓↓[코티솔]
↓↓[ACTH]
부신

뇌하수체의존성 부신겉질기능항진증(PDH)

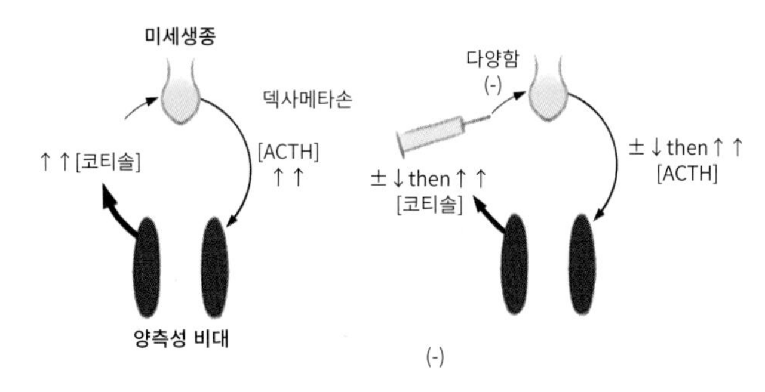

부신겉질기능항진증 원인(ATH)

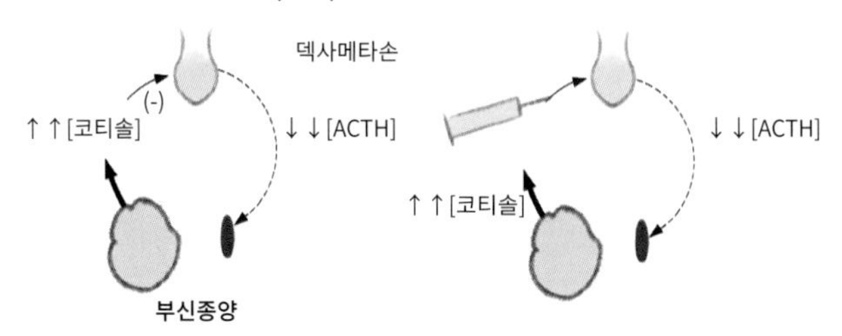

뇌하수체 의존성 부신피질항진증(PDH)의 경우 덱사메타손 투여 후 초반에 ACTH를 억제하지만, 2~6시간 후 원래대로 회복한다. 부신피질의존성 부신피질항진증(ADH)의 경우 덱사메타손을 투여하여도 ACTH가 이미 억제되어 있어 효과가 발현되지 않는다.

그림 3 덱사메타손 투여 시 효과

저용량 덱사메타손 억제시험의 경우 부신피질항진증을 진단하는 데 약 90%의 민감도와 80%의 특이도를 보이므로 진단방법으로 유용하다. 또한, 부신피질의존성(ADH)과 뇌하수체의존성(PDH)을 감별하는 방법으로도 사용된다. 다만, 이는 의인성 부신피질항진증을 진단하지 못하며, 트릴로스탄(trilostane) 치료 반응 평가 등에서도 이용하지는 않는다.

③ 뇨의 코티솔:크레아티닌 비율(Urine Cortisol Creatinine Ratio(UCCR))

크레아티닌 비율 검사법은 민감도가 100%이지만, 특이도는 22%로 낮다. 즉, 부신피질항진증을 진단하는 목적으로는 이용하기 어려우며, 부신피질항진증이 아님을 확인하는 데 사용된다. (예시-코티솔:크레아티닌 비율이 10 이하면, 부신피질항진증을 진단과정에서 배제한다.)

④ 고용량 덱사메타손 억제시험(HDDST: High-dose dexamethasone suppression test)

고용량 덱사메타손 억제시험은 덱사메타손의 용량이 0.1mg/kg으로 고용량인 점을 제외하고는, 저용량 덱사메타손 억제시험법과 유사하다. 부신피질의존성(ADH)의 경우 ACTH에 의존적이지 않기 때문에, 덱사메타손이 투여되었다 하더라도 코티솔 농도가 변함없이 높다. 뇌하수체의존성(PDH)의 경우, 덱사메타손 투여 후 4시간 혹은 8시간 후에 코티솔 농도가 억제되는 현상을 보일 수 있다. 다만, 이 시험결과상 뇌하수체의존성(PDH)의 경우에 100% 코티솔 분비가 억제되지 않으며, 부신피질의존성(ADH)의 경우에도 고농도의 덱사메타손에 의해 코티솔이 억제되는 경우가 있어서, 검사 결과 해석에 주의하여야 한다.

2) 환자평가검사

위 내용에서 기술한 것처럼, 부신피질항진증의 경우 다양한 임상증상과 합병증을 가진다. 이에 진단검사 이외에도, 전신적으로 철저한 기초 평가가 이루어져야 한다. 일반적으로 신체검사(혈압, 호흡수 등), 혈액검사(CBC 검사, 혈청화학검사, 전해질검사 등), 뇨검사(세균배양, 뇨비중, 뇨스틱검사 등), 영상진단검사(복부초음파, MRI, CT 등) 등이 기본으로 확인되어야 한다.

① 혈액검사

부신피질항진증이 있는 개에서 많은 증례에서, CBC 검사상 "Stress leukogram(호중구 증가증, 림프구 감소증, 호산구 감소증, 단핵구 증가증의 변화)"이라 불리는 변화를 보인다.

혈청화학검사에서는 일반적으로 ALP(Alkaline phosphatase) 증가, ALT(Alanine aminotransferase) 증가, 혈당 증가, 고콜레스테롤 혈증 등이 확인될 수 있다. 모든 혈액검사 소견들이 부신피질항진증을 진단하는 목적으로는 이용되지 않는다.

② 뇨검사

부신피질항진증이 있는 개는 다음/다뇨에 의하여, 요비중이 1.020보다 낮은 저비중뇨를 보일 확률이 높다. 또한 고혈압 등으로 단백뇨를 병발할 수 있으며, 요로감염 등도 대표적인 합병증이다.

③ 영상진단검사

다른 보조검사와 마찬가지로, 흉복부 방사선 촬영은 부신피질항진증의 진단도구가 될 수 없다. 그렇지만 부신피질항진증을 가지고 있는 경우, 복부 방사선에서 지방분포증가로 인한 복강대비도의 증가, 간종대, 연부조직, 피부의 석회화 등이 확인될 수 있다. 또한, 부신종양이 있는 경우, 해당 종양의 석회화로 방사선상 부신 위치에서 확인할 수도 있다.

복부초음파 검사의 경우 부신의 크기, 모양 및 종양의 경우 주변 조직으로의 침습 등을 체크해 볼 수 있다. 뿐만 아니라 혈전, 연부조직의 석회화 등 부신피질항진증의 합병증 확인용으로도 이용된다. 부신의 크기와 모양에 따라 부신피질의존성(ADH)과 뇌하수체의존성(PDH) 부신피질항진증의 감별에도 도움이 된다.

CT와 MRI를 이용하여 부신종양 및 뇌하수체샘종을 평가할 수 있으며, 주변 혈관 및 조직으로의 침습, 압박 등을 영상화하여 확인 및 평가할 수 있다.

(4) 환자의 간호

부신피질항진증 환자의 보호자들에게 집에서의 관리법을 교육한다면, 환자 관리가 용이하다. 음수량, 식욕 증가 및 감소, 소변 횟수와 양 및 색상 등을 모니터링하고, 구체적으로 설문지나 표 등을 인쇄해주어 다음 내원 시에 작성해서 가지고 올 수 있다면, 환자 평가에 많은 도움이 된다.

부신피질항진증이 진단되면 주로 경구 내복약으로 관리하게 된다. 대표적인 약이 미토탄(mitotane)과 트릴로스탄(trilostane)이며, 최근에는 부작용이 적은 트릴로스탄을 더 많이 선호한다. 트릴로스탄 관리는 부신을 영구적으로 파괴하는 것이 아니기 때문에 복약 시에만 효과가 있음을 안내하고, 1일 2회 주기적이고 장기적으로 관리해야 함을 고지해야 한다. 일단 트릴로스탄을 복약한 환자는 치료 개시일로부터 10일, 1개월, 이후 안정이 되었다는 가정하에 3개월마다 ACTH 자극검사를 통해 트릴로스탄의 용량이 적절한지 살펴보아야 한다. 즉, 이러한 장기 프로토콜 계획을 보호자에게 꼭 안내하여야 한다. 동물보건사는 ACTH 자극검사로 내원하기 전에 보호자에게 트릴로스탄 복약 4~6시간 후 검사가 진행되어야 함을 알려주어, 내복약 투약 시간 및 내원 시간을 조절하도록 한다. ACTH 자극검사, 저용량 덱사메타손 억제시험(LDDST)과 같은 호르몬 진단 검사 시 스트레스를 최소화해야 하므로, 호르몬 검사 시에 영상진단검사 등과 같은 다른 검사들을 병행하지 않는다. 부신피질항진증이 있는 경우 채혈 후 쉽게 멍이 들 수 있으므로, 검사 및 주사 처치 시에 더욱 주의해야 한다.

부신피질항진증 중 부신피질의존성(ADH)의 경우 수술적 치료를 받는 경우가 있다. 이때는 호르몬 불균형 등으로 마취 및 수술 위험도가 증가하니, 외과적인 고려 및 검사를 철저히 하도록 한다. 또한, 부신피질항진증 환자가 다른 이유로 마취를 하게 된다면, 간수치 상승, 혈압 상승 등 기저문제가 있을 수 있으므로 마취 전에 충분히 환자를 평가하고, 수의사에게 문제점을 통보해야 한다. 마취 중간에도 혈압 및 심박수 등에 지속적 모니터링이 필요하다.

(5) 급여 시 고려사항

부신피질항진증 환자는 비정상적으로 식욕이 변화할 수 있다. 이에 따라 체중이 과도하거나 너무 적게 나가지 않도록 모니터링이 필요하다. 또한, 부신피질항진증 환자의 절반 정도가 고콜레스테롤혈증 혹은 중성지방(triglyceride)의 증가추세를 보인다. 이런 경우에는 저지방식이를 적용하여, 고지혈증에 따른 합병증이 나타나지 않도록 한다.

II. 부신피질저하증(Hypoadrenocorticism)

(1) 병인론

부신피질저하증(Hypoadrenocorticism, 부신겉질저하증)은 애디슨(Addison)병으로도 불린다. 이는 부신피질이 위축되며, 미네랄로코티코이드(mineralocorticoid, aldosterone, 알도스테론)와 글루코코티코이드가 결핍된 상태이다. 원인은 대부분 자가면역성 부신의 염증이며, 부신 경색 및 괴사, ACTH의 결핍 등에서도 나타난다. 미네랄로코티코이드는 나트륨, 칼륨, 수분의 항상성을 조절한다. 부신피질저하증의 경우 미네랄로코티코이드가 결핍됨에 따라 콩팥의 나트륨과 염화물 항상성 능력을 저하시켜 저나트륨혈증 및 고칼륨혈증을 유발하게 된다. 이에 따라 전신 혈량 저하증, 심박출량 감소, 저혈압, 콩팥으로의 관류량 감소 등이 나타나며, 심근세포는 흥분성이 감소하고 심장근육의 이완기가 지연된다. 글루코코티코이드의 결핍으로는 구토, 설사 등의 소화기 증상 유발, 혼수상태, 기면 등의 정신적 상태 변화 등이 나타날 수 있다. 부신피질저하증은 스탠다드 푸들, 웨스트 하이랜드 화이트 테리어 등에서 품종 소인이 확인되었으며, 주로 어리거나 중년령(평균 4~6년령)의 암컷 개에서 호발한다.

(2) 임상증상

부신피질저하증은 특징적 임상증상이 뚜렷하지 않다. 주로 허탈, 기면, 구토, 설사, 식욕부진, 다음/다뇨, 체중감소, 근육진전 등을 나타내지만, 이러한 증상도 지속적이지 않고 호전과 악화를 반복하기 때문에, 초기에 발견하기가 어렵다. 따라서 많은 경우에, 병원 내원 시기는 애디슨 위기(Addison crisis)로 불리는 응급상태인 경우가 많다. 이때는 서맥, 탈수, 쇼크, 저혈압 및 혼수상태를 보이게 된다. 즉, 보호자들은 대부분 원래 밥을 잘 먹지 않고, 성격이 활발하지 않고, 마른 체질이라고 생각하다가, 애디슨 위기 상태에 급격한 컨디션 저하로 오는 경우가 많으므로 병력 청취가 진단에 중요한 역할을 한다.

TIP

애디슨 위기(Addison crisis)는 응급상황이다. 의심 환자 내원 시, 정맥라인 확보, 수액 공급, 전해질 교정, 혈압 상승 등의 적극적인 개입이 필요하다. 이때, 응급 약물 투여 후에는 진단의 어려움이 있을 수 있으므로, 채혈 시 응급 약 투여 전후로 샘플을 구별해 놓도록 한다.

(3) 진단검사 방법

1) 진단검사

① ACTH 자극검사(ACTH stimulation test)

부신피질저하증은 신체검사, 전해질 이상을 통해 잠정 진단하며 ACTH 자극검사로 확정 진단한다. ACTH 자극 전, 그리고 자극 후 1시간 뒤 채혈한 후, 혈청을 분리한다. 혈청의 코티솔의 농도가 2ug/dL 이하인 경우, 부신피질저하증을 진단한다. 이때 코티솔 농도는 병원 내 장비로 혹은 외부로 검사를 의뢰할 수 있다. 외부 검사의뢰의 경우 샘플이 변질되지 않도록 냉장 혹은 냉동 보관 후 이송하여야 한다. 이때, 개와 고양이에게 최근 글루코코티코이드(prednisone, prednisolone 등)가 처방된 병력이 있다면 진단이 불가능하다. 더불어 개와 고양이에서 ACTH 자극검사로 부신피질저하증을 확진할 수 있으나, 원발성부신피질저하증과 의인성 부신피질호르몬에 따른 속발성 기능저하를 감별할 수는 없다.

2) 환자평가검사

① 혈액검사

부신피질저하증으로 인한 심한 허탈 상태에서 CBC 검사상 비재생성 빈혈, 호산구와 림프구의 증가가 나타날 수 있다. 전해질 검사상에서 저나트륨혈증, 고칼륨혈증이 특징적으로 나타난다. Na/K 비율이 27:1 이하라면 부신피질저하증을 의심할 수 있는 지표로 활용할 수 있다. 혈청 화학검사상 대부분(개에서 95%) 전신순환 체액량 감소로 고질소혈증이 나타나므로, 콩팥부전(신부전)으로 오인할 수 있다. 이외에도 저혈당증, 간수치상승, 고칼슘혈증, 저알부민혈증, 고인혈증 등이 나타나기도 한다. 즉, 호르몬 결핍으로 인해 혈액검사의 다양한 변화를 나타낼 수 있어서, 부신피질저하증이 의심되는 경우 복합적 검사가 필요하다.

② 심전도 검사

고칼륨혈증에 의하여 서맥, T파의 폭이 증가하거나 P파가 지연 혹은 소실되는 변화를 나타낼 수 있어서, 심전도 검사를 병행하는 것을 추천한다. 심전도 검사 시의 보정방법은 Chapter 2의 심혈관계 질환 파트를 참고하라.

③ 뇨검사

부신피질저하증을 가지고 있는 개에서 뇨비중이 1.030 이하의 저비중뇨를 나타낼 수 있다.

④ 영상진단검사

부신피질저하증을 가지고 있는 경우 전신순환량이 줄어들어 탈수가 유발됨에 따라 흉부 방사선상 심장이 작게 보일 수 있다. 초음파 검사상에서는 건강한 개체보다 부신 크기가 작을 확률이 높다. 이러한 검사들은 진단의 보조적인 역할을 한다.

(4) 환자의 간호

애디슨 위기(Adison crisis) 상황에 내원한 경우는 혼수상태, 저혈당증, 저혈량상태, 저혈압, 전해질 불균형 등 응급상황에 준해 신속히 처치해야 한다. 지속적으로 체온, 혈당, 혈압 등을 확인해야 한다. 부신피질저하증이 의심되어 진단검사를 해야 하는 경우에는 응급처치로 사용되는 덱사메타손(dexamethasone) 처치 전에 진행해야 한다.

부신피질저하증이 진단되는 경우 주로 플루드로코르티손이나 DOCP 주사제 등으로 장기유지요법을 하게 된다. 이때 잘 관리되는 경우, 예후는 매우 좋은 편(평균 4.7년)이다. 하지만 치료가 중단되는 경우, 바로 응급상황 재발 및 사망 가능성이 높아지기 때문에 보호자에게 정기적으로 관리하고 검사해야 함을 교육해야 한다.

(5) 급여 시 고려사항

부신피질저하증의 경우, 특별히 공급해야 하는 영양소 등은 없으나, 전반적으로 영양균형이 좋은 식단을 유지해야 한다.

제2장

갑상샘(Thyroid gland)

I. 갑상샘저하증(Hypothyroidism)

(1) 병인론

갑상샘의 구조적, 기능적 이상으로 갑상샘호르몬의 결핍을 초래할 수 있다. 개에서 갑상샘의 주요문제는 자가면역성에 의한 갑상샘 파괴의 결과로 나타나는 1차성 갑상샘저하증(Hypothyroidism)이다. 유전인자가 있다고 알려져 있으며, 골든 리트리버, 도베르만 핀셔 등의 품종 소인을 가지고 있다. 주로 중년령(2~6년령)에서 호발하며, 성별 소인은 따로 없는 것으로 해석하고 있다. 고양이에서 발병은 드물다.

(2) 임상증상

졸음증, 둔함, 체중 증가 등의 증상을 보인다.

그림 4 갑상샘저하증에 이환된 개의 사진

갑상샘저하증을 가지고 있는 개는 졸음증, 운동불내성, 식욕 증가, 체중증가, 둔함 등의 증상을 나타낸다. 또한 전형적인 양측 대칭성, 비소양성 탈모증을 보이는 피부질환을 많이 나타낸다. 이때 탈모는 국소 혹은 전신적으로 보이기도 하며, 꼬리에만 나타나는 경우도 있다. 대부분 피부가 건조하고 털이 쉽게 뽑히며, 그 부위에서 털이 잘 자라지 않는다. 각질과 비듬, 과색소침착 등도 많이 관찰될 수 있다. 이외에도 전정증상, 얼굴신경마비, 근육 소모, 암컷에서 발정지연 및 중지 등의 증상이 동반되는 경우도 있다. 전반적으로 임상증상들이 비특이적이어서, 보호자들은 단순히 노화나 과식에 의한 것으로 인지하여 내원시기가 늦어지는 경우가 많다.

(3) 진단검사 방법

혈중 갑상샘호르몬 농도를 측정함으로써 기능을 평가한다. 이때 혈청(serum)을 이용한다. 갑상샘저하증의 경우 Total T4 수치가 하락하는데, 이는 민감도는 높지만 특이도가 낮기 때문에 Total T4 이외에도 free T4, TSH를 같이 측정하여 해석한다. 일반적으로 갑상샘저하증이 있을 경우 free T4가 감소하고 TSH가 증가하지만, 모든 갑상샘저하증에서 이와 같은 결과를 나타내지는 않는다.

이밖에 CBC 검사상에서 비재생성 빈혈이 나타날 수 있고, 혈청화학검사상 고지혈증이 확인되는 경우가 있다.

(4) 환자의 간호

진단검사가 예정되어 있는 경우, 호르몬 농도에 간섭하는 약을 투약하고 있는지 병력확인이 필요하다. 글루코코티코이드, 페노바비탈, NSAIDs 등의 약이 검사에 영향을 줄 수 있으므로, 보호자에게 확인 후 해당사항이 있는 경우 담당 수의사에게 정보를 전달해야 한다. 또한, 병발하고 있는 질환(부신피질항진증, 신부전, 간질환, 심부전 등)이 있는 경우에도 갑상샘호르몬 농도를 낮출 수 있는 점을 인지하고 있어야 한다.

갑상샘저하증이 확진된 후에는 레보티록신(levothyroxine)을 1일 1~2회 투약하며 관리한다. 첫 투약 후 무기력증상, 운동불내성 등은 1~2주 후부터 개선되기 시작하고, 피부문제는 호전되는 데 수개월이 걸릴 수 있다. 투약이 시작되면 보통 4~8주 후 체내 약 용량이 적당한지 평가하기 위하여 T4를 측정하여야 하는 점을 고려하여 이후 재진 스케줄을 잡아야 한다.

(5) 급여 시 고려사항

이 질환은 절식 후 평가에서도 고지혈증을 동반하는 경우가 많은 질환이므로, 특별한 다른 요인이 없다면 저지방식이로 관리하는 것을 추천한다.

II. 갑상샘항진증(Hyperthyrodisim)

(1) 병인론

갑상샘항진증은 T4와 T3의 과도한 분비로 전신적인 대사율을 증가시키는 질환이다. 갑상샘저하증과 다르게 주로 고양이에서 병발하며 대부분 중년령에서 노년령(평균 13년령)에서 호발한다. 성별요인은 없는 것으로 알려져 있다. 갑상샘항진증의 약 98%가 양성종양 혹은 과증식이지만, 2% 정도는 악성종양에 기인한다. 원인은 명확하게 밝혀져 있지 않으며 식이, 환경, 유전적인 소인들이 관여하는 것으로 추정하고 있다.

(2) 임상증상

고양이의 목의 배 쪽 부분에서 갑상샘 덩어리가 만져지는 경우가 많다. 전형적인 임상증상은 급격한 체중감소, 이와는 상반되는 식이 증가, 탈모, 윤기 없는 털, 다음, 다뇨, 설사, 구토 등이다. 체중감소는 이 질환의 고양이에서 92%가 나타나는 가장 흔한 증상이다. 이외에도 발성의 변화, 행동 변화 등이 나타나기도 한다.

(3) 진단검사 방법

혈중 갑상샘호르몬 농도를 측정함으로써 기능을 평가한다. 이때 혈청(serum)을 이용한다. 갑상샘항진증의 경우 Total T4 수치가 상승한다. 혈청 T4만으로 진단하기 어려운 경우 freeT4를 측정하기도 하는데, 마찬가지로 갑상샘항진증이라면 수치가 올라갈 확률이 높다. 임상증상이 명확하고, 이 두 가지 수치가 올라가 있다면 진단할 수 있다. 일반적으로 TSH의 경우 측정범위 이하(<0.03ng/mL)를 나타낸다.

갑상샘항진증을 가지고 있는 경우, 혈청화학검사상 ALT(alanine aminotransferase)와 같은 간효소 수치가 증가하는 경우가 있다. 경부초음파 검사를 이용하여, 갑상샘 종괴에 대한 평가를 같이 진행할 수 있다.

(4) 환자의 간호

갑상샘항진증 고양이는 주로 경구투약제 메티마졸(methimazole)로 치료한다. 메티마졸 투약 2~4주 후면 보호자가 임상적인 개선 여부를 확인할 수 있다. 초반 치료 3개월은 CBC 검사, 콩팥 기능 평가, 혈소판 평가 등을 평균 2주 간격으로 시행하여야 하고, 이후에도 3~6개월 단위로 모니터링해야 하므로, 보호자에게 장기 치료 계획을 고지하여야 한다. 메티마졸 투약 후 채혈 시간은 중요하지 않다고 알려져 있으므로, 상대적으로 다른 호르몬 질환에 비하여 보호자의 스케줄을 고려하여 내원시간을 조정할 수 있다. 약의 부작용으로 식욕부진, 구토, 우울 증상 등이 나타날 수 있다.

갑상샘 절제술을 시행한 경우, 수술 후 저칼슘혈증, 갑상샘저하증, 신부전, 후두마비 등의 합병증이 나타나지 않는지 확인해야 한다.

(5) 급여 시 고려사항

항갑상샘약(메티마졸)이 투약되지 않는 경우 요오드가 결핍된 사료로 관리하기도 한다. 이는 갑상샘에서 갑상샘호르몬 생산을 제한시켜 T4수치를 감소시키는 원리이다. 만약 항갑상샘약을 먹고 있는 경우에서 식이 관리로 변경하려 한다면, 급여가 시작되고 1~2주 사이에 조금씩 약을 줄여서 중단하여야 한다.

제3장 췌장(Pancreas)의 내분비

I. 개의 당뇨병(Diabetes Mellitus; DM)

(1) 병인론

개에서 가장 흔한 호르몬 질환은 당뇨병이다(0.005~1.5%). 중년령 이상(7년령)의 암컷(수컷의 2배)에서 호발한다. 개의 당뇨병 원인은 잘 알려지지 않았으나, 유전소인(미니어처 슈나우저, 비숑 프리제, 스피츠, 폭스 테리어, 미니어처 푸들 등), 감염 및 염증상태, 비만, 췌장염, 면역매개성 기전 등이 관여하는 것으로 알려져 있다.

췌장 내분비계통은 랑게르한스섬으로 불리는 조직으로 구성되어 있으며, 이는 다시 α세포, β세포, δ세포 등으로 이루어진다. 이 중 β세포는 순환 혈액 중 당(glucose)수치가 높을 경우, 인슐린을 분비하여 당을 혈액에서 세포로 이동시키고, 간과 근육 등에 글리코겐 형태로 저장시켜 당 수치를 낮춘다. (인슐린의 역할: 탄수화물 대사, 간의 당 생성 억제, 당을 글리코겐 형태로 저장, 케톤 형성 억제). 개의 당뇨는 대부분 type I, 인슐린 의존성 당뇨병(insulin-dependent diabetes melliutus; IDDM)으로 분류된다. 이는 췌장 β세포의 손상이나 결핍에 기인하는데, 즉 인슐린 분비 능력을 상실하게 된 것이다. 많은 증례에서 β세포의 손상은 자가면역성으로 알려져 있으며, 대부분이 가역적이지 않아서 평생 관리가 필요하다. type I의 경우 외인성 인슐린 제제로 관리해야 한다. 이 밖의 원인으로는 부신피질항진증(Hyperadrenocorticism)과 같은 호르몬 질환에 의해 인슐린이 길항하거나, 스테로이드를 투약한 경우, 중성화하지 않은 암컷에서 발정기나 임신기간에 인슐린 저항성을 보이면서 당뇨가 나타날 수 있다. 이러한 경우는 원발 원인이 교정되면, 당뇨가 해소되는 경우가 있다.

예를 들어 발정기의 암컷에서 당뇨가 생긴 경우, 난소자궁적출술 이후 인슐린 길항작용이 교정되며 당뇨가 교정되기도 한다.

(2) 임상증상

당뇨병이 있는 개에서는 다음, 다뇨, 다식, 체중감소가 흔하게 나타난다. 갑작스러운 백내장의 진행으로 인한 시력 감소와 상실도 대표적인 임상증상이다. 이 밖에도 피모가 건조하고, 푸석해지거나, 비듬이 증가하는 증상을 보일 수 있다. 당뇨가 관리되지 않으면 당뇨병성 케톤산증(diabetic ketoacidosis; DKA)으로 발전한다. 일반 당뇨에서 당뇨병성 케톤산증으로 진행되는 시간은 수일에서 수주로 다양하다. 당뇨병성 케톤산증으로 진행된 경우에는 구토, 식욕 절폐, 정신 혼미, 탈수, 쇼크 등의 증상을 보일 수 있다.

(3) 진단검사 방법

당뇨병의 진단은 위에 기술한 임상증상, 지속적인 고혈당증(절식상태), 소변검사에서 당 검출에 근거한다. 진단 방법은 혈당 측정(휴대용 혈당 측정기 혹은 혈청화학검사) 및 간단한 뇨스틱 검사의 당 검출 확인이다. 만약 뇨검사상에서 케톤에서도 동시에 양성이 나온다면 당뇨병성 케톤증(diabetic ketosis; DK)으로 진단하며, 동시에 혈액가스검사상에서 대사성 산증이 같이 확인되면 당뇨병성 케톤산증(diabatic ketoacidosis)으로 진단한다. 당뇨는 전신질환이며, 병발하고 있는 질환(부신피질항진증, 갑상샘저하증, 췌장염)도 많기 때문에 전반적인 평가가 이루어져야 한다. CBC 검사로는 대체적으로 정상 소견을 나타내지만, 호중구성 백혈구 증가증이 있을 수 있으며, 췌장염 등이 병발해 있는 경우 독성 호중구가 보일 수도 있다. 혈청화학검사는 고혈당증 이외에도 간효소수치(ALT, ALP)가 상승할 수 있다. 뇨검사의 결과는 당의 검출은 필수 진단 조건이지만, 이외 소견은 매우 다양하다. 단백뇨가 검출되는 경우, 세균, 농, 케톤 등의 검출이 양성 혹은 음성일 수 있다. 당뇨를 가지고 있는 개의 뇨는 저하된 면역 시스템에 더불어 뇨에 존재하는 당에 의해 쉽게 감염에 노출된다. 복부초음파 검사 등의 영상진단검사는 종양의 여부, 췌장염, 부신 크기 종대 등을 확인하는 수단이다. 췌장 리파아제 면역반응(pancreatic lipase immunoreactivity; PLI)검사는 췌장염의 병발을 진단할 수 있다. 중성화하지 않은 암컷이 당뇨에 진단되었다면, 혈청 프로게스테론 농도 검사 등도 환자 평가에 주요한 항목이다.

(4) 환자의 간호

당뇨의 치료 및 간호의 최종 목표는 고혈당을 개선하여 임상증상을 완화하는 것이다.

개의 당뇨병에 가장 많이 이용되는 인슐린은 중시간작용 인슐린(NPH, Lente), 장시간작용 인슐린(글라진) 등이 있다. NPH는 재조합 사람 인슐린이다. Lente(캐닌슐린, Caninsulin)는 단시간작용 인슐린과 장시간작용 인슐린의 합제이다. 당뇨병 간호에 있어 가장 중요한 것은 이러한 인슐린을 적절한 방법, 용량으로 하루 2회(혹은 1회) 규칙적으로 주사하며 조절하는 것이다. 이런 부분을 보호자와 소통하며 필수적으로 교육하여야 한다.

인슐린의 경우 불활성화되는 경우가 많이 발생하며, 이때는 인슐린을 주사하였음에도 불구하고 혈당이 올라가게 된다. 예를 들어 인슐린이 얼었다가 해동하게 되면 혈당 저하 효과를 기대하기 어렵다. 또한 인슐린은 결정 구조를 가지고 있기 때문에 사용 전 혼합 시 반드시 부드럽게 섞어야 한다. 급하게 위아래로 흔들어 섞는 경우에 인슐린의 활성을 잃게 될 수 있다. 개의 당뇨 관리에서 다른 주요 사항은 사람에 비하여 사용되는 양이 적기 때문에 멸균 및 불활성화 등의 문제로 인슐린을 다 소진하지 않았다 하더라도 1~3개월 주기로 교체를 권장한다. 교체주기가 오지 않았어도 투명했던 인슐린이 혼탁해지거나 변색 등이 발견되면 폐기하고 새로운 인슐린을 사용하도록 한다. 특히나 소형견에서 인슐린 적용 시 양의 문제 때문에 희석해서 사용하는 경우, 1~2달 간격으로 교체하는 것을 권장하여야 한다. 인슐린 주사 후 저혈당 또한 위험요소이므로, 보호자에게 인슐린 적용뿐 아니라 저혈당에 대한 증상 및 대처를 교육하여야 한다. 인슐린은 지속적으로 병원에 내원하여 혈당곡선을 확인하며 용량을 재설정해야 한다. 안정화되기 전까지는 병원에 자주 내원해야 함을 미리 고지하도록 한다.

사람과 마찬가지로 당뇨를 가지고 있는 개에서 규칙적인 운동은 체중을 적절하게 유지시키고, 비만에 의한 인슐린 저항성을 낮출 수 있다. 더욱이 인슐린 주사 후 운동은 혈액이나 림프액 등의 순환을 촉진하여 혈당을 낮추는 효과를 높일 수 있다.

당뇨 관리 시 가장 유의해야 할 합병증은 저혈당증이다. 인슐린 양을 필요 이상으로 증량하였거나, 식사량이 줄었거나, 운동을 과다하게 하는 등이 원인이 될 수 있다. 보호자에게 저혈당 증상을 설명하고, 해당 증상이 있는 경우 반드시 인슐린을 중단하고 혈당을 측정해야 함을 고지해야 한다.

TIP

병원 내 극도의 스트레스 상태가 일시적인 고혈당증(예: 채혈과정 중에 에피네프린에 의해 유도된 스트레스 고혈당)을 유발할 수 있다. 이러한 상태를 당뇨와 혼동하지 않아야 한다.

보호자에게는 평상시에도 음수량, 식이량, 체중 등을 주기적으로 체크하고, 가능하다면 1회성 혈당 스틱검사, 뇨스틱 검사 등을 집에서도 일상적으로 진행하여, 혈당관리에 문제가 없는지 파악하도록 한다.

(5) 급여 시 고려사항

당뇨에서 식이 관리는 필수적이다. 식단은 영양균형이 잘 맞아야 하고 당 성분이 적어야 한다. 섬유질 많은 식단은 당 조절에 도움이 될 수 있다고 알려져 있다. 일반적으로 당뇨견에게 수의사가 알맞은 사료와 양을 처방한다. 보호자들은 이에 맞춰 제한된 식이를 해야 하고, 처방량은 1일 2회에 나눠 먹이는 것을 권장한다. 이는 인슐린 주사가 일반적으로 1일 2회 진행되기 때문에 저혈당을 예방하기 위함이다.

II. 고양이의 당뇨병(Diabetes Mellitus; DM)

(1) 병인론

고양이의 당뇨병은 고양이의 호르몬 질환 중 두 번째로 많이 차지하는 질환이다. 이는 개의 당뇨병이 type I, 인슐린 의존성 당뇨병(insulin-dependent diabetes mellitus; IDDM)인 것과 다른 병인론을 보인다. 고양이는 면역매개성 원인을 동반한 type I이 드문 편이며, 50~70% 정도가 type II, 비인슐린 의존성 당뇨(noninsulin-dependent diabetes mellitus; NIDDM)이다. 이는 인슐린 저항성, 췌장 β세포의 숫자 감소, 아밀로이드 축적 등의 특징을 가진다. 이때 섬세포가 완전히 파괴된 경우는 개에서처럼 인슐린 의존성 당뇨병을 일으킬 수 있으며, 평생 인슐린을 투약하며 관리해야 한다. 때에 따라서 당뇨 고양이가 type II로 진단되었으나, 섬세포 파괴나 아밀로이드 침착이 계속 진행된다면, type I으로 진행될 수 있다는 것이다. 인슐린 저항을 야기시킬 수 있는 요소들은 표3에 나열되어 있다.

대다수의 당뇨 고양이는 인슐린 치료 시작 후 대개 4~6주 이내 완치될 가능성이 높다. 이런 경우는 고혈당과 뇨의 당 검출이 사라지면서, 인슐린 치료를 중단해도 추후 스스로 혈당 조절이 가능하다. 이는 당뇨에 대한 적절한 치료가 진행되면서 β세포의 기능이 향상되고, 이어서 인슐린 분비가 항상성을 찾아가는 것으로 여겨진다. 하지만 몇몇(β세포가 대다수 파괴된 경우)은 수주, 수개월 혹은 영구적으로 인슐린 치료를 지속해야 하는 것이다.

고양이 당뇨의 호발요인은 중년령 이상의 나이(평균 10년령 이상), 중성화수술이 진행되지 않은 경우, 비만, 글루코코티코이트 투약 병력 등을 들 수 있다.

표 3 고양이에서 인슐린 저항을 늘리는 요소 

처방	코티코스테로이드
감염	비뇨기 감염, 폐렴, 패혈증
내재질환	췌장염, 췌장암, 신부전, 간부전, 종양, 심부전, 부신피질항진증, 고지혈증, 갑상샘항진증
신체상태	중등도 이상의 비만

(2) 임상증상

개의 당뇨와 유사하게 대부분의 당뇨 고양이는 다음, 다뇨, 다식, 체중감소 등의 증상을 보인다. 2차적으로 오는 고혈압에 의해 신부전 등이 유발된 경우 무기력, 구토 등의 비특이적인 증상을 보일 수 도 있다. 드물지만 말초 신경병증을 보이는 경우도 있다. 보호자들의 주 호소는 화장실 모래를 갈아주는 주기가 빈번해지고, 소변에 의해 뭉쳐진 모래 덩어리의 크기가 커진다(소변양의 증가)는 점이다. 전반적으로 활력이 떨어지면서 활동량이 줄어들 뿐 아니라, 그루밍 행동을 하지 않거나 빈도가 감소한다. 모질 또한 불량해지고, 점프능력 및 운동능력도 저하되는 경우가 많다. 이때 진단시기가 늦춰지면 당뇨병성 케톤산증으로 이환되며, 이때는 혼수, 기력 소실, 식욕 절폐, 탈수, 쇼크 등의 증상을 보일 수 있다.

(3) 진단검사 방법

진단검사법은 개의 당뇨병과 유사하다. 당뇨병에 부합하는 임상증상, 고혈당, 뇨에서 당 검출을 기초로 진단한다. 다만, 고양이는 일시적인 스트레스로 인한 고혈당증이 흔하기 때문에 당뇨의 진단과 혼돈해서는 안 된다. 채혈과 같은 스트레스 상황에서 고양이들은 순간적으로 혈당이 300mg/dL 이상까지 오를 수 있다. 스트레스 상황이 몇 시간 이상 지속되는 것이 아니고, 고양이가 당뇨상태가 아니라면 대부분은 뇨에서는 당이 검출되지 않는다. 또 다른 감별 방법은 프룩토사민(fructosamine) 검사법이다. 프룩토사민은 혈중에 있는 당화단백질 복합체이다. 이 수치는 검사 시점 2~3주 정도의 혈당을 반영하므로, 일시적인 스트레스로 인한 고혈당의 경우 참고범위 내의 결괏값이 나올 것이다.

고양이의 당뇨 또한 전신질환이며, 원인을 유발하는 질환, 합병증 등을 규명하기 위하여 전신 스크리닝 검사가 필요하다. CBC 검사, 혈청화학검사, 혈액가스검사, 혈청 T4 농도검사 및 뇨검사 등이 포함된다. 혈청화학검사를 진행함으로써 추가적으로 간이나 신장수치에 문제가 없는

Chapter 07

지 파악해야 하며, 혈액가스검사를 통하여 대사성 산증은 아닌지 확인해야 한다. 뇨검사로 케톤은 검출되지 않는지, 세균배양으로 감염상태는 아닌지 체크해야 한다. 또한 갑상샘항진증을 병발하고 있는 경우가 많기 때문에 반드시 관련 농도검사를 진행하는 것을 추천한다. 당뇨병 고양이는 만성췌장염의 유병률이 높기 때문에, 복부초음파 및 췌장 리파아제 면역반응(pancreatic lipase immunoreactivity; PLI) 검사 등도 병행한다.

(4) 환자의 간호

당뇨 고양이의 최종 목표는 당뇨의 임상증상을 완화하고, 저혈당이 오지 않도록 하는 것이다. 저혈당은 생명을 위협할 수 있는 위험인자이므로, 반드시 저혈당 증상을 숙지하고 보호자에게도 알려주어야 한다. type II 당뇨 고양이에서는 개의 치료와 다르게 인슐린 치료가 필요하지 않은 경우도 있다. 이때는 식이요법, 병발 질환의 치료 및 저항성 유발 약물 중단, 혈당강하제 투여 등으로 혈당 조절이 가능한 경우가 있다. 그러나 대부분 치료 초반에는 인슐린을 이용하는 경우가 많다. 인슐린 제제의 관리는 개의 당뇨 파트에서 기술한 것처럼 신중히 다루어야 하며, 이는 반드시 보호자에게도 교육하여야 한다. 당뇨병 고양이에게 인슐린을 투약한 경우, 반응이 다양하기 때문에 혈당곡선평가를 진행해야 한다. 전반적으로 개에서보다 인슐린에 대한 반응 시간이 짧다고 알려져 있으며, 인슐린의 종류에 따라 효과가 없을 수도 있다. 주로 장기적 관리를 위해 Lente 인슐린, 글라진, 디터머 등을 사용한다.

고양이들은 병발질환을 치료하고 교정함으로써 당뇨가 치료되는 경우가 많기 때문에, 비만, 식이 관리 등을 더욱 집중해야 한다. 비만은 주로 과도한 열량 섭취와 사료의 자율 급여로 인해 발생하는데, 비만이 교정되었을 때 인슐린 저항성이 감소하면서 완치되기도 한다.

동물병원에서 일시적인 스트레스로 인한 고혈당으로 재평가가 어려운 경우, 진단에서 언급한 프룩토사민 검사 등을 이용할 수 있다. 보호자가 협조적이라면, 집에서 귀나 발바닥 패드 등에서 피 한 방울을 채취하여 혈당계를 이용하여 혈당곡선을 그리는 것도 좋은 모니터링 방법이다. 연속혈당 측정기 사용이 가능하다면, 집에서 이를 이용하고 병원에서 데이터를 분석하는 것도 좋은 방법이다.

고양이의 당뇨는 일시적인 혈당 조절 후 더 이상 인슐린 치료가 필요 없을 수 있다. 보호자가 적절한 시기에 병원에 내원하지 않아 인슐린을 중단하는 시기를 놓치는 경우, 오히려 저혈당을 유발할 수 있기 때문에 재내원의 필요성을 교육해야 한다.

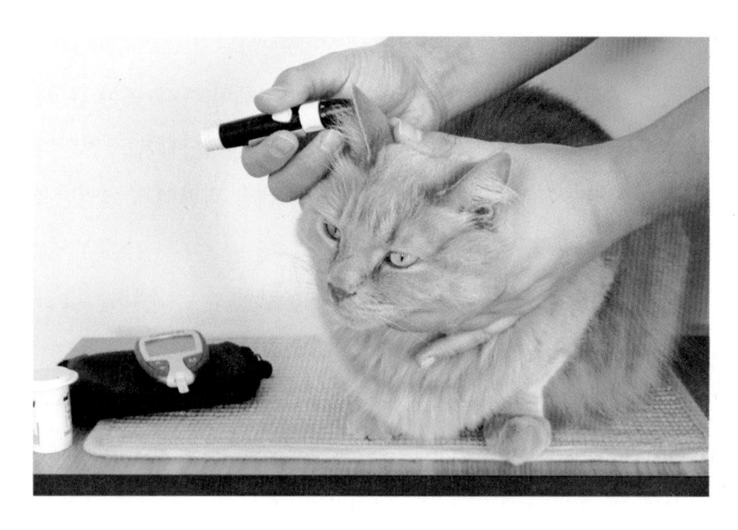

고양이 당뇨환자는 집에서도 혈당계를 이용하여 혈당 수치를 확인할 수 있다.

그림 5 고양이의 혈당 측정

(5) 급여 시 고려사항

식이요법의 목표는 식후혈당이 너무 오르지 않도록 하고, 저혈당이 오지 않도록 하는 것이다. 고단백, 저탄수화물, 고섬유질 등으로 이루어진 식단이 목표에 다다를 수 있는 이상적인 식단이다. 특히 탄수화물을 낮추는 것은 β세포를 과도하게 사용하지 않고 회복하도록 도와주는 데 중요한 역할을 한다. 고양이는 육식동물이므로 잡식동물과 비교했을 때, 동일량의 탄수화물 섭취 시 혈당이 비교적 더 높아질 수 있다. 식이섬유의 경우 소화기에서 포도당의 흡수를 지연시킴으로써 혈당 조절에 도움을 준다. 이때 당뇨 고양이가 신부전에 의해 요독증을 가지고 있다면, 고단백식이는 지양해야 한다. 비만의 경우 인슐린 저항을 높이는 요소의 하나로, 비만의 당뇨 고양이는 고단백, 저탄수화물, 저지방식이에 식이섬유 비율을 높여서 칼로리를 낮추어야 한다. 이처럼 당뇨를 가지고 있는 고양이는 다양한 기저질환을 가지고 있기 때문에, 식단을 확정 짓기 전에 혈액검사를 포함한 기초 평가가 필수적이다.

Ⅲ. 당뇨병성 케톤산증(Diabetic ketoacidosis; DKA)

(1) 병인론

당뇨병성 케톤산증은 당뇨가 적절히 관리되지 않았을 때, 개나 고양이에서 인슐린이 결핍되었을 때 나타난다. 인슐린이 부족하거나 저항성이 올라간 경우, 지방분해와 지방산 산화를 억제하는 인슐린이 작용할 수 없으므로, 지방분해를 증가시켜 간에서 지방산의 이용률을 상승시키고, 그로 인해 체내 케톤체 생성이 증가하게 된다. 이런 케톤 농도가 순환 혈류에서 증가하게 되며, 항상성 작용의 완충능력 이상을 넘어가게 되면 대사성 산증까지 유발하게 된다. 증가한 케톤은 신장 재흡수 역치 이상이 되면 뇨로 배출되어, 케톤뇨가 보이게 된다. 이때, 필수 전해질과 수분들도 신장에서 과다하게 빠져나가서, 그 결과로 전해질 불균형, 순환 혈액양 감소에 의한 탈수의 결과가 나타나고, 교정되지 않으면 사망할 수 있는 치명적인 상태로 진행된다. 한 연구에서는 당뇨로 첫 진단된 개에서 대략 65%가 당뇨병성 케톤산증 상태로 내원한다고 보고했다.

(2) 임상증상

주로 병원에 내원하는 주 증상은 무기력, 식욕 절폐, 탈수 등을 나타내지만, 그 증상은 다양하고 비특이적인 편이다. 구토 증상도 많은 편인데, 케톤체 자체가 구토를 유도하기도 하며, 췌장염이 병발되어서 증상이 나타나기도 한다. 단순 다음, 다뇨로 내원하는 경우에도 당뇨병성 케톤산증이 진단되는 경우도 있으며, 다른 질환과 병발하여 기침 등의 다른 계통의 증상을 보이는 경우도 있다. 단순한 당뇨에서 전신증상을 일으키는 당뇨병성 케톤산증을 유발하는 시기는 매우 다양하다.

(3) 진단검사 방법

당뇨병성 케톤산증은 임상병리 검사상 고혈당증, 당뇨, 케톤뇨, 대사성 산증을 보인다. 기본적인 진단항목은 당뇨와 같으며, 마찬가지로 기저질환 및 합병증에 대한 평가가 이루어져야 한다. 전해질 검사의 경우 칼륨은 정상 혹은 높을 수 있고, 구토, 설사와 같은 소화기 증상이 심하면 낮게 나타날 수 있다. 일반적으로 나트륨, 염소 등은 낮게 측정된다. 혈청화학검사에서는 간수치가 높은 경우가 많으며, 탈수 및 2차적 신부전 등으로 인하여 요독증이 나타날 수도 있다. 혈액가스 검사상에서는 대사성 산증, 뇨검사에서는 당 및 케톤이 검출된다. 뇨검사 시 세균감염이 동반되는 경우가 많으므로, 세균배양을 의뢰하는 것이 좋다.

TIP

*** 연속혈당 측정(FGMS, flash glucose monitoring system)**

연속혈당 측정을 위한 측정장치를 동물환자의 피부에 부착하고, 센서를 이용하여 간질의 혈당을 측정하는 방법이다. 이 방법은 채혈이 필요하지 않아 스트레스를 최소화하며 혈당측정이 가능하고 보호자가 직접 혈당 측정이 가능하기에 최근 수의학에서 많이 이용되고 있다. 환자의 피부에 센서를 부착하고 떨어지지 않도록 유의해야 하며 사용방법에 대하여 미리 숙지 후 보호자에게 안내할 수 있어야 한다.

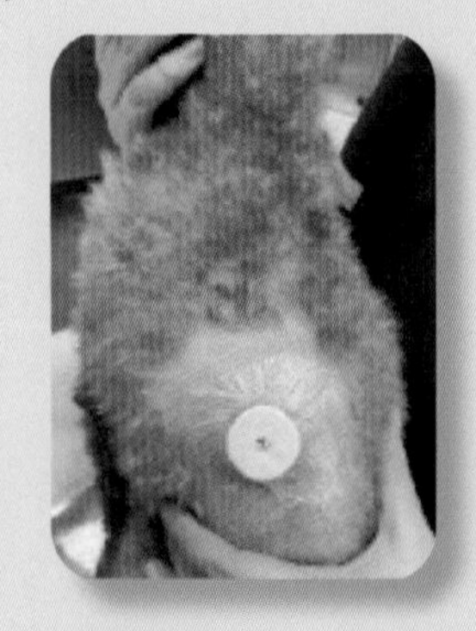

견갑 뒤쪽에 부착한 연속혈당 측정기의 모습

(4) 환자의 간호

당뇨병성 케톤산증의 경우, 대부분 수액 처치 및 집중관리를 요한다. 입원치료의 목적은 인슐린을 투여함으로써 케톤증을 개선하고 수분 및 전해질을 보충하며, 산증을 교정하고, 저혈당을 일으키지 않으면서 당 조절을 하는 것이다. 즉, 혈당, 케톤 농도, 임상증상을 꾸준히 살펴보는 것이 중요하다. 특히 당뇨병성 케톤산증의 경우 식욕이 저하되어 있는 경우가 많기 때문에, 치료 도중 저혈당증이 올 수 있어 반드시 모니터링해야 한다. 혈당이 감소되면 이어서 케톤 생성이 감소된다. 경우에 따라 레귤러 인슐린을 CRI(Constant rate infusion) 방법으로 처방하기도 한다. 이때 주의해야 할 간호요법은 체내 주입용 도구들(수액라인, 정맥카테터 세트)에 처음 인슐린 제제가 노출되면 벽에 결합되는 경향이 있으므로, 초반 인슐린 희석 수액 50ml 정도는 흘려버리고, 이후 남은 인슐린 희석 수액을 주입하도록 한다.

당뇨병성 케톤산증으로 입원치료를 요하는 경우는 예후가 좋지 않은 편이다. 저혈당증, 교정되지 않는 지속적인 고혈당 상태, 대뇌 부종에 의한 신경 증상, 2차적인 신부전 등 합병증이 조절되어야 한다. 중등도 이상의 당뇨병성 케톤산증의 개와 고양이에서 20% 정도가 사망한다.

(5) 급여 시 고려사항

당뇨병성 케톤산증으로 내원하는 경우는 대부분 식욕 절폐 및 구토증상을 보인다. 직접적으로 장기간 영양공급이 어려울 경우 비경구 영양요법을 고려할 수 있다. 신부전이 동반된 경우에는 영양성분 조절이 필요하다. 대부분 병증이 호전됨에 따라 식욕도 돌아오고, 정상적인 생활리듬을 찾는다.

제4장 췌장(Pancreas)의 외분비

I. 췌장염(Pancreatitis)

(1) 병인론

외분비 췌장은 소화효소를 십이지장으로 분비하여 섭취한 음식을 초기 소화과정에 분해하는 역할을 한다. 췌장의 염증상태를 췌장염으로 통칭하며, 급성과 만성으로 나뉜다. 급성, 만성은 조직학적으로 차이를 보이지만 임상적으로 이 구별은 필요하지 않으며, 급성에서 만성으로, 만성에서 급성으로 진행되는 경우도 있다. 상대적으로 흔하게 발생하지만, 임상증상이 비특이적이고 진단검사의 한계로 확진이 다소 어려운 편이다. 급성 및 만성 췌장염의 정확한 원인은 정확하지 않다. 췌장 내 과도한 트립신의 활성화로 무균성 복막염을 유도하는 췌장의 자가소화, 염증, 주변 지방 괴사 등이 원인으로 여겨지고 있다. 전형적으로 중년령 이상의 개와 고양이에서 발생하며, 미니어처 슈나우저 등은 호발 품종이다. 비만, 고지방식이는 위험인자로 제시되고 있으며, 고양이의 경우 담관염, 신장 질병, 염증성 장질병, 지방간 등과 연관되어 있는 것으로 생각된다. 심한 합병증으로 다발성장기부전, 파종성혈관내응고(DIC) 등이 나타날 수 있다.

(2) 임상증상

무증상에서부터 복통, 식욕부진, 구토, 혈변, 설사, 쇼크 등의 증상을 보인다. 복통이 심한 경우 앞다리는 바닥에 대고 뒷다리와 엉덩이를 치켜세우는 일명 '기도하는 자세'를 보이기도 한다. 구토의 경우 급성, 만성 췌장염의 흔한 증상이다. 때에 따라서 황달을 보이는 경우도 있기 때문에 신체검사 시 눈, 점막 등을 면밀히 살펴보아야 한다. 파종성혈관내응고가 나타난 경우 점상 및 반상출혈을 보일 수 있다. 드물게 췌장염 환자에서 다음/다뇨 증상이 나타나기도 하는데, 당뇨가 동시 병발하지 않았는지 관찰해야 하며, 드물게는 혈관염 등에 의해 복수가 생기기도 한다. 고양이는 개에 비해 임상증상이 경미한 편이므로 더욱 진단이 어렵다.

(3) 진단검사 방법

췌장염의 증상이 소화기 증상 외 특이적인 것이 없으므로, 혈액 임상병리 검사 및 영상진단검사 등 전신 스크리닝 검사가 필요하다. 췌장염의 경우 혈청화학검사 시 아밀라아제(amylase)와 리파아제(lipase)가 올라가는 경우가 많으나, 진단적 가치는 낮은 편이다. 개, 고양이에서 췌장염 진단은 췌장 리파아제 면역반응(pancreatic lipase immunoreactivity; PLI)이 민감도와 특이도가 높다. 개에서 PLI의 민감도는 86.5~94.1%이다. 개와 고양이 모두에서 급성 췌장염이 만성에 비하여 민감도가 높은 편이다. PLI는 정량검사뿐만 아니라, 정성검사로 빠르게 이용하는 스냅 키트 등도 임상에서 적극적으로 활용하고 있다. 췌장염을 가진 개, 고양이의 약 60%가 혈청화학검사상 간효소 수치가 올라가 있다. 복수가 있는 경우 삼출물을 이용하여 추가적인 검사를 진행한다. 췌장염은 대부분 혈청혈액성 삼출물로, 리파아제, 아밀라아제, PLI 등을 측정하여 췌장염을 진단하는 데 도움을 줄 수 있다. 복부초음파 검사는 진단에 도움을 주는 근거를 얻거나, 혹은 관련 합병증 등을 파악하는 데 이용할 수 있지만, 췌장염이 있는 경우에도 정상 소견을 보이기도 하기 때문에 보조적인 방법으로 사용한다. 확진 방법 중 췌장 생검 후 조직병리학적 검사를 진행하기도 하지만, 침습적인 이유로 흔하게 사용되는 방법은 아니다.

(4) 환자의 간호

급성췌장염으로 내원한 경우 치료 및 예후는 굉장히 다양하다. 췌장염의 원인이 따로 있다면 원인제거에 초점을 맞추어야 하지만, 대부분 특발성으로 일어난다. 그 결과로 췌장염으로 치료받는 경우, 혈류 개선을 목표로 하는 수액처치 포함 대증요법이 주가 된다. 경미한 췌장염의 경우 1~2일 단기간 수액치료로 탈수 교정 후 치료되기도 한다. 수액 처치 이외에도 전해질 교정, 항구토제, 항생제, 진통제 등의 대증요법을 이용한다. 췌장염의 상태가 중등도 이상의 경우 추가적으로 혈장 수혈 등을 필요로 하는 경우가 있으며, 음식 섭취가 불가한 경우 비경구 영양공급 혹은 위장관 튜브를 장착할 수도 있다. 이러한 경우는 대부분 집중치료 대상이며, 예후 또한 좋지 않음을 보호자에게 고지해야 한다. 적극적인 수액 치료가 필요하지만, 역설적으로 췌장염을 앓게 되면 혈관 투과성이 정상보다 증가하여 폐수종이 발생할 위험 또한 높아지기 때문에, 적절한 수액 속도 조절이 필수적이다. 췌장염은 통증이 상당한 질환이며, 특히 고양이들은 통증반응을 잘 보이지 않기 때문에 적절한 진통제 관리가 필요하며, 입원한 경우에는 통증반응(호흡수 증가, 꼬리 말기, 비명, 기도하는 자세 등의 증상)이 나타나는지 살펴보아야 한다.

(5) 급여 시 고려사항

과거에는 췌장염이 진단되면 1~2일 정도 금식(NPO)을 지시하였다. 그러나 연구 결과, 금식 자체가 췌장염 회복에 도움이 되지 않는다고 알려지면서, 구토가 심하지 않고 자발 식욕이 있는 경우 식이를 공급하는 추세로 변경되었다. 특히나 고양이의 경우 금식하게 되면 지방간증이 추가로 발병할 수 있어, 금식을 추천하지 않는다. 식이는 저지방식이를 선택하는 것이 좋다. 만성 췌장염의 경우 저지방식이 후 식후 통증이 사라지며 전반적으로 활력이 개선되기도 한다. 식이 공급 후 구토증상이 보이는 경우라면, 담당 수의사와 상의하여 항구토제를 이용하는 것도 추천된다.

II. 외분비 췌장 기능부전(Exocrine pancreatic insufficiency)

(1) 병인론

리파아제(Lipase)는 췌장에서만 생성되는 소화기계 효소이다. 외분비 췌장 기능부전(Exocrine pancreatic insufficiency; EPI)은 췌장에서 효소가 부족하여 생기는 기능적인 질병을 일컫는다. 원인은 명확하게 밝혀지지 않았으며, 췌장의 샘꽈리 부분이 위축되는 것을 주요한 요인으로 생각하고 있으며, 만성 췌장염 또한 하나의 요인으로 대두되고 있다. 췌장염이 있는 경우 진단되는 경우가 많은 만큼, 당뇨와 함께 병발되는 경우가 흔하다. 이외 원인으로는 췌장의 종양, 리파아제의 단독 효소 결핍, 십이지장의 산성화 등이 보고되었다. 고양이에서는 샘꽈리 위축은 보고된 바가 없으며, 말기 췌장염에 의해 유발되는 경우가 대부분이다. 리파아제가 90% 이상 감소해야 임상적으로 외분비 췌장 기능부전이 진단된다. 외분비 췌장 기능부전을 가지고 있는 개와 고양이들은 대부분 십이지장 효소 활성 또한 낮아진 상태이다. 이에 속발하여 코발라민(Vitamin B12)이 흡수되기 어려워지며, 결핍이 나타나게 된다(EPI를 가지고 있는 개의 82%).

(2) 임상증상

외분비 췌장 기능부전이 발생한 개와 고양이의 주 증상은 정상적인 식욕임에도 불구하고 만성 설사 및 체중감소를 보이는 것이다.

외분비 췌장 기능부전이 있는 경우, 소장세균 과증식(small intestinal bacterial overgrowth; SIBO)

이 같이 보이는 경우가 많아서 진단 시 같이 고려해야 한다. SIBO가 병발하게 되면, 세균에 의해 소화되지 않은 지방이 하이드록시 지방산으로 분해된다. 이들이 불포화 담즙산염과 함께 결장의 점막을 자극하여 대장성 설사의 증상이 나타난다. 즉, 외분비 췌장 기능부전과 SIBO가 같이 나타나면서 소장성 설사와 대장성 설사의 임상증상이 같이 나타나게 된다. 설사뿐만 아니라, 이 질환의 경우 지방이 흡수되지 않기 때문에 지방변의 양상도 같이 보인다. 외분비 췌장 기능부전에서 원발 질환이 만성 췌장염이었다면, 구토와 식욕부진 및 복부통증을 호소할 수도 있다. 소화기 증상 이외에도 필수지방산의 부족, 영양소 흡수 부전에 의해서 악액질(cachexia) 및 피부 상태 악화 등이 나타나기도 한다.

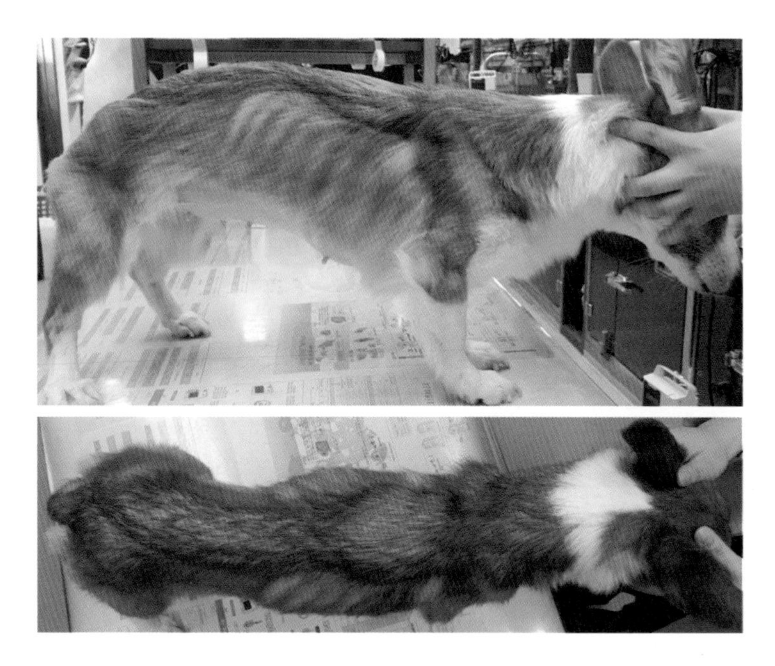

그림 6 외분비 췌장 기능부전으로 만성 설사 및 악액질로 진행된 4년령의 개

(3) 진단검사 방법

외분비 췌장 기능부전을 진단하는 민감도와 특이도가 높은 검사법은 혈중 TLI(Trypsin like immunoreactivity) 농도 검사법이다. 이 검사 시에는 절식 후 채혈을 진행하며, 원심분리를 통해 혈청(serum)을 분리하여 검사한다. 외분비 췌장 기능부전을 가지고 있는 경우 TLI 농도가 감소된 것을 확인할 수 있다. 또한 혈청 코발라민 농도가 낮은 결과 또한 진단에 도움이 되며, 일반적으로 치료 중에도 계속 코발라민 농도를 체크한다. 외분비 췌장 기능부전이 있는 경우 엽산농도가 높게 나오기도 한다(약 33.33%). 이로써 SIBO가 병발하였는지 추측해볼 수 있으나, 식이 결핍 등이 심한 경우 오히려 낮게 나오기도 한다.

췌장염과 다르게 조직병리학적 검사가 외분비 췌장 기능부전에 확진 방법으로 사용되기는 어려우며 보조적인 방법으로 이용되는데, 그 이유는 외분비 췌장 기능부전은 기능적인 질병이기 때문이다. 다만, 외분비 췌장 기능부전의 많은 증례에서 조직병리학적 검사상 샘꽈리가 현저히 줄어들고 위축되는 것이 확인되었다. 분변검사 또한 민감도와 특이도가 낮은 편이라 잘 이용되지 않는다.

(4) 환자의 간호

임상적으로 외분비 췌장 기능부전이 진단된 경우, 평생 췌장 효소를 공급해야 한다. 가루 혹은 캡슐제제를 사료에 뿌려주어 공급하는 방법이 일반적이다. 투여한 효소들은 위 내 산성 환경에서 불활화될 가능성이 높은 편이어서, 위산분비 억제제 등의 추가 처방이 필요할 수 있다. SIBO가 동시에 병발한 경우에는 항생제 치료가 필요하다. 메트로니다졸(metronidazole), 타이로신(tylosine) 등이 이용되며, 3~4주 정도 치료를 지속한다. 외분비 췌장 기능부전을 가진 개와 고양이들은 대다수가 코발라민 결핍 상태이므로, 주기적으로 인위적 공급이 필요하다. 일반적으로 0.02mg/kg 근육주사(IM)로 2~4주 간격 공급이 필요하므로 스케줄 관리 및 지속적인 혈청농도 검사가 필요하다. 만성 췌장염으로 인해 외분비 췌장 기능부전이 발생한 경우는 당뇨에 대해 인슐린 관리도 같이 병행하도록 한다. 꾸준한 관리가 병행되면 외분비 췌장 기능부전의 예후는 좋은 편이다.

(5) 급여 시 고려사항

외분비 췌장 기능부전의 대표적인 증상은 지방성분이 소화되지 않는 것이기 때문에 기본 급여지침은 저지방식이 급여이다. 하지만 지방의 에너지가 높기 때문에, 외분비 췌장 기능부전에 기인하여 악액질로 진행된 경우에는 저지방식이만을 급여하였을 경우, 체중이 쉽게 늘지 않는다. 이러한 경우, 저지방보다는 중등도의 지방을 함유한 식이를 공급할 수 있다. 고지방식이는 피해야 한다. 섬유소가 높은 음식 또한 췌장효소를 불활화하고 흡수할 수 있기 때문에, 섬유소 함량도 적은 것을 추천한다. 만성 췌장염이 있는 경우는 저지방식이를 장기간 급여하여, 췌장염과 외분비 췌장 기능부전을 동시에 관리한다. 염증성 장질환이 병발한 경우는 저알러지 사료를, 당뇨가 병발한 경우는 당뇨사료를 급여할 수도 있기 때문에 기저질환과 병발질환을 반드시 체크하여야 한다. 외분비 췌장 기능부전의 관리 핵심은 규칙적인 식사 시간과 지정된 식이 외에 다른 음식을 삼가는 것이다. 장기간 관리 후에 위장관이 회복된 경우, 정상 식이로 돌아오는 경우도 있다.

CHAPTER 08

신경계 질환

신경계 해부학과 신경증상을 이해한다.

신경증상을 나타내는 환자의 진단적인 접근과 치료를 이해한다.

신경계 질환 환자의 간호 시 주의사항을 확인한다.

제1장

신경계 구조의 이해

이번 챕터에서는 중추신경계를 구성하는 뇌와 척수 이상과 관련된 대표적인 내과적 질병에 초점을 맞추어 다루고자 한다. 신경외과에서 충분히 다룰만한 내용은 다루지 않거나 가볍게 언급할 것이다. 신경증상을 가진 개와 고양이의 신경계 구조 및 기능을 이해하는 것은 정확한 신경계 검사를 통한 병변의 국소화가 가능할 수 있도록 도와준다. 정확한 신경해부학적 진단은 적절한 감별진단 목록을 만들기 위해 필수적이다. 이러한 감별진단 목록은 신경계 검사를 통해 이루어진다. 자기공명영상(Magnetic resonance imaging(MRI))은 특히 복잡하고 어려운 신경학적 질환을 진단하는 능력을 향상시켰다. 하지만, 영상진단법이 이상 소견을 확인하는 데 민감한 검사방법이지만, 특이도가 부족한 단점이 있다. 이러한 단점을 보완하기 위해서 MRI 전 단계에 정확한 신경계 검사가 이루어져야 한다.

1. 신경계의 기능적 해부와 병변의 국소화

(1) 뇌(Brain)

뇌는 크게 종뇌(telencephalon), 사이뇌 또는 간뇌(diencephalon), 중뇌 또는 중간뇌(mesencephalon), 뒤뇌(metencephalon), 숨뇌 또는 연수(myelencephalon), 다섯 부분으로 구분한다.

종뇌는 네 개의 엽(전두엽(frontal lobe), 두정엽(parietal lobe), 측두엽(temporal lobe), 후두엽(occipital lobe))으로 나뉘며, 각기 고유의 기능을 가진다.

전두엽은 운동기능에 관여하며, 전두엽의 이상은 종종 강박행동, 선회(circling), 발작을 나타낸다. 두정엽은 신체적인 환경과 공간에서의 자세를 인지하는 기능을 가진다. 수의학 분야에서 평가에 제한이 있는 청각은 측두엽과 관련되어 있다. 측두엽의 이상은 발작으로 진행될 수 있다. 후두엽은 시각을 인지하고 해석하며, 후두엽의 병변은 저하된 위협반사(menace reflex) 반응을 일으킬 수 있다. 시신경이나 소뇌(cerebellum)의 병변도 저하된 위협반사 반응을 보일 수 있다.

뇌의 나머지 부분을 뇌간(brain stem)으로 분류한다. 가장 앞쪽은 시상상부(epithalamus), 시상(thalamus), 시상하부(hypothalamus)로 구성된 간뇌(diencephalon)이다. 간뇌의 뒤쪽으로 중간뇌(mesencephalon)가 있으며, 이어서 뒤뇌(metencephalon)(다리뇌(pons)와 소뇌(cerebellum))로 이어진다. 마지막으로, medulla oblongata라고 하는 숨뇌(myelencephalon)가 있다.

뇌의 앞쪽 영역에 해당하는 대뇌 또는 전뇌(forebrain)는 종뇌와 간뇌로 구성된다. 간뇌는 시상상부, 시상, 시상하부, 뇌하수체(pituitary gland), 그 외에 몇 가지 다른 구조로 이루어져 있다. 중간뇌(mesencephalon)는 중뇌(midbrain)로, 뒤뇌(metencephalon)와 숨뇌(myelencephalon)는 후뇌(hindbrain)로 각각 분류한다. 후뇌(hindbrain)는 다리뇌(pons), 소뇌(cerebellum), 숨뇌(medulla oblongata)로 구성된다(그림 1). 뇌간 전반의 병변을 국소화하기 위해서 12개 뇌신경과 각각의 뇌간 영역을 연결하는 것이 필요하다(그림 2).

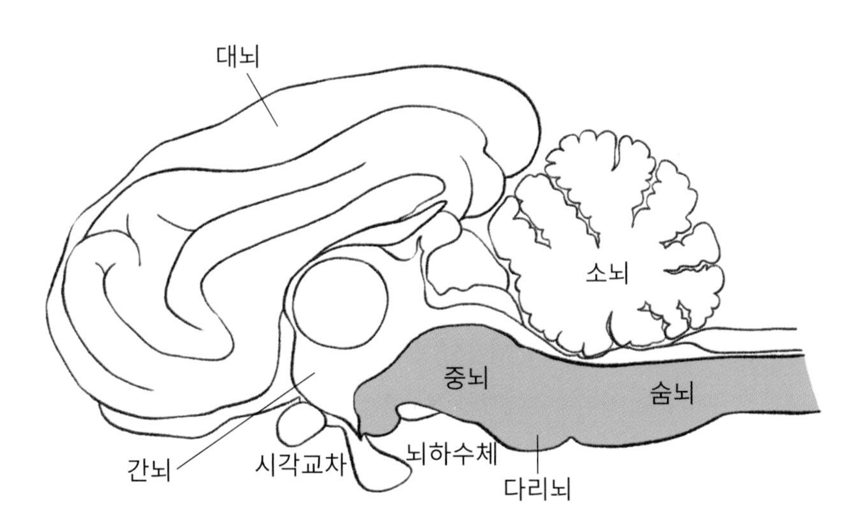

그림 1 뇌의 국소적 해부학도

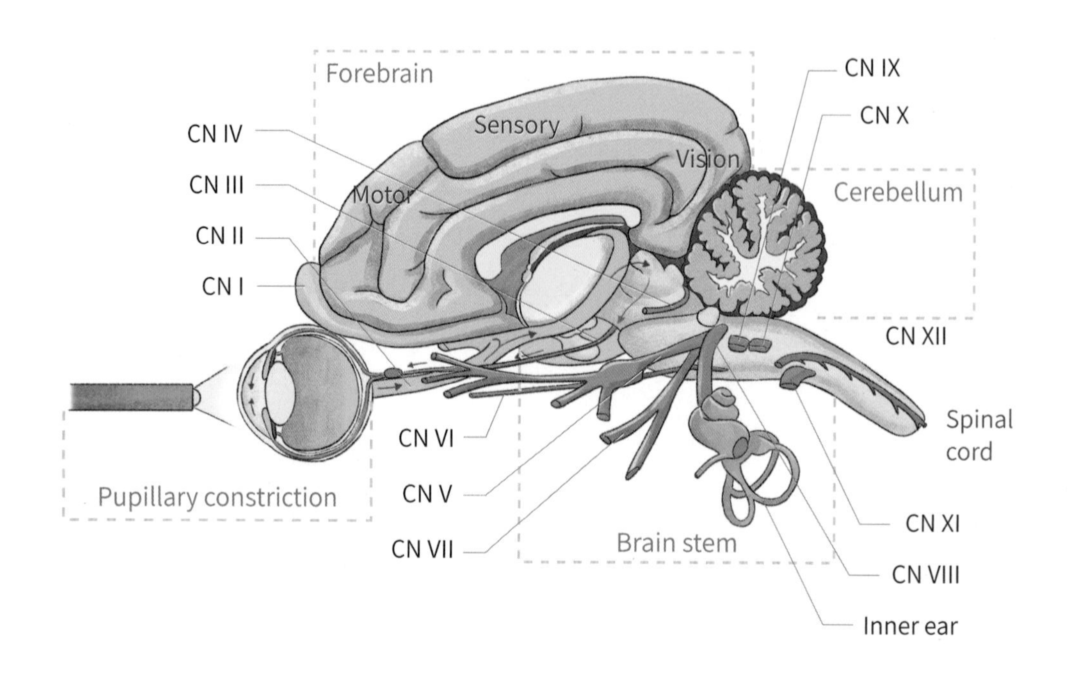

그림 2 12개의 뇌신경과 뇌간영역의 연결

(2) 척수(Spinal cord)

척수는 대후두공(foramen magnum)의 뒷부분에서 시작한다. 병변의 국소화를 위해서 C1–C5, C6–T2, T3–L3, L4–S2 및 꼬리뼈로 구분한다. 이는 상위운동신경세포(upper motor neuron; UMN)와 하위운동신경세포(lower motor neuron; LMN)의 기능에 기반한다. UMN과 LMN의 개념은 신경 해부학과 신경계 검사의 이해에 중요한 항목이다(그림 3).

UMN은 뇌에서 기원하며 UMN과 LMN을 조절하는 기능을 한다. UMN은 정상적인 움직임을 시작하고, 유지하며, 중력에 대하여 신체를 지지하기 위해 사용하는 근육의 긴장도를 조절하고 근신전반사를 막는 역할을 한다. UMN은 척수와 뇌간의 운동로뿐만 아니라, 뇌간, 대뇌피질의 신경세포체로 구성되며, 상위중추에서의 정보를 하위운동신경으로 전달하는 역할을 한다. 상위운동신경세포핵이나 전달로의 손상은 해당 부위 이하의 모든 하위운동신경세포의 억제효과 및 움직임을 시작하는 능력을 상실한다. 병변 뒷부분의 상위운동신경 징후(UMN signs)는 수의 운동의 소실(마비)이나 걷거나 뛸 때의 사지 움직임의 지연, 신전근의 긴장도 증가, 척수반사의 항진을 의미한다. 운동부전과 연계된 감각의 징후와 병변 뒤쪽 사지나 피부의 감각 감소는 통증 인지와 고유감각을 통제하는 역할을 하는 상위운동신경세포의 이상을 의미한다. LMN은 운동을 위한 근육이나 샘과 중추신경계를 직접 연결하는 수출성 신경원이다. 척수의 회색질에 있는 신경세포체와 배 쪽 신경뿌리, 척수신경, 말초신경으로서 척주관으로부터 나오는 축삭으로 이루어져 있다. 이러한 신경들은 신경근 이음부에서 끝나며 근육의 수축을 유도한다. 하위운동신경의 특정 부위 손상은 그 신경이 분포된 근육의 비정상적인 상태를 나타내게 하며, 이를 하위운동신경 징후(LMN signs)라고 말한다. 이러한 하위운동신경 징후는 근육 긴장도의 감소, 빠른 근위축, 척수반사의 감소나 소실, 이완성 마비, 마비 등을 포함한다. 하위운동신경 징후를 가진 동물은 짧은 보폭을 가지고 있으며 체중을 지지할 수 있으면, 정상적인 자세반사를 가지게 된다. LMN(말초신경, 척수신경이나 등 쪽 신경뿌리)의 감각 구성체에 심각한 손상이 있을 때 하위운동신경세포에 영향을 받는 사지나 피부의 감각소실 역시 나타날 수 있다.

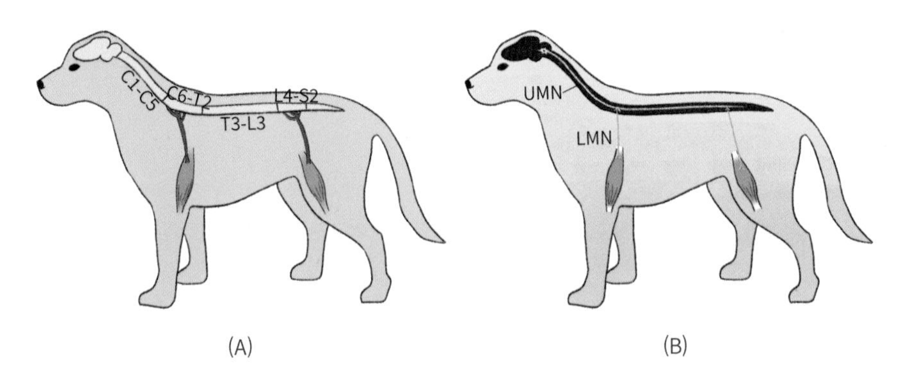

그림 3 (A) 척수분절, (B) 상위운동신경세포(UMN)와 하위운동신경세포(LMN)

제2장

진단검사 방법

Ⅰ. 선별검사

신경계의 선별검사는 빠르게 진행할 수 있다. 의식, 자세와 보행의 이상을 우선적으로 평가한다. 이상이 발견되면 근긴장도, 척수반사, 요로기능, 감각기능, 뇌신경을 평가하여 병변의 국소화를 시도한다.

(1) 정신상태(Mental state)

미세한 변화는 인지하기 어려울 정도로 명확하지 않을 수 있어서 보호자에게 반려동물의 행동에 일련의 변화가 있는지 질문해야 한다. 의식의 저하는 전신적인 질병이나 뇌의 손상 및 병변을 가지고 있을 때 발생할 수 있다. 발작은 일차적인 뇌병변이나 대사적인 문제에 의한 이차적인 뇌손상에 의해서 발생할 수 있다(표 1).

표 1 의식 이상(Disorders of consciousness)

상태(state)	특성(characteristic)
정상(normal)	외부자극에 적절한 반응
우울(depressed)	안정되거나 졸린, 환경 자극에 반응, 둔감
섬망(delirious)	자극에 부적절한 반응, 초조하거나 혼란한 상태

혼미(stuporous)	강한자극(통증)에 반응하나, 의식이 없음
혼수(comatose)	강한자극(통증)에 반응하지 않으며, 의식이 없음

(2) 자세(Posture)

정상적인 기립 자세는 여러 중추신경계 경로와 척수 반사의 결합으로 유지된다. 자세 이상은 신경계의 이상으로 발현될 수 있다. 보폭이 넓어지는 자세는 운동실조 동물에서 흔하며, 소뇌나 전정기관의 질병에 기인하여 균형에 문제가 있는 경우에 나타날 수 있다. 지속적인 머리 기울임은 일반적으로 전정계의 이상과 관련이 있다(그림 4). 누워있는 동물의 신경학적인 이상을 명확하게 평가하는 것은 병변을 국소화하는 데 도움을 준다.

1) 대뇌제거 경직(decerebrate rigidity)

뒤쪽 뇌간에 병변이 있을 때 이러한 자세를 보일 수 있다. 혼미(stuporous)하거나, 혼수(comatose) 상태이며, 사지는 뻣뻣하게 펴져 있으며 목과 머리는 등 쪽으로 펴져 있는 자세를 보인다(활모양 강직, opisthotonus; 그림 5).

2) 소뇌제거 경직(decerebellate rigidity)

소뇌의 뒷부분은 펴짐근의 긴장도를 막는 역할을 한다. 이 부위의 병변은 흉부 사지의 펴짐근 긴장도를 증가시키며, 활모양 강직을 보이며 정상적인 정신상태를 보인다. 뒷다리는 전형적으로 엉덩허리근육의 긴장도 증가로 인해, 엉덩이가 앞쪽으로 굽은 형태로 증상이 나타난다(그림 5).

그림 4 중이염/내이염으로 인한 말초 전정기관 이상을 가진 성묘의 우측 머리 기울임

(A) 대뇌제거 경직(decerebrate rigidity)　(B) 소뇌제거 경직(decerebellate rigidity)

그림 5 비정상적인 자세(abdominal postures)

3. 보행(Gait)

보행에 대한 신경계 평가는 미끄럽지 않은 편평한 바닥을 뛰거나 걷는 것을 관찰함으로써 이루어져야 한다. 만약 동물이 스스로 걸을 수 없는 상태라면 장비나 도구로 지지하여 수의적인 움직임과 보행을 제대로 평가해야 한다. 각각의 환자에게 마비, 운동실조, 파행과 선회운동이 있는지 확인한다.

1) 부전마비(Paresis)/완전마비(Paralysis)

부전마비는 허약 또는 체중을 지지하거나 정상적으로 보행할 수 없는 상태로 정의한다. 완전마비는 수의적인 움직임의 완전한 소실 상태를 의미한다.

2) 운동실조(Ataxia)

운동실조는 근골격계 문제로 발생하는 파행과 달리 근육에 이상이 없는데도 불구하고, 복잡한 운동을 자연스럽게 할 수 없는 상태를 의미한다. 척수나 뒤쪽 뇌간의 병변에 기인한 고유감각(General proprioceptive; GP) 운동실조가 나타나며, 소뇌, 전정계의 병변에 의해서 발생할 수도 있다. 고유감각 운동실조는 운동과 자세에 대한 감각 정보들이 중추신경계로 정확하게 전달되지 못하여 발생한다. 사지를 공간적으로 인지하지 못하며, 방향을 바꿀 때 사지가 과도하게 벌어지고, 넓은 보폭과 움직임이 과장되며, 영향을 받는 다리를 내미는 것이 지연되기 때문에 체중을 지지하는 시기(weight bearing phase)가 길어진다. 전정계 운동실조는 일반적으로 균형감각의 소실로 인한 머리 기울임, 기대거나 미끄러짐, 안구진탕(nystagmus) 등의 증상을 동반한다. 소뇌성 운동실조를 나타내는 동물은 정상적인 힘을 가지고 있으나, 몸이 흔들리는 반응과 과도한 사지 움직임 등의 보행 착란 증상을 보일 수 있다.

3) 파행(Lameness)

정상적인 보행이 불편할 때 파행을 보인다. 편측으로 파행을 보이는 동물은 아픈 다리 쪽에는 무게를 지탱하는 시간이 짧으며, 반대편 다리에는 무게를 지탱하는 시간이 정상보다 길다. 경우에 따라서 아픈 다리를 들고 걷거나 끌고 다니기도 한다. 이러한 경우는 일반적으로 정형외과적인 이상을 가진 경우이다.

4) 선회(Circling)

선회는 전정계나 종뇌에 병변이 있을 때 발생할 수 있다. 편측성 병변을 가진 경우에는 일반적으로 병변이 있는 방향으로 크게 원을 그리며 걷는다. 병변이 있는 방향으로의 급선회는 전정계 질환과 관련이 있다. 대부분의 전정계 병변을 가진 동물에게 운동실조와 머리 기울임, 안구진탕, 균형의 소실 등의 증상이 나타난다(그림 6).

그림 6 대뇌와 뇌간의 염증으로 선회운동과 머리 기울임 관찰

(4) 자세 반사(Postural reactions)

곧게 선 자세에서 동물의 몸을 유지하기 위한 복잡한 반응의 연속을 자세 반사라고 한다. 자세 반사 검사는 동물이 일정한 공간 내에서 스스로 자세에 대한 인지 여부를 확인하기 위해서 시행한다. 고유감각에 대한 감각수용체는 근육, 인대, 관절에 존재하며, 척수 고유감각로는 감각 정보를 대뇌피질로 전달한다. 검사자는 전신적인 자세 반사 평가를 통하여 일상적인 걸음검사에서 관찰되지 못한 미세한 결함을 인지하고, 각각의 사지가 신경학적으로 정상인지 비정상인지 평가한다. 자세 반사는 고유감각반응(proprioception), 도약반응(hopping), 외바퀴손수레끌기(wheelbarrowing), 편측보행(hemiwalking) 등의 항목들을 검사함으로써 평가할 수 있다(그림 7).

(A) 의식적인 고유감각반응
(Conscious proprioception).
동물이 체중을 지탱하고 서 있는 자세에서 한쪽 발의 발등을 바닥면으로 뒤집음의 정도를 평가한다.
정상 반응은 즉시 또는 자연스럽게 원래의 자세로 돌아오는 것이다.

(B) 앞다리 도약반응
(Forelimb hopping).
복부를 지탱해주고 한쪽 다리를 땅에서 떼어낸 상태에서 한쪽 앞발만 땅을 디디게 한다. 디딘 앞발의 측면으로 움직임을 줌으로써 평가한다. 몸이 움직여질 때 빠르게 발을 움직이는 것은 정상적인 반응이다.

(C) 뒷다리 도약반응
(Pelvic limb hopping).
가슴을 지탱해주고 한쪽 뒷다리를 들어주고, 다리를 디딘 쪽으로 몸을 움직여 주어 움직임을 평가한다. 몸이 움직여질 때 빠르게 해당 방향으로 발을 움직이는 것은 정상이다.

(D) 외바퀴 손수레 끌기(Wheelbarrowing).
복부를 지탱하면서, 앞쪽으로 움직이게 한다. 머리는 시선과 수용 감각 반응 이상을 제한하기 위하여 위로 들어준다.

(E) 편측보행(Hemiwalking).
편측면의 앞다리와 뒷다리를 들어주고,
앞쪽과 측면의 보행을 평가한다.

그림 7 자세반응 검사

(5) 근육 크기/긴장도(Muscle size/Tone)

근육의 위축과 긴장도는 조심스러운 촉진과 각 사지의 운동 범위 평가를 통해 확인한다. 근육의 위축은 사용하지 않음으로 인해 서서히 발생하고, LMN 병변에 기인하여 빠르게 진행된다(신경학적 위축). 척수와 말초신경은 각 사지 근육과 연결되기 때문에, 사지에서의 국소적인 근육 위축의 확인은 말초신경, 신경뿌리나 척수의 회백질의 병변의 국소화에 도움을 줄 수 있다.

척수반사(spinal reflexes), 감각평가(Sensory evaluation), 통증/통각과민(Pain/hyperpathia)의 항목은 소동물 임상에서 병변 특성상 내과보다는 신경외과에서 자세히 다루는 부분이기 때문에 과감하게 생략하도록 한다.

(6) 뇌신경(Cranial nerves(CN))

과거에 해부학자들은 12개 뇌신경의 시작을 가장 앞쪽인 후각신경(olfactory nerve)으로, 마지막을 가장 뒤쪽인 혀밑신경(hypoglossal nerve)으로 분류하였다. 뇌신경의 기능 이상은 단일 신경에 영향을 주는 질병, 많은 신경에 영향을 주는 미만성의 다발신경병증, 이상증 집합체를 가진 질병 등에 의해서 유발된다. 뇌신경 기능 이상을 유발하는 뇌병변을 가진 동물에서는 자세 반응의 결여, 부전마비, 완전마비나 정신이상과 같은 여러 가지 증상이 나타날 수 있다. 뇌간 전반의 병변을 국소화하기 위해서 12개 뇌신경과 각각의 뇌간 영역을 연관지어 평가하는 것이 필요하다(그림 2).

CN Ⅰ(olfactory nerve)(후각신경)과 관련한 후각 소실은 통계학적으로 매우 드물다. CN Ⅱ(optic nerve)(시신경)는 CN Ⅶ(facial nerve)(안면신경)과 함께 평가한다. 눈을 향해 손으로 위협을 가하면, 반사적으로 눈을 깜빡인다. 안면신경 마비 환자는 반사가 불완전할 것이다. 시력을 평가하기 위해서 환자를 향하거나, 환자 시야 주변으로 솜뭉치를 던져보는 것도 검사의 방법이다.

말초맹(peripheral blindness)과 중추맹(central blindness)을 구분할 수 있다. 중추맹은 후두엽의 병변으로 나타날 수 있으며, 말초맹은 망막(retina), 시신경, 시각교차(optic chiasm)의 병변과 관련되어 있다. 구별하는 방법은 동공빛반사(pupillary light reflex)이다. 눈에 빛을 비추는 것은 망막을 자극한다. 전기적인 자극은 시각교차를 사이에 두고 시신경과 시각로(optic tract)를 통해서 간뇌의 덮개앞운동핵(pretectal motor nucleus)으로 전달된다. 간뇌 반대편의 자극은 눈돌림신경핵(oculomotor nucleus)의 부교감신경핵에서 접합한다. CN Ⅲ(oculomotor nerve)(눈돌림신경)은 동공을 수축시키는 역할을 한다. 동공빛반사 경로의 병변은 실명과 동공빛반사 상실을 유발할 수 있다. CN Ⅲ, Ⅳ(trochlear nerve)(도르래신경), Ⅵ(abducent nerve)(외전신경)은 모두 눈을 움직이기 위해 함께 작용하며, 이들 중 어느 하나의 결손은 사시(strabismus)를 유발할 수 있다. CN Ⅲ 마비는 배쪽외측치우침(ventral lateral deviation)을 유발하고, CN Ⅳ는 눈 등쪽면의 외측회전(lateral rotation), CN Ⅵ는 내측치우침(medial deviation)을 일으킨다. 또한 CN Ⅵ는 안와가 안구를 뒤쪽으로 당기는 역할을 한다. 각막의 가벼운 터치는 환자가 반사적으로 안구를 안와쪽으로 당김을 유발한다. CN Ⅳ와 Ⅵ의 이상은 매우 드물다.

CN Ⅴ(trigeminal nerve)(삼차신경)는 3가지 분지(하악(mandibular), 상악(maxillary), 안구(ophthalmic))를 이루어 안면 감각을 담당하기 때문에 삼차신경이라고 한다.

하악의 근육톤과 감각에 대한 평가를 하기 위해서 근육 대칭과 저작근 위축 여부를 확인한다. 안검반사(palpebral reflex)는 상악과 안구 분지 평가에 이용한다. 눈의 내측과 외측을 만지면 반사적으로 눈을 깜박이는 것이 정상이다. CN Ⅶ에 문제가 없는 환자는, 접촉을 느끼고, 정상적인 경우 깜박여야 한다. CN Ⅴ는 콧구멍의 점막을 부드럽게 만지면, 정상적인 환자들은 머리를 피하는 것을 확인할 수 있다. 이것은 유해한 자극에 대한 뇌의 반응이다.

CN Ⅶ은 안면 근육을 조절한다. 부교감 섬유는 CN Ⅶ과 함께 눈물 생성을 조절하기 때문에 안면마비는 눈을 감을 수 없으며, 눈물 생성을 억제한다.

CN Ⅷ(vestibular/cochlear nerve)(속귀신경)은 균형을 위한 전정과 청각을 위한 달팽이관의 두 부분으로 구성된다. 부분적으로 또는 두 가지 기능 모두 문제가 있을 수 있다. 박수를 치거나 사료 그릇을 부딪치는 소리 자극 테스트로 평가할 수 있다. CN Ⅷ의 전정부(vestibular portion)는 보통 질병의 영향을 받는다. 머리 기울임(head tilt), 선회(circling), 안구진탕(nystagmus)의 신경증상이 나타날 수 있다.

CN Ⅸ(glossopharyngeal nerve)(혀인두신경)는 인두와 혀의 뒤쪽 1/3에 분포한다. 관련 부위의 인위적인 자극은 연하 반응을 유도할 수 있다.

CN Ⅹ(vagus nerve)(미주신경)은 후두와 발성 기능을 조절한다. 미주신경의 부교감 섬유는 심장, 흉부와 복부 내장에 관여한다. 음식 섭취의 어려움, 목소리의 변화, 거친 호흡, 거대 식도는 미주신경 장애로 인한 증상일 수 있다.

CN Ⅺ(spinal accessory nerve)(척수부신경)은 등세모근과 목의 다른 근육에 관여한다. 이 신경과 관련된 이상은 극히 드물다.

CN Ⅻ(hypoglossal nerve)(혀밑신경)은 혀의 기능을 조절하는 신경으로서, 이상은 매우 드물다.

Ⅱ. 진단적 접근

(1) 일반적인 실험실적 평가

전체혈구계산(Complete blood count; CBC), 혈청화학검사, 뇨검사와 같은 실험실적 평가를 통해서 신경증상을 유발하는 대사성 질환을 감별할 수 있으며, 일부 원발성 신경질환과 연관된 임상병리학적 이상을 확인하는 데 도움이 된다.

전신적인 염증, 저혈당, 요독증, 전해질 불균형, 고암모니아혈증, 응고계 이상, 호르몬의 이상 등은 신경증상의 원인을 감별하기 위해 반드시 확인해야 할 혈액학적인 항목들이다.

(2) 영상진단

방사선 검사는 종양의 전이, 감염성 폐 질환, 실질 장기들의 비대 정도를 평가하는 비침습적인 검사이다. 복부초음파는 원발성 종양을 찾거나, 신경증상을 보이는 개와 고양이에서 문맥전신 단락(portosystemic shunts)을 확인하기 위한 1차적인 검사방법이다. 컴퓨터단층촬영(Computed Tomography; CT)과 자기공명영상(Magnetic Resonance Imaging; MRI)은 신경학적 질병을 진단하기 위해서 사용되는 비침습적인 방법이다. 뇌와 척수의 병변 위치를 확인하고, 평가하고, 특징짓는 데 유용한 검사이다. MRI가 뇌와 척수의 실질을 평가하는 데 유의적인 방법이기 때문에 신경학적 내과 질환에서는 MRI가 진단에 좀 더 이상적인 장비이다. MRI는 연부조직의 평가와 관련하여, 뇌와 척수 실질, 말초신경과 연관된 모든 병변에서 최적의 영상기법이다.

(3) 뇌척수액(Cerebrospinal fluid; CSF) 채취와 분석

뇌척수액의 채취는 전신 마취된 상태에서 가장 쉽고 안전하게 이루어질 수 있어서, MRI 촬영 과정에서 천자 부위를 무균적으로 소독하고 진행한다. 뇌척수액의 분석은 중추신경계 질병의 진단적 평가에 유용할 수 있다. 세포학과 단백 농도의 변화는 특정 질환의 진단에 도움을 준다. 세균배양, PCR, 항체 확인은 일부 감염성 중추신경계 질환 환자에서 확진에 도달할 수 있게 해준다. 병력에서의 특징, 전신질환, 영상 검사 결과에서 명확하게 진단이 이루어지지 않은 특정 신경증상을 나타내는 환자에서 뇌척수액 검사 결과로 확진을 하는 경우가 있다. 실제로 소동물 임상에서 신경계 질병의 발생 빈도로 미루어, 염증성 중추신경계 질환을 감별하는 방법으로 매우 효과적이다. 추가적인 진단 방법인 전기생리학적 진단검사나 근육과 신경의 생검은 현재 소동물 임상에서는 일반적으로 진행하는 검사가 아니기에 별도로 언급하지 않겠다.

제3장

대표적인 신경계 질환

1. 발작(Seizure)

발작은 대뇌피질에서의 전기적 활동이 과도하거나 과동기화되어 나타나는 임상 증상이다. 발작의 임상 증상은 전구기(prodrome period), 전조기(aura period), 발작기(ictal period), 발작 후기(postictal period)의 4가지 과정으로 구분한다. 전구기는 발작이 시작되기 전(몇 시간에서 며칠)이며, 이 시기에 보호자는 환자가 흥분하거나 안절부절못하는 비정상적인 행동을 보였다고 언급할 수 있다. 전구기는 어떤 환자에서는 겨우 알아차릴 수 있을 정도로 미약하게 나타나기도 하고, 민감한 보호자는 발작 전조증상을 예측할 수도 있다. 전조기는 발작이 시작되기 직전의 기간이며 이 시기에 환자들은 발작 전 수 초에서 수 분에 걸쳐 반복적인 감각 및 운동 행동(같은 장소를 서성이며 걷기, 핥기, 삼키기), 자율신경계 이상행동(침 흘림, 구토, 배뇨) 또는 비정상적 행동(숨기, 한 곳을 멍하니 쳐다보기, 울부짖기, 흥분 등)을 보인다. 발작기는 발작이 일어나는 시기이며, 환자는 의식을 잃거나 정신착란을 보이는 등 여러 행동을 할 수 있고, 근육 긴장, 씹는 행동, 침 흘림 또는 불수의적 배변, 배뇨를 나타낼 수 있다. 이 시기는 일반적으로 수 초에서 수 분에 걸쳐 이어진다. 발작 후기는 발작을 보인 즉시 나타나며, 수 초에서 수 시간 동안 증상이 나타날 수 있다. 이 시기 동안 환자는 비정상적인 행동을 보이거나, 방향 감각 상실, 운동실조, 수면 또는 시각 장애 이외에 한정된 부위에서의 감각 및 운동 신경의 이상도 포함된다. 발작 후기는 발작 이후 바로 이어지는 기간으로 간략하게 정의한다.

(1) 발작의 구분

발작이 나타나는 원인에 따라 뇌내성(Intracranial), 뇌외성(Extracranial), 특발성(Idiopathic)으로 구분할 수 있다(Box 1). 신경계라는 주제의 본 챕터에서는 뇌의 병변과 관련한 뇌내성 질환을 중심으로 설명한다. 발작은 종뇌의 기능적 또는 구조적 이상으로 발생하는 것이 일반적이다. 대사적 문제와 독소는 신경전달물질의 억제와 흥분 작용 사이의 불균형을 일으켜 발작을 유발한다. 뇌내성 문제로 인해 발작이 나타나는 환자에서는 행동학적 변화, 병변이 있는 방향으로의 선회, 병변 반대쪽의 불완전마비(hemiparesis), 자세 반응의 결핍, 시력상실, 얼굴의 감각 저하 등이 동반될 수 있다. 특발성 발작은 발작의 역치가 감소된 상태로 알려져 있으며, 유전적 소인이 큰 영향을 미칠 것으로 추정한다. 이환된 환자는 발작이 일어나지 않는 동안에는 정상이며, 다른 이상 유무를 감별하기 위해서 신경계와 관련된 광범위한 검사가 지시된다.

광범위한 검사에도 불구하고 지속적인 발작을 일으키는 원인이 명확하게 확인되지 않은 경우를 특발성 간질(idiopathic epilepsy)로 분류한다. 일반적으로 개와 고양이에서 모두 의식소실을 동반한 긴장성-간대성(tonic-clonic)의 전신발작으로 나타나며 1~2분 정도 지속된다. 경구 항경련제에 잘 반응하는 것이 특징이나 어린 연령에서 발현될수록 발작의 조절이 어려운 것으로 보고되었다. 특발성 간질에서 발작의 빈도는 환자마다 다르게 나타나지만, 전형적으로 몇 주 또는 몇 달 사이의 간격을 보인다.

뇌외성 발작은 저혈당, 간성뇌증, 저칼슘혈증 등의 대사성 질환이 개와 고양이에서 발작을 일으킬 수 있다. 과점성증후군(hyperviscosity syndrome), 다발골수종(multiple myeloma), 적혈구증가증(polycythemia), 심각한 전해질 불균형, 고삼투압, 열사병, 심각한 고혈압, 요독증 등이 발작을 일으킬 수 있다. 이러한 뇌외성 발작은 원인과 기저질환에 대한 치료 및 관리 여부가 발작을 조절하는 중요한 요소이다.

뇌내성 발작은 일반적으로 뇌에 발생하는 병변이 원인이 된다. 어린 동물에서는 선천적 질환과 염증성 질환이 가장 흔하며 6년령 이상의 개와 고양이에서는 종양의 발생 빈도가 증가한다. 발작이 일어나지 않는 동안의 국소적 또는 다발성 신경계 이상이 있는 경우 전뇌 병변을 의심할 수 있으나 뇌내성 질환을 가진 모든 환자가 신경계검사에서 비정상적으로 평가되는 것은 아니다. 진단을 위해서는 신체검사, 신경계검사와 더불어 임상병리학적, 영상학적 검사가 포괄적으로 지시된다.

Box 1 발작을 일으키는 요인

뇌외성 요인
독소
대사성 질환
- 저혈당
- 간질환
- 저칼슘혈증
- 고점도 혈액
- 전해질 불균형
- 고삼투압
- 심각한 요독증
- 갑생샘기능항진증(고양이)
- 갑상샘기능저하증(개)

뇌내성 질환
선천적 기형
- 뇌수두증
- 뇌이랑없음증
종양
- 원발 뇌종양
- 전이성 종양
염증성 질환
- 감염성 염증 질환
- 원인을 알 수 없는 염증성 질환(개)
  · 육아종성 수막뇌염
  · 괴사성 수막뇌염
  · 괴사성 백색질뇌염
혈관질환
- 출혈
- 경색

특발성 간질

II. 뇌내성 질환(Intracranial disorders)

(1) 전반적 고찰

만약 신경계 검사에서 뇌내성 병변이 의심되는 상황이라면, 감별진단 목록으로 다양한 질환들을 고려해보아야 한다. 전형적으로 뇌의 특정 한 부분에 영향을 줄 수도 있지만, 병변이 다발성으로 뇌의 다양한 부분에 영향을 미칠 수 있다.

(2) 정신상태 이상(Abnormal mentation)

이상행동, 섬망, 강박행동, 발작은 개와 고양이에서 대뇌 겉질 병변과 중독 또는 대사성 뇌병증에서 나타날 수 있다. 뇌간 병변과 관련된 질환 역시 심한 우울(depressed), 혼미(stupor), 혼수(coma)를 유발할 수 있다. 만약 환자가 비정상적인 정신상태를 보인다면, 초기에 그것이 순수한 행동학적 문제인지, 전신질환에 기인한 결과인지, 뇌내성 병변에 대한 감별하는 과정이 필요하다. 보호자로부터 환자의 정상행동, 전신상태, 정신상태의 변화가 시작된 시기와 결과에 대한 병력 청취를 하는 것이 신경학적 문제에 접근하는 과정에 많은 도움을 줄 수 있다. 신경학적 결손은 신경계 내에 이상이 있음을 나타낸다. 뇌의 병변에 따라서 선회(circling), 촉각, 시각, 청각 등의 감각 이상이 나타나며, 대개 보행은 정상이더라도, 병변 반대 방향으로 자세 반응의 결손을 나타내는 경우가 많다. 뇌간 병변은 전형적으로 의식상태의 변화, 뇌신경 반응의 다중 결손, UMN 마비, 운동실조, 자세 반응 결손 등이 다양하게 나타날 수 있다.

(3) 뇌내성 질환에 대한 진단적 접근

외상, 혈관질환(예: 출혈(hemorrhage)과 경색(infarction)), 기형(예: 수두증(hydrocephalus), 뇌이랑없음증(lissencephaly), 소뇌저형성(cerebellar hypoplasia), 염증성 질환(예: 수막뇌병증(meningoencephalopathy)), 퇴행성 질환, 원발성 또는 전이성 뇌종양 등을 포함하는 뇌내성 질환은 일반적으로 신경증상을 유발한다. 완벽한 신체검사와 신경계 검사를 시행하는 것은 중요하다. 신경증상의 원인이 명확하지 않을 경우, 대사성 질환과 감염 또는 종양성 질환의 전신 증상과 관련하여 임상병리학적 검사, 컴퓨터 단층촬영(Computed Tomography; CT), 자기공명영상(Magnetic Resonance Imaging; MRI), 뇌척수액 채취 및 분석이 단계적으로 이루어져야 한다. 검사 결과가 정상이라면 특발성 또는 퇴행성 질환을 의심해볼 수 있다.

(4) 뇌내성 질환의 종류

1) 두부 외상(Head trama)

두부 외상의 예후는 외상으로 인한 병변의 정도와 손상 정도에 달려있다. 개와 고양이에서 두부 외상의 일반적인 원인은 교통사고, 낙상, 교상 등이 있다. 뇌실질의 출혈, 허혈, 부종을 유발하는 이차적인 손상으로 이어질 수 있다. 뇌는 두개골 안에 둘러싸여 있어서 부종 또는 출혈로 인하여 뇌의 부피가 커지면 뇌 내 압력이 증가하게 되고, 뇌 관류의 감소와 뇌 손상을 유발한다. 뇌 손상 환자의 초기 치료 시 전신손상의 여부를 파악하고, 충분한 순환과 호흡을 유지하는 것이 중요하다. 전신 저혈압은 뇌 관류를 감소시키므로 순환 혈량 유지를 위해 충분한 수액이 필요하다. 산소 공급이 반드시 이루어져야 하며, 만약 호흡이 없다면 즉각적인 삽관과 환기가 동반되어야 한다. 과환기는 뇌내압을 감소시키지만 뇌 혈관 수축과 관류 감소를 유발할 수 있기 때문에 주의하여 시행한다. 가능하면, 동맥혈탄산가스분압(PaCO2)을 30~35mmHg로 유지하고, 발작이 나타나면, 항경련 치료를 병행한다. 뇌내압을 낮추는 방법으로 머리를 수평에서 30도 정도 올리거나, 만니톨(mannitol)(1g/kg)과 같은 삼투성 이뇨제, 마약성 진통제의 투여 등을 진행한다. 전신상태와 신경학적 평가는 30분마다 반복적으로 이루어져야 한다. 초기 신경학적 상태와 연속적인 모니터링을 통하여 손상 정도를 평가하기 위한 점수법이 있다. 수정된 글래스고 혼수 척도(Modified Glasgow coma scale; Box 2)를 이용하여 운동 활동, 뇌간 반사, 의식의 정도를 1~6의 점수로 평가한다. 총 점수가 8 또는 그 이하일 경우에는 집중적인 치료를 하더라도 예후는 불량할 확률이 높다.

Box 2 수정된 글래스고 혼수 척도(Modified Glasgow coma scale).

운동 능력(Motor activity)
정상보행, 정상 척수 반사 6
편측마비, 사지마비 또는 대뇌제거 운동(decerebrate activity) 5
누운 자세(recumbent), 간헐적 신근경직(extensor rigidity) 4
누운 자세, 지속적 신근경직 3
누운 자세, 활모양 강직을 동반한 지속적 신근경직 2
누운 자세, 근육긴장저하(hypotonia), 우울하거나 척수 반사 결여 1

뇌간 반사(Brainstem reflexes)
정상 동공빛반사(PLR)와 눈머리반사(oculocephalic reflex) 6
느린 동공빛반사와 정상에서 감소된 눈머리반사 5
정상에서 감소된 눈머리반사를 동반하는 양측 무반응성 축동(bilateral, unresponsive miosis) 4
감소에서 결여된 눈머리반사를 동반한 pinpoint 동공 3
감소에서 결여된 눈머리반사를 동반한 편측 무반응성 산동(unilateral, unresponsive mydriasis) 2
감소에서 결여된 눈머리반사를 동반한 양측 무반응성 산동 1

의식상태의 수준(Level of consciousness)
간헐적으로 민첩성(alertness)을 보이고, 환경에 반응 6
우울(depression) 또는 섬망(delirious) ; 반응할 수 있으나, 부적절한 반응일 수 있음 5
반혼수상태(semicomatose), 시각 자극에 반응 4
반혼수상태, 청각 자극에 반응 3
반혼수상태, 오직 반복적인 유해 자극(noxious stimuli)에만 반응 2
혼수상태(comatose), 반복적인 유해 자극에도 반응 없음 1

2) 수두증(Hydrocephalus)

수두증은 거미막융모(arachnoid villus)를 통해 전신 혈류로 흡수되는 뇌척수액 흐름이 폐색되어, 뇌실이 확장된 상태를 의미한다. 폐색은 대부분 선천적으로 발생하지만, 염증, 종양, 출혈 등에 의해서 이차적으로 발생할 수 있다. 소형견에서 품종 소인이 있다. 선천성 수두증이 있는 동물들은 명확히 커진 머리, 열려있는 천문(open fontanelle), 촉진 가능한 머리뼈 봉합(suture), 사시(strabismus) 등의 특징을 가지고 있다(그림 8, 9). 신경증상은 다양한 형태의 진행을 보이며, 기저질환이나 이벤트에 의해서 악화될 수 있다. 선천적인 수두증을 가진 약 30%의 개에서는 2년령까지도 명백한 증상이 나타나지 않는다고 보고되어 있다. 수두증은 품종 소인이 있는 어린 동물에서 열려있는 천문 여부와, 열린 부위를 통한 뇌초음파를 이용하여 일부 뇌실의 크기를 평가할 수 있다. 천문이 작거나 닫혀 있는 경우는 CT나 MRI를 통해서 뇌실 확장을 확인해야 한다. 조직학적 연구에서 뇌실 크기와 임상증상 사이에는 연관성이 적다고 보고되었으나, 실제 임상에서 소형 품종 개의 뇌실 확장과 신경증상과 밀접한 연관성이 있는 것으로 보고되기도 했다. 신경증상을 가지는 동물의 장기적 치료의 목적은 뇌척수액의 생성 억제 및 뇌내압의 감소이다. 아세타졸아마이드(acetazolamide), 퓨로세마이드(furosemide), 오메프라졸(omeprazole), 글루코코르티코이드(glucocorticoid) 등의 약물이 뇌척수액의 조절에 도움이 되며, 항경련 치료를 병용하는 것이 일반적인 치료 방법이다. 수두증은 약물치료에 대한 반응이 예후와 직접적으로 관련되기 때문에 약물의 반응이 미약하다면 수술적 배액 및 배액관 장착(뇌실복강지름술(ventriculoperitoneal shunt))과 같은 공격적인 선택이 필요할 수 있다.

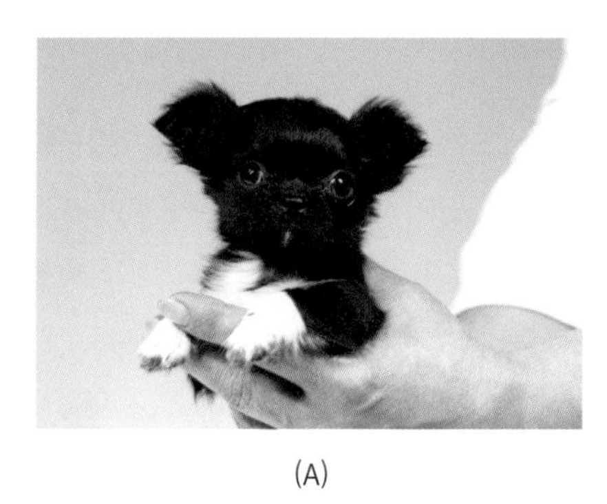

(A)

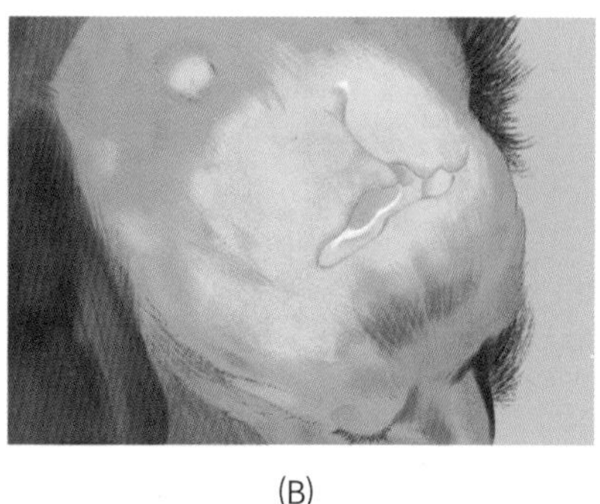

(B)

그림 8 (A) 치와와 자견에서의 수두증, 매우 크고 돔 모양의 머리뼈와 외사시 확인, (B) 뇌실복강지름술을 통한 가쪽뇌실의 수술적 배액 후 보이는 열린 머리뼈 봉합(천문) 확인

천문의 촉진

천문을 통한 프로브

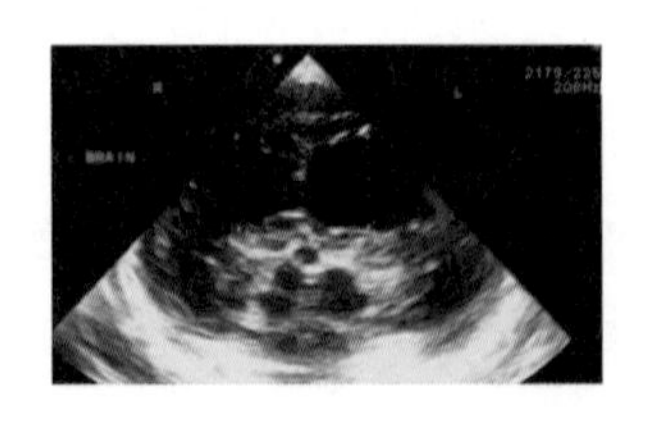

천문을 통한 뇌초음파

그림 9 열린 천문을 가진 개에서의 촉진과 초음파 검사

(출처: thonglor pet hospital)

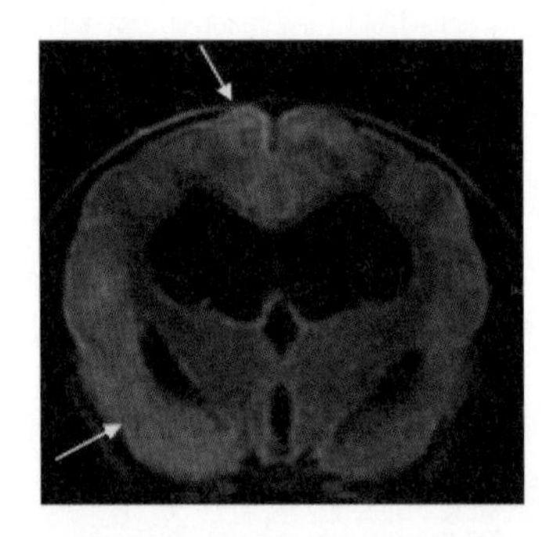

전두엽 일부와 후두엽 일부 고신호성 병변을 보이며 뇌실은 대뇌 높이 대비 36%로 심한 확장을 보인다.

그림 10 수두증을 가진 개의 MRI

3) 종양(Neoplasia)

개와 고양이에서 원발 뇌종양은 흔하게 발견된다. 천천히, 점진적으로 악화되는 신경증상을 보이는 것이 특징이다. 신경 외 종양으로부터 뇌실질로의 전이가 이루어지는 경우에는 빠른 속도로 증상이 악화될 수 있다. 모든 연령에서 발생할 수 있는 뇌 림프종을 제외한 대부분 원발 뇌종양과 전이성 뇌종양은 대부분 중년령 이상에서 발생한다. 뇌종양은 근처 조직을 파괴하거나, 뇌내압을 증가시키며, 실질 내 출혈을 유발하기도 하며, 폐쇄성 수두증을 유발하여 신경증상을 유발할 수 있다. 발작과 의식의 변화는 가장 일반적인 임상증상이다. 선회(cilcling), 운동실조, 머리 기울임(head tilt) 등의 증상도 나타날 수 있다. 뇌 내 종양이 커짐에 따라 뇌내압이 점차 상승하여 진행성 의식변화와 의식소실 등이 나타난다. 보호자는 동물이 최근 멍해지고 우울해 보인다고 말하기도 한다. 보호자가 인지하기 전, 수 주 또는 수 개월 동안 미묘한 진행성 신경증상을 보였을 수 있다. MRI는 뇌종양의 특성 감별과 탐지를 위한 가장 정확하고 진보된 영상 장비이다. 해부학적 병변 위치, 주변 조직으로의 침투 정도, 모양, 흡수 대비도는 가능한 종양 종류를 예측하는 데 사용될 수 있으나 확진에는 생검이 필요하다.

수막종(meningioma)은 개와 고양이의 뇌종양에서 가장 흔하며, 개에서는 신경아교종(glioma), 고양이에서는 림프종(lymphoma)이 그 뒤를 따른다. 대부분의 뇌 내 종양은 낮은 박리성 때문에, 뇌척수액 채취와 분석을 확진에 직접적으로 활용하기 어렵다. 중추신경계 림프종, 암종증(carcinomatosis), 맥락얼기 종양 환자를 제외하고는 뇌척수액을 통한 종양세포의 확인은 어렵다. 뇌종양의 치료는 가능한 종양 형태, 위치, 병력, 신경증상에 따라 달라질 수 있다. 일단 MRI로 확인된 작고, 표재성이며, 외막이 잘 발달해있고(well-encapsulated), 양성인 대뇌종양, 등 쪽 소뇌종양, 머리뼈의 골성 종양은 수술적 제거를 시도할 수 있다. 방사선 치료는 개에서 절제 가능한 종양의 수술에서 보조적으로 사용하거나 절제 불가능한 원발 뇌종양에서 단독 치료법으로 사용된다. 보조적인 항암요법은 근본적인 치료가 불가능하더라도 치료적인 시도로 시행할 수 있다. Glucocorticoid 투여는 종양 주변의 부종을 감소시키고 뇌척수액의 흡수에 도움을 줄 수 있다. 발작 양상에 따라서 지속적인 항경련 치료를 병행한다.

4) 원인 불명의 개 수막뇌염(Meningoencephalitis of Unknown Etiology; MUE)

세균, 바이러스, 원충, 곰팡이, 기생충 등 모두 개와 고양이의 염증성 중추신경계 질환의 원인이 될 수 있는 병원체이다. 하지만 통계학적으로, 개와 고양이에서 감염성 염증성 중추신경계 질환은 매우 드물다. 감염성 염증성 중추신경계 질환은 확진된 감염원에 대한 근본적인 치료 반응 여부에 따라서 예후가 달라진다. 개와 고양이에서는 유전적, 면역학적 원인에 바탕을 두고 있을 것으로 추정되는, 원인을 알 수 없는 중추신경계 질환들이 더 흔하게 나타난다. 전반적으로 원인 불명의 수막뇌염(MUE(Meningoencephalitis of Unknown Etiology))으로 알려져 있으며 뇌생검이나 사후조직검사를 하지 않는 한 개별적인 질환은 추정만 가능하다. 중추신경계 증상은 해부학적 위치와 염증의 정도에 따라 다양하게 나타난다. 염증성 중추신경계 질환의 진단은 염증의 존재를 확인하고 감염성 원인을 감별하기 위한 일련의 검사를 시행하여 특징적 병변을 찾는 과정을 포함한다. 신체검사와 안과 검사, 실험실적 검사와 영상검사는 전신적인 이상을 찾기 위해서 항상 복합적으로 평가되어야 한다. 뇌척수액의 세포학, 배양, PCR 검사는 다른 검사에서 감별되지 않은 신경계 질환의 확진에 매우 유용하게 사용될 수 있어서 진단적인 가치가 높다. MUE는 개에서 자주 보고된다. 대표적인 비감염성 중추신경계 염증성 질환으로서 면역매개성 또는 유전적인 발병 기전을 가지고 있을 것으로 추정한다. 육아종성 수막뇌염(Granulomatous meningoencephalitis; GME), 괴사성 수막뇌염(Necrotizing meningoencephalitis; NME), 괴사성 백질뇌염(Necrotizing leukoencephalitis; NLE)이 임상증상, 실험실적 수치, 영상 진단학적 특성, 종 특이성에 기반하여 구별될 수 있지만, 최종적인 확진을 위해서는 조직병리학적 검사가 필수적이다. 위에서 언급한 3가지 모두 면역매개성 질환으로 추정하기 때문에 치료 방법은 유사하다. 면역억제제를 사용한 비감염성 염증 치료와 항경련 치료를 병행하여야 하며, 증상 완화의 효과는 대부분 나타난다. 하지만, 장기적인 치료에도 불구하고 통계학적인 예후가 불량하기 때문에 완치를 기대하기는 어렵다.

5) 특발성 전정(전정계) 증후군(Idiopathic vestibular syndrome)

특발성 노령견 전정 질병은 편측성 말초 전정 질병의 가장 흔한 원인이다. 발병하는 평균나이는 12.5년령이고 갑작스러운 편측 전정 이상이 특징이다. 머리 기울임, 운동실조, 넘어짐과 같은 증상이 나타난다(그림 11), 안구진탕(Nystagmus)은 수평적이거나 회전적이다. 병변이 나타난 방향으로 서 있지 못하고 균형 잡지 못하며, 구토하는 등의 임상증상 등이 다양하게 나타난다. 비록 평가에 어려움이 있으나, 고유 지각능력과 자세 반응은 정상이다. 안면마비 등의 다른 신경학적 이상도 관찰되지 않는다. 다른 어떤 신경 이상이 없는 편측 전정 증상이 급성으로 발현된 노령견은 전정 증후군을 의심해야 한다. 세심한 신체검사와 신경계 검사, 검이경 검사가 이루어져야 한다. 광범위한 검사를 통해 특별한 전신적인 질병과 신경계 질병이 확인되지 않으면 전정 증후군으로 잠정 진단할 수 있다. 이러한 환자의 경우 시간이 경과하면서 일련의 증상들이 개선되는 것을 볼 수 있다. 지속적인 안구진탕은 보통 며칠 안에 해결되고 머리 기울임 현상이나 운동실조는 1~2주 경과하면서 점차 회복된다. 회복에 대한 예후는 매우 좋은 편이며, 어떠한 치료도 지시되지 않는다.

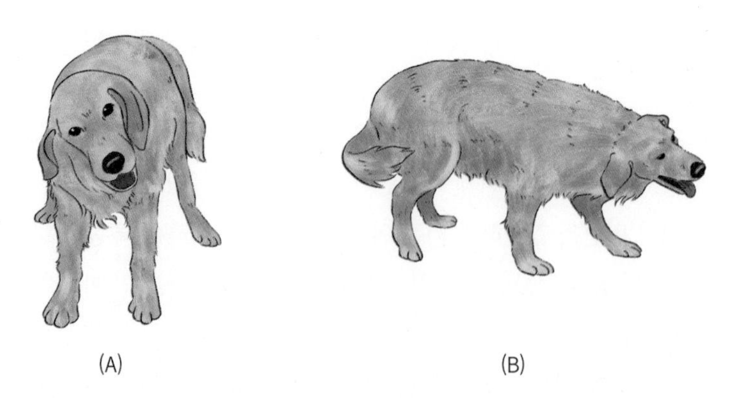

그림 11 12년령의 골든 리트리버의 노령선 전정계 질병에 의한 (A) 머리 기울임과 (B) 몸 기울임

III. 항경련제 치료(Anticonvulsant therapy)

항경련제 투약을 통해 개와 고양이의 발작을 조절할 수 있다. 발작을 일으켰던 환자 모두에게 항경련제 치료가 필요한 것은 아니지만 발작 빈도, 발작 지속시간, 신경계 병변의 종류에 따라서 적절한 시기의 항경련제 투여는 장기간의 신경계 증상 조절에 도움이 된다고 알려져 있다. 따라서 필요한 경우 항경련제 치료를 추천한다(Box 3). 특발성 간질을 보이는 개와 고양이에서 발작을 완전히 조절하는 것은 불가능하지만 발작의 빈도나 심각도를 줄이는 것이 현실적인 치료의 목적이며, 70~80%의 환자에서 가능하다. 약물의 효과를 판단하기 위해 보호자에게 발작의 빈도와 심각도를 꾸준히 기록하도록 안내한다. 약물의 부작용과 혈중 농도를 고려하여 용량을 조절한다. 보호자에게 약물 변경 및 투약 중단 여부는 수의사와 반드시 상의해야 하며, 투약 중단 후 발작이 유발될 수 있음을 미리 설명해야 한다. 간질지속증(Status Epilepticus)이 올 수 있음을 보호자에게 미리 알려서, 응급상황에서는 수의사 처방하에 치료를 받을 수 있도록 교육해야 한다. 혈액검사, 뇨검사 등 기본적인 감별 검사는 항경련제 투약을 시작하기 전에 이루어져야 하며, 필요 시 간기능 검사도 추천된다. 가능하면 부작용을 줄이고, 약물과 검사 비용을 줄여 보호자 순응도를 높이기 위해서 초기에는 한 가지 항경련제로 치료를 시작한다. 환자에게 적절한 항경련제 약물 농도를 결정하기 위해 약물에 대한 반응과 약물 농도 모니터링이 필요하다. 약물이 적절한 혈중 농도에 도달했음에도 치료 효과가 나타나지 않는다면 약물 변경을 고려하거나 다른 약물을 추가해야 한다.

Box 3 항경련제 처방이 필요한 징후

1. 발작을 유발하는 완치 불가능한 뇌 내 질환
2. 군집 발작
3. 간질지속증의 상황이 한 번이라도 발생한 경우
4. 발작 후 3~4개월 내에 다시 발작이 나타난 경우
5. 발작의 빈도와 심각도가 증가한 경우

(1) 페노바비탈(Phenobarbital)

개와 고양이의 경련에 대해 시작과 유지 약물로 페노바비탈(phenobarbital; PB)을 일반적으로 많이 사용한다. PB는 비교적 안전하고 효과적이며 저렴한 항경련제이다. 생체이용률(bioavailability)이 높고 빠르게 흡수되며 복용 후 4~8시간 이내 최고 농도에 도달한다. 시작 용량은 2~3mg/kg q12h 이나 효과를 보이는 혈청 농도를 유지하기 위해 용량을 조절하는 것이

필요하다. 치료 2주 후, 복용 전의 혈액 내 PB 농도를 측정한다. 혈중 농도는 개에서 25~35μg/mL(107~150μmol/L), 고양이에서 10~30μg/mL(45~129μmol/L)의 유효 범위에 도달해야 한다. 만약 혈중 농도가 낮다면 PB 용량을 25% 정도 증량하여 2주 후에 다시 농도를 측정한다. PB의 농도가 유효 범위 내에 도달한 경우에는 일정한 시간(2~3번의 발작 주기가 확인되는 시간) 동안 임상증상의 모니터링이 지시된다. 약물 효과가 있다고 판단되면, 용량을 유지한다. 6개월마다 PB의 혈중 용량을 재측정하며 용량의 변화가 있는 경우 2주 후 다시 측정한다. 계획된 PB 복용 스케줄을 유지하는 동안 두 번 이상의 발작이 나타난 경우에도 약물 농도를 추가로 확인한다. 샘플 확보를 위해 혈청 분리 튜브를 사용한다. 다른 튜브를 사용할 경우 PB 농도가 저평가될 수 있다.

PB는 대부분의 개에서 유효 농도 내에 잘 유지되는 편이다. 치료 시작 또는 약물 증량 후, 7~10일 이내에 진정 효과와 운동실조가 관찰되기도 하지만 이러한 부작용은 환자가 약물의 진정 효과에 적응하게 됨으로써 일정 기간(10~21일) 이내에 개선된다. 특별한 경우 40%의 개와 고양이에서 일시적으로(7일) 과흥분 상태가 나타나기도 한다.

PB 장기 복용 시 나타날 수 있는 일반적인 부작용은 다음(polydipsia), 다뇨(polyuria), 다식(polyphagia)이다. 보호자는 식이 조절에 신경 써야 한다. PB 복용 후, 첫 6개월 이내에 호중구감소증 또는 혈소판감소증이 확인되기도 하지만 이러한 혈액학적 이상은 복용을 중단하면 개선된다. PB의 가장 큰 부작용은 약물에 의한 간독성이다. PB는 간수치 상승의 잠재적인 유발인자로서 ALP(serum alkaline phosphatase)와 ALT(alanine transaminase)의 상승이 나타날 수 있다. 심각한 간독성이 나타나는 경우는 드물다. 혈청 PB의 농도 최고치가 유효 농도의 상한선 이상(>35μg/mL; >150μmol/L)인 경우 간독성이 나타날 수 있다. 심각한 간독성의 임상증상은 식욕부진, 진정, 복수, 황달 등이 나타난다. 이러한 경우 혈액학적으로 ALP에 비해 ALT의 심각한 상승, 혈청 알부민 농도의 감소, 담즙산 이상, PB 복용 용량을 늘리지 않았음에도 PB 혈중 농도의 증가가 유의적으로 확인된다. PB 치료를 받는 모든 환자에 대해 6개월마다 약물의 효과 평가, 혈중 농도, 간수치, 간기능 검사가 이루어져야 한다. 간독성이 의심될 경우 PB를 중단하고 다른 항경련제로 교체해야 하며 간기능 저하에 대한 보존적인 치료를 병행한다. 간독성은 초기에 적절하게 치료할 경우 가역적인 회복이 가능하다.

PB는 간에서 대사되는 약물의 대사를 촉진시키기 때문에 함께 복용하는 대부분의 약물 효과를 감소시킨다. PB는 또한 갑상샘 호르몬에 영향을 미쳐 T4(Total T4)와 fT4(free T4)의 감소, TSH(thyroid stimulation hormone) 농도 증가가 나타난다. 미세소체효소(microsomal enzymes)를 억제하는 약물(예; chloramphenicol, tetracycline, cimetidine, enilconazole)은 PB의 간대사를 급격히 방해하기 때문에 PB의 혈중 농도를 높여 간독성을 초래한다. PB가 유효 농도 내에서 유지된다면 PB 단독 처방으로 70~80%의 개와 대부분의 고양이에서 발작의 조절이 가능하다. 만일 적절한 농도를 유지함에도 예측 불가능한 빈도와 심각한 발작이 지속된다면 다른 약물을 추가하는 것을 고려한다.

(2) 브롬화칼륨(Potassium bromide)

PB가 적절한 혈중 농도를 유지하고 있음에도 발작이 잘 조절되지 않는 환자에게 브롬화칼륨(KBr)을 추가하는 것은 70~80%의 환자에서 발작의 횟수를 50%까지 감소시킬 수 있다고 알려져 있다. KBr은 단일 처방으로도 효과적이다. 간기능 이상이 있는 환자 및 PB 복용 시 부작용이 예상되는 환자의 경우에는 첫 번째 선택 약물로 고려할 수 있다. 고양이에서는 기관지염을 악화시켜 치명적인 영향을 주기 때문에 사용해서는 안 된다. 브롬화물(bromide)은 신장에서 변화 과정 없이 배설된다. 간에서 대사되지 않기 때문에 간독성이 없다. KBr은 농도가 200~250mg/mL가 되도록 이차 증류수에 녹인 무기염 형태로 복용한다. KBr의 적절한 시작 용량은 단일 처방 시 20mg/kg q12h, PB와 함께 처방 시 15mg/kg q12h이다. 처음 KBr을 복용한 한 달 후 KBr 혈중 농도를 측정한다. 한 달 후의 KBr 농도는 항정 상태(steady state)의 약 50%에 도달하며, 8~12주 후에 항정 상태에 도달한다. KBr 단일 처방 시 혈중 농도는 2.5~3mg/mL(25~30mmol/L), PB와 함께 처방 시에는 1~2mg/mL(10~20mmol/L)가 되도록 한다. KBr과 PB를 함께 처방할 경우 혈청 내 PB 농도가 유효 농도의 중간 정도를 유지할 수 있도록 PB 용량을 조절한다. 심각한 진행성 발작을 보이는 경우 또는 간독성 때문에 PB를 KBr로 전환해야 할 경우에는 고용량의 KBr을 처방함으로써 항정 상태에 빨리 도달할 수 있도록 한다. 50mg/kg의 KBr을 음식과 함께 하루 4회(q6h) 복용하면 2~3일 이내에 유지 용량에 도달할 수 있다. KBr의 부작용은 다음, 다뇨, 다식이다. 그러나 대부분의 환자에서 PB를 복용할 때보다는 증상이 미약하다. PB와 함께 처방한 경우 치료를 시작하거나 용량을 늘린 수 주 내 일시적인 진정, 조화운동불능(incoordination), 식욕부진, 변비 등이 부작용으로 보고된 바 있기 때문에 모니터링이 필요하다.

(3) 조니사마이드(Zonisamide)

조니사마이드는 설폰아마이드(sulfonamide) 계열의 항경련제이며, 흡수가 잘되고, 간에서 대사되며, 상대적으로 긴 반감기(15시간)를 갖고 있다. 복용 후 3~4일이면 항정 상태에 도달한다. 조니사마이드 단독으로 효과가 있으며, 다른 약물에 추가하여 사용하면 다른 약물로 발작이 조절되지 않는 개의 80~90%에서 효과를 보인다고 알려져 있다. 미약한 수준으로 진정, 운동실조, 구토, 식욕부진 등의 부작용이 보고된 바 있다. 시작 용량은 PB와 함께 복용하지 않는다면 5mg/kg q12h이며, PB에 추가하여 처방한다면 10mg/kg q12h이다. 혈중 유효 농도는 10~40μg/mL이다. 고양이에서도 처방 가능하며, 시작 용량은 5~10mg/kg q24h이다.

(4) 레베티라세탐(Levetiracetam)

레베티라세탐은 부작용이 적으며 순응도가 높고 효과적인 항경련제이다. 빠르게 흡수되고 대사되므로 반감기가 PB와 함께 복용하지 않는다면 3~4시간, PB와 함께 복용한다면 1.7시간이다. 그러나 짧은 반감기에 비해 발작 조절 시간은 상대적으로 긴 편이다. 약물 대부분이 뇨에서 변화하지 않은 채로 배설되며, 체내에 남은 약물은 여러 장기에서 가수분해되기 때문에 특별히 간대사를 거치지 않는다. 레베티라세탐은 간질을 보이는 개에서 발작의 빈도를 50%까지 줄일 수 있으며 재발성 발작 질환의 고양이에도 효과적이다. 단독 사용하여도 효과적일 수 있다. 시작 용량은 개와 고양이에서 20mg/kg q6h이다. 더 높은 용량을 투여해도 독성이 나타나지 않으며, PB와 함께 사용한다면 유효 농도(5~45μg/mL)에 도달하기 위해서 오히려 높은 용량이 필요하다. 레베티라세탐은 안전역이 넓고, 혈중 농도와 발작 조절과의 연관성이 적기 때문에 혈중 농도 모니터링은 필요하지 않다. 미약한 진정, 유연, 구토, 식욕 감소는 일부 개와 고양이에서 부작용으로 보고되었다. 정맥주사용 레베티라세탐(30~60mg/kg)은 5분에 걸쳐 서서히 주사해야 하며 개의 군집 발작(cluster seizure)이나 간질지속증의 치료에 적용할 수 있다.

(5) 가바펜틴(Gabapentin)

가바펜틴은 ɣ-aminobutyric acid(GABA)의 구조적 유사물질이다. 뇌혈관장벽을 통과하지만 GABA 메커니즘과 같이 GABA 수용체에 결합하는 것이 아니라 대신 뉴런의 전압작동칼슘통로(voltage-gated calcium channels)를 통과하는 흐름을 억제하는 방식으로 작용한다. 이 약물은 빠르게 흡수되고 신장으로 배출되며 일부만 간에서 대사된다. 개에서 반감기가 매우 짧기(3~4시간) 때문에 6~8시간마다 투여해야 한다. 가바펜틴은 PB 또는 KBr과 함께 투여 시 개에서 발작을 조절하는 데 효과적인 것으로 알려져 있다. 시작 용량은 10~20mg/kg q6h이며, 유일한 부작용으로 보고된 과도한 진정이 나타나지 않는 한 용량을 점차 증량할 수 있다(80mg/kg q6h까지).

(6) 디아제팜(Diazepam)

디아제팜은 개의 경우, 비용, 짧은 반감기, 개체 의존성, 항경련 효과에 대한 내성 때문에 유지용 항경련제로 사용하기에는 제한이 있다. 경구용 디아제팜은 고양이에서는 내성이 생기지 않아서 고양이 발작 조절에 유지용으로 사용할 수 있다. 디아제팜은 혈중농도가 200~500ng/ml가 되도록 경구(0.3~0.8mg/kg q6h)투여할 수 있다. 약물은 간 대사를 통해 제거되며 용량에 따라 진정 효과가 달리 나타날 수 있다. 일부 고양이에서는 경구 디아제팜 처방 후 5~11일 이내 생명을 위협할 만큼의 심각한 간독성이 보고된 바 있다. 이 치명적인 부작용 때문에 디아제팜을 처방받은 고양이의 보호자는 고양이의 식욕과 행동을 집중적으로 관찰해야 하며 주기적으로 간수치 모니터링을 해야 한다. 디아제팜은 군집 발작을 보이는 특발성 간질을 나타내는 개에서 가정 내 응급 약물로 처방받을 수 있다. 개와 고양이에서 발작의 전조증상을 인식할 수 있는 경우라면 주사용 디아제팜(5mg/mL)을 처방받아 보호자가 직접 항문을 통해 투여할 수 있다. 주사용 디아제팜을 젖꼭지형 삽입관(teat cannula)이나 비슷한 기구를 사용해 직장으로 삽입한다. 직장 내 투여는 15~20분이 지나면 혈중 농도에 도달하게 된다. 디아제팜은 플라스틱에 반응하기 때문에, 주사기에 담아 보관해서는 안 된다.

Ⅳ. 간질지속증의 응급치료(Emergency therapy in status epilepticus)

간질지속증(status epilepticus)은 의식의 회복 없이 5분 또는 그 이상 지속되는 연속 발작 또는 지속 발작 상태를 의미한다. 간질지속증은 동맥혈압, 체온, 심박수, 뇌 내 혈류량, 대뇌의 산소 요구량을 증가시킨다. 또한 혈액의 pH를 낮추며 유효한 환기량을 낮춘다. 발작이 조절되지 않으면 대사 저하, 뇌압 상승, 산증, 고체온증, 심장의 리듬 장애가 나타날 수 있으며 이는 대뇌 허혈을 일으켜 뉴런의 파괴를 유발한다. 결과적으로 영구적인 신경계 손상이 나타날 수 있다. 조절되지 않는 간질지속증은 응급상황이다. 특발성 간질 환자가 간질지속증을 보이는 가장 일반적인 이유는 군집 발작의 조절이 잘 이루어지지 않은 경우와 임의로 항경련제 투여를 중단한 경우이다. 다양한 대사성, 독성 이상에 의해 뇌외성 지속발작이 나타나기도 한다. 병력 청취와 신체검사는 환자가 간질지속증을 보이는 이유를 판단하는 데 도움을 준다. 발작의 대사성 원인(특히 저혈당, 저칼슘혈증, 전해질 불균형)을 감별하기 위한 진단 검사를 반드시 진행해야 하며, 의심되는 경우 원인에 따른 처치를 해야 한다. 독성 물질 섭취가 의심될 경우 독소의 섭취를 줄이고, 독소의 배출을 도와줄 수 있는 처치를 함으로써 발작의 정도를 조절할 수 있다.

치료의 목적은 동물을 안정시키고 발작을 멈추어 지속된 발작으로 인한 이상 상태로부터 전신을 회복시키고 뇌 손상을 예방하는 것이다. 전신적 영향을 최소화하기 위해 산소 공급, 수액 처치를 비롯한 보존적인 처치가 이루어져야 한다. 응급실에 내원한 상태에서 간질지속증이 나타나면 정맥 카테터를 장착하고 디아제팜 0.5~1mg/kg을 투여한다. 효과가 미약한 경우에는 반복 투여할 수 있다. 발작의 재발을 막기 위해서는 PB와 같이 오래 작용할 수 있는 약물을 투여하는 것이 추천된다. PB, 레베티라세탐과 같은 약물을 정맥 투여함에도 불구하고 발작이 지속되면 더 공격적인 처치가 필요하다. 응급상황에 사용할 수 있는 항경련제의 투여에도 지속적인 간질지속증이 나타난다면, Propofol(프로포폴)의 정맥투여가 지시된다. 지속 발작으로 인해 이차성으로 발생하는 뇌부종을 완화시키기 위해 만니톨(mannitol) 또는 고장성 생리식염수를 사용할 수 있다.

제4장

신경계 질환 환자의 간호와 식이 관리

1. 급여 시 고려사항

신경계 질병을 진단받은 환자에게는 양질의 식이를 급여해야 한다. 환자의 상태에 따라, 유지식이 또는 고칼로리 식이를 급여한다. 고용량의 스테로이드 투여환자는 위장장애가 나타날 수 있기 때문에 위장관 보호제 및 위장관 처방식을 급여한다. 신경계 중환자의 경우 칼로리 계산을 통하여 최소 휴지기에너지요구량(RERs, resting energy requirements)에 해당하는 양의 급여가 이루어져야 한다. 적절한 에너지를 공급받지 못한다면, 환자의 회복에 악영향을 미칠 수 있다. 신경과 뇌는 에너지 요구량이 높아서 신경계 질환을 가진 환자에 적절한 영양 공급이 이루어져야 근육 이화작용(catabolism)과 지방손실 등을 줄일 수 있다. 만약 연하반응이 미약하거나, 기도확보가 어려운 경우에는, 경구 투여가 지시되지 않는다. 경구 투여가 어려운 경우에는, 보조적인 영양관(예를 들어, 비식도관(nasoesophageal tube))을 이용하거나, 혈관을 이용한 비장관 영양을 이용하는 것이 중요하다.

신경계질환 치료에 영양학적으로 도움을 주는 중간사슬지방오일(Medium chain triglyceride oil)이 함유된 사료를 급여하는 것이 효과적이다. 비타민, 무기질을 비롯한 각종 항산화제의 지속적인 급여 역시 뇌의 산화적 손상을 감소시키고, 염증을 개선시키는 데 도움을 주는 것으로 알려져 있다. 최근에는 이러한 각종 영양성분들이 복합적으로 함유된 사료들이 처방식으로 출시되었다.

II. 신경계 질환 환자의 간호

마비가 있는 환자에게 자세 보조는 매우 중요하다. 환자가 엎드린 자세(sternal recumbency)로 자세를 잡을 수 있도록 도와주어야 한다. 걸을 수 없는 동물을 일으키거나, 걷게 하는 것은 침하성 폐렴(hypostatic pneumonia)이나 무기폐(atelectasis)를 예방하고 자세를 유지하는 데 도움을 준다. 타월워킹(towel walking)을 이용한 보행은 비교적 쉽게 수행할 수 있다(그림 12). 보조 운동은 상품화된 보조기를 이용할 수 있으나, 타월워킹은 하지 마비 환자에 가장 일반적으로 사용한다. 하반신을 지지하고, 걷게 하는 것은 순환을 도와주고, 환자가 걸을 수 있는 자신감을 줄 수 있다. 바깥 환경에서 배변, 배뇨를 유도하는 것이 환자의 정신력을 증진할 수 있다고 알려져 있다. 하루에 최소 3번 이상 주기적으로 진행하는 것이 필요하다. 누워있는 동물환자는 4시간마다 자세 교체를 해주어야 침하성 폐렴이나 무기폐를 예방할 수 있으며, 추가로 흉부 쿠파주(coupage)를 통해 치료에 도움을 줄 수 있다(그림 13). 쿠파주는 흉부 순환을 도와준다. 엎드린 자세 또는 서 있는 자세로 보정한다. 엎드린 자세는 양쪽 흉부로 접근이 용이하고, 폐를 최대한 팽창시킨다. 상처, 종양, 골절이 있는지 확인한다. 늑골골절과 같은 상황은 쿠파주가 금기된다. 두 손을 컵 모양으로 모아 쥐고, 양쪽 가슴을 뒤쪽에서 앞쪽으로 두드린다. 5분 정도 반복한다. 이 과정은 기침을 유발하고, 흉부 순환을 촉진하여 기관지 분비물의 배출을 도와준다. 누워있는 환자는 하루에 4~5번 주기적으로 시행되어야 한다. 오랫동안 누운 자세는 뼈가 돌출된 부위에 욕창을 일으킬 수 있으므로, 부드럽고 마른 곳을 이용하여 주기적으로 자세 교체를 진행한다. 욕창을 방지하기 위해 폭신한 도넛 패드, 매트리스, 베이비 파우더 등을 활용할 수 있다. 욕창성 궤양 치료를 위해 국소항생제 크림, 효소성 괴사조직 제거제, Tanni-Gel과 같은 수렴제(astringents) 등을 사용할 수 있다. 마사지는 말초 순환을 유지하거나 증진시키는 데 이용하고, 누워있는 환자에 유용하다. 사지에 적용 가능하며 환자가 편안한 자세로 진행하는 것이 좋다. 마사지 진행 시 다리에 상처나 이상이 없는지 확인하고 진행한다. 말단으로부터 위쪽으로, 또는 위쪽에서 말단으로 진행하면 혈액순환을 도와줄 수 있다. 한 번만 진행하기보다는 환자 치료과정에서 주기적으로 진행하는 것이 효과적이다.

마비 또는 기립불능 환자는 바이탈(체온, 심박수, 호흡수) 모니터링이 주기적으로 이루어져야 한다. 누워있는 환자는 쉽게 저체온이 될 수 있으며, 별도의 보온 도구가 필요할 수 있다. 전혀 움직일 수 없는 환자는 화상 가능성도 고려하여 간호하여야 한다(핫팩이나 보온패드 사용 시 움직일 수 없는 환자의 피부에 직접 접촉하는 것은 피해야 함). 식이 급여 시에는 소화가 잘되는 사료를 급여한다. 물과 사료는 환자가 닿을 수 있는 공간에 위치시킨다. 식이를 거부하면 기호성 있는 식이를 시도하여 식욕이 돋을 수 있도록 한다. 물은 항상 먹을 수 있게 도와주고, 음수량을 체크한다. 움직임이적으면 에너지 요구량은 낮으나, 조직 재생과 스트레스에 견딜만한 에너지는 공급되어야 한다. 과체중의 경우에는 급여량 조절을 해야 한다. 식욕은 가능한 유지하는 것이 중요하다.

발작환자의 간호는 보다 주의가 요구된다. 집에서 발작 발생 시, 보호자에게 환자를 자극하지 않고, 다른 사람들은 방에서 나가도록 지시한다. 주변의 물체는 치워야 환자가 다치지 않는다. 조용하고 어두운 환경을 조성하고, 발작이 다소 감소하면, 환자를 안심시킨다. 항경련 처치를 위해서 병원으로 이동 시, 이동장에 패드를 준비해야 한다. 간질지속증이 나타날 경우 이동장에 패드나 쿠션을 장착하는 것은 발작하면서 나타나는 몸의 손상을 방지할 수 있다. 응급실에 내원하여 정맥을 통한 항경련제 투여가 지시된다. 환자의 바이탈, 점막색, 혈압 등을 모니터링 한다. 산소, 수액 등 순환을 도울 수 있는 보조적인 요법들을 병행한다. 항경련제는 중추신경을 억제할 수 있어서 바이탈 모니터링은 중요하다. 지속적인 간호가 필요하며, 발작이 나타나는 근본 원인에 대한 접근이 요구된다.

후복강 아래를 지지하게 타월을 둥글게 감아서 다리가 바닥에 닿도록 하며,
환자의 뒷다리가 정상적으로 딛는 것처럼 지지하는 데 이용

그림 12 타월워킹(towel walking)

(https://www.elsevier.com/books/clinical-procedures-in-veterinary-nursing/aspinall)

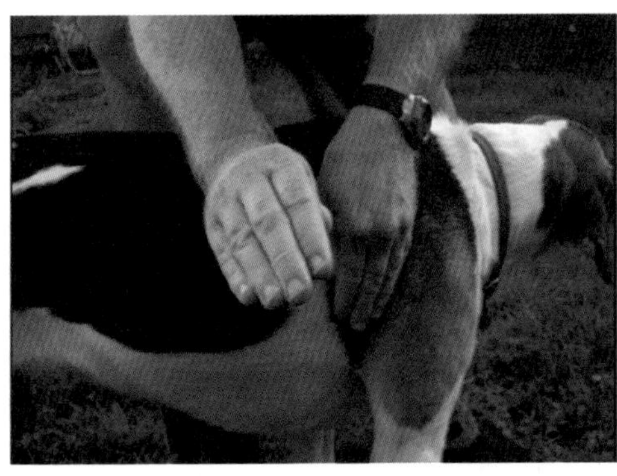

두 손을 컵 모양으로 모아 쥐고, 양쪽 가슴을 뒤쪽에서 앞쪽으로 두드림

그림 13 쿠파주(coupage)

(https://www.vetstream.com/treat/canis/freeform/coupage
https://www.vetfolio.com/learn/article/physical-rehabilitation-in-critical-care-patients)

방광염(cystitis)이나 요에 의한 피부나 점막 손상(urine scald)을 예방하기 위해 배뇨 관리는 매우 중요하다. UMN 방광 기능 이상이 있는 환자에게 요도와 괄약근의 경직성 마비를 완화시키기 위한 약물을 사용하기도 한다. 디아제팜은 횡문근(가로무늬근)을 이완시키며, 페녹시벤자민(phenoxybenzamine)과 프라조신(prazosin)은 평활근 이완에 도움을 줄 수 있다. 고양이의 경우 프로프라노롤(propranolol)과 같은 베타 차단제가 이러한 섬유를 이완시키는 데 도움을 줄 수 있다. 방광 수축을 촉진하기 위해 베타네콜(bethanechol)을 사용할 수 있다. 주기적인 압박 배뇨(Manual expression of the bladder)를 통해서 방광을 비우거나, 배뇨를 유도하도록 학습할 수 있다(그림 14). 요카테터의 반복적인 사용은 자극으로 인한 염증과 감염을 일으킬 수 있기 때문에 정해진 기간에 제한적으로 사용할 것을 추천한다. 방광 양쪽 복벽에 부드럽게 압박을 가하여 배뇨를 촉진한다. 방광을 짜내서는 안 된다. 저항감이 있거나 요가 배출되지 않으면 중단한다. 부드럽게 압박하는 것은 복근과 비슷한 역할을 하여, 요의 흐름을 생성한다. 팽창된 방광은 압력이 지속되면 파열될 수 있다. 요도가 폐색된 상태의 방광 압박은 방광 손상 및 파열로 진행될 수 있으니 환자의 정보와 상태를 정확하게 알아야 한다. 압박 배뇨 시, 배출이 중단되면 압박을 멈춘다. 요량을 측정하여 색, 혼탁도, 냄새, 시간 등을 차트에 기록한다. 감염 방지를 위해서 항상 세척, 소독, 건조 과정을 진행해야 한다.

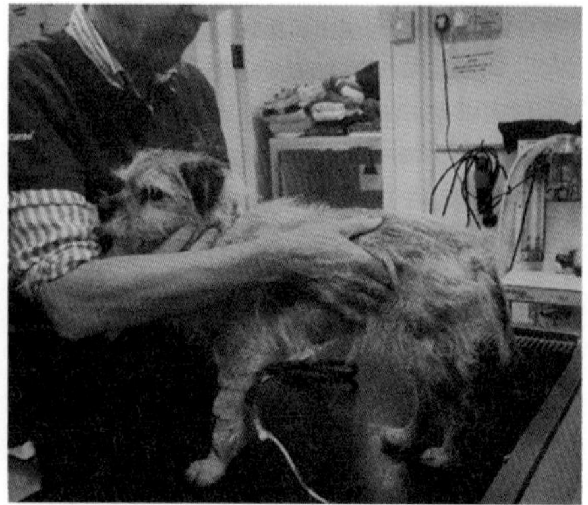

그림 14 압박배뇨(Manual expression of the bladder)

(https://www.elsevier.com/books/clinical-procedures-in-veterinary-nursing/aspinall)

CHAPTER 09

혈액질환

학습목표

혈액의 주된 구성 성분을 이해한다.

적혈구, 백혈구, 혈소판의 비정상적인 형태를 바탕으로 혈액질환을 이해한다.

혈액질환 환자의 간호 시 주의사항을 확인한다.

제1장

혈액학의 기초

Ⅰ. 서론(Introduction)

혈액학(hamatology)은 면역학의 가장 기초가 되는 학문으로서 혈액의 기본이 되는 백혈구(White Blood Cell; WBC), 적혈구(Red Blood Cell; RBC), 혈소판(Platelet)과 관련된 질환을 다루는 분야이다. 혈액은 체액과 세포로 이루어져 있다. 세포는 적혈구, 백혈구, 혈소판으로 구성되어 있다. 혈액의 생성(hematopoiesis)이라는 용어는 혈액 세포의 생성을 의미한다. 백혈구는 무과립백혈구(agranulocytes)에 해당하는 림프구(lymphocyte)와 단핵구(monocyte)와 과립구(granulocytes)에 해당하는 호중구(nutrophil), 호산구(eosinophil), 호염기구(basophil)로 분류한다. 혈액 세포는 지속적으로 재생산되며, 제한적인 수명을 가지고 있다. 이번 챕터에서는 혈액 세포의 생성과 사멸의 과정에서 나타나는 비정상적인 형태를 바탕으로 수의 내과에서 반드시 알아야 하는 혈액학의 기초와 임상 적용에 관한 전반적인 내용에 대해서 언급할 것이다. 혈액학 장비와 관련된 부분은 임상병리학에서 자세히 다루기 때문에 내과 혈액학에서는 과감하게 생략하도록 한다.

II. 혈액학 개론(Introduction to hematology)

(1) 서론

전혈구계산(Complete blood count; CBC)은 모든 전신질환에 대한 진단검사에 있어 매우 중요한 부분으로 다음 두 가지 구성 요소로 이루어져 있다.

① **세포들의 정량 검사**: 충전세포용적(Packed cell volume; PCV), 총 적혈구(RBC) 개수, 혈색소(Hb) 농도, 총 백혈구(WBC) 개수, 백혈구 감별 개수, 혈소판 개수가 포함된다. 추가로 평균 적혈구 용적(red cell mean corpuscular volume; MCV), 평균 적혈구 혈색소(mean corpuscular hemoglobin; MCH), 평균 적혈구 혈색소 농도(mean corpuscular hemoglobin concentration; MCHC)가 평가되고 총 혈장 단백질이 측정된다.

② **정성적 검사**: 세포 형태상의 변화에 대한 혈액 도말 표본 관찰

위 두 가지 모두 매우 중요하며 항상 병행하여 실시되어야 한다.

(2) 혈액채혈

채혈 도중 세포의 손상을 최소화하기 위해 말초보다는 경정맥 천자가 추천된다. 바늘이 작을수록 세포 손상을 일으켜 용혈을 유발할 확률이 높다. 채혈자는 채혈 기법에 따라 능숙하게 채혈해야 하며 채혈 시 바늘이 정맥에 들어갔다 나왔다 하지 않도록 움직임을 최소화하고, 과도하게 흡인하지 말아야 한다. 채혈 후에는 주사기에서 바늘을 제거하고 조심스럽게 적합한 항응고제 튜브에 넣는다. EDTA는 세포를 잘 보존하고 염색 효율이 높아서, 혈액학 검사를 위한 항응고제로 주로 사용된다. 하지만 고양이는 때때로 혈소판을 뭉치게 하여 혈구 분석기에서 비정상적으로 낮은 혈소판 측정값을 나타내기도 한다. 이런 경우 대안을 sodium citrate를 사용할 수 있으며, 이 항응고제는 응고계 검사를 위해 사용되기도 한다. 헤파린은 혈액 도말표본에서 백혈구 효율 저하로 혈액학에서 적합하지 않다. EDTA 튜브에서 요구하는 양만큼 혈액을 정확히 채워야 한다. 혈액을 적게 채우는 경우 EDTA 과다로 인해 인위적으로 적혈구 크기가 줄어서 세포의 형태에 영향을 줄 수 있다. 만약 액상 항응고제가 사용된다면, 적게 채우는 것은 상당한 검체 희석 효과를 유발할 수 있다. 반면, 혈액을 과도하게 채우는 경우 혈액이 응고될 수 있다. 혈액 튜브를 몇 차례 상하로 뒤집어 항응고제가 골고루 퍼지도록 조심스럽게 섞는다. 튜브를 흔들면 용혈될 수 있으므로 피한다. 채혈 후 즉시 혈액 도말 표본을 만들지 않으면 세포 퇴화로 인해 판독에 영향을 줄 수 있다. 세포 형태는 채혈 후 변화하기 때문에 혈액을 외부 검사실에 의뢰할 때는 채혈 직후에 혈액 도말표본을 만들어 EDTA 검체와 함께 보낸다. EDTA 혈액 검체는 운송 전까지 냉장고

에 보관한다. 채혈 과정에서 능숙한 핸들링과 보정이 이루어져야 검체의 채취가 제대로 이루어질 수 있으며, 채혈한 검체를 제대로 다루는 능력이 필요하기 때문에 동물보건사의 역할이 중요하다.

(3) 용혈(Hemolysis)

채혈 도중 또는 이후에 세포가 손상되면 용혈이 발생할 수 있다. 적혈구가 용혈되면 RBC와 PCV는 부정확하게 낮아지며, MCHC는 부정확하게 높아진다.

용혈의 원인

① 가는 직경의 바늘 사용
② 주사기로 과도한 흡인
③ 튜브 내의 혈액을 과도하게 흔드는 행위
④ 장기간 보관
⑤ 높은 온도에 보관

(4) 기본적인 정량 검사 기법

1) 충전세포용적(PCV)

PCV는 적혈구로 구성된 전혈의 백분율이다. 적혈구 평균 크기가 참고 범위 내에 있을 때 PCV는 정확히 적혈구 개수를 반영한다. PCV는 미세적혈구용적 원심분리기를 이용해 쉽게 측정할 수 있다. 잘 섞인 EDTA 혈액에 미세모세관(microcapillary tube)을 넣고 튜브를 옆으로 기울여 모세관을 65~75% 채운다. 미세적혈구용적 튜브 바닥을 점토로 막고 5분간 고속 원심분리(12,500~15,000rpm)한다. 점토로 막은 위쪽으로 적혈구가 채워질 것이다. 백혈구는 백혈구 연층(buffy coat)을 형성하며 적혈구 상단에 회색/크림색 층으로 보인다. 혈소판은 백혈구 연층의 상단에 위치하며 좀 더 회색의 백혈구 연층에 인접한 얇은 크림색 층으로 구분되기도 한다. 혈장은 혈소판 층 위에 있다(그림 1). PCV는 점토 플러그 상단을 0선에 정렬하고 적혈구와 버피 코트가 만나는 교차선을 찾아 측정한다(그림 2).

미세적혈구용적 튜브를 통해 PCV뿐만 아니라 유용한 정보들도 얻을 수 있다. 혈장의 육안 관찰을 통해 황달, 용혈 또는 지질혈증을 발견할 수 있다(그림 3).

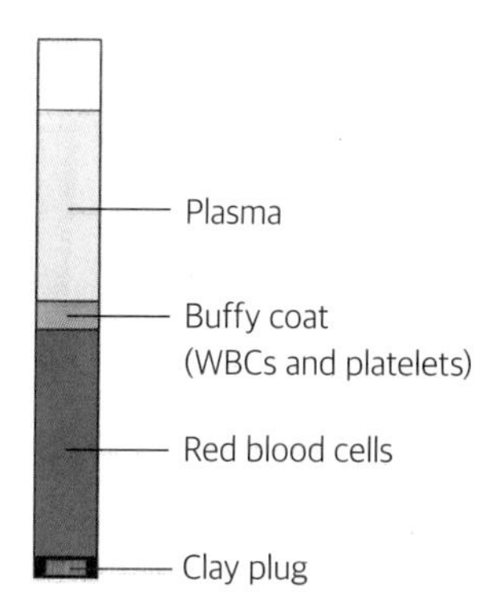

그림 1 원심분리 후의 미세적혈구용적튜브의 모식도

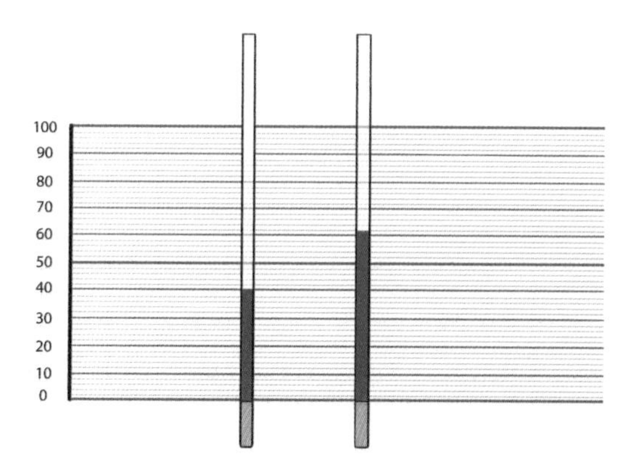

그림 2 충전세포용적 읽기

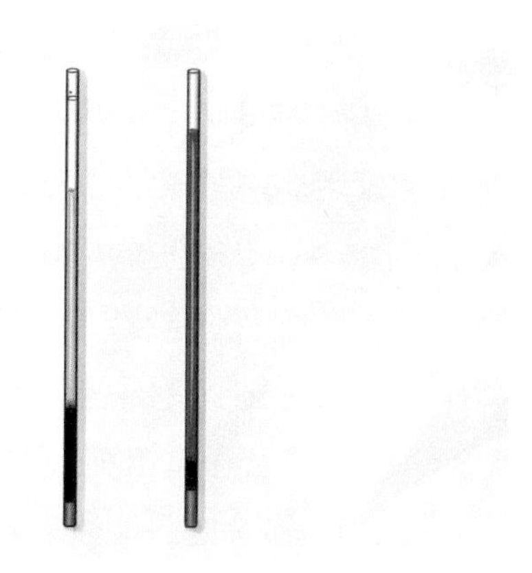

(왼쪽) 황달, (오른쪽) 용혈

그림 3 미세모세관 튜브

2) 혈장 단백질

혈장 단백질은 혈청화학 분석기를 통해서 측정될 수 있다.

PCV와 혈장 단백질의 판독

혈장 단백질과 PCV는 함께 평가해야 한다. 적혈구 생산의 감소에 기인하여 빈혈이 발생하는 경우 적혈구 개수는 감소하는 반면 혈장 부피는 변하지 않으며 PCV는 낮아진다. 반면 급성 출혈은 적혈구와 혈장을 모두 손실하기 때문에 초기에는 PCV가 변하지 않는다. 간질액이 순환계로 이동함에 따라 혈장 부피는 증가하고 PCV는 감소하여 출혈 발생 24시간 후에 가장 낮아진다.

- 낮은 PCV와 낮은 혈장 단백질은 최근 또는 지속적인 출혈, 적혈구 소실과 함께 체내로부터 혈장 단백질이 유실된다. 내부 출혈은 초기에 미약한 혈장 단백질의 감소가 나타나지만, 단백질은 빠르게 재흡수된다.
- 정상 PCV와 낮은 혈장 단백질은 출혈 이외의 원인에 의한 저단백혈증(일반적으로 저알부민혈증)을 나타낸다. 이런 질병에는 합성의 감소(예: 만성 간질환) 또는 단백질 소실(예: 사구체병증)이 포함된다.
- 높은 PCV와 높은 혈장 단백질은 탈수 시 관찰된다. 체내의 수분 손실은 적혈구와 단백질 모두의 증가를 유발한다. 하지만 이러한 측정 결과는 동물의 수화 상태 평가 시 단지 보조적인 정보를 제공할 뿐이다.
- 정상 또는 낮은 PCV와 높은 혈장 단백질은 일반적으로 고글로불린혈증을 뜻한다. 현저한 고글로불린혈증은 감염성 질환 외에 골수종, 특정 B세포 계열의 림프종에서 관찰된다.

3) 적혈구 매개 변수

헤마토크리트(Hematocrit; HCT), 적혈구, 혈색소는 모두 적혈구계에 대한 지표이다. HCT는 혈액에서 적혈구가 차지하고 있는 용적의 비중을 백분율로 표시한 것이며, 수의 임상에서 PCV와 같은 개념으로 사용한다. 엄밀히 말하면, PCV는 눈으로 직접 관찰한 퍼센트, HCT는 기계상으로 환산한 값이다. HCT는 일차적인 결과인 적혈구(RBC) 개수와 MCV의 조합이다. 임상적으로 HCT와 PCV를 동일시해도 무방하지만, 한 가지 주의할 점은 HCT는 2차적으로 도출된 값이기 때문에 RBC, MCV 값에 의해서 실제와 다를 수 있다. 이러한 경우는 1차적으로 눈에 보이는 PCV가 더 정확한 값이 될 수 있다. 예를 들어, 검체가 응고되면 RBC가 낮거나 높게 나올 수 있으며, 채혈 후 24시간이 지나면 적혈구가 팽창하기 때문에 MCV가 높아져 HCT가 낮게 나올 수 있다. 일반적으로 수의 임상에서 채혈한 후 대부분 바로 검사가 이루어지기 때문에 동일시한다.

4) 백혈구 계수

모든 혈액학 분석기는 총 백혈구 수를 계산하며 대개 x10^9/l로 표시된다. 대부분의 현대식 교류 저항 세포 분석기는 3가지 백혈구 감별 계산(과립구, 단핵구, 림프구)을 제공하고, 일부는 5가지 감별 계산을 제공한다. QBC 장비는 호중구, 호산구, 단핵구를 계산할 수 있지만, 림프구와 단핵구를 구별하지 못한다. 흐름세포 측정기는 완전한 백혈구 감별 계산을 제공한다. 총 백혈구 값은 일반적으로 정확하지만, 장비에 따라 감별 계산의 정확도는 떨어진다. 이러한 점을 보완하기 위해서 혈액 도말을 통한 세포감별계수(differential cell count)가 중요하다. 유핵 적혈구(nucleated red cell; nRBC)와 거대 혈소판들도 백혈구로 잘못 계산되기도 한다. 세포감별계수에 사용되는 표준장비 계수기(standard mechanical counter)를 이용한다(그림 4).

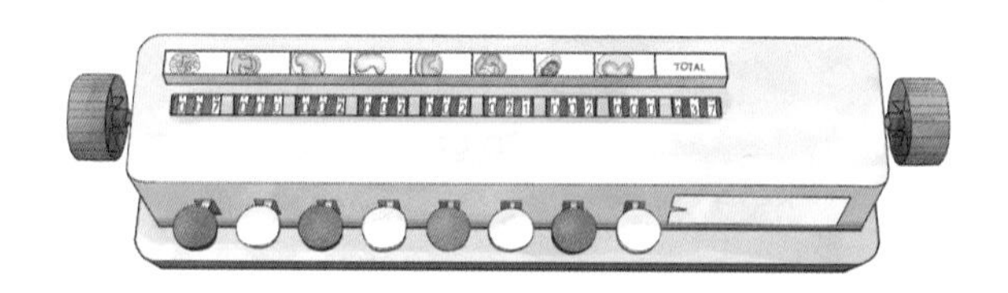

그림 4 표준장비계수기(standard mechanical counter)

5) 혈소판 숫자

모든 분석기는 혈소판 계수가 가능하지만 사용되는 분석기에 따라 정확도는 다양하다. 고양이에서 분석 오류가 더 흔히 발생하며, 작은 적혈구가 비정상적으로 혈소판으로 계산되거나 큰 혈소판이 비정상적으로 작은 적혈구로 계산될 수 있기 때문이다. 또한, 혈소판이 생체 외에서 응집되는 경우 응집된 혈소판은 계산되지 않기 때문에 혈소판 숫자가 비정상적으로 낮게 측정된다(그림 8). 분석기에서 혈소판 수치가 낮게 나올 때마다 혈액 도말 표본을 만들어 도말 말단부에 혈소판 응집 여부를 검사해야 한다. 혈소판 형성이 활발한 경우 거대 혈소판과 혈소판 이동이 흔히 나타나며 작은 적혈구로 잘못 계산될 수 있다.

5) 혈액도말표본(blood smear)

혈액도말표본 제작(그림 5)은 채혈 즉시 진행하는 것이 좋다. 혈액 검체를 조심스럽게 섞은 후 혈액 한 방울을 펼칠 슬라이드 말단에 떨어뜨린다. 펼침 슬라이드를 엄지와 셋째 손가락으로 잡은 후 반대쪽 검지를 펼칠 슬라이드 상단에 놓아 도말 시 일정한 압력을 가한다. 펼침 슬라이드를 30~45도 정도 기울여 떨어뜨린 혈액 앞쪽에 놓고 혈액과 닿을 때까지 뒤로 후퇴시켜 펼침 슬라이드 말단을 따라 혈액이 빠르게 퍼지도록 한다. 퍼지는 순간 슬라이드를 앞쪽으로 부드럽고 빠르게 전진시킨다. 도말 표본이 염색 전 공기 중에서 완전히 건조되도록 한다. 일반적으로 Romanowsky 염색을 이용한다. 능숙한 혈액도말표본 제작과 염색은 검사실에서 근무하는 동물보건사의 필수적인 역할이다.

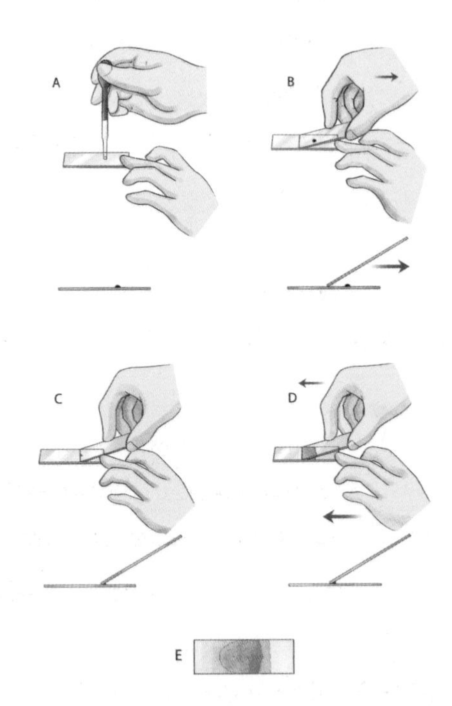

그림 5 혈액도말표본 제작

자동혈구계산기 검사와 함께 항상 도말 표본을 평가하는 것이 중요하다. 적혈구, 백혈구, 혈소판 이상을 확인하기 위해서는 정상 혈액 세포의 모습을 알고 있어야 한다(그림 6, 7).

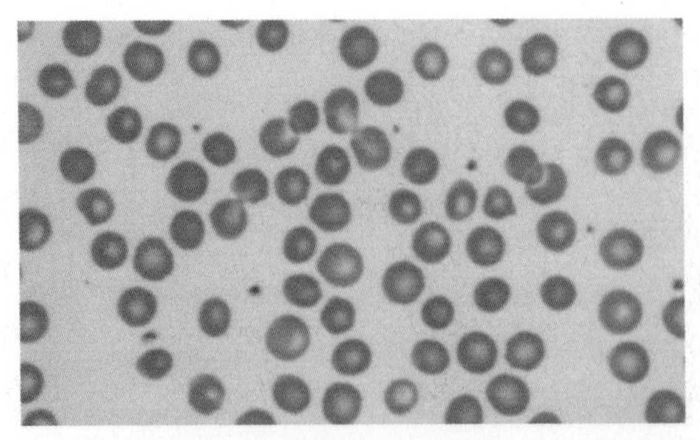

그림 6 개 정상 적혈구. 창백한 중심부가 보이는 개의 정상 적혈구

(https://vetclinpathimages.com/2018/03/27/normal-canine-erythrocytes/)

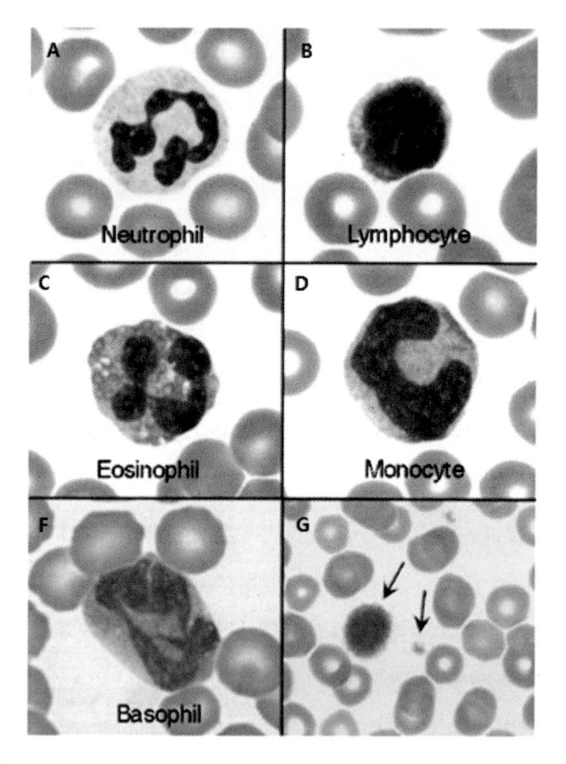

(A) 호중구. 분절된 핵을 지닌 정상 호중구로 세포질이 투명하다. (B) 림프구. 소형 림프구는 치밀하고 둥근 핵을 가지며, 세포질이 상단에만 소량 관찰되며, 대형 림프구는 세포질이 풍부하다. (C) 호산구. 개의 호산구는 둥글고 큰 과립을 가지며 세포질에 불균등하게 퍼져있다. (D) 단핵구. 단핵구 핵은 띠 모양을 보일 수 있으나 호중구 핵에 비해 넓고 좀 더 개방적이고 점상(stippled)의 염색질을 가진다. (E) 호염구. 긴 리본과 같은 핵을 가지며, 뚜렷하지 않은 자색 과립을 보인다. (F) 혈소판. 정상 개에서 볼 수 있는 다양한 혈소판이다(화살표는 거대혈소판과 정상 혈소판의 모습).

그림 7 백혈구와 혈소판의 현미경 관찰 모습

(https://eclinpath.com/atlas/k9comp/)

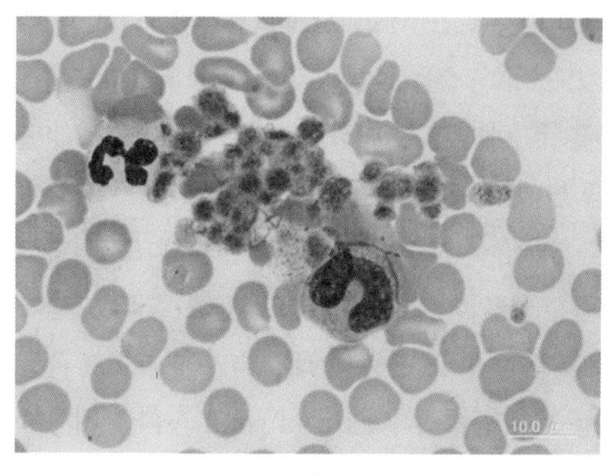

그림 8 개 혈소판 응집

(https://www.sysmex.se/academy/library/scientific-images/gallery/page-8.html)

혈액학적 장애

I. 적혈구 장애(Disorders of erythrocytes)

(1) 서론

적혈구 장애는 크게 빈혈과 적혈구증가증으로 나뉜다. 빈혈은 적혈구 생산의 감소로 인한 비재생성 빈혈과 적혈구 손실의 증가로 인한 재생성 빈혈이 있다.

(2) 적혈구 생성 과정

적혈구 생성은 골수 내부의 버팀 세포(nurse cell)로 알려진 대식구 주위 세포에서 이루어진다. 버팀 세포는 빠져나온 핵 물질과 같은 조직 파편을 탐식하고 혈철소로 철분을 저장하며 헤모글로빈 합성을 위한 철분을 페리틴으로 공급한다. 적혈구 생성은 신장 조직의 저산소증에 대한 반응으로 신장에서 합성하는 당단백질인 적혈구 조혈인자(erythropoietin)에 의해 주로 조절된다. 티록신(thyroxine), 성장 호르몬, 코르티코스테로이드(corticosteroid)와 같은 다른 호르몬들은 적혈구 조혈인자의 효과를 증폭시킨다.

초기 적혈구 전구세포는 적혈구 생성인자(erythropoietin)의 영향으로 전적모구(proerythroblast; rubriblast라고도 함)로 분열한다. 전적모구는 초기 정상적혈모구(early normoblast; prorubricyte)로 발달하며 뒤에 중간정상적혈모구(intermediate normoblast; rubricyte)와 후기정상적혈모구(late normoblast; metarubricyte)로 분열한다(그림 9). 이러한 분열이 진행됨에 따라 세포는 점차 작아지며 헤모글로빈은 축적되어 증가한다. 헤모글로빈양이 일정 수준에 도달하면 핵이 빠져나오고 망상적혈구

(reticulocyte)가 만들어진다. 망상적혈구는 순환혈액계로 유리되기까지 골수에서 24~48시간 머물며 유리되어 완전히 성숙한다. 망상적혈구는 세포 분화 능력은 없지만 지속적으로 헤모글로빈을 합성한다. 헤모글로빈 합성이 종료되면 성숙 적혈구가 되며 세포 크기는 정상의 성숙한 적혈구 크기로 작아진다. 망상적혈구는 성숙 적혈구에 비해 크며 헤모글로빈을 적게 가지고 있다. 개의 성숙 적혈구는 약 110일간 순환하며 고양이는 70일간 순환한다. 수명을 다한 적혈구는 간, 비장, 골수에서 제거된다. 노화된 세포가 일정하게 제거되기 때문에 골수에서 망상적혈구가 이를 대체하여 정상 개와 고양이의 혈액 도말표본에서 항상 일정하게 관찰된다.

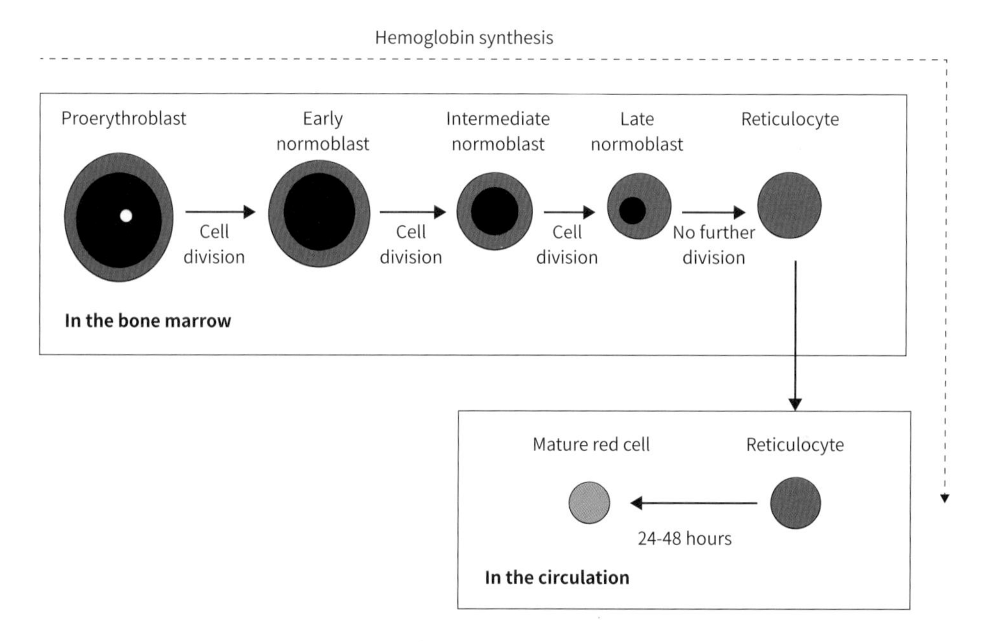

그림 9 적혈구 조혈(erythropoiesis)

(3) 빈혈(Anemia)

빈혈은 적혈구의 수적인 감소를 특징으로 하며 PCV 수치의 감소로 평가한다. 빈혈의 원인은 다양하나 다음 두 가지 유형 중 하나에 속하게 된다.

① 적혈구 소실 증가에 의한 빈혈: 재생성 빈혈(Regenerative anemia) - 출혈 또는 용혈에 기인하여 발생

② 적혈구 생산 감소에 의한 빈혈: 비재생성 빈혈(Nonregenerative anemia)

1) 재생성 빈혈

적혈구 손실에 대해 골수는 적혈구 생산을 증가시키며 이러한 반응은 초기 3~5일 이후 많은 수의 망상적혈구를 순환 혈액 내로 유리시킨다. 망상적혈구는 정상적인 경우보다 더 이른 단계에 유리되어 더 크거나, 핵을 가질 수 있다. 따라서 재생성 빈혈은 순환 혈액 내에 망상적혈구와 유핵적혈구의 증가가 특징적이다. 망상적혈구는 크기 때문에 평균 적혈구 용적(MCV)은 증가하고, 헤모글로빈이 적기 때문에 평균 헤모글로빈 농도(MCHC)는 감소하여 대적혈구(macrocytic), 저색소성(hypochromic) 빈혈을 나타낸다. 일반적인 로마노프스키 염색을 이용한 혈액 도말에서 재생성 반응과 관련하여 다염적혈구증가증(polychromasia), 적혈구부동증(anisocytosis), 하우엘-졸리소체(Howell-Jolly bodies) 등이 확인된다(그림 10).

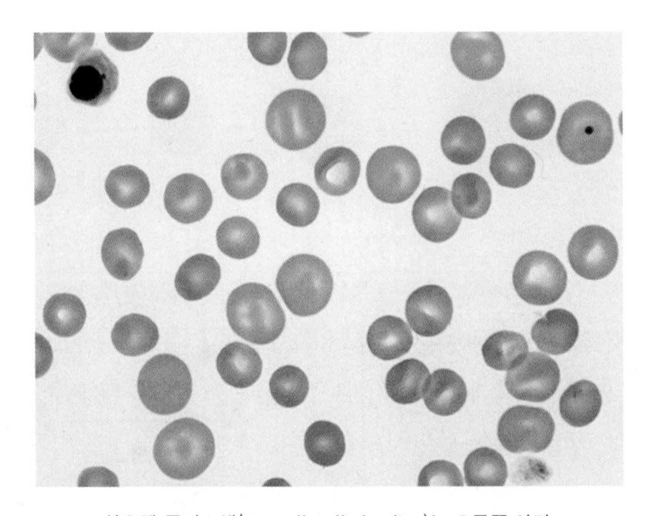

하우엘-졸리소체(Howell-Jolly bodies)는 오른쪽 상단,
유핵적혈구(metarubricyte)는 왼쪽 상단에서 확인(Wright-giemsa stain)

그림 10 다염적혈구증가증(polychromasia)과 적혈구부동증(anisocytosis)이 나타난 개의 재생성 빈혈

(Laboratory procedures for veterinary technicians 7th edition, Margi Sirolis)

2) 출혈성 빈혈

급성 출혈과 만성 출혈의 임상적인 경과와 병태생리는 여러 가지 측면에서 다른 양상을 보이기 때문에 개별적인 질병으로 판단해야 한다.

3) 급성 출혈

급성 출혈은 외상, 수술, 혈관 종양의 파열, 응고계 장애 등으로 발생할 수 있다. 심한 급성 실혈은 저혈량성 쇼크(hypovolemic shock)를 유발할 수 있다. 급성 출혈 직후에는 혈구 세포와 혈장이 같은 비율로 소실되기 때문에 혈장 단백질과 적혈구 수치들은 정상이다. 약 4시간 경과 후부터는 간질액이 순환계로 이동하여 혈액량이 보충되기 때문에 PCV와 혈장 단백질이 감소하기 시작한다. 외부 출혈 시에 단백질과 적혈구가 체내로부터 소실되어 빈혈의 회복은 전적으로 골수의 재생에 의존한다. 이러한 재생 반응은 일반적으로 말초 혈액에서 3~4일이 지나면 확인할 수 있다. PCV는 빠르게 상승하여 보통 단일 출혈 후 2~3주간 낮은 정상 수치를 보인다. 혈장 단백질은 5~7일 후 정상 수치로 회복된다. 만약 이러한 기간이 지난 이후에도 지속적으로 낮은 적혈구와 혈장 단백질 수치를 보인다면, 지속적인 외부 혈액 손실을 의미한다. 출혈의 원인을 찾아가는 과정은 여러 가지 감별 검사가 수반되어야 한다. 임상 증상에 따라 응고계 검사, 영상 검사, 뇨검사, 분변 검사 등을 통한 감별이 이루어져야 한다.

4) 만성 출혈과 철 결핍성 빈혈

만성 출혈은 서서히 만성 빈혈을 유발한다. 빈혈 상태에 적응하여 빈혈 정도에 비해 미약한 임상증상을 나타낸다. 만성적인 외부 출혈은 초기에 재생성 빈혈로 나타나지만, 철 결핍이 발생하면 점진적으로 재생불량성 빈혈로 진행된다. 혈액이 손실되면 저장된 철분을 이용하여 적혈구 조혈에 사용되지만, 저장된 철분이 고갈되면 철분 결핍이 발생한다. 철 결핍은 적혈구의 헤모글로빈 합성을 부족하게 하며 순환 혈액 내에 작은 적혈구, 저색소성 적혈구를 유리시켜 MCV와 MCHC를 낮게 한다. 혈액 도말 표본에서 적혈구는 비박적혈구(leptocyte)로 보이는데 중앙부에 중심 오목(central pallor) 부위가 연하고 넓게 확인된다(그림 11).

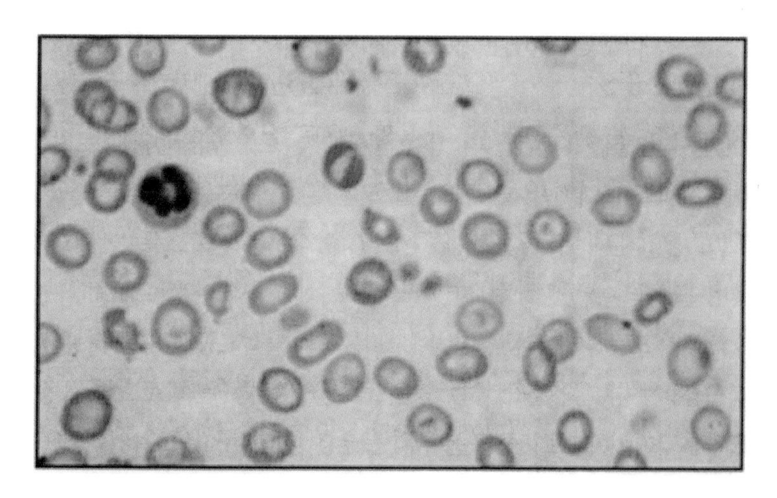

중심 오목(central pallor) 부위가 연하고, 넓게 확인된다. (May-Grünwald-Giemsa stain; 고유 배율 1000배)

그림 11 다수의 비박적혈구가 확인되는 철결핍성 빈혈 개의 혈액도발 표본

(BSAVA manual of canina and feline clinical pathology 2nd edition)

이러한 모습들이 발견되면 외부 혈액 손실 부위를 찾아야 한다. 만성적인 혈액 손실은 위장관(궤양, 기생충, 종양, 염증성 장질환), 비뇨기계(종양, 만성 감염/염증, 출혈), 호흡기계(종양, 염증), 피부 표면(예: 심한 기생충 감염)의 혈액 손실로 발생할 수 있다.

5) 용혈성 빈혈

용혈의 원인은 다양하지만, 개와 고양이에서 임상적으로 중요한 몇 가지 원인에 대해서 다루고자 한다.

용혈성 빈혈은 재생성 빈혈로 이어지며 철이 좀 더 쉽게 활용되기 때문에 출혈에 비해 재생성이 뚜렷하게 나타난다. 원인에 따라 혈관 내 또는 혈관 외에서 파괴된다. 혈관 외 용혈에 기인하여 손상된 적혈구는 주로 비장, 일부 간과 골수에 있는 대식세포에 의해 탐식된다. 혈관 내 용혈은 직접적인 적혈구막 손상에 기인해 순환 혈액 내에서 적혈구가 용혈된다. 급성으로 진행되어 수 시간에서 수일 내에 생명에 위협을 줄 수 있다. 적혈구의 용혈은 헤모글로빈의 분해를 통해서 빌리루빈을 생성한다.

6) 면역매개성용혈성빈혈(Immune-mediated hemolytic anemia_IMHA)

면역매개성용혈성빈혈(IMHA)은 개에서 흔한 용혈성 빈혈의 원인이다. 개에서 60~75%가 원발성 또는 특발성으로 알려져 있으며, 이를 자가면역성용혈성빈혈(autoimmune hemolytic anemia)이라고도 한다. 특정 약물(cephalosporins, NSAID, vaccine), 종양, 감염(바베시아 등)에 의해서 이차적으로 발생할 수도 있다.

IMHA 환자는 자기 적혈구에 대한 항체(IgG, IgM, IgA)를 만든다. 심한 경우 적혈구 세포 표면에 보체가 결합된 항체가 높은 농도로 결합하여 심한 적혈구벽 손상으로 세포 외 물이 스며들어 순환 혈액 내에서 세포가 종창되어 터진다. 이러한 과정이 혈관 내 용혈성 빈혈이며 급성이면 심각한 상황을 야기한다(그림 12). 비장이나 간의 대식세포에 있는 Fc 수용체에 의해 인식되어 세포 전체가 탐식되어 혈관 외 용혈이 발생한다(그림 13). 적혈구 표면의 탐식은 구형적혈구(spherocyte)를 만드는데 이는 원형으로, 혈액 도말상에 정상 적혈구보다 작으며 중앙부 창백 없이 어둡고 짙은 세포질을 가진다(그림 14).

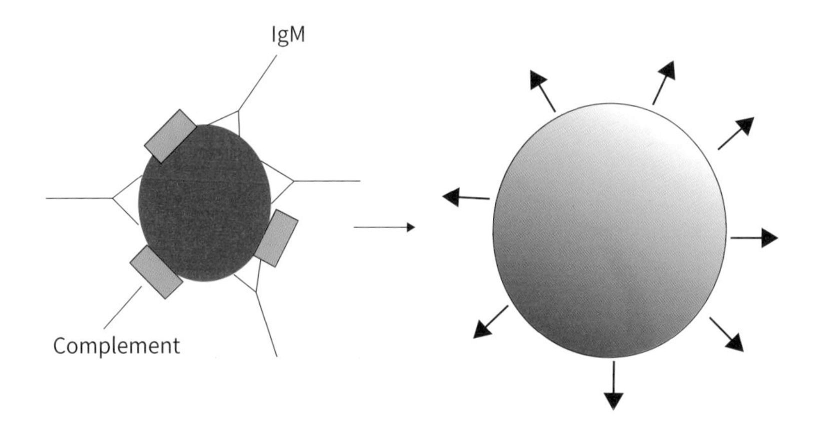

적혈구 세포 표면에 다수의 항체가 보체 결합을 유도하여 적혈구 세포막을 손상시켜 적혈구가 종창되고 용혈이 진행된다.

그림 12 혈관 내 용혈

(BSAVA manual of canina and feline clinical pathology 2nd edition)

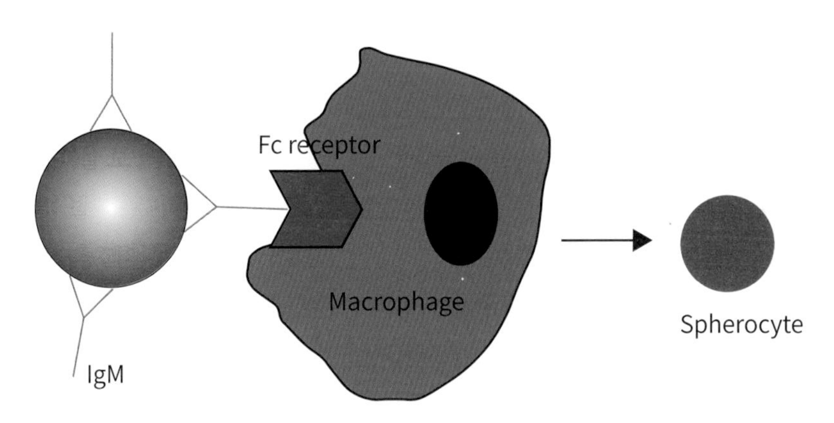

대식세포의 항체 Fc 수용체가 적혈구 표면의 항체와 결합하여 적혈구를 탐식하고,
적혈구 표면의 일부분이 탐식되면 구형적혈구가 생성된다.

그림 13 혈관 외 용혈

(BSAVA manual of canina and feline clinical pathology 2nd edition)

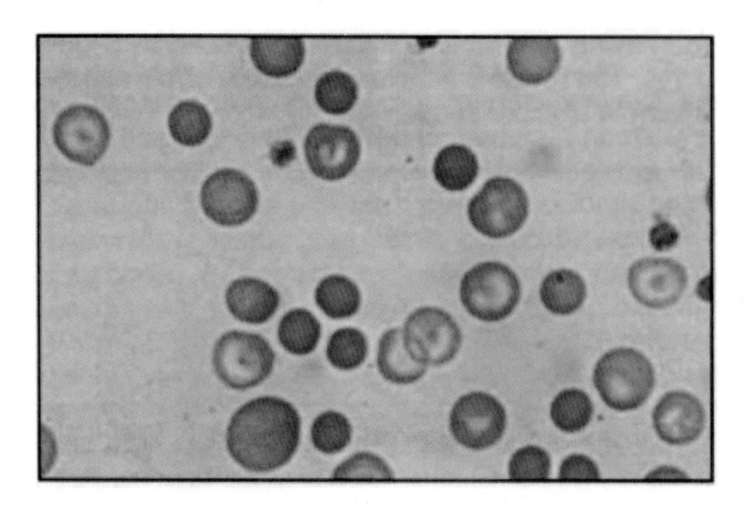

다수의 구형적혈구가 관찰된다. (May-Grünwald-Giemsa stain; 고유 배율 1000배)

그림 14 IMHA로 진단된 4살, 암컷 코카 스파니엘의 혈액 도말

(BSAVA manual of canina and feline clinical pathology 2nd edition)

항체가 많으면, 각각의 항체가 하나 이상의 적혈구와 결합하여 서로 응집하는 현상을 보이며, 이를 자발응집(autoagglutination)이라고 한다. 세포 덩어리는 비장과 간에서 격리되어 빠르게 제거되며 용혈이 신속히 진행된다. 자발응집은 항응고 튜브 내에서 육안으로 관찰되기도 한다.

혈관 내 용혈과 혈관 외 용혈의 심한 정도에 따라서 재생성, 혈색소뇨증, 빌리루빈뇨증의 정도는 다양하게 나타날 수 있다. 핵좌방이동과 독성 변화를 보이는 호중구 증가증이 흔하게 나타날 수 있다. 망상적혈구의 증가와 구형적혈구의 증가로 인하여 적혈구 부동증도 나타난다.

7) 감염과 관련된 용혈성 빈혈

현재 우리나라에서 가장 흔하게 보고되는 감염성 용혈성 빈혈은 바베시아 감염(Babesiosis)이다. 개의 바베시아 원인체는 대표적으로 Babesia canis와 Babesia gibsoni이며, 국내에서는 Babesia gibsoni가 흔히 보고된다. 바베시아는 세포질 내 원충성 기생충으로 적혈구 내에서 복제된다. 혈관 내, 혈관 외 용혈 모두 유발할 수 있다. 혈액을 이용한 PCR 검사로 확진 가능하며, 혈액 도말로 확인되는 경우도 있다.

8) 산화 손상에 의한 용혈

반려동물이 산화 중독 물질에 노출되면 적혈구 손상이 나타난다. 헤모글로빈에 있는 글로빈 사슬 sulphydryl(-SH)기의 산화는 하인즈 소체(Heinz bodies)를 형성하며 침전된 헤모글로빈의 응집물이 적혈구막 내부 표면에 부착한다(그림 15). 적혈구 세포 표면에 직접적인 손상으로 편향적 혈구(eccentrocyte)가 발생한다(그림 16). 아세트아미노펜, 양파, 아연 등과 같은 물질이 개와 고양이에서 산화 손상을 유발하는 것으로 보고되었다.

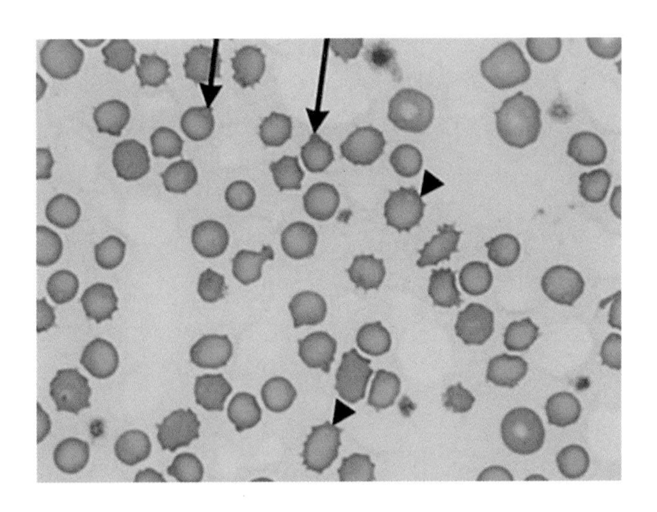

그림 15 고양이 산화 손상에 의한 하인즈 소체(Wright-Giemsa stain; magnification, 1000×)

(https://todaysveterinarypractice.com/hematology/in-clinic-hematology-the-blood-film-review/)

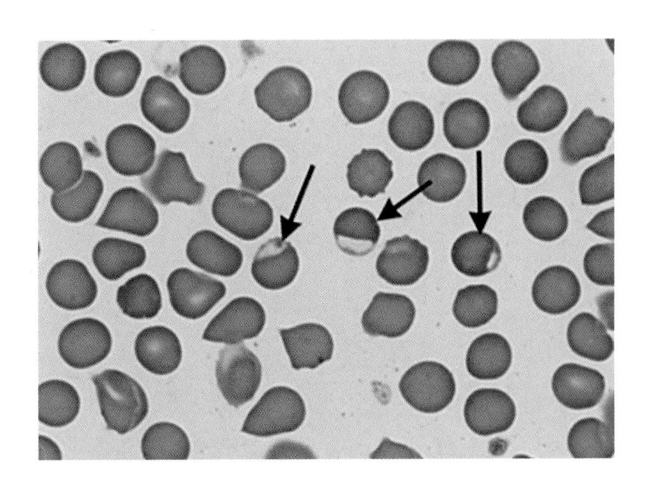

그림 16 아세트아미노펜에 의한 산화중독 환자의 eccentrocytes(화살표)

(Wright-Giemsa stain; magnification, 1000×)

(https://todaysveterinarypractice.com/hematology/in-clinic-hematology-the-blood-film-review/)

9) 비재생성 빈혈(Non-regenerative anemia)

비재생성 빈혈은 원발성 골수 질환, 내재된 염증 또는 대사성 질환의 속발로 나타나는 것이 일반적이다.

원발성 골수 이상의 원인으로는 재생불량성빈혈(aplastic anemia), 백혈병, 골수황폐증(myelophthisis), 골수섬유증(myelofibrosis), 골수형성이상질환(myelodysplastic syndrome) 등이 있다. 원발성 골수 이상의 확실한 감별을 위해서는 골수 검사가 지시된다. 소동물 임상에서 흔히 볼 수 있는 만성 염증성 빈혈, 독소, 약물, 에스트로겐 자극, 내분비 질환, 신부전에 속발한 빈혈 등은 원발 원인에 대한 접근이 이루어져야 한다.

(4) 적혈구증가증(Erythrocytosis)

적혈구증가증은 적혈구 숫자, 헤모글로빈 농도, PCV 증가를 특징으로 한다. 상대적 또는 절대적 적혈구증가증으로 구분한다. 상대적 적혈구증가증은 보통 체액의 변화 또는 순환 적혈구의 재분포에 의해서 나타난다. 체액의 변화는 일반적으로 탈수에 의한 변화이다. 절대적 적혈구증가증은 적혈구의 실제 증가를 의미한다. 절대적 적혈구증가증은 원발성 적혈구증가증과 속발성 적혈구증가증으로 구분한다. 원발성 적혈구증가증은 골수의 만성 골수증식성 질병에 의한 결과로, Erythropoietin(적혈구형성인자)의 농도와 독립적으로 적혈구 생산의 증가를 초래한다. 이는 적혈구의 과잉 생산이 조절되지 않는 상태이며, 보통 형태학적인 이상 없이 나타난다. 골수 검사를 통한 감별이 필요하며, 혈액 종양으로 분류된다. 속발성 적혈구증가증은 보통 동맥혈 산소분압(PaO2)의 감소를 유발하는 저산소증 또는 저산소혈증과 같은 병적인 상태에 의해서 이차적으로 발생한다. 보상 반응에 기인한 적혈구의 증가가 유도된다. 만성 호흡기 질환, 선천적 심장이상, 높은 고도에 사는 환경, 신장 종양과 같은 원발성 원인이 존재한다. 치료는 적혈구증가증이 나타난 근본 원인에 대한 접근을 통해서 이루어져야 한다. 탈수, 저산소증, 저산소혈증의 개선을 위한 처치, 기저 질환의 확진을 통한 근본적인 치료가 지시된다.

(5) 수혈(Transfusion)

다양한 원인에 의해서 혈액의 구성 성분이 부족해져서 생명의 위협을 줄 수 있을 때, 수혈이 지시된다. 현재 소동물 임상에서 전혈, 농축적혈구, 혈장, 알부민 등 다양한 혈액 성분의 수혈을 통해서 질병 치료에 도움을 주고 있다.

1) 전혈(Whole blood)

전혈은 항응고제, 적혈구, 백혈구, 혈소판, 혈장단백질, 응고인자를 포함한 혈액이다. 전혈은 일반적으로 채혈 후 24시간까지 신선한 것으로 간주한다. 시간이 지나면서 혈소판과 일부 응고 인자가 소실된다. 1~6℃에서 4주 정도 보관 가능하다. 급성 출혈, 저혈량성 쇼크 등에 사용할 수 있다.

2) 농축적혈구(Packed RBC)

농축적혈구는 적혈구, 항응고제, 소량의 혈장이 포함되어 있다. 현재 소동물 임상에서 일반적으로 사용되고 있는 혈액 제제로 혈소판과 응고인자를 포함하지 않는다. 1~6℃에서 30~40일 정도 보관 가능하다. PCV가 매우 높기 때문에 반드시 희석하여 투여해야 한다.

3) 수혈용량 계산

개

(몸무게 Kg) × 80 × (목표 PCV – 환자 PCV) / 공혈견 PCV

고양이

(몸무게 Kg) × 60 × (목표 PCV – 환자 PCV) / 공혈묘 PCV

4) 혈소판풍부혈장(Platelet rich plasma)

혈소판풍부혈장은 혈소판, 소량의 적혈구와 백혈구, 항응고제를 포함한다. 채혈 후 2시간 이내의 전혈에서 원심 분리하여 얻을 수 있으며, 5일까지 보관 가능하나, 혈소판의 수명을 감안하면 가급적 빠르게 수혈하는 것이 지시된다. 혈소판의 생산 감소로 인한 혈소판감소증과 혈소판기능장애가 있을 때 지시된다.

5) 신선동결혈장(Fresh frozen plasma)

신선동결혈장은 혈장, 알부민, 일부 응고인자, 면역글로불린을 유용하게 보존할 수 있다. 응고장애, 간질환, 파종성혈관내응고, 전신 염증, 중독 등에 효과적으로 이용할 수 있다. -18℃ 이하에서 냉동 보관하며, 1년간 보관 가능하다. 1년 이후에는 동결혈장(Frozen plasma)으로 간주한다.

6) 혈액형(Blood type)

혈액형은 적혈구 표면에 있는 항원을 식별하는 것이다. 개의 혈액형은 DEA(Dog erythrocyte antigen) 뒤에 숫자를 붙여서 분류한다. DEA 분류는 특정항원에 대한 양성 또는 음성으로 구분한다. DEA 1, 3, 4, 5, 7로 구분하며, 임상적으로 가장 중요한 혈액형은 DEA 1이다. DEA 1은 가장 강한 항원 반응을 유도하고 심각한 수혈부작용을 야기할 수 있다. 이외의 다른 혈액형은 수혈 부작용을 일으킬 확률은 낮다. 선천적으로 발생하는 DEA 1 항체는 존재하지 않는 것으로 알려져 있기 때문에 DEA 1(+) 혈액을 DEA 1(-) 환자에 초회 수혈 시에는 부작용이 나타나지 않을 수 있다. 하지만 항체가 만들어진 이후에 일치하지 않는 혈액의 투여는 심각한 부작용을 일으킬 수 있다.

고양이는 대표적으로 A, B, AB 3가지로 분류한다. AB는 매우 드물며, 대부분 A이다. 수혈 시에는 혈액형 검사(Blood typing)(그림 17)와 교차응집반응(Crossmatching)(그림 18)을 통해서 부작용의 최소화가 지시된다. 혈액형 검사와 교차응집반응은 상품화된 키트를 이용할 수 있으며, 자세한 내용은 임상병리학에서 자세하게 다루기 때문에 생략한다.

그림 17 강아지 혈액형 검사 키트

(www.alvedia.com/quick-test-bt-canine)

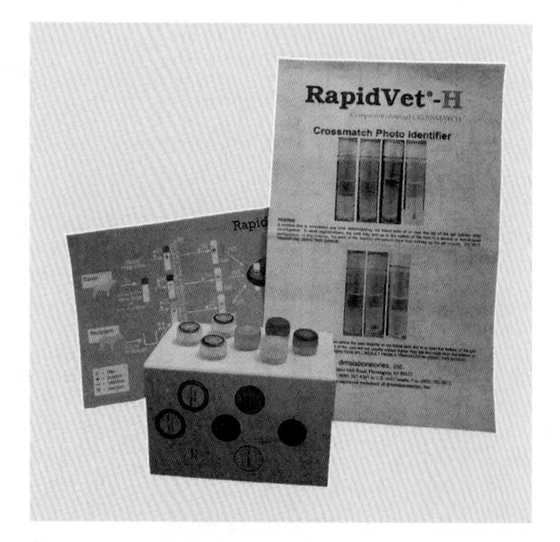

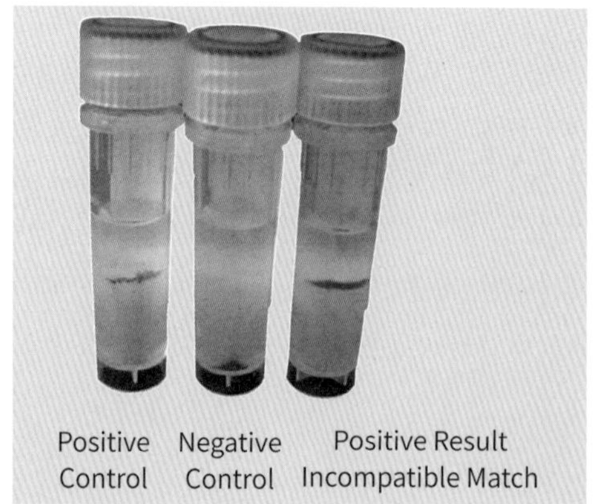

그림 18 교차반응검사키트

(Laboratory procedures for veterinary technicians 7th edition, Margi Sirolis)

7) 수혈 모니터링

혈액형 검사와 교차응집반응을 통해서 가장 부작용이 적은 혈액을 선택하더라도 수혈의 부작용은 발생할 수 있다. 면역 반응에 의한 구토, 발열, 발적, 피부 소양감, 용혈로 인한 혈색소뇨, 혈전 및 쇼크로 인한 사망 등 다양한 부작용이 나타날 수 있다. 따라서 수혈 전에 부작용을 최소화할 수 있는 전 처치 약물인 항히스타민제를 투여하며, 수혈 시작 직후부터 수혈 종료까지는 집중적인 모니터링이 필요하다. 수혈 종료 후에도 일정 시간 동안에는 환자 상태를 지속적으로 관찰해야 한다. 수혈 부작용이 의심되면 수혈을 중단하고, 적절한 약물 투약이 지시된다. 환자의 생명을 살리기 위해서 불가피하게 선택해야 하는 수혈은 언제든지 부작용을 유발할 수 있기에 동물보건사의 수혈 모니터링 능력은 매우 중요하다.

TIP

*** 수혈과정**

1. 수혈 전 검사: CBC, 혈액형 검사, 교차응집반응 검사
2. 수혈 용량계산
3. 예방 처치: 항히스타민
4. 수혈 속도 설정
   - 초기 15~30분: 0.25~0.5ml/kg/hr
   - 부작용이 없으면, 5~10ml/kg/hr씩 증량
5. 모니터링 항목
   - 수혈 속도 변화
   - 바이탈(체온, 심박수, 호흡수): 15분, 30분, 45분, 1시간, 2시간, 3시간, 수혈 종료 시까지 매시간, 수혈 종료 후, 12시간, 24시간
   - 구강 점막 색깔, 피부 발적 및 부종
   - 구토 여부, 배뇨 양상

II. 백혈구 장애(Disorders of leucocytes)

백혈구는 과립구(granulocytes)에 해당하는 호중구(neutrophil), 호산구(eosinophil), 호염기구(basophil)와 무과립백혈구(agranulocytes)에 해당하는 림프구(lymphocyte)와 단핵구(monocyte)로 분류한다. 백혈구는 신체 방어, 염증 및 면역 반응의 시작과 조절의 핵심적인 역할을 한다.

(1) 호중구 장애(Disorders of neutrophils)

호중구는 병원성을 나타내는 미생물(세균, 곰팡이, 기생충 등)을 죽이거나 불활화하며 면역 반응을 조절하는 중요한 역할을 한다. 호중구는 체내에 세 개의 주된 풀(pool)에 존재한다. 골수, 혈액, 조직풀(그림 19); 골수풀은 유사분열풀, 성숙풀, 저장풀로 구성된다. 성숙 호중구는 저장풀에 5~7일간 머문다. 호중구 요구가 큰 경우 이 풀은 고갈되어 호중구는 성숙풀로부터 유리되고 미성숙 형태인 띠호중구(band neutrophil)로 순환혈액계로 방출된다(그림 20). 순환 혈액계에서 호중구는 순환풀(CNP, circulatory neutrophil pool)과 변연풀(MNP, marginal neutrophil pool)을 형성한다. 개와 고양이에서 순환 호중구의 반감기는 6~12시간이며 질병 상태에 따라 호중구의 개수는 빠르게 변할 수 있다.

호중구증가증(neutrophilia)은 호중구 숫자의 절대적인 증가이며 일반적인 백혈구증가증의 원인이다. 띠호중구의 증가는 좌방 이동(left shift)으로 표현한다. 이는 저장풀이 고갈되거나 호중구가 지속적으로 필요한 경우에 발생하며 성숙풀로부터 미성숙호중구가 유리될 때 나타난다. 좌방 이동은 재생성 또는 퇴행성으로 나타난다. 재생성 좌방 이동에서는 띠호중구가 증가되어 있으나 성숙 호중구의 숫자가 더 많다. 퇴행성 좌방 이동에서는 띠호중구 숫자가 성숙 호중구보다 많다. 띠호중구의 증가는 활발한 염증 반응을 의미한다. 좌방 이동이 줄어드는 호중구 증가는 조직 요구에 부합하는 활발한 골수 생산을 반영하는 좋은 예후 인자이나, 퇴행성 좌방 이동의 증가는 불량한 예후 인자이다. 호중구증가증의 대표적인 원인으로는 스트레스에 의하여 일시적으로 나타나는 생리적 호중구증가증, 스트레스-스테로이드 유도 호중구증가증, 급성 염증 반응이 있다. 드물긴 하지만, 염증의 증거가 없는 상황에서 극심한 호중구증가증이 지속되면 만성골수증식성 백혈병을 의심해야 한다.

호중구감소증(neutropenia)은 순환 호중구의 절대적인 숫자의 감소를 의미한다. 골수풀에 있는 세포의 감소 또는 생산 감소, 변연풀에 있는 호중구의 격리, 과도한 조직 요구량 및 소비 등에 기인하여 발생한다. 호중구감소증은 골수에 영향을 미치는 감염성 질환(예: 파보바이러스감염), 항암 치료 등이 원인이 될 수 있어서 원발 원인에 대한 접근이 필요하다.

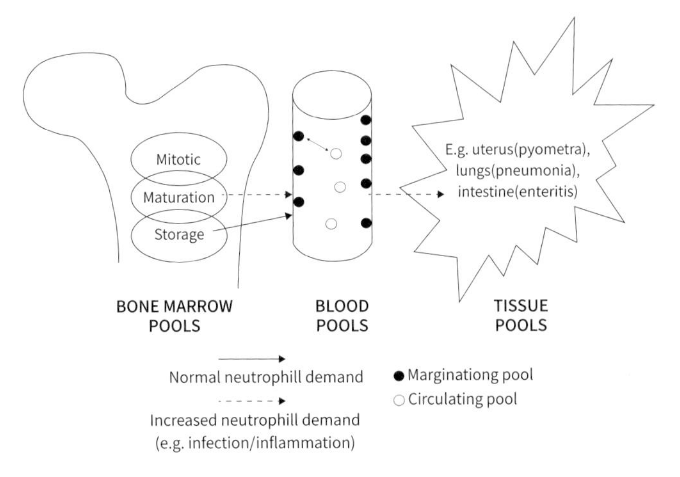

그림 19 신체의 주된 호중구풀

(BSAVA manual of canina and feline clinical pathology 2nd edition)

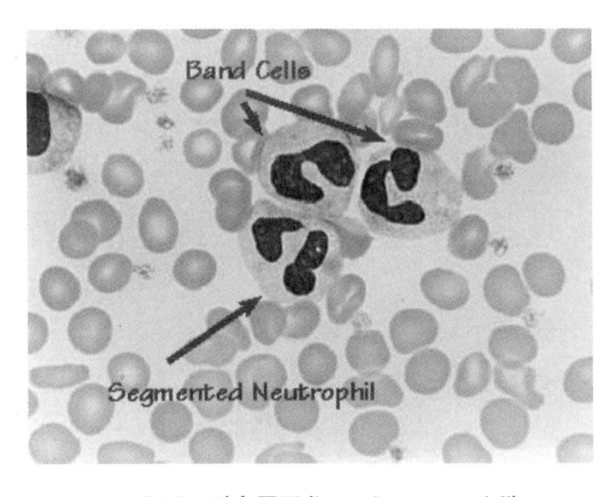

그림 20 띠호중구(band neutrophil)

(http://textbookhaematology4medical-scientist.blogspot.com/2014/03/band-form-neutrophils-background.html)

(2) 호산구 장애(Disorders of eosinophils)

호산구는 호중구에 비해 약간 크며, 둘 또는 셋의 분엽화된 핵과 조밀한 호산성 세포질 과립을 가지는 세포이다(그림 7). 호산구는 기생충과 염증 매개 반응의 주요 방어인자이다. 호산구 증가증은 감염(기생충, 바이러스, 세균), 알러지, 염증, 종양, 면역매개성 질환 등 다양한 원인에 의해서 나타날 수 있다.

(3) 호염기구 장애(Disorders of basophils)

호염기구는 호중구보다 크며(호산구 또는 단핵구와 비슷), 길고 분엽화된 리본 모양의 핵을 가진다(그림 7). 호염기구는 알러지성 질환과 특정 기생충에 대한 면역 반응과 관계된다. 염증이 나타나면, 호산구와 함께 관여하며 지연 과민반응, 지혈, 지방 분해와 관련되어 있다.

(4) 단핵구 장애(Disorders of monocytes)

단핵구는 호중구와 크기가 유사하지만, 도말 시 슬라이드에 잘 부착되기 때문에 좀 더 크게 보인다. 단핵구는 그물 또는 레이스형의 염색질을 가진 다양한 형태의 핵을 가진다(그림 7). 단핵구증가증은 일반적으로 만성 염증과 관련되며 호중구증가증과 동반될 수 있다. 면역매개성 질병과 조직 괴사가 동반되는 질병 과정에서 흔히 나타난다.

(5) 림프구 장애(Disorders of lymphocytes)

림프구는 대부분 항원 자극에 의한 반응으로 말초 림프계 조직에서 일어난다. 순환계에서 형태학적으로 구별할 수 없는 두 가지 형태의 림프구(T 세포와 B 세포)가 존재한다. 순환계의 림프구 대부분은 소형 림프구이다. 이 세포들은 짙게 염색되는 원형 또는 타원/톱니 모양 핵과 핵 주변에 일부 푸른색의 연한 세포질을 가진다(그림 7). 림프구증가증은 예방접종 또는 면역 자극에 기인하여 일시적으로 나타날 수 있으며, 림프세포증식성질환에 의해서도 나타날 수 있다. 림프구감소증은 스트레스, 급성 염증, 바이러스의 급성기, 패혈증, 내독소혈증에서 관찰될 수 있다. 면역억제 약물 치료 역시 순환 림프구 숫자를 감소시킬 수 있다.

III. 지혈 장애(Disorders of hemostasis)

지혈 시스템은 세포, 효소, 보조인자, 손상된 혈관의 회복을 촉진하는 여러 가지 인자들의 복합 작용으로 이루어진다. 지혈과 관련한 내용을 자세히 다루기 위해서는 너무 복잡한 생리학/생화학적 내용에 대한 언급이 이루어져야 하므로 소동물 임상에서 일반적으로 알아야 할 후천적 지혈 장애와 관련한 기본적인 내용만 발췌하여 다루고자 한다.

지혈 작용은 혈관 내피가 손상되어 혈전 형성 내피 밑 기질이 혈소판과 지혈 단백에 노출되어 시작된다. 지혈 작용을 일차, 이차, 삼차로 구분할 수 있지만, 이러한 기전은 순차적으로 진행되기보다 동시다발적으로 이루어진다.

지혈 장애와 관련된 임상 증상은 대표적으로 과도한 출혈 또는 혈전증이다. 지혈 장애와 관련된 유전적 소인을 지닌 경우를 제외하고는 지혈 장애를 일으킬 만한 원인에 대한 병력 청취(응고 장애를 일으킬 수 있는 독성물질 노출 여부, 외상, 약물 투약, 감염)와 기저 질환(실질 장기의 기능장애 또는 기능부전)에 대한 감별진단이 중요하다.

(1) 일차 지혈(Primary hemostasis)

1) 혈소판감소증(Thrombocytopenia)

혈소판감소증은 가장 흔한 후천성 지혈 장애로 골수 생산 감소, 파괴, 소비, 소실로 발생한다. 심한 혈소판감소증은 생산의 감소, 파괴, 소비의 증가로 나타나며, 출혈만으로 혈소판감소증이 나타나는 것은 드물다. 면역매개성 혈소판감소증(Immune mediated thrombocytopenia, IMT)은 개와 고양이에서 흔하게 나타나는 후천성 혈소판감소증의 대표적인 질환이다. 피부의 점상 또는 반상 출혈이 나타나며, 점막 출혈도 일반적이다. 스크리닝 검사상, 일반적인 응고계 선별 검사는 참고 범위에 있으며, 혈소판감소증을 일으킬 만한 특별한 원인이 없는 경우가 대부분이다. 이를 위해서는 위장관 출혈, 감염성 질환, 종양 등 혈소판감소증에 영향을 줄 수 있는 여러 가지 감별 검사가 선행되어야 한다.

(2) 이차 지혈(Secondary hemostasis)

1) 응고계 선별 분석

Prothrombin time(PT), Activated partial thromboplastin time(aPTT), Thrombin clot time(TCT), Activated coagulation time(ACT), PIVKA

비타민K가 결핍되면 PT, aPTT, PIVKA, ACT 등의 지연을 나타낼 수 있다. 비타민K 결핍은 항응고성 살서제 중독, 간질환, 흡수 부전(외분비성 췌장기능부전) 등에서 나타날 수 있다.

(3) 삼차 지혈(Tertiary hemostasis)

1) 혈전색전증(thromboembolism)은 모든 지혈 경로를 포함한다. 감별 검사 과정에서 Fibrin degradation products(FDPs)와 D-dimer의 증가를 확인할 수 있다. 심장사상충 감염에 의한 내피세포 손상, 종양에 의한 혈소판 기능 또는 숫자 증가(thrombocytosis), 응고인자의 활성도 증가 또는 억제 감소, 파종성혈관내응고(Disseminated intravascular coagulation_DIC)등이 대표적이다.

제3장

혈액질환 환자의 간호

혈액질환은 혈액의 구성 성분인 적혈구, 백혈구, 혈소판의 이상에 의해서 나타나기 때문에 여러 가지 감별진단 과정이 중요하다. 혈액 성분의 이상은 전신순환에 직접적인 영향을 줄 수 있기에 심각한 임상증상을 유발한다. 혈액질환 환자는 순환 장애의 증거를 보이는 임상증상 발현 여부를 주의 깊게 모니터링해야 한다. 바이탈, 혈압, 점막 색깔 등의 이상이 나타나면 적절한 보존적인 처치와 동시에 원발 원인에 대한 접근이 이루어져야 한다. 적혈구나 혈소판의 급격한 손실은 생명과 직결될 수 있기에 필요시 수혈이 이루어져야 하며, 혈액 성분의 공급 과정에서 나타날 수 있는 여러 가지 부작용에 대한 모니터링 역시 동물보건사의 중요한 역할이다. 순환을 돕기 위한 적절한 산소 및 수액의 공급 과정은 혈액질환 환자 간호에 있어서 필수적인 항목이다. 혈액질환 특성상 응급 및 중환자 관리가 요구되기 때문에 질병의 진단, 치료, 합병증, 예후, 간호 과정에 대한 명확한 이해가 필요하다. 혈액질환은 내과학, 임상병리학, 응급 간호학 모두와 관련되어 있기에 동물보건사의 전문적인 지식과 환자를 간호하는 세심한 안목이 통합적으로 요구된다.

CHAPTER 10

비뇨기계 질환

비뇨기계의 해부학적 이해 및 비뇨기계 관련 임상증상을 이해한다.

뇨검사를 위한 오줌의 채취법, 물리적 뇨검사, 화학적 뇨검사, 요침사 검사 등을 이해한다.

비뇨기계 질환을 이해하고 관련한 치료법 및 동물보건사의 간호 방법에 대해 익힌다.

제1장 임상증상

Ⅰ. 비뇨기계의 해부학적 이해 및 임상적 접근방법

해부학적으로 비뇨기계는 복강 내에 위치하며 한 쌍의 신장, 한 쌍의 요관, 한 개의 방광, 한 개의 요도로 구성되어 있다. 한 쌍의 신장은 복강의 허리 등 쪽에 정중선을 따라 양쪽에 위치한다. 방사선 사진에서 개의 경우 왼쪽 신장이 오른쪽 신장보다 약간 꼬리 쪽(caudal, 등뼈보다 허리뼈에 가까운 부위)에 위치한다. 개의 신장은 타원형으로 오른쪽 신장은 종종 제12번과 13번 등뼈 부위에 위치하고 왼쪽 신장은 허리뼈 1번과 3번 수준에 위치한다. 고양이의 신장은 둥글거나 타원형의 형태로 오른쪽 신장은 요추 1번과 4번 사이에 위치하고 왼쪽 신장은 오른쪽 신장과 같은 위치거나 약간 앞쪽에 위치한다. 신장은 대동맥에 의해 유리된 신장동맥에 의해 높은 혈압의 혈액을 지속적으로 공급받게 되며 신장을 거친 혈액은 다시 신장정맥으로 모인다. 신장은 피질(cortex), 수질(medulla), 신우깔때기(renal pelvis) 부위로 나눌 수 있으며 주된 기능은 소변의 생성이다. 생성된 소변은 신장에 연결된 요관을 따라 방광으로 이동하여 저장되어 있다가 배뇨 자극 시 요도를 통해서 배설된다. 생리학적으로 비뇨기계는 체액의 수분과 전해질의 균형을 통해 항상성을 유지하는 역할을 한다.

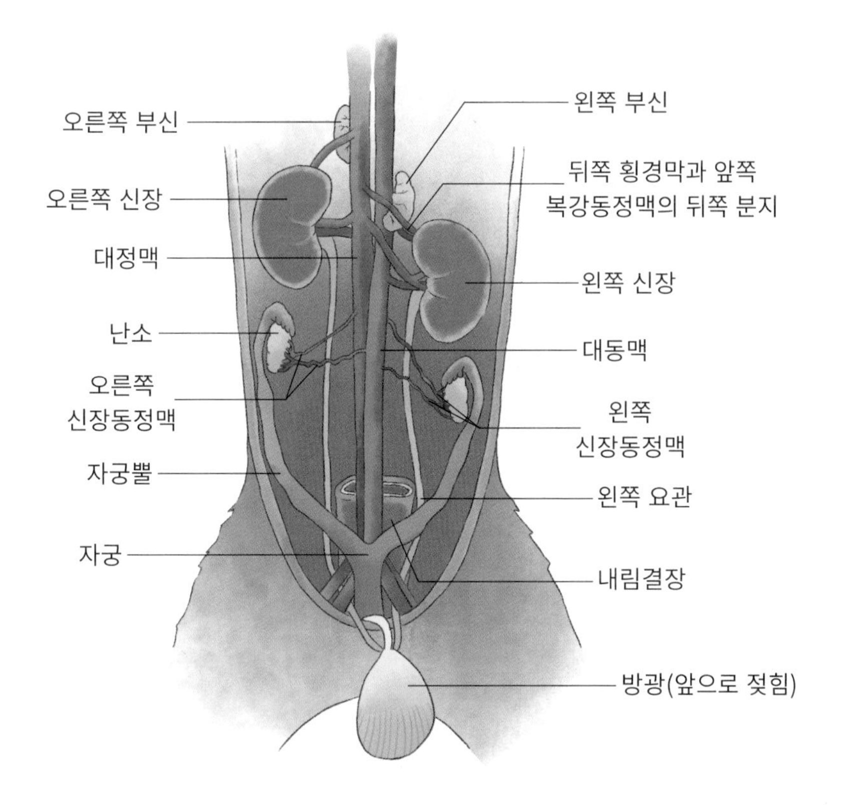

그림 1 신비뇨기계 해부학적 구조

네프론은 신장의 기능적 단위로서 사구체(glomerulus), 보우만 주머니(Bowman's capsule), 근위곱슬세관(proximal tubule), 헨리고리(the loop of Henle), 원위 곱슬세관(dital tubue), 집합관(collecting duct)으로 구성되어 있다. 특히 네프론의 사구체는 혈액을 여과하는 모세혈관계로서 사구체 모세혈관의 높은 혈압 때문에 혈장 성분이 강제로 모세혈관 벽의 작은 여과구멍으로 통과하게 된다. 알부민 같은 혈장 단백질의 크기는 사구체 여과구멍과 거의 일치한다. 따라서 물과 일부 물질들(전해질, 아미노산, 포도당, 요소 등)은 사구체를 통과할 수 있으나 혈장단백질(예: 알부민)이나 이보다 분자 크기가 더 크다면 사구체를 여과하기가 어렵다. 또한 사구체 모세혈관은 음전하를 띠고 있어서 단백질 같은 음전하 분자들을 밀어낸다. 따라서 정상적인 동물의 소변에서는 알부민이 검출되지 않으나 사구체 질환이 발생 시에 가장 먼저 보이는 증상이 소변에서의 단백질 검출이다. 사구체를 통과한 여과물은 이어서 보우만 주머니로 들어가며 근위곱슬세관, 헨리고리, 원위곱슬세관, 집합관을 거치면서 재흡수를 거치며 농축된 소변이 되어 신장깔때기로 배출된다.

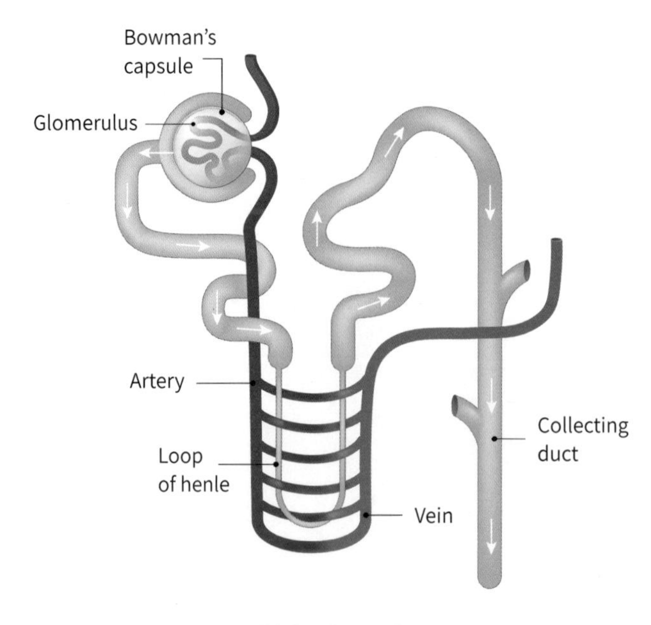

그림 2 네프론의 구조

표 1 네프론의 각 기관의 기능

사구체	혈액의 여과, 혈장단백질 이상의 크기는 여과가 안됨
근위곱슬세관	수분과 전해질 재흡수
헨리고리	나트륨, 염소, 수분의 재흡수
원위곱슬세관	나트륨 재흡수, 수소와 칼륨의 배설, 알도스테론에 의해 조절
집합세관	수분의 재흡수, 항이뇨호르몬(anti-diuretic hormone)에 의해 조절

TIP

네프론: 신장의 기능성 단위

구성기관: 사구체, 보우만 주머니, 근위곱슬세관, 헨리고리, 원위곱슬세관, 집합관

신장질환의 임상적 접근 시에는 신장병 존재 여부, 병증의 부위, 신장병의 정도 및 현재 신장 기능의 상태, 급성과 만성 여부 및 병의 치료 가능성, 외부 요인에 의한 신장병 악화 요인 여부, 예후 등을 고려한다.

신장병의 진단은 환자의 정보 및 병력(나이, 종, 성별, 임상증상, 사육환경, 스트레스 요소 등)을 수집하는 것으로 시작된다. 보호자가 작성하는 문진 검사표를 통해 물 섭취량, 소변의 색깔과 양, 배뇨의 빈도, 혈뇨 여부, 배뇨 시 힘을 주는지 등에 대해 물어본다. 특히 다뇨를 다른 배뇨장애(배뇨가 어려움, dysuria)나 빈뇨증(polyuria)과 구별하는 것이 중요하다. 다뇨는 주로 상부 요로 질환의 증상일 가능성이 높으며 배뇨장애나 빈뇨증은 하부요로질환을 의심할 수 있다. 따라서 비뇨기계 기관이 의심될 경우 동물보건사는 동물의 문진 시 보호자에게서 정확한 정보를 얻고 신체검사 시, 동물이 병원에서 배뇨자세를 취할 때에 신중히 관찰할 필요가 있다.

II. 혈뇨

혈뇨(소변 내 적혈구 존재)는 비뇨생식기계의 점막의 손상에 의한 출혈에 의해 발생한다. 혈뇨와 혈색소뇨는 육안으로 구별이 어려울 수 있으므로 원심분리 후에 감별진단한다. 혈뇨의 경우 원심분리 후에 적혈구의 침전물이 관찰되고 상층액은 맑은 노란색을 띠게 되나 혈색소뇨나 미오글로빈뇨는 적혈구 침전물이 없이 원심분리 후에도 여전히 색 변화가 없다.

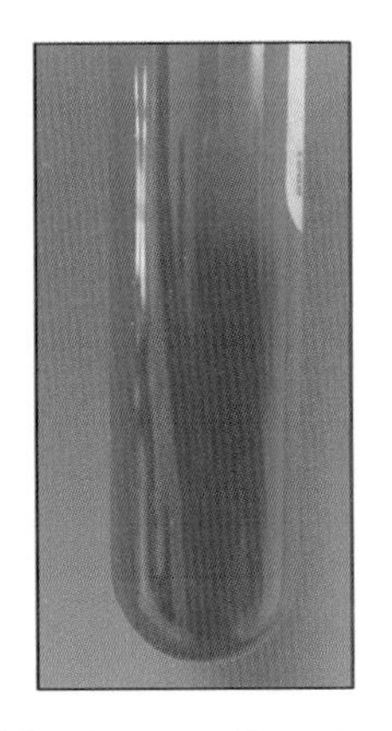

(A) Before centrifugation

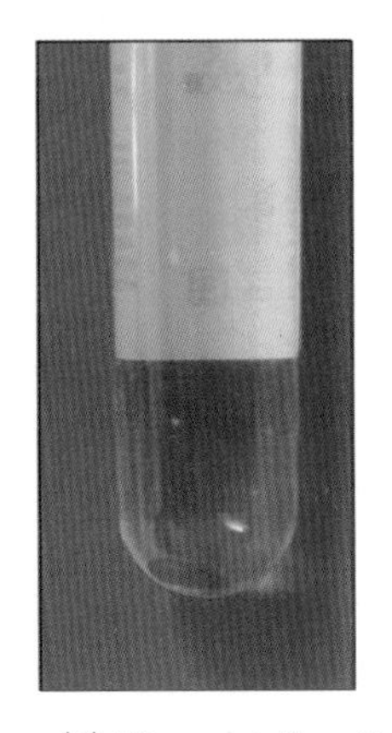

(B) After centrifugation

그림 3 혈뇨의 원심분리 전(A) 원심분리 후(B)

(https://eclinpath.com/cytology/effusions-2/spun-unspun-fluid-copy/)

혈뇨의 원인은 아래 표와 같다.

표 2 개와 고양이에서 혈뇨의 원인 

비뇨기계 원인	외상(카테터 삽입, 방광천자, 신장생검), 요로감염(특발성 고양이 하부요로질환, 요도염, 방광염), 종양, 요결석증, 혈액응고장애, 혈관이상(웰시코기에서 신장모세혈관 확장증, 특발성 신장성 혈뇨), 기생충, 신우혈종, 다낭신장병
생식기계 원인	발정, 태반의 불완전 퇴축, 생식관 염증, 종양, 외상

특히 방광천자로 소변을 채취할 경우(천자술에 의한 혈액이 시료에 포함될 수 있으므로) 요시료의 현미경적 소견에서 비정상적으로 많은 적혈구(고배율에서 시야당 3개 이상의 적혈구)가 관찰될 경우에는 반드시 자연배설뇨를 다시 채취해야 한다.

혈뇨가 있을 경우 배뇨 중 혈뇨가 언제 관찰되는지를(배뇨 시작 후 처음, 중간, 뒷부분 중 어느 단계에서 혈액이 보이는지의 시기) 보호자에게 질문해야 하며, 또한 동물보건사가 자연배설뇨를 채취할 때도 이 부분을 유념해서 관찰해야 한다. 소변 줄기 중 어느 시기에 혈뇨가 시작되느냐에 따라 그 원인 부위를 추정할 수 있기 때문이다. 요도나 생식관에 질환이 있을 경우 배뇨 시작부터 혈뇨가 관찰될 수 있다. 배뇨 끝 무렵이나 배뇨 중의 혈뇨는 방광 또는 상부요로계(신장이나 요관)의 질환을 의심할 수 있다.

또한 문진을 통하여 배뇨장애가 혈뇨와 연관되는지 여부를 확인하는 것도 중요하다. 통증이나 배뇨장애 없이 혈뇨가 발생할 경우 상부 요로계 질환을 의심할 수 있으며 배뇨장애(빈뇨증, 통증배뇨)를 보일 경우 하부요로(방광, 요도)질환을 의심할 수 있다.

혈뇨가 응고장애와 연관될 경우는 코피, 흑색변, 멍, 정맥 천자 부위 장시간 출혈 등의 증상이 같이 동반된다. 방광종양이 있을 경우 신장 종양보다 더 흔하게 혈뇨가 흔히 관찰된다.

요로기생충에 감염된 환자의 경우 요 침전물에서 충란이 관찰된다.

특발성 신장성 혈뇨는 신장에서 유래되긴 하지만 그 원인은 명확하지 않다. 신장 출혈은 일반적으로 편측성으로 일어나고 대형견종 중 어린 개체에서(5살 이하) 많이 발생한다. 이 경우 일반적으로 배뇨장애를 보이지 않는 혈뇨를 동반한다.

III. 배뇨장애

배뇨장애가 있을 경우 환자들은 배뇨 시 통증이나 노력성 배뇨를 하게 되고 빈뇨증(pollakiuria), 통증배뇨(stranguria, 방광이나 요도의 연축으로 인해 배뇨 시 힘이 듦)의 여러 임상증상을 복합적으로 나타낸다. 배뇨장애는 하부요로질환(방광염, 요도염, 방광결석, 방광종양, 요도폐쇄 등)과 관련이 있으며 또한 생식기계(전립샘, 질)의 종양이나 염증성 질환을 의심할 수도 있다. 배뇨장애가 있으면 고양이나 개가 생식기 부위를 주로 핥는 모습이 종종 관찰된다.

특히 문진 시 보호자의 정확한 설명을 듣는 것이 중요하다. 종종 보호자들은 배뇨장애와 배변장애(변비 같은)를 헷갈려 한다. 배뇨장애가 있을 때 환자들은 정상 배뇨자세를 취하지만 배뇨하는 데 과도한 시간을 들이고 종종 소량의 소변만 배출한다. 또한 이런 일을 같은 장소에서 반복하거나 다른 장소로 이동한 후에도 배뇨자세를 취하게 된다. 고양이의 경우 요도폐색이 있을 때 배뇨 시도 중 괴로워하는 신호를 보낼 수 있다. 완전 요도폐색의 경우 통증과 방광 팽만을 촉진할 수 있다. 따라서 폐색이 의심될 때는 방광을 촉진할 때 과도하게 압력을 주지 않도록 주의한다. 특히 동물보건사는 환자의 배뇨하는 모습을 면밀히 관찰하여 이의 정보를 수의사에게 제공할 수 있도록 한다.

표 3 개와 고양이에서 배뇨장애의 원인

원인	내용
염증성 질환	요로감염, 고양이 특발성 하부요로질환, 방광염, 요도염
요석증	방광결석, 요도결석
종양	방광, 요도, 전립샘, 질 등 부위의 종양
외상	방광이나 요도파열, 요도협착
신경성 질환	배뇨반사 관련 신경장애
기타	회음 탈장

IV. 다음(polydipsia, PD)과 다뇨(polyurai, PU)

개와 고양이의 정상적 일일 최대 수분 섭취량은 각각 60~90mL/kg, 45mL/kg이다. 또한 개와 고양이의 요 생성량은 정상적으로 하루에 26~44mL/kg 정도이다. 보통 다음(PD)과 다뇨(PU) 증상은 동시에 나타난다. 즉 다뇨(PU)가 발생하고 이에 대한 보상 기전으로 다음(PD)이 일어나거나 그 반대로 다음 이후에 다뇨가 발생할 수 있다. 특히 보호자는 집에서 동물의 음수량을 파악하여 PD 여부를 확인할 수 있다. 일반적으로 다뇨는 하루에 40~50ml/kg보다 많은 상태를 말하고 다음은 하루 수분 섭취량이 80~100ml/kg일 때이다.

PU-PD는 주로 신장이나 내분비 계통 질환에 의해 발생하며 그 원인은 아래의 표와 같다.

표 4 개와 고양이에서 다뇨의 원인

기전	잠재적 원인
삼투적 이뇨	당뇨(glucoseuria), 만니톨(mannitol) 투여, 폐쇄 후 이뇨
신세뇨관 질병	만성 신장병, 급성신장질환, 부신피질기능저하증, 신성당뇨(renal glycosuria)
신혈류 증가	고혈압, 갑상선기능항진증, 고나트륨혈증, 진성적혈구증가증
신수질 농도경사 감소	간질환, 저단백식이, 저나트륨혈증, 저칼륨혈증, 신장속질에서 용질의 유실(medullary washout of solute, 예: 정신적 다음)
항이뇨호르몬(antidiuretic hormon, ADH) 관련 장애(호르몬 생성, 저장, 수용체 결합 이상)	중추성 요붕증 - 선천적이거나 후천적 ADH 결핍 일차성 신장성 요붕증 - ADH에 대한 신장 반응의 결핍 이차성 신장성 요붕증 - 고칼슘혈증 - 자궁축농증 - 렙토스피라 감염 (leptospirosis) - 패혈증 - 부신피질저하증 - 부신피질기능항진증

특히 PU-PD는 복잡한 요소에 의해 발생하므로 보호자에게 문진 시 국소 연고를 포함한 모든 투여경로의 약물(특히 corticosteroid 같은) 복용 여부를 확인해야 한다. 산책 시 배뇨하는 개의 경우 PU 증상 시 밖에 나가자고 요구하는 횟수가 증가한다. 고양이의 경우 고양이 화장실의 상태를

보고 PU를 확인할 수 있다. 특히 동물보건사들은 문진 시 빈뇨(pollakiuria)와 다뇨(polyuria)를 구별할 수 있도록 한다. 일부 보호자들은 동물이 빈뇨 증상을 보일 경우 배출하는 소변의 양도 많은 것이라 판단할 수 있기 때문이다. 다뇨의 경우도 배뇨의 빈도가 많아지나 각 배뇨의 양도 많아지고 통증배뇨는 나타내지 않는다. 다뇨의 경우 흔하게 야간뇨(nocturia) 증상이 있다. 한편 다뇨는 요실금과도 구별되어야 한다. 일반적으로 요실금은 정상적인 요도괄약근 기전에 이상(예: 중성화를 한 암컷의 요도 괄약근 기능 부전)이 생기거나 방광의 압력이 요도 압력보다 높을 때 생기게 되며 동물은 본인의 소변이 새는 것을 인지하지 못한다. 요실금의 경우 동물이 자는 중에 잠자리에 소변이 새고, 배뇨자세를 취하지 않은 곳에서도 배뇨의 흔적이 보이게 된다. 물론 PD-PU를 초래하는 질환은 요실금을 악화시킬 수 있다.

정신적 다음(psychogenic polydipsia, PPD)은 비교적 드문 질환으로 주로 대형견 종에서 발생하며 고양이에서는 거의 없다. 이는 스트레스나 보호자의 강화 행동, 원인 미상 등의 여러 요인들에 의한 수분소비량의 증가를 의미하며 그 결과로 요 비중 검사에서 극단적인 저비중뇨(1.001~1.003)를 나타낸다.

V. 그 외 임상증상

신장비대는 양측성/편측성, 대칭성/비대칭성 등 다양한 형태로 나타난다. 신장비대는 급성이거나 만성으로 나타나며 주로 만성으로 나타난다. 신장비대의 원인으로는 다낭성 신장병(polycystic kidney disease), 종양, 폐색 등이 있으며 고양이에서 더 흔하다. 이런 신장비대는 복부촉진에 의해서 일부 파악할 수 있으며 방사선 촬영을 통해 정확히 진단할 수 있다.

그리고 신장질환은 아니지만 신장주위 거짓낭(Perinephric Pseudocysts)이 있을 경우 복부 촉진 시 신장비대로 오진할 수 있다. 신장주위 거짓낭은 액이 차있는 섬유낭으로 신장을 둘러싸고는 있으나 신장의 상피는 아니다.

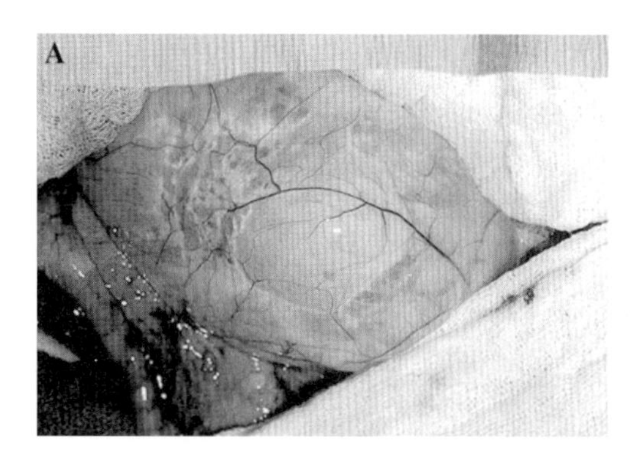

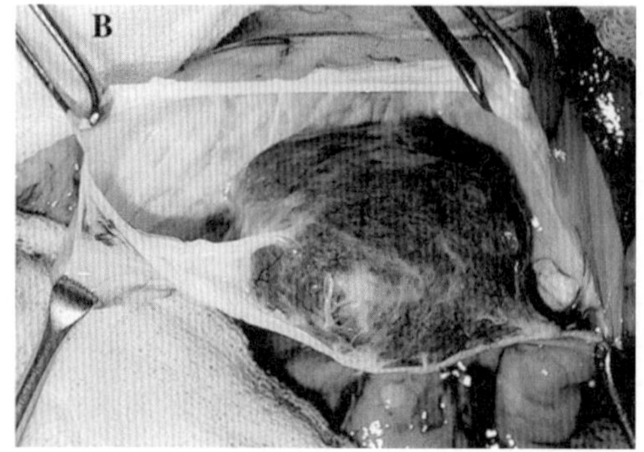

고양이의 신장주위 거짓낭의 육안적 형태(A)와 낭막을 걷고 낭액을 배출한 모습(B)

그림 4 신장주위 거짓낭 사진

(J Vet Intern Med. 1999 Jan-Feb; 13(1): 47-55.)

다뇨와 달리 핍뇨(oligouria, 소변감소증)나 무뇨증(anuria, 소변 배출량이 없음)처럼 소변 배출량이 정상수준 이하로 떨어질 수도 있다. 이는 급성신장손장이나 양측 요관폐색이나 요도폐색에 의해 발생할 수 있다.

비뇨기계 이상에 의해 식욕부진, 졸음, 우울증이 발생할 수 있으며 구토 설사, 위산과다 같은 소화기계 이상이 병행될 수 있다. 또한 질소혈증(azotemia)이 발생할 경우 요독성 구강궤양이 발생하여 혀나 잇몸의 궤양과 입냄새를 유발할 수 있다.

TIP

동물보건사는 비뇨기계 증상과 관련하여 보호자와의 문진과 관찰을 통해 수집한 환자의 임상증상을 정확히 수의사에게 전달하여 수의사가 효과적인 진단계획을 수립할 수 있도록 한다.

제2장

비뇨기계 질환의 진단검사 방법

Ⅰ. 뇨검사 개요

뇨검사는 오줌의 성분을 분석하는 것으로 비뇨기계 이상이나 전신적 질병을 가진 환자들의 검진에 필수적인 검사법이다. 특히 요시료 수집방법과 보존 방법은 요분석 결과에 크게 영향을 줄 수 있으므로 이를 숙지한다. 뇨검사를 위해서는 채취 후 30분 이내의 신선한 요 샘플이 가장 좋다. 뇨검사를 곧바로 할 경우에는 냉장보관하지 않는 것이 좋다. 냉장보관할 경우 요 결정체가 형성될 수 있기 때문이다. 그러나 뇨검사가 지연될 경우에는 요의 원주나 세포 성분, pH 등이 상온에서는 빠르게 변질되므로 요를 냉장보관해야 한다. 다만 냉장보관된 요는 검사하기 전 실온으로 맞춘다.

아침에 밥을 먹기 전에 채취한 요는 세뇨관의 요농축 능력의 진단에 유리하다. 특히 아침 요는 다른 시간에 채취한 요보다 세포, 세균, 요원주 등이 더 많다. 한편 스테로이드나 이뇨제 등의 약물 투여는 요의 농축 능력을 저하시킬 수 있다. 비뇨기계 세균감염 여부 검사를 위해 요배양 실시가 목적이라면 무균적으로 요를 채취하여야 한다.

(1) 요시료 수집 방법

뇨검사를 위한 요수집(채뇨) 방법으로는 자연배뇨(중간소변), 요도카테터 삽입, 방광천자 방법이 있으며 최대한 오염되지 않은 상태로 채취해야 한다. 요도나 생식기에 의한 시료 오염을 피하기 위해서는 방광천자가 가장 좋으나 혈뇨를 보이는 환자의 경우 방광천자 시 창상에 의한 적혈구가 시료에 포함될 수 있어 자연배뇨 시료로 먼저 평가하는 것이 바람직하다.

1) 자연배뇨 수집

자연배뇨 수집은 가장 스트레스 없이 동물에게서 쉽게 요를 채취할 수 있는 방법이다. 요 채취 시 첫 소변줄기에는 생식기에 존재하는 세포, 세균 등 기타 불순물들이 포함되어 있으므로 이는 버린다. 중간 소변줄기 요샘플이 가장 비뇨기계 상태를 잘 나타낸다. 그러나 동물의 배뇨 시 요를 직접 채취하는 것이 어려우면 깨끗한 바닥에 떨어진 요를 검체용기에 담아서 검사한다. 자연배뇨에서 수집한 요는 아무리 멸균 용기에 직접 중간요를 채취하더라도 포피나 외음부의 털에 의해 이미 요가 오염이 되어 요배양에는 적합하지 않다.

2) 방광압박에 의한 채뇨

요가 가득 차 있는 방광을 압박해서 인위적으로 배뇨를 시도하여 요를 채취한다. 이 방법은 수컷보다 암컷이 요도가 짧아 유리하다. 그러나 자칫 방광 압박이 과도할 경우 방광파열이 일어날 수 있으므로 유의해야 한다.

3) 요도카테터를 이용한 채뇨

요도로 카테터를 삽입하여 방광으로부터 직접 요를 채취하는 방법이다. 방광 내 상행성 감염을 피하기 위해 요도카테터 삽입 시에는 멸균적으로 시술한다. 카테터는 각 동물의 크기에 적합한 카테터 크기를 이용한다.

수캐에서는 요도카테터 삽입이 간단하나 고양이나 암컷 개의 경우 진정제가 필요할 수 있다.

수캐의 요도카테터 삽입을 위해서는 카테터 삽입 길이를 어느 정도 파악하고 개를 횡와자세로 눕힌 후, 개의 뒷다리를 외전시켜 음경을 세척하고 카테터 끝에 윤활제를 바른 후 요도 끝에 카테터를 천천히 삽입하여 방광까지 위치시킨다. 요가 흐르는 것을 관찰하면서 필요시 주사기를 연결하여 흡입한다. 카테터는 서서히 잡아당겨서 제거한다. 큰 개의 경우에는 서 있는 상태에서도 카테터 삽입이 가능하다. 수코양이의 경우는 수캐와 비슷하며 포피로부터 음경을 노출시킨 후 카테터를 삽입한다.

암캐의 경우 개를 엎드린 상태에서 실시한다. 동물보건사는 꼬리를 왼쪽이나 오른쪽으로 치우고 동물의 머리와 꼬리 쪽을 고정하여 보정한다. 수의사는 질을 세척한 후 질경을 질입구로 삽입하여 요도구를 찾아서 요도입구에 카테터를 삽입하여 방광까지 위치시킨다. 필요시 주사기를 이용하여 요를 흡인시킨다. 암코양이의 경우 엎드린 채로 외음부를 세척 후 외음부를 후방으로 당기며 카테터를 질 아래 벽으로 진입하여 부드럽게 삽입한다. 요도카테터 삽입에 의한 합병증으로는 무리한 카테터 삽입에 의한 요도와 방광의 손상, 카테터를 통해 유입된 세균에 의한 요로감염 등이 있다. 카테터 삽입으로 인한 요로감염증 발생 위험은 수컷보다 암컷에서 더 높으며 무리하게 시행 시에 혈뇨가 발생할 수 있다. 환자가 면역저하상태이거나 반복적인 카테터 삽입이 필요하거나 이미 비뇨기계에 손상이 있다면 카테터 삽입에 의한 비뇨기계 감염 가능성이 높아진다. 요석증과 요도 내 침전물이 있을 경우 카테터가 쉽게 삽입되지 않을 수 있다. 요도 손상을 막기 위해 카테터는 신중하게 삽입해야 하며 요도에 무리하게 힘을 가하면 안 된다. 카테터가 막히면 멸균수나 멸균생리식염수로 세척하여 막힌 것을 뚫을 수 있다. 모든 카테터는 사용하기 전에 멸균상태인지 확인하고 삽입 전 윤활제를 바른다. 폴리카테터는 사용하기 전에 풍선을 부풀려본 후 삽입을 위해 다시 공기를 뺀다.

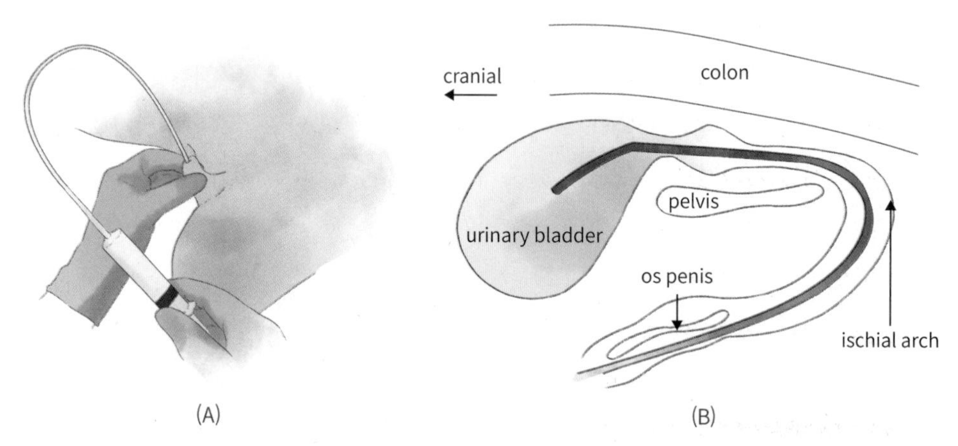

그림 5 수컷 개에서 요도카테터를 이용한 요시료 채취(A), 수컷 개의 요도카테터 삽입 경로(B)

4) 방광천자술(cystocentesis)

방광천자술은 동물의 방광에서 주사 바늘을 사용하여 직접 요시료를 얻는 방법을 의미한다. 특히 방광천자는 소변을 무균적으로 채취하는 유일한 방법으로 요로감염증이 있을 경우 뇨검사나 요배양을 위한 무균적 요시료 채취를 위해 이용된다. 또한 특정 응급상황 시에 요도폐쇄 환자의 소변량을 줄이기 위해 이용될 수도 있다. 그러나 혈액응고장애증이 의심되는 경우, 복막염 등이 있는 경우, 장기간의 요도폐쇄로 인해 이차적으로 방광벽의 활력이 저하된 상태, 소변량이 불충분한 경우, 방광 내 종괴가 있을 경우, 협조가 안 되는 환자의 경우에는 방광천자술을 실시하지 않는다.

수컷 개의 경우 천자부위는 배꼽 아래 2~4cm 바깥쪽, 암컷은 정중앙 부위이며 대부분 종에서 이 부위에는 털이 없어서 제모할 필요는 없으나 필요시 제모한다. 천자술을 위해서는 천자부위를 먼저 씻어서 청결하게 하고 솜으로 benzalonium chloride나 알코올로 닦아낸 후 방광 내로 주사 바늘(22나 23게이지, 1~1.5inch 길이)을 주입하여 5~20ml 주사기로 요시료를 채취한다. 20게이지 이상의 주사 바늘은 천자를 마치고 난 후 오줌이 누출될 우려가 있다. 동물의 크기와 성격에 따라 선 자세나 누운 자세, 앞발을 들고 뒷발로 선 자세 등에서 실시할 수 있다. 천자하기 전 요가 차있는 방광을 촉진하면서 요시료를 채취한다. 만일 방광천자에 실패한 경우 주사바늘이 장관이나 피부에 오염된 상태이므로 반드시 주사기를 빼고 다른 주사기와 바늘로 교체해야 한다. 초음파로 직접 방광의 위치 및 상태를 확인하며 안전하게 천자를 할 수 있다. 합병증으로 방광파열, 복막염이 있으며 천자에 의한 혈액이 오줌에 섞여 혈뇨로 오진할 수 있다.

표 5 각 요시료 채취 방법의 장점과 단점

방법	장점	단점
자연배뇨	비침습적, 특별한 전문성이 필요하지 않음, 소유자가 수집할 수 있음	요도 및 포피에 오염되어 요도 또는 포피 염증으로 인해 RBC 및/또는 WBC가 증가할 수 있으며 방광염이 의심되는 경우 배양에 권장되지 않음
방광압박	비침습적, 최소한의 전문시식 필요	요도 및 포피에 오염되어 요도 또는 포피 염증으로 인해 RBC 및/또는 WBC가 증가할 수 있으며 방광염이 의심되는 경우 배양에 권장되지 않음
요도카테터	반침습적, 방광천자보다 전문 지식이 덜 필요하며 검사 시 수행할 수 있음	카테터 삽입으로 인한 요로 손상 우려, 카테터 삽입 후 방광염 발병 가능성 있음
방광천자술	요배양에 가장 적합, 카테터 삽입보다 방광염 발생 가능성이 낮음	침습적, 다른 요채취 방법보다 더 많은 전문 지식 필요, 천자에 의한 침습이 있어 혈뇨 구분이 어려움

II. 뇨검사 방법

뇨검사는 물리적 검사, 화학적 검사, 요침사 검사로 크게 3종류로 구성된다.

뇨검사 방법 분류	검사 대상
물리적 검사	육안적인 요의 색깔, 혼탁도, 요의 냄새, 요농축도(요비중)
화학적 검사	요스틱을 이용한 요당, 요단백, 요잠혈 등
요침사 검사	현미경을 이용한, 요결정, 요원주, 적혈구, 백혈구, 세균 등

(1) 물리적 뇨검사

1) 육안적 소견

① 요의 양

오줌의 양은 수분 섭취, 사료, 체격, 운동, 날씨 등에 영향을 받는다. 일반적인 개와 고양이의 일일 배뇨량은 일반적으로 개는 25~41ml/kg, 고양이는 22~30/kg 정도로 알려져 있다. 다뇨증(요의 배설량 증가)의 원인은 수분소비 증가, 수액, 염분이 높은 음식 섭취, 이뇨제나 부신피질호르몬제제 같은 약물 섭취 등이다. 핍뇨(요의 배설량 감소)의 경우 수분소비 감소, 운동, 기온상승, 과호흡, 탈수 등에 의해 일어날 수 있다.

② 요의 색

정상적인 요는 노란 빛을 띠고 깨끗하고 투명하며 이때 노란 색조의 차이(예, 농축뇨는 진한 호박색, 희석뇨는 거의 무색에 가까움)는 요에 함유된 유로크롬(urochrome) 색소의 영향을 받는다. 그러나 요의 색을 요농도의 지표로 판단하면 안 된다. 요의 변색은 여러 요인에 의해 일어날 수 있다.

따라서 요의 변색이 관찰될 경우 보호자에게 동물의 식단, 복용약물 등을 확인해야 한다.

표 6 뇨의 색에 따른 요인 

요의 색	요인
연한 호박색, 황색	정상적인 요색깔
무색, 연한 황색	다뇨증
진한 황색, 황갈색	농축뇨, 핍뇨, 탈수
주황색, 녹색, 연두색	빌리루빈 수치의 변화
핑크색, 적색, 적갈색	혈액, 헤모글로빈, 미오글로빈 존재
다양한 색 가능(예: sulfonamide-검은 어두운 색, 양파-흑갈색)	특정 약물, 식이성분

③ 요의 투명도

정상적인 요는 투명하나 혈액, 세포, 세균, 점액 등이 함유되어 있을 경우 색이 혼탁해진다(혼탁뇨). 요를 장시간 방치할 경우 세균이나 점액 등에 의해 혼탁해진다. 백혈구가 많은 경우 우윳빛을 띨 수 있으며 혈액이 섞인 경우 적색이나 갈색의 혼탁뇨가 될 수 있다. 무정형 요산염에 의한 산성뇨를 방치하거나 냉각할 경우 핑크빛을 나타낸다. 또한 무정형 인산염에 의한 알카리뇨는 백색을 띤다.

④ 요의 냄새

정상적인 요는 휘발성 지방산의 영향으로 약한 시큼한 냄새가 난다. 그러나 인슐린 부족에 의한 당뇨병에서는 케톤뇨증에 의해 요에서 단내가 나고 만일 방광염 같은 세균성 질병이 있을 경우 요에서 부패한 악취가 날 수 있다.

2) 요비중(USG, urine specific gravity)

요비중은 동물의 소변 농도를 측정하는 지표이다. 요는 질소, 요소, 전해질, 기타 다양한 물질들을 함유하고 있어서 수분보다 비중이 높다. 임상에서 요비중은 신장 기능을 평가하고 수분 상태를 모니터링하며, 신장질환, 요로감염 및 당뇨병과 같은 다양한 상태의 진단과 치료 관리에 도움이 된다. 특히 요비중은 신장의 농축 능력을 평가하는 데 중요한 지표가 된다. 또한 특정 치료나 약물의 효과를 평가하는 데에도 도움이 될 수 있다.

요비중의 측정기구는 요비중계, 요스틱 등이 있다. 주로 굴절계 원리를 이용한 요비중계를 많이 이용한다.

다양한 동물 종류에 따라 정상적인 요비중 범위는 다를 수 있다. 예를 들어, 개의 경우 일반적인 범위는 보통 1.015에서 1.045(평균 1.025) 사이이며, 고양이의 경우 일반적으로 1.020에서 1.040(평균 1.030) 사이이다. 물론 이 수치는 동물의 식이, 수분 섭취량 및 전반적인 건강 상태에 따라 달라질 수 있으므로 여러 번 측정하여 결과를 얻는 것이 정확하다.

일반적으로 요비중이 증가한 경우 탈수, 당뇨병, 급성신기능부전에 의한 핍뇨 등이 있으며 요비중이 감소한 경우 만성신부전, 요붕증, 다량 수분 섭취가 원인이 된다. 그러나 동물의 요비중은 항상 다른 뇨검사 데이터, 임상증상 및 추가 진단검사와 함께 종합적으로 해석되어야 정확한 평가와 진단이 이루어질 수 있다. 예를 들어 단백뇨이면서 요비중이 낮은 동물이 같은 단백뇨라도 요비중이 높은 동물 보다 사구체의 단백질의 손실이 많음을 의미한다.

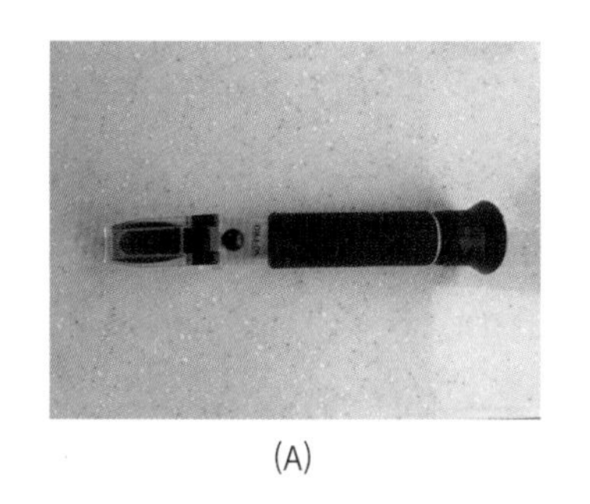

(A)

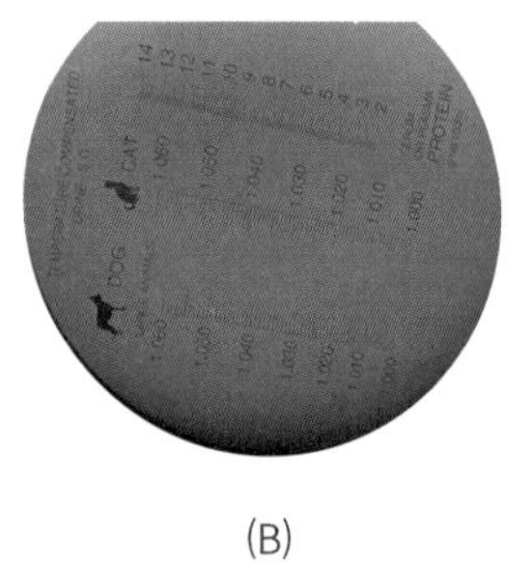

(B)

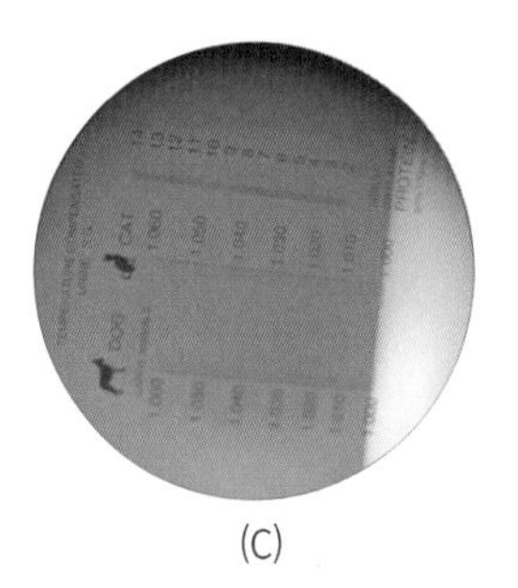

(C)

요비중계(A)와 비중계 눈금에서 샘플이 없을 때(B)와 증류수를 관찰할 때(C, 증류수의 요비중 값은 1.000이다)

그림 6 요비중계

(2) 화학적 뇨검사

요스틱(urine dipstick)을 이용하여 빠르고 간편하게 요의 다양한 생화학적 항목을 검사할 수 있으며 다양한 생리학적, 병리학적 상태를 평가할 수 있다. 요스틱 검사를 위해서는 소변 채취 후 1시간 이내에 검사하고 냉장할 경우는 실온으로 온도를 맞추어서 검사를 실시해야 한다. 요스틱 검사는 일반적으로 원심분리하지 않은 요시료를 이용하며 만일 요가 탁하거나 혈액이 섞여있을 경우 원심분리한 요의 상층액으로 실시한다.

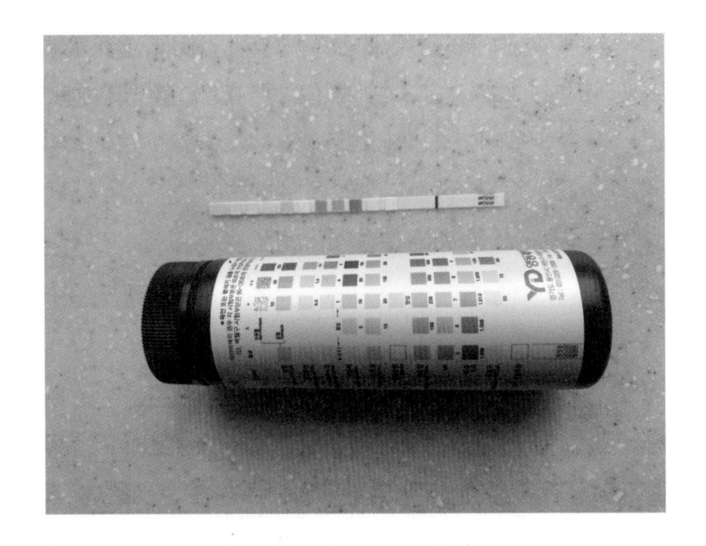

요스틱을 통해 다양한 생화학적 검사가 가능하다.

그림 7 요스틱

요스틱 검사를 통하여 다음과 같은 지표를 평가할 수 있다.

1) pH

요스틱에서는 검체의 지시약의 정색변화에 대한 반응을 통해 소변의 산도나 알칼리도를 측정하여 요가 산성, 알칼리성 또는 중성인지 확인한다. 요스틱의 측정 pH 범위는 5~9 사이이다. 동물의 pH는 종, 개체, 사료, 대사, 체내 산염기 균형 상태에 따라 달라질 수 있다. 일반적으로 육식동물의 요는 산성이고 초식동물의 요는 알칼리성이다. 개와 고양이의 요는 약산성(pH 5~7.5)을 띤다. 산성뇨(pH 5.5)는 육류사료 주 섭취, 산성화 약물, 대사성이나 호흡성 산증, 단백질 분해작용 증가(이화작용 증가) 등에 의해 발생할 수 있다. 알칼리성뇨(pH 8 이상)는 식물성 단백질을 주식으로 하는 경우, 알칼리성 약물 투여, 대사성이나 호흡성 알칼리증, 원위신세뇨관 산증(distal renal tubular acidosis)에 의해 나타날 수 있다. 요의 채취 중이나 채취 후 proteus spp, staphylococcus aureus 같은 요소분해 세균에 오염된 경우나 요시료를 오랫동안 방치한 경우 요소가 암모니아로 분해되어 요의 pH가 알칼리로 변하고 요의 다른 여러 성분이 알칼리에서 변질될 수 있으므로 오진을 할 수 있다. 요스틱으로 단백뇨를 측정할 때 알칼리성뇨일 경우 단백뇨가 위양성으로 나오기 때문에 정확한 검사를 위해 Robert's test, sulfosalic acid test를 이용한다.

2) 요당(urine glucose)

요에서 당이 검출되는 것을 당뇨(glucose urine)라고 한다. 정상적인 개와 고양이에서는 사구체를 통과한 당이 근위세뇨관에서 거의 재흡수되므로 요스틱에서 당이 검출되지 않는다. 그러나 당뇨병, 고양이가 흥분했을 때, 포도당 정맥투여 시 관찰될 수 있다. 혈중 당농도가 올라가고 만일 신장의 역치 이상으로 당이 존재할 경우(개에서 180mg/dl, 고양이에서 300mg/dl) 오줌으로 당이 배출되는 당뇨가 발생한다. 당뇨는 요스틱을 통해 당뇨의 양성 여부를 파악하고 후속으로 혈액검사로 혈중 당수치를 측정한다.

3) 요빌리루빈(urine bilirubin)

정상적인 고양이의 요는 빌리루빈이 검출되지 않으나(음성) 개에서는 소량의 빌리루빈이 검출될 수 있다(음성 또는 1+). 고양이는 신장에서의 빌리루빈 역치가 개보다 9배나 높기 때문에 아주 미량만 검출되어서 병적인 상태를 의미하여 검출될 경우 간기능을 검사해야 한다. 빌리루빈의 과잉형성, 빌리루빈 간담도 배출장애가 있을 경우 빌리루빈 뇨가 검출되는데 일반적으로 빌리루빈뇨가 검출되고 난 후 황달 증상이 나타날 수 있다.

4) 요케톤(urine ketones)

정상적으로는 요에서 케톤체가 검출되지 않는다. 그러나 당뇨병성 케톤산증(diabetic ketoacidosis)에서 흔하게 검출되며 기아, 고단백이나 저탄수화물성 식이에서도 요케톤이 검출될 수 있다.

5) 잠혈

요스틱은 적혈구 헴(heme)기의 peroxidase 반응을 통해 요의 적혈구를 검출한다. 정상적으로는 오줌에서 적혈구가 검출되지 않으나 신장, 방광, 요로 등 비뇨기계 통로에 이상이 있을 경우 적혈구가 검출된다.

6) 요단백질(urine protein)

단백뇨(ptroteinuria)는 소변에 단백질이 존재하는 것을 의미한다. 일반적으로 혈중 단백질은 크기와 전하로 인하여 신장의 사구체를 통과하지 않고 사구체를 통과한 작은 단백질도 신세뇨관에 의해 재흡수 되거나 분해된다. 만일 하부요로질환이 없는데 단백뇨가 지속되는 경우는 신장 손상이나 기능 장애를 의미한다. 일반적으로 정상적인 동물에서도 미량의 단백질이 오줌으로 배출된다. 근육운동이나 단백질 섭취 시에 요에서 단백질이 일시적으로 증가할 수 있다.

그러나 아래와 같은 경우 단백질이 요에서 검출될 수 있다.

① **탈수**: 탈수나 격렬한 신체활동

② **요로 및 신장 감염**: 비뇨기계에서 발생하는 감염으로 감염 치료 시 단백뇨도 해소됨

③ **당뇨병**: 당뇨병으로 인한 혈당 수준이 상승해서 신장의 여과기능이 손상되어 일어남

④ **고혈압**: 장기적인 고혈압은 신장 혈관에 손상으로 일으켜 단백뇨를 유발함

⑤ **신장질환**: 사구체신염, 다낭성 신장병, 신증후군

요스틱은 알부민을 검출하는 방식으로 미량(10mg/dl), 1+(30mg/dk), 2+(100mg/dl), 3+(300mg/dl), 4+(1000mg/dl)으로 표시된다. 단백질 검사는 요비중에 영향을 받아서 요비중이 1.010일 경우 음성으로, 요비중이 1.040에서는 양성으로 나올 수 있다. 정상적으로 요비중이 1.035 이상일 때 단백질이 1+로 나온다. 만일 요비중이 1.035 이하에서 양성인 경우는 비정상 상태를 의미한다. 또한 요가 알카리성일 경우 단백질이 위양성으로 검출될 수 있다. 개에서는 요스틱이 음성일 경우 신뢰할 수 있는 지표가 되나 고양이의 경우 위음성 결과가 나올 수 있다. 요의 단백/크레아티닌 비율 검사(urine protein/creatinin ratio, UPCR)를 통하여 단백뇨의 정도를 정확하게 파악할 수 있다. 크레아티닌은 오줌으로 일정하게 배출되는 특성을 이용하여 검사하는 방법이다. 특히 이를 통해 신장의 사구체 손상 및 신장질환의 예측, 질환 정도 등을 알 수 있다. UPCR의 검사 결과에 대한 단백뇨 진단방법은 아래 표와 같다.

표 7 요/크레아티닌 비율(UPCR) 검사 결과 해석

종	음성	경계성 단백뇨	단백뇨	중증 단백뇨
개	<0.2	0.2-0.5	>0.5	>2.0
고양이	<0.2	0.2-0.4	>0.4	>2.0

7) 백혈구

소변에서의 백혈구(leukocyte) 검출을 농뇨(pyuria)라고 한다. 신장, 방광, 요로 및 생식기 등에 세균성 감염이 있으면 농뇨가 나타난다. 요스틱은 백혈구의 esterase 반응을 통해 백혈구를 검출한다. 개에서 백혈구 수가 양성으로 나오면 농뇨를 의미한다. 음성이 나왔어도 농뇨를 배제하기 어렵다. 고양이의 경우 위양성이 많아서 유용하지 않다. 실제로 농뇨 분석은 요침사 검사의 신뢰도가 높다.

8) 기타- 아질산과 우로빌리노겐

요스틱의 아질산(nitrite)과 우로빌리노겐(urobilinogen) 항목은 동물에서 이용하기에 적절하지 않아서 사용하지 않는다.

(3) 요침사 검사(urine sediment examination)

요침사는 동물의 요시료에 포함된 고체입자나 물질(혈액, 상피세포, 원주, 세균, 결정 등)을 의미한다. 요침사 검사 결과는 임상적으로 아주 중요하여 비뇨기계 질환이 의심이 될 때는 반드시 실시해야 한다. 때때로 전신질환을 진단하는 데도 도움이 된다. 요침사 검사를 위해서는 요가 농축이 된 상태가 가장 좋으므로 이른 아침 샘플이거나 수분을 섭취하지 않고 몇 시간 후에 얻은 샘플이 좋다. 요시료를 방치할 경우 원주와 적혈구가 분해되기에 신선한 시료로 검사한다. 요시료를 채취하고 당장 검사를 못할 경우 단시간 동안 시료를 뚜껑으로 차단하여 냉장 보관할 수 있지만 신선한 요보다는 정확한 결과를 얻기 어렵다.

건강한 개와 고양이의 요에는 침전물이 많은 것은 아니나 소수의 상피 세포, 점액, 적혈구, 백혈구, 유리질 원주 및 다양한 유형의 결정이 발견될 수 있다. 또한 자연배뇨나 요도카테터로 요를 수집할 경우 외부 생식기 표면에서 파생된 세균 및 편평 상피 세포 등이 존재할 수 있다.

요침사 검사는 요를 원심분리 후 가라앉은 침전물로 슬라이드를 제작하여 현미경으로 검사하는 방법이다. 요침사 검사방법은 다음과 같다. 1. 원심분리관에 약 5~10ml 정도를 채우고 1000~2000rpm에서 약 3~5분간 요를 원심분리한다. 2. 가라앉은 침전물을 남기고 0.3~0.5ml 정도의 요를 남기고 상층액을 버린다. 3. 요를 재 현탁한 후 슬라이드글라스에 한방울 떨어뜨린다. 4. 커버글라스를 덮고 현미경의 조리개를 완전히 조이고 관찰한다. new methylene blue를 동량 섞어서 명암대비를 많이 한 후 관찰할 경우 세포 구별이 용이하다. 관찰 시 광학현미경의 고배율시야(400배, High power field, HPF)에서 나타나는 평균 수치를 정량화한다. 물론 임상에서는 위의 검사방법들이 약간씩은 다를 수 있으나 균일한 결과를 얻기 위해서는 원심분리하는 방법부터 절차를 표준화하는 것이 중요하다.

요침사 검사를 통해 아래와 같은 항목을 관찰할 수 있다.

1) 혈구세포

정상요에는 적혈구 수가 매우 희박하며 적혈구가 증가할 경우 비뇨기계의 출혈을 의심할 수 있다. 그러나 요도카테터로 요를 수집한 경우에는 채취 중 손상에 의한 출혈일 수도 있다. 백혈구는 일반적으로 호중구가 많으며 백혈구의 수치가 높을 경우는 비뇨생식기계의 세균감염을 의미한다.

2) 상피세포

정상적 요시료에서도 약간의 편평상피세포(squamous cell)와 이행상피세포(transitional cell)를 관찰할 수 있다. 일반적인 자연배뇨나 요도카테터로 요를 수집한 경우 요도나 생식기에서 정상적으로 탈락한 편평상피세포를 관찰할 수 있다. 만일 비뇨생식기계 감염, 염증, 종양 등이 있을 경우 편평상피세포수는 증가한다.

이행상피세포는 신우, 요관, 방광, 대부분의 요도를 둘러싸고 있고 그 크기가 다양하지만 일반적으로 백혈구보다 2~4배 정도 더 크고 둥근 핵과 과립형 세포질을 가지고 있다. 이행상피세포는 정상뇨에서도 낮은 수치로 존재하나 염증이나 종양에 의한 점막파열 같은 증상이 있을 경우 증가하게 된다.

신세뇨관 세포(reanl tubular cell, 입방세포 모양)의 경우 정상뇨에서는 보이지 않는다. 일반적으로 신세뇨관 세포는 백혈구나 작은 이행상피세포와 구별하는 것이 어렵다. 만일 현미경으로 관찰 시 작은 크기의 상피세포 수가 증가할 경우 즉시 슬라이드를 말려서 염색을 한 후 백혈구와 작은 이행상피세포와 구별하여야 한다. 신세뇨관 세포의 탈락은 신장의 세뇨관 손상을 의미하기 때문이다.

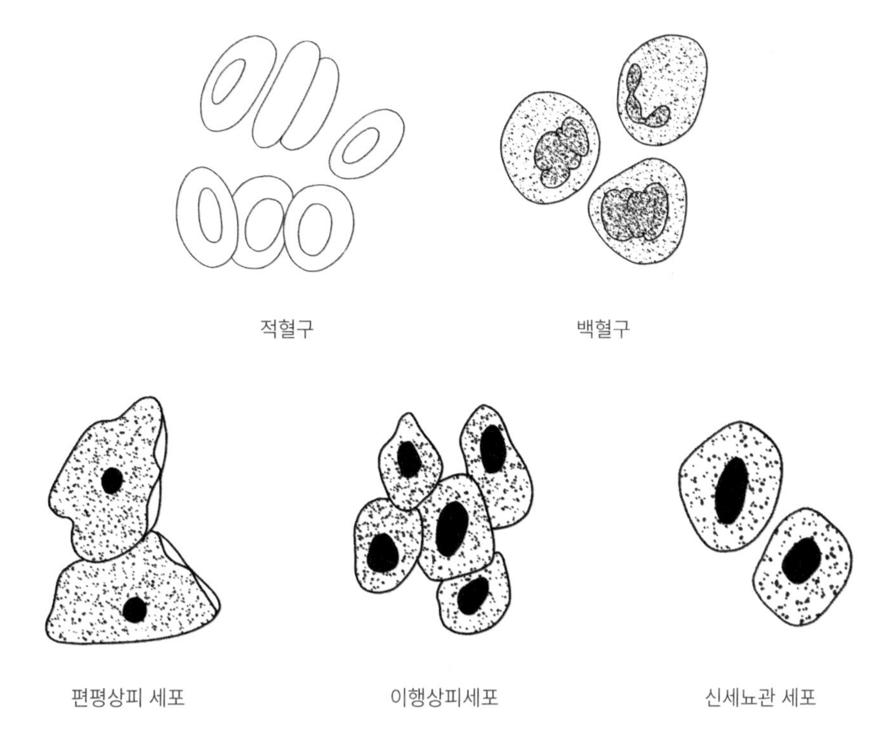

그림 8 요침사에서 관찰되는 세포들

3) 요원주

요원주는 요가 신세뇨관의 내강에 있을 때 신세뇨관 세포에서 분비되는 점액 단백질과 결합하고 농축되어 형성되는 길쭉한 원통형 주형이다. 특히 소변이 농축되거나 소변의 정체, 산성소변의 경우 원주형성을 촉진시킨다. 특히 세포나 기타 다른 물질(지질, 결정) 등이 주형이 만들어질 때 결합되어 원주의 모양과 특성이 변경된다.

원주의 종류는 다음과 같다.

① 유리질 원주(hyaline cast)

유리질 원주는 가장 많이 보이는 원주로 순수한 점액 단백질(Tamm-hors-fall mucoproteins) 침전물로 구성되어 있고 투명하며 모양은 둥그런 원통형이다. 정상적으로 HPF 배율에서 1개 미만으로 보일 수 있다. 주로 단백뇨(신전성, 신성) 관련 신장질환, 신장관류 이상, 전신 마취, 발열, 격렬한 운동, 신장질환과 함께 발생할 수 있다. 유리질 원주는 알칼리성뇨에서 녹기 때문에 주의한다. 또한 투명하기 때문에 현미경으로 관찰 시 현미경 조리개를 줄이고 관찰해야 한다. 특히 세뇨관 염증이 있을 경우 잘 관찰된다.

② 세포원주(cellular cast)

세포원주는 적혈구, 백혈구, 상피세포를 포함하는 원주를 의미하며 유리질 원주에 각각의 세포가 결합하는 형태이다. 정상적으로는 관찰되지 않으나 주로 급성 신세뇨관 손상 시 관찰된다.

상피세포 원주는 독소나 저산소증에 의한 세뇨관 질환을 의미하며 이때 신세뇨관 벽에서 박리된 상피세포가 함입된 형태이다. 상피세포 원주는 허혈, 경색 또는 신독성과 같은 상황에서 신세뇨관 상피 세포의 변성 및 괴사가 유발될 때 가장 일반적으로 발생한다. 그러나 세포 원주 발생 정도를 가지고 급성 세뇨관 손상의 범위를 판단하기는 어렵다. 특히 일반적으로 심각한 탈수에 의한 신장 관류 감소와 핍뇨가 있는 환자에서 잘 관찰된다. 허혈성 손상은 상피 세포의 변성 및 탈락을 초래하며 허혈 보충을 위한 수액을 받은 후에 생성된 소변에서 상피세포 원주가 두드러지게 관찰된다.

백혈구 원주는 주로 간질성 신염(tubulo-interstitial nephritis, 예: 신우신염)에서 유리질 원주와 통합되어 생성된다. 그러나 일반적으로 염색을 하지 않은 경우 상피세포 원주와 백혈구 원주를 구별하는 것은 거의 불가능하다. 원주 내 세포가 퇴화되어 세부적인 핵의 모습 관찰이 어렵기 때문이다.

적혈구 원주는 세뇨관 출혈을 의미하며 보통 사구체신염이나 혈관염을 의미하며 신장경색에서 나타날 수 있다.

③ 과립원주(granular cast)

과립원주는 세뇨관 상피세포들이 시간이 지나면서 파괴하여 형성된 과립상이 유리질 원주에 함입된 형태이다. 조대(coarsely granular cast) 과립원주는 중증 신장염에서 흔히 보이고 지방을 함유한 변성 세포이고 과립 색깔이 짙다. 미세(finely granular cast) 과립원주는 조대 과립원주의 과립의 붕괴가 더 일어난 것으로 과립 크기가 작고 회색이나 누런색이다. 과립원주는 유리질 원주보다 굴절률이 높아서 관찰이 용이하다.

④ 왁스원주(waxy cast)

왁스원주는 처음의 세포원주가 과립원주에서 퇴화된 마지막 단계로서 만성 신장질환에서 흔히 관찰된다. 과립원주보다 굴절률이 높고 잘 부러지며 끝부분이 불규칙적으로 네모진 형태를 보이는 경우가 많다.

⑤ 지방성 원주(fatty cast)

지방성 원주는 과립원주 내에 지방 방울이 증가한 것이다. 만성사구체 신염, 당뇨병 환자에서 흔히 볼 수 있으며 고양이에서는 정상적으로도 지방성 원주를 관찰할 수 있다.

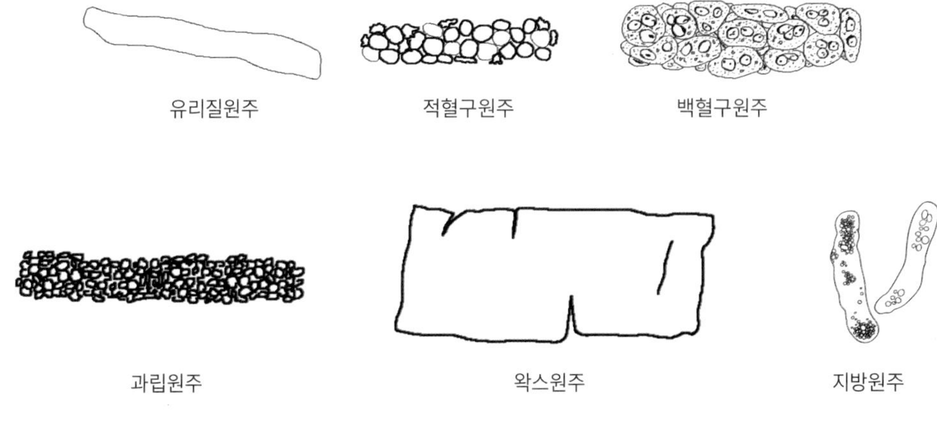

그림 9 요침사에서 관찰되는 원주의 종류

4) 요결정

요에서 결정은 정상적으로도 관찰될 수 있으나 방광염, 혈뇨, 결석증 등 다양한 질환에서 관찰된다. 결정은 요석증과 몇몇 대사성 질병을 제외하면 임상적 의미는 적다. 요결정의 수는 요의 pH, 염류의 농도와 용해도에 의해서 결정된다. 결정 중에서 시스틴(cystine) 결정은 단백질대사 장해를 의미하고, 류신(leucine)과 타이로신(tyrosine) 결정은 급성 간질환에서 관찰된다. 때때로 결정은 결석으로 발전할 가능성이 있기 때문에 요침사 검사에서 주의해야 한다. 특히 요결정의 특징에 따라 결석이 있을 때 요의 pH를 조정할 필요가 있다. 현미경 시야에서 5분 이상 관찰하게 되면 소변이 농축되어 처음에 안 보이던 결정이 관찰된다. 특히 소변의 pH에 따라 결정의 종류는 달라진다. 요를 오랫동안 방치하거나 냉장할 경우 결정이 생성될 수 있으므로 요침사 검사 시 주의한다.

표 8 요결정과 특징 

요결정 종류	결정이 발견되는 pH	특징
스트루바이트 (struvite)	알칼리뇨	동의어로 인산 암모늄마그네슘, 삼중인산염이라고 함. 정상적으로 종종 발견됨. 수캐보다 암캐에서 더 흔함. 개에서 세균감염이 동반되는 경우, 고양이에서 흔함. 방사선 사진에서 잘 검출됨
탄산칼슘 (Calcium carbonate)	알칼리뇨	개와 고양이에서는 드물고 토끼에서 흔함
탄산인산칼슘 (calcium phosphate carbonate)	알칼리뇨	스트루바이트와 같이 발견이 잘됨

요산, 요산염, 요산암모늄	산성뇨	달마티안, 잉글리쉬 불독 품종에서 호발함. 간기능 장애와 연관 높음. 방사선 사진에서 검출이 안될 때가 있음
수산칼슘 (Calcium oxalate)	산성뇨	개와 고양이에서 흔함. 부동액 중독 시 관찰
시스틴(cystine)	산성뇨	흔하지는 않으나 수컷 개에서 발생
빌리루빈(bilirubin)		정상적인 개에서도 관찰. 고양이에서는 빌리루빈 결정이 발견되는 것은 비정상임. 간질환 시 증가

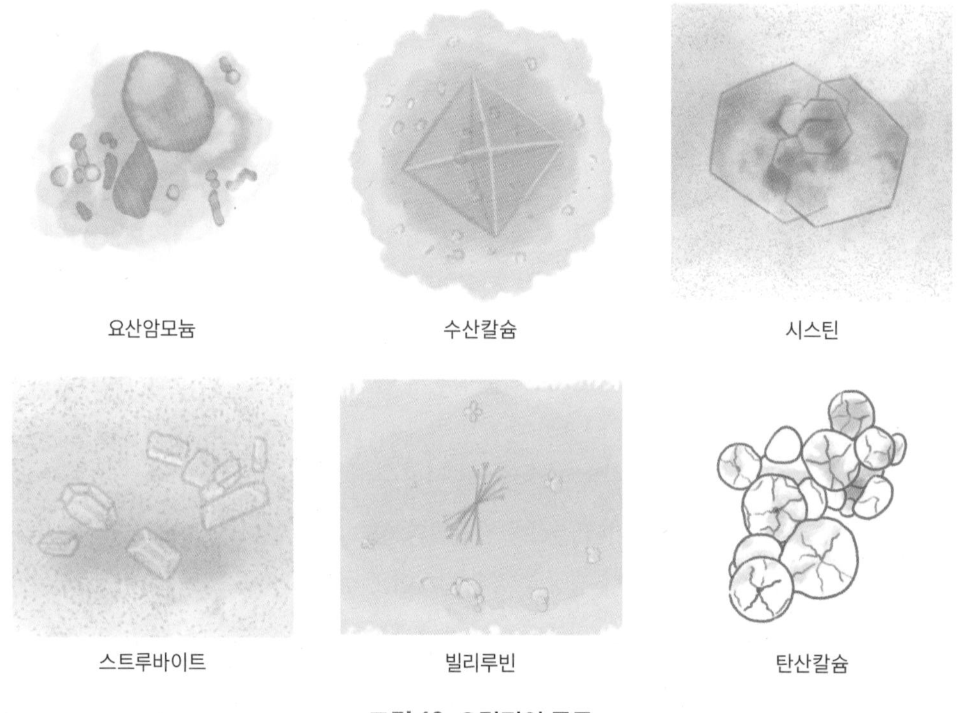

그림 10 요결정의 종류

5) 요세균

만일 무균적으로 채취한 신선뇨에서 세균이 관찰 시 비뇨기 감염을 의미할 수 있다.

6) 기타

지방구, 효모, 곰팡이 등이 관찰된다.

(4) 기타 검사법

1) 사구체 여과율

혈중 요소질소(blood urea nitrogen, BUN)와 크레아티닌(Creatinine)의 농도는 사구체 여과율의 중요 지표로 신장 기능을 측정하는 대표적인 지표이다.

① BUN

체내에서 단백질이 분해될 때 혈중 요소가 생성되는데 이는 신장을 통해서 여과되므로 BUN은 신장 기능의 지표로 이용될 수 있다. BUN은 신부전, 간경변, 요독증, 탈수, 울혈성 심부전이 있을 때 BUN 수치가 증가한다. 그러나 신장은 보상성 기능이 있어서 네프론의 75%의 기능이 상실될 때까지 질소혈증이 검출이 안될 수 있다. 요붕증, 간질환, 영양실조일 때는 BUN 수치가 감소한다. 그러나 BUN은 단백질 섭취와 소화, 간기능 변화 및 여러 요인에 의해 영향을 받을 수 있으므로 BUN 수치만으로 신장 기능을 평가하기는 어렵다.

② 크레아티닌

크레아티닌은 신장 기능을 확인하는 가장 중요한 수치이다. 근육에서 생성되는 노폐물로서 근력운동을 하여 근육을 사용하게 되면 근육에서 혈청으로 빠져나오게 되는데, 혈청에는 일정 수치가 유지되고 나머지는 대부분 신장을 통해 요로 배설된다. 특히 크레아티닌은 사구체에서 여과되고 신세뇨관에서의 재흡수가 없어서 혈청 크레아티닌이 BUN보다 사구체의 여과율을 나타내기에 더 좋은 지표로 이용된다. 크레아티닌은 신장의 세균성 감염, 독소에 의한 세뇨관 괴사, 신장 결석, 요관폐색, 쇼크, 심부전, 당뇨병 등에 의해 그 수치가 증가하고 요붕증일 때 감소한다.

③ BUN/크레아티닌 비율(B/C ratio)

신장 기능이 감소한 경우 그 원인이 신장 자체의 문제로 인한 것인지 신장 외적인 원인(화상, 탈수, 간경변, 당뇨 등)으로 인한 것인지를 감별하기 위해 B/C ratio를 이용할 수 있다. 이 비율이 정상 수치보다 높은 경우 신장으로의 혈류 부족(심부전, 탈수), 단백질 과다 섭취, 소화기계 출혈 등을 의심할 수 있고 반대로 정상 수치보다 낮은 경우 급성세뇨관 괴사, 저단백 식사, 심한 설사, 기아, 심한 간질환 등을 의심할 수 있다. 그러나 B/C ratio가 정상수치가 아니더라도 BUN과 크레아티닌이 정상 수치라면 B/C ratio 값을 제외할 수 있다.

제3장

대표적인 비뇨기계 질환 및 간호

반려동물의 하부 및 상부 비뇨기 계통은 많은 요인에 따라 영향을 받는다. 비뇨계 및 신장의 일반적인 문제에는 요로감염, 요로 결정 및 방광 결석, 고양이 비뇨기 증후군(FUS), 요로 폐쇄, 요실금, 신장질환 및 부전, 암 등이 있다.

1. 요로감염(Urinary track infection)

(1) 개요

하부요로감염(줄여서 UTI라고 부름)은 "방광 감염(bladder infection)" 또는 "방광염(cystitis)"이라고도 부른다. UTI는 세균이 요로에 증식할 때 발생한다. 요로감염은 세균이 동물의 요도개구부로 들어가 방광으로 이동 시 발생한다. 또한 세균의 번식으로 감염이나 신장 결석을 일으킬 수 있다. 특히 암컷은 요도가 짧아서 요로감염의 확률이 높다. 또한 요실금, 배뇨 시 방광을 완전히 비우지 않을 경우, 면역체계 약화 등이 있을 경우 요로감염 질환에 걸릴 확률이 높다.

(2) 임상증상

UTI의 첫 징후는 배뇨 빈도 증가, 생식기를 빈번하게 핥기, 무리해서 배뇨하기, 피로감 등이다. 일부는 하복부의 약한 통증을 나타낼 수 있다. 추가 증상으로 요에서 좋지 않은 냄새가 나고 혈뇨가 나타날 수 있다. UTI는 동물을 아주 불편하게 하고 고통스러울 수 있으므로 위의 증상이 보이면 즉시 동물병원에 내원해야 한다. 이를 치료하려면 방광천자로 얻은 요시료의 배양을 세균 동정과 항생제 감수성 검사를 함으로써 적절한 항생제를 처방하는 것이 가장 이상적이다. 감염이 신장과 관련된 경우 신우신염이라고 부른다.

(3) 환자 치료 및 간호

보통 UTI는 일반적으로 1~2주 동안 항생제를 처방한다. 만일 UTI에 만성신부전, 당뇨병 같은 질병이 있을 경우 항생제 처방 시기가 길어진다. 특히 UTI의 예방과 치료에 동물보건사의 역할이 크다. 동물보건사는 요시료 채취에 대한 이해 및 능숙한 뇨검사 기술이 필요하다. 입원환자의 경우 잠재적인 요로병원성 세균의 감염을 줄이기 위해 회음부의 위생을 잘 유지하는 것이 중요하다. 또한 요도카테터를 통해 2~4시간마다 요를 배출시켜야 한다. 또한 동물보건사는 보호자에게 UTI의 재발가능성과 모니터링에 대한 교육을 해야 한다. 만일 집에서 보호자가 동물을 간호할 경우, 보호자가 항생제 처치에 프로토콜을 준수해야 한다는 것을 정확히 알려주고 병원으로 다시 내원하는 스케줄에 대해 설명해야 한다. 즉 보호자가 집에서 항생제를 처치할 경우 요로감염의 징후가 조기에 해결되어도 전체 항생체 처치 과정을 완료해야 하는 것이 중요하다는 것을 꼭 알려주어야 한다. 또한 요로감염의 재발 가능성에 대해 보호자가 알고 주의해서 동물을 관찰하고 정기검진을 받도록 한다.

TIP

요로감염은 자칫 재발성 방광염으로 발전될 수 있으므로 수의사는 항생제 선별, 처치 프로토콜을 잘 수립하고, 보호자는 수의사의 처방 프로토콜을 잘 따라야 한다. 동물보건사는 이런 사실을 인지하고 보호자 교육 및 후속 관찰이 중요하다.

II. 요석증(Urinary calculus, Urolithiasis)

(1) 개요

요로결석이란 신장, 요관, 방광, 요도 등 요로계에 생기는 결석을 의미한다. 결석 형성의 초기에는 미세결정(microcrystals)이 요에 침전되는 것이다. 요로결석은 요 내 결정의 과포화로 인해 발생한다. 요의 특성 및 기본 대사 조건은 요결정의 형성에 영향을 줄 수 있다. 요로결석은 개와 고양이의 흔한 비뇨기계 질환으로 임상증상은 결석이 생긴 위치에 따라 달라진다. 개와 고양이에서 가장 흔한 요로결석은 수산칼슘(calcium oxalate)과 인산마그네슘암모늄(스트루바이트, struvite)이다. 수컷 개는 요도가 길고 좁아서 요도결석으로 인한 폐색이 흔하다. 방광결석은 요도의 길이가 짧아 요로감염 발병이 많은 암컷에서 다발한다. 동물에는 요미세결정의 불포화, 요 내 억제 물질, 침전을 위한 기질 생성 억제 등의 일반적인 방어기전이 있다. 그러나 일단 미세 결정이 형성되면 서로 연결, 융합되어 커지면서 거대 결정을 형성하고 결국에는 결석이 형성된다. 요의 특성 및 기본 대사 조건은 요결정의 형성에 영향을 줄 수 있다. 뇨검사로 혈구, 요스틱 생화학 검사, 요비중, 요침사 검사 모두 실시한다. 특히 요침사 검사는 요시료 수집 후 1시간 이내 분석하는 것이 좋다. 그러나 요침사 검사의 결정뇨는 임상적으로 의미가 적다. 즉 요침사 검사에서 결정이 관찰되더라도 모두 요로결석이라고 지시하기 어렵기 때문에 다른 여러 검사 결과를 바탕으로 종합적인 진단이 필요하다.

(2) 임상증상

요로결석의 임상 징후는 혈뇨, 빈뇨, 배뇨곤란 등이나 이러한 징후는 하부요로의 다른 질환에서도 흔하다. 사이즈가 작은 결석은 요도의 부분적 또는 완전한 요도폐색을 유발하여 방광 팽창, 복통, 역설적인 요실금, 괴사 및 신후 질소혈증을 유발할 수 있다. 드물게 방광이 파열되어 요복증(uroabdomen, 복강 내로 요가 누출되어 복부통증, 복부팽만 등의 복증이 나타나는 현상)이 나타날 수 있기에 주의한다.

상부 요로결석증(신장)의 임상 징후는 다르다. 임상증상이 간헐적이거나 임상증상이 없을 수 있다. 그리고 현미경적 또는 육안적 혈뇨가 나타날 수 있다. 요관 결석과 관련된 징후는 일반적으로 동시에 발생하는 신우신염 또는 폐쇄성 요로병증(신후 질소혈증)으로 인한 신장 기능 장애로 인해 발생한다. 복통이 있을 수 있지만 일반적이지는 않다.

요로결석은 일부 환자에서 신체검사 중에 만져질 수 있다. 직장 검사를 통해 방광이나 골반 요도 내 요결석을 확인할 수 있다. 신비대증 또는 신장 통증이 요관 폐쇄와 함께 나타날 수 있다.

특히 스트루바이트 결석은 요로감염과 동반하여 이루어진다. 요소분해효소(urease) 양성균에 의한 요로감염은 요의 pH를 높임으로써 요가 알칼리성이 되면서 스트루바이트 결석이 생길 가능성이 많기 때문이다. 암컷은 요로감염이 수컷보다 흔해서 스트루바이트 결석증이 더 자주 나타난다. 대부분 스트루바이트 단독으로 형성되나 탄산인산칼슘(calcium phosphate carbonate)이나 요산암모늄과 혼합해서 형성되기도 한다. 작은 결석은 특히 수컷 동물에서 요로 폐쇄 및 배뇨 불능을 유발할 수 있다. 이 상태를 치료하지 않고 동물을 방치하면 심각한 전해질 이상, 급성 신부전, 심지어 수일 내에 사망에 이를 수 있다.

표 9 요결석 형성과 치료 및 조정 pH 

결석 형태	결석이 형성되는 요 pH	치료를 위한 조정 pH	치료
스트루바이트	알칼리성	5.9-6.3	식이적 결석용해, 외과적 제거
수산칼슘	다양하나 일반적으로 산성	7.1-7.7	외과적 제거
요산암모늄	산성	7.1-7.7	식이적 결석용해, 요법, 약물 (예: allopurinol)
시스틴	산성	7.1-7.7	식이적 결석용해, 외과적 제거

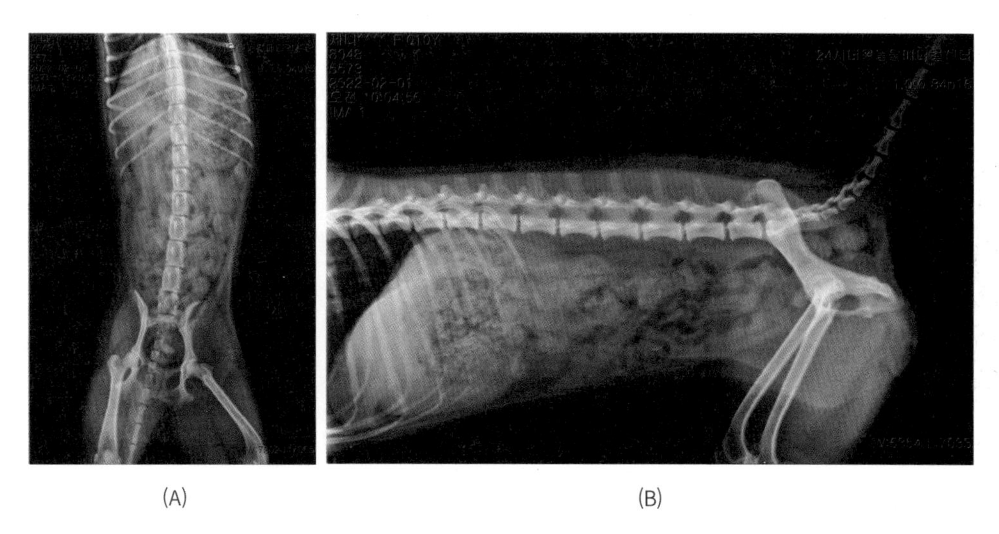

(A) (B)

결석은 스트루바이트 80%, 탄산인산칼슘 20% 혼합 결석이다.

그림 11 방광결석이 있는 3살 중성화 암컷 개의 외측(A)과 복배측 방사선 사진(B)

(3) 환자치료 및 간호

가능하면 요결석은 외과적으로 제거하기보다는 의학적으로 용해시키는 것이 권장된다. 단 결석이 요관폐색을 유발하는 경우 용해에 필요한 시간으로 인해 영구적인 신장 기능 장애가 발생할 수 있으므로 요관 스텐트 삽입관 수술 같은 방법을 시도한다.

결정 크기가 작으면서 폐쇄성 요도결석 증상이 있을 경우 역핵성요로수압추진술을 통해 요도에 걸려있는 결석을 방광으로 밀어서 보내고 용해 요법을 시작해야 한다. 하부 말단의 작은 결석은 배뇨요로수압추진술을 통해 배뇨작용으로 결석을 제거할 수도 있다. 결석의 유형에 따라 요의 pH를 조정하고 수분 섭취를 많이 하여 결석의 용해도를 높인다.

특히 식이적인 용해 요법은 모든 결석 유형에 기본적인 치료법이다. 수분 섭취를 많이 해서 요를 희석함으로써(USG <1.025) 결석의 용해를 촉진할 수 있도록 한다. 일반적으로 소변의 pH 변화나 수분 섭취가 충족되지 않을 때 완전히 요결석이 용해되지 않을 수 있다. 따라서 용해식을 시작한 후 1개월 후에 뇨검사를 다시 해야 하며 목표 pH 및 USG가 충족되지 않을 경우 식단을 수정하거나 약물 치료가 필요할 수 있다.

USG 1.025 이상의 환자에게 건사료를 공급하는 경우 캔 습식 사료로 전환하고 습식 사료를 이미 먹이고 있다면 목표 비중값에 도달할 때까지 점차적으로 음식에 물을 추가하도록 한다. 드물게 환자에게 피하 수액이 필요할 수 있다.

III. 고양이 특발성 방광염(feline idiopathic cystitis, FIC)

(1) 개요

고양이 비뇨기 증후군(Feline Urological Syndrome, FUS)은 다른 말로 고양이 하부요로질환(feline lower urinary tract disease, FLUTD)으로 불린다. 주 원인은 방광결석이나 요도플러그(요결정이 고양이의 요로를 따라 점액과 결합된 상태) 등이 요로를 차단하는 것이다. 일부 요로감염, 창상, 신경계 이상에 의한 방광 기능 이상, 종양 등이 있다. 그러나 고양이에서 식별 가능한 원인이 없는 경우가 있는데, 이때를 고양이 특발성 방광염(feline idiopathic cystitis, FIC)이라 부른다. 어리거나 중년의 고양이에게 가장 흔하다.

TIP

고양이 특발성 방광염(feline idiopathic cystitis, FIC)은 원인을 알 수 없을 때 나오는 명칭이며 임상 징후 원인이 모두 제거된 후에도 증상이 있을 때 이렇게 명칭한다. 이는 신경계를 포함한 여러 장기 시스템의 문제이며 환경 스트레스 요인의 영향을 고려할 수 있다.

(2) 임상증상

증상으로 요가 거의 또는 전혀 나오지 않으면서 힘겹게 소변을 보기, 배뇨불능, 울기, 혈뇨, 부적절한 배뇨 등이 있다. 소변을 보지 못하는 동물을 치료하지 않고 방치할 경우 하루나 이틀 안에 죽을 수 있다. 일단 고양이 특발성 방광염은 걸리면 반복적인 막힘이 문제가 될 수 있으며 치료하지 않으면 생명을 위협할 수 있다.

(3) 환자 치료 및 간호

FCI 치료에는 특수 식이요법, 약물 요법 또는 수술 등이 있다. 급성으로 요도폐색이 있을 경우 수액을 주면서 안정시키고 결석을 평가하기 위해 방사선 촬영을 하고 폐색을 완화시키기 위해 주로 요도카테터를 이용한다. 비폐색성 방광염일 경우 보통 2~3일 이내에 임상증상이 완화된다. FIC 치료를 위한 가장 효과적인 접근 방식은 애초에 임상 징후를 유발한 스트레스 요인을 해결하는 것이다. 종종 불안 완화 약물 치료도 포함된다. 잠재적인 스트레스 요인을 줄이거나 제거하기 위해 고양이의 환경을 개선하는 것도 중요하다. 스트레스 요인을 제거하기 위해 다음과 같은 전략 조합을 시도할 수 있다.

a. 물그릇을 깨끗하게 유지하고 신선한 물로 채운다.

b. 하루에 먹이 주기, 놀기, 애정 주기, 휴식 시간을 포함하여 규칙적인 일정을 가지고 유지하며 일정 변경 시에는 시간을 두고 여유 있게 변경해야 한다.

c. 고양이가 가지고 놀 수 있는 스크래처, 장난감을 추가하는 것도 좋다.

d. 충분한 화장실(집에 있는 고양이 수보다 화장실이 하나 더 많아야 함)과 휴식 장소가 있는지 확인하고 모든 고양이가 음식과 물에 쉽게 접근할 수 있도록 하여 집에 있는 고양이들 사이의 경쟁을 줄인다.

e. FIC는 고양이에게 고통스러운 질환으로 불편함을 완화하기 위해 진통제가 사용될 수

있고 요도 경련을 예방하기 위한 진경제도 처방할 수 있다.

또한 식단 변경을 권장할 수도 있는데 습식 사료 공급을 늘리거나 처방식이 필요할 수 있다. FIC는 일반적으로 재발이 잘 되므로 재발 빈도를 줄이고 임상 징후를 개선하여 고양이의 불편함을 완화하는 것이 중요하다. 동물보건사는 임상 징후의 발달을 잘 관찰해야 하고 보호자에게도 고양이의 임상 징후 관찰 및 주의사항에 대해 설명할 수 있어야 한다. 또한 고양이는 환경변화에 매우 민감하게 반응하여 이로 인한 스트레스로 인해 재발이 유발될 수 있으므로 이를 잘 알려주어야 한다.

IV. 요관폐색(Ureteral obstruction)

(1) 개요

요관은 신장을 방광에 연결하는 기관으로 직경이 불과 0.4mm이다. 그러므로 요관이 막히게 되면 요가 방광으로 흘러가지 못하고 신장에 정체되어 신우가 부풀어 오르는 수신증이 발생하게 된다. 개에서는 방광결석이, 고양이에서는 요결정/점액 플러그에 의한 요관 결석이 요관폐색의 대표적 원인이 된다. 요관 결석증(Ureterolithiasis)은 개보다 고양이에서 훨씬 흔하며 중년에서 고령의 고양이에서 발생한다. 고양이의 요관과 신장의 결석은 주로 수산칼슘으로 구성되며 스트루바이트 결석증은 보고된 바 없다. 이미 결석이 있었던 만성 상부 요로결석증이 있던 고양이는 요관 염증이나 협착이 더 흔하며, 따라서 정상적으로는 요관을 통과하는 조직 파편들이 폐색을 일으키게 된다. 요관폐색의 다른 원인으로 작은 섬유질 물질, 외상 후 협착 또는 종양에 의한 이차적 발생 등이 있다.

(2) 임상증상

급성으로 폐색된 경우 심한 통증을 보이며 식욕감퇴, 체중감소, 기면 등이 있다. 또한 하부 요로계 증상(통증배뇨, 빈뇨, 배뇨장애 등)은 없이 혈뇨를 보일 수 있다. 만일 고양이에서 하부 요로계 증상 없이 혈뇨만 확인된다면 신장이나 요관 결석증에 대한 평가를 해야 한다. 어떤 경우는 어떠한 임상증상도 보이지 않을 수도 있다. 때문에 폐색이 되고 초기에는 발견하기 어렵고, 혈액요소질소(BUN)와 혈청 크레아티닌이 상승되는 질소혈증이 나타나기 전까지는 임상증상이 뚜렷하지 않다.

(3) 환자 간호 및 치료

스트루바이트, 요산, 시스틴 결석이 있고 요도가 완전히 폐색된 것이 아니라면 용해 방법을 적용할 수 있다. 그러나 수산칼슘은 용해할 수 있는 방법이 없다. 환자의 상태가 괜찮다면 정맥수액과 이뇨제(mannitol) 투여를 병행하여 분출성 치료를 고려할 수 있다. 보존적 치료요법을 하는 동안 환자의 안전성과 수화상태를 정확히 파악하고 혈청 크레아티닌을 파악하는 것이 중요하다. 체중은 최소 하루에 두 번씩 측정한다.

TIP

요관폐색은 빠르게 해결되지 않으면 신장의 영구적인 손상을 유발할 수 있다. 따라서 질환의 발견 즉시 적합한 치료법을 찾는 것이 중요하다.

V. 요실금(Urinary incontinence)

(1) 개요

동물이 배뇨를 정상적으로 조절할 수 없을 때 요실금 증상을 보인다. 때때로 태어날 때부터 요실금 상태로 태어나 배뇨를 조절하지 못하는 동물이 있다. 요실금은 고양이보다 개에서 더 흔하다. 이 문제의 원인은 호르몬 이상, 선천적 장애, 요로감염, 근육 약화, 신경계 질환 등 여러 가지가 있다.

(2) 임상증상

징후로는 동물이 적극적으로 소변을 보는 자세가 아닌데도 방울방울 요를 흘리는 증상, 꼬리 또는 뒷다리 주변에 요에 젖은 털, 개가 누워 있는 모든 곳에 소변 얼룩이 있을 때 등이다. 대부분의 경우 요실금은 약물 요법으로 조절할 수 있다. 그러나 중증 또는 난치성인 경우 수술로 교정한다.

(3) 환자 간호 및 치료

요실금 치료는 반려동물의 특정 진단을 기반으로 한다. 페닐프로판올아민(PPA) 또는 이미프라민(imipramine)과 같은 요도 괄약근 긴장도를 증가시키는 약물이나 에스트로겐 또는 디에틸스틸베스트롤(DES)과 같은 호르몬 대체제가 일반적으로 사용되며 단독으로 사용하거나 병용요법으로 진행한다. 약 70% 정도는 약물 치료로 효과가 있으나 약물을 장기간 사용 시 환자의 혈액과 소변을 주기적으로 검사하여 부작용이 없는지 확인해야 한다. 요실금은 특정 원인에 의해 생기나 일반적으로 예후는 좋다. 동물마다 소변 누출의 컨트롤은 다르지만 대부분의 동물은 약물, 소변을 보기 위해 더 자주 외출하는 것과 같은 생활 습관 변화 및 면밀한 모니터링으로 성공적으로 관리가 가능하다.

VI. 신장질환과 신부전

신장은 혈압을 조절하고 혈액의 화학적 구성을 조절함으로써 신체 기능의 많은 부분에서 중요한 역할을 한다. 또한 호르몬과 효소를 생산하고 적혈구 생산에 기여한다. 그리고 혈액에서 대사 폐기물을 제거한다. 신장 기능이 떨어져서 결과적으로 혈액이 제대로 걸러지지 않음으로써 심각한 합병증이 발생한다. 신장은 신세뇨관의 3/4의 기능이 상실할 때까지 감지되지 않는다. 신장은 손상이 어느 정도 되어도 보상 기전을 통해 정상적인 기능을 하기 때문에 임상증상이 보이는 시기는 이미 손상이 심각하다는 것을 의미한다.

신장질환이 있는 동물은 급성 또는 만성 신부전으로 진단된다. 급성 신부전(신손상)의 경우 증상이 빠르게 시작되는 반면, 만성 신부전의 경우 장기간에 걸쳐 진행된다.

(1) 급성 신부전

1) 원인

급성 신장질환의 가장 흔한 원인은 독성물질 섭취(부동액, 백합식물(고양이), 포도, 건포도(개), 특정 약물(예: cisplatine) 등) 또는 허혈, 폐쇄에 의한 세뇨관 손상이나 괴사이며 증상으로 핍뇨, 질소혈증이 나타날 수 있다. 급성 신부전을 치료하지 않으면 요독증으로 폐사할 수 있기에 조기에 진단하고 치료하는 것이 중요하며 즉시 신장 손상의 원인을 제거하면 정상적인 신장 기능으로 회복할 수 있다. 그러나 자칫 회복이 안될 경우 만성신부전으로 발전할 수 있다.

2) 임상소견

식욕부진, 기면, 구토, 설사이며 대부분이 핍뇨를 보이며 일부 무뇨, 정상, 다뇨 소견을 가지는 환자가 있다. 신장염 때문에 급성 신손상을 보이는 환자에서는(예: 렙토스피라증) 자칫 정맥으로 수액 공급을 과도하게 받을 경우 과수화가 일어날 수 있다. 요비중은 일반적으로 등장뇨이고 요침사 검사에서 많은 원주가 보인다. 만일 수산칼슘 결정이 있을 경우 부동액 중독을 의심할 수 있다.

3) 환자의 치료 및 간호

초기에 급성 신손상의 원인을 파악하고 이를 교정할 수 있도록 한다. 급성 신부전은 회복될 때까지의 시간을 받아들이고 환자에게 지지적인 치료가 필요하다. 특히 과수화를 피하고 신장관류를 할 수 있도록 신중하게 수액처치를 한다. 일반적인 마취와 수술은 피할 수 있도록 한다. 초기 1~2일 동안 요배출량을 모니터링하기 위해 요도카테터를 장착해야 한다. 특히 핍뇨를 보이는 환자에서는 수액 처치를 신중히 해야 하고 또한 하루 두 번 정도 환축의 체중을 재고 수액 균형을 맞추도록 한다. 핍뇨가 없는 환자는 과수화가 덜 발생하고 질소노폐물 축적이 적어서 관리가 좀 더 수월하기에 핍뇨를 개선하기 위해 이뇨제를 투여할 수 있으나 이뇨제 치료에도 핍뇨나 무뇨가 계속 지속될 경우 예후가 좋지 않다. 핍뇨를 보이면서 요독증을 보일 경우 혈액 투석을 해야 한다.

(2) 만성신부전

1) 원인

만성신부전은 수개월 또는 수년에 걸쳐 진행된 신장 조직의 악화로 나타난다. 만성 신장질환은 회복하기가 어렵다.

표 10 개와 고양이의 만성신부전의 원인 

개	고양이
원인불명 만성 간질성 신염	원인 불명 만성 간질성 신염
만성신우신염	만성신우신염
만성 사구체신염	만성 사구체신염
아밀로이드증	아밀로이드증(아비시니안 종 호발)
급성신부전 후 회복이 안 된 경우	급성신부전 후 회복이 안 된 경우

	고양이 전염성 복막염
	다낭성 신장질환(페르시안 종 호발)

2) 임상소견

신장 기능 감소에 의한 요독증 소견을 보이고 과여과에 의해 단백뇨를 보인다. 또한 다음, 다뇨가 발생하며 요농축 능력이 줄어든다. 칼슘과 인 균형의 유지와 신장장애에서 속발된 부갑상샘기능항진증을 보이고 산-염기 균형이 손상되며 대사성 산증이 발생할 수 있다. 또한 신장의 적혈구 생성 능력이 떨어져서 재생불량성 빈혈이 발생한다. 또한 요독증에 의한 혈소판의 기능이 떨어지고 구강점막과 혀끝 괴사가 일어나며 개에서는 구토가 흔하다. 또한 신장 허혈에 따른 renin-angiotensin system의 활성화로 전신성 고혈압이 나타난다. 보호자는 다음, 다뇨, 식욕부진, 체중감소, 기면 등을 관찰할 수 있다. 또한 모질이 나빠지고 피부가 창백해진다.

3) 환자의 치료 및 간호

만성신부전이 있는 동물은 치료를 위해 전반적인 접근이 필요하다. 환자가 탈수되었다면 수액치료를 통해 질소 혈증을 완화한다. 이런 재수화를 통해 환자의 상태가 훨씬 좋아질 수 있다. 또한 신부전의 원인을 찾고(예: 신우신염) 곧바로 치료하며 신부전을 악화시키는 요인(예: 요로감염, 산-염기 장애, 고혈압 등)을 치료한다. 나아가 식이요법, 혈액 투석 및 신장 이식까지 고려할 수 있다.

TIP

신부전 환자에서의 수액치료는 중요한 부분이다. 특히 수액이 올바른 경로를 통하여 제대로 투여되고 있는지를 확인하는 것은 매우 중요하다. 수액이 올바른 경로로 투여되지 못하는 경우 피하부종 등을 유발할 수 있으므로, 입원환자의 경우 수액을 맞는 다리를 관찰해야 한다. 반대로 과도한 수액이 공급되는 경우는 호흡곤란을 유발할 수 있으니, 환자의 호흡수와 호흡양상의 관찰 또한 중요하다. 또한 배뇨량을 체크하여 주입된 수액의 양을 대비한 소변 배출이 원활한지 관찰해야 하며 필요하다면 소변 카테터를 장착하여 배출되는 소변량을 측정할 필요가 있다.

급여 시 고려사항

Ⅰ. 만성신부전

만성신부전 시 식이요법은 필수적인 치료요법이며 이때 식단은 산-염기(중성에서 알칼리성 식단 권장) 교정, 적절한 비타민과 미네랄 관리, 수화상태 장애 개선이 목표로 되어야 한다. 특히 만성신부전 시 적절한 식이요법은 동물의 삶의 질을 높이고 수명을 연장할 수 있다. 일반적으로 만성신부전 시에는 단백질, 인, 나트륨 함량이 제한된다. 그리고 지방산, 비타민B, 가용성 섬유질, 항산화 성분 함량을 높인다. 고양이에서는 저칼륨 혈증이 흔한 소견이므로 칼륨을 보충해야 한다. 특히 만성신부전 시에는 과도한 단백질 섭취는 질소폐기물을 늘리고 요독증이 발생해서 질환이 심해질 수 있기에 주의한다.

Ⅱ. 요로결석

요로결석의 치료와 예방을 위한 식이요법은 요결정의 과포화 상태를 줄이고 용해도를 증가시키는 것을 목표로 한다. 즉 요의 pH를 변경해 특정 요결정의 용해도를 늘린다. 특히 스트루바이트 결석은 산성뇨를 유발하는 식이를 공급해야 한다. 또한 수분공급을 늘려서 요량을 증가시킴으로써 결정의 포화도를 낮추는 것이 중요하다. 먹이 공급 시 캔 습식 사료를 급여하는 것, 건사료에 수분 추가, 식수대 사용, 동물이 좋아하는 물맛을 내는 물 공급을 통해 식이 수분 섭취량을 늘린다.

산화칼슘 결석은 내과적으로 용해되기 어렵기에 수술을 배뇨요로수압추진술이나 수술을 통해서만 제거해야 한다. 따라서 산화칼슘 결석을 위해서는 예방이 중요한데 산성화시키지 않는 식이 및 수분공급이 중요하다.

III. 고양이 특발성 방광염

환경스트레스 감소와 함께 수분 섭취량을 증가시키는 병용기법이 필요하다. 요로결석 병력이 있는 경우 요 중 결석물질 생성을 낮추고 요 pH를 조정하는 특정 식이요법이 필요할 수 있다.

CHAPTER 11

감염성 질환과 예방의학

학습목표

감염성 질환 관련 예방법 및 백신에 대해 이해한다.

각 감염성 질환의 원인과 증상에 대해 이해한다.

감염성 질환의 진단검사 방법에 대해 이해한다.

각 감염성 질환에 대해 동물보건사의 간호방법에 대해 익힌다.

제1장

감염병과 진단

Ⅰ. 감염성 질환 정의 및 예방

(1) 감염성 질환의 정의

'감염성 질환'이란 병원체가 동물 체내에 침입하여 증식하여 발병하며 개체 간에 전파되는 질병'을 의미한다. 감염증이 성립하기 위해서는 ①감염원 ②전파(감염)경로 ③감수성 있는 숙주라는 3가지 요인이 필요하다. 따라서 감염증은 이런 3가지 요인 중 하나만 차단해도 예방이 가능하다. 감염원은 병원소, 감염동물, 축산물, 외부매체 등이 있다. 감염경로는 감염원에서 다른 동물로 전파되는 양식을 의미하고 감염원 동물과의 직접 또는 간접적 접촉전파, 공기전파, 물이나 사료를 통한 전파, 매개곤충을 통한 전파, 어미에서 새끼로 직접 전파되는 수직감염이나 집단 내 개체 간 전파되는 수평감염이 있다. 감수성 있는 숙주는 개체별로 달라 발증정도에는 그 차이가 많은데 그 원인은 연령, 성, 품종, 면역상태(예를 들어 백신 접종 여부에 따라)에 따라 달라진다.

표 1 감염증 성립 요인 특징 

감염증 성립 요인	각 요인의 특징
감염원	① 병원소(reservoir): 병원체의 본래 서식처를 의미하며 병원체가 서식하며 다른 동물에게 전파 가능한 상태로 존재하는 장소이다. 반드시 동물일 필요는 없다. (예: 파상풍 균은 토양이 병원소임) 감염동물 - 병원체를 감염시킬 수 있는 동물이며 발증성 동물과 비발증성 동물(무증상)이 있다. ② 보균동물: 외관상으로는 건강해 보이나 현재 병원체를 보유하여 배출하는 동물을 의미하며 3가지의 유형이 있다. - 회복기 보균동물: 감염증에 걸려 병증을 보이다 회복되어 현재는 건강해 보이나 병원체를 배출하는 동물 - 무증상 보균동물: 감염되어도 발병하지 않으나(무증상 감염) 병원체를 배출하는 동물 - 잠복기 보균동물: 현재 감염된 후 발병하기 전의 잠복기 상태지만 이미 병원체를 배출하는 동물
감염경로 분류	① 감염원이 되는 동물과의 직접 또는 간접적인 접촉 전파 - 직접 접촉 전파: 피부나 점막 접촉, 교미감염, 유즙, 교상 등에 의한 전파 - 간접 접촉 전파: 감염원 동물로부터의 분비물(분변, 콧물 등에 의한)이나 분비물이 묻은 오염기구로부터의 전파 ② 공기전파 감염동물이 비말이나 에어로졸 형태로 병원체를 방출했을 때 감수성 개체가 호흡에 의해서 감염되는 것 ③ 식수, 사료에 의한 전파 식수나, 식품, 사료가 병원체에 오염되어 있는 경우의 감염 ④ 매개곤충에 의한 전파 병원체가 매개곤충(벡터라고 함)의 체내에서 증식하며 다른 개체로 전파된다. 주된 벡터는 모기, 진드기, 벼룩, 파리 등이 있다. ⑤ 수직전파와 수평전파 - 수직전파: 병원체가 어미에서 새끼로 직접 감염되는 것이며 태내 감염과 산도 감염이 있으며 넓은 의미에서 유즙 감염도 포함한다. 임신 중에 태아가 감염 시 유산되거나 비정상적 개체가 태어날 수 있다. - 수평전파 함께 사육되는 감염동물과의 접촉이나 간접접촉에 발생한다.
숙주의 감수성	감염증은 숙주와 병원체와의 관계에서 성립하므로 숙주의 감수성에 따라 감염정도나 발증정도는 다양(병원성이 없거나 무증상 감염, 다양한 수준의 발증과 회복단계 등)하다. 숙주의 발증에 영향을 미치는 요인은 아래와 같다. - 연령: 일반적으로 어린 동물은 성숙한 동물에 비해 감염되기 쉽다. 또한 노령동물도 면역력 약화로 감염될 가능성이 있다. - 성: 특정 질병의 경우 암수의 차이에 따라 감수성이 다를 수 있다. 질병이 발생하는 기관(자궁 같은)이나 암수의 행동패턴(수컷은 교상감염에 의한 감염확률이 높을 수 있음) 차이에 따라 달라진다. - 품종: 각 동물의 품종에 따라 감수성이 달라진다. - 숙주의 면역상태: 백신 접종에 의해 개체별, 집단별 감수성이 달라진다.

(2) 감염성 질환의 예방

감염은 치료보다 예방이 중요하다. 특히 병원체나 감염원으로부터의 노출을 피하는 것이 가장 효과적인 예방법이다. 예방접종은 감염을 예방하거나 감염 시 임상증상을 완화시킬 수 있다. 수의사와 동물보건사는 감염 원인체의 성격을 이해하고 보호자에게 감염병 예방의 중요성 및 각 감염병의 예방법에 대한 설명을 해줄 수 있어야 한다.

1) 병원에서의 생물학적 안전 수칙

병원에서 발생하는 대부분의 감염은 간단한 안전수칙을 따르면 예방할 수 있다. 동물보건사는 아래의 안전 수칙을 항상 준수할 수 있도록 한다.

표 2 병원에서 동물보건사의 안전 수칙

1. 항상 손을 깨끗이 씻으며 장갑을 착용한 상태로 환자, 보호자, 음식물, 기타 기구를 만지지 않도록 한다.
2. 환자를 대할 때 간호복이나 수술복을 입고 신발은 보호기능을 해야 하며 최소 두 벌 이상의 간호복을 가짐으로써 분변이나 분비물 같은 것으로 오염 시 즉시 갈아입어야 한다.
3. 청진기, 체온계, 클리퍼날 등 동물과 직접 접촉되는 기구들은 동물에 사용한 후 항상 소독하고 청결하게 유지해야 한다.
4. 환자를 돌보는 장소에서는 액상물질을 섭취하지 않는다.
5. 동물보건사는 접수 시 감염성 질병이 의심되는 동물은 병원의 오염을 최소화하기 위해 즉시 검사실로 옮기거나 병원 내 격리 구역으로 옮겨야 한다.
6. 검사대, 케이지, 배변판, 사료통 등은 각각의 환자에 사용하고 세척하고 소독한다.
7. 감염병이 의심되거나 감염이 확인된 동물과 접촉한 동물보건사는 오염된 옷을 갈아입고 환자와 접촉한 기구와 물품들은 즉시 청소를 하고 소독한다.
8. 감염성 질병이 의심되는 경우 가능한 한 외래환자로 치료하는 것이 병원 내 감염을 막을 수 있다.
9. 감염병 환자가 입원할 경우 격리 구역에 출입하는 동물보건사와 수의사는 최소한으로 제한한다. 출입 시 겉옷과 신발이 오염되지 않도록 항상 유의한다.
10. 격리구역에 출입 시 겉옷은 밖에 남기고 격리구역용 신발을 신는다.
11. 장갑을 착용한 상태로 환자, 보호자, 음식물, 기타 기구를 만지지 않도록 한다.

(3) 면역과 백신

1) 면역의 정의

면역은 외부로부터 체내에 침입한 바이러스나 세균 등을 식별하여 제거하는 생물체의 방어 시스템으로서 병원체에 의한 질병으로부터 생명체를 보호하는 기능을 가진다. 생체의 면역시스템은 면역기관(림프절, 비장, 편도 등)과 면역세포로 구성된다.

2) 면역의 종류

면역은 크게 선천면역과 후천면역의 두 가지 형태로 분류할 수 있다.

선천면역(Innate Immunity)

선천면역은 태어나면서부터 우리 몸에 내재되어 있는 면역체계를 의미한다. 선천면역은 특정 병원체나 항원을 구분하지 않고 공격하는 비특이적인 면역으로서 외부로부터의 공격에 대해 빠르게 반응하며, 일반적으로 항원(antigen)-항체(antibody) 반응에 의존하지 않는다. 선천면역은 피부, 점막, 염증 반응, 대식세포 등을 통해 작동하며, 병원체가 침입한 초기에 이를 차단하거나 제거하는 역할을 한다. 선천면역의 종류는 아래와 같다.

① **유전적으로 내재된 면역**: 선천적으로 병원체에 대한 감수성이 없거나 적은 것이다. 동물의 종, 품종별로 선천적으로 감염성과 유병률이 다른 것과 연관된다. 예를 들어 개에게 치명적인 개 디스템퍼(개홍역) 바이러스가 고양이에는 감수성이 약한 것을 들 수 있다.
② **초기 염증반응**: 초기에 자연살해세포, 비만세포, 호중구 등이 병원체에 반응할 때 작용한다.
③ **물리적인 방어벽**: 피부, 점막, 털의 물리적 방어벽을 의미한다.

후천면역 (Adaptive Immunity)

후천면역은 선천면역과는 달리 특정 항원을 식별하고 이에 대응하는 것을 특징으로 한다. 병원체에 처음 노출되면, 항원을 인식하고 기억하는 능력이 생기고, 향후 같은 병원체에 대해 더 빠르고 효과적으로 대응할 수 있도록 한다. 후천면역에 주된 세포는 T 림프구와 B 림프구로서 직접 세포를 죽이는 '세포매개성 면역'과 항체를 생성하는 '체액매개성 면역'으로 나눌 수 있다. 특히 생체 내에서 병원체에 대한 항체를 생성하는 것은 감염증의 재발을 막고 확산을 막을 수 있는 가장 효과적인 기전이다. 후천면역에서 항체를 생성하는 기전의 종류는 아래와 같다.

① **자연 능동면역**: 특정 병원체에 감염되었다 회복되면서 감염된 특정 병원체에 대한 항체 생성 능력을 갖게 되어 향후 같은 병원체에 감염되면 항체를 생성하여 병원체를 제거하는 기능을 의미한다.

② **자연 수동면역**: 모체 이행항체를 통한 신생동물에 대한 면역을 의미한다. 일반적으로 신생 동물은 태어난 후 스스로 항체를 생산할 수 있을 때까지 병원체의 감염에 노출된다. 따라서 갓 태어난 신생동물이 모체의 초유(태어난 후 48시간)에 포함된 모체 이행항체를 얻음으로써 면역력을 획득하는 것을 말한다. 특히 어미의 정기적 예방접종과 면역력이 신생동물에게 영향을 미치게 된다. 모체 이행항체는 시간이 지나면 없어지므로 어린 동물의 8~12주까지만 방어 능력을 제공하게 되어 그 이후에는 백신을 통해 어린동물에게 면역력을 제공해주어야 한다.

③ **인공 능동면역**: 인공적으로 불활성화 형태의 항원을 생체에 접종하여 림프구의 항체 생산을 유도함으로써 면역력을 획득하는 방법으로 이는 백신의 원리이다.

④ **인공 수동면역**: 인공적으로 공여 동물의 항체를 다른 동물에게 주입하는 것으로 면역기능이 약한 동물(너무 어려서 항체 생성이 안되었거나 예방접종이 안 된 동물)에게 즉각적인 방어법으로 이용될 수 있다. 그러나 주입한 항체 자체가 이종 단백질이므로 며칠 안에 파괴되어 면역효능이 떨어진다.

* 선천면역과 후천면역 둘 다 각자의 역할을 수행하며, 서로 보완적으로 작동하여 우리 몸을 병원체나 다른 외부 요인으로부터 보호한다.

3) 백신과 예방접종

백신은 외부 병원체로부터 인체를 보호하기 위해 개발된 물질로서 질병을 일으키는 병원체를 약화하거나 불활성화시킨 것을 소량 첨가한 제제이다. 예방접종은 백신을 접종하여 인공 능동면역 반응을 유도하여 항체를 생산하는 방법으로 감염병을 미연에 방지하는 것을 의미한다. 백신을 생체에 주입하면, 면역시스템은 이를 감지하고 반응하게 되는데 실제로 병원체와의 실제 감염 시에 발생하는 면역 반응과 유사하게 작동하나 백신을 통해 유발된 면역 반응은 일반적으로 병원체에 대한 심각한 증상이나 질병을 발생시키지 않으면서 항체를 생성할 수 있는 능력을 획득한다.

백신의 종류는 크게 약병원성 생백신과 불활화 백신의 두 종류로 구분할 수 있다.

① **약병원성 생백신**: 순화백신, 생균백신이라고도 하며 살아있는 바이러스나 세균의 독성을 약화시킨 것이다. 접종 후 약화시킨 세균이나 바이러스가 증식하여 항체 생성을 유도하게 하나 병은 일으키지 않는다.

② **불활화 백신**: 사독백신이나 사균백신이라고도 불린다. 바이러스나 세균을 대량 배양한 후 자외선, 열, 화학품 처리 등을 통해 병원체를 죽이고 항체 생산에 필요한 항원성만 남긴 것이다.

표 3 약병원성 생백신과 불활화 백신의 장점과 단점

백신 종류	장점	단점
약병원성 생백신	체액성과 세포성 면역 유도가 모두 가능하다. 소량으로도 효과가 발휘된다. 면역효과가 지속되는 기간이 길다.	불활화 백신에 비해 안정성에 문제가 있다. 신생동물에게 투여 시 모체 이행항체에 의한 간섭을 받기 쉽다. 면역력이 약한 동물에서 병원성을 보이는 경우가 있다.
불활화 백신	병원성이 사멸되어 안전하다. 보존, 보관하기에 안정적이다. 면역력이 약한 동물에 접종해도 비교적 안전하다.	주로 체액성 면역을 유도한다. 면역 효과가 지속되는 시간이 짧다. 백신의 면역보강제(adjuvant) 등이 자가면역반응 같은 반응을 일으킬 가능성이 있다.

4) 백신관리와 스케줄

실제로 초유로부터 신생동물이 얻는 모체 이행항체의 경우 8~12주 이상 되면 사라지기 때문에 그 전에 예방접종이 필요하다. 그러나 모체 이행항체가 면역력이 약한 신생동물의 단기적인 면역능 획득에는 도움이 되나 백신을 접종했을 때 백신 안에 포함된 병원체의 항원을 제거함으로써 항체형성 획득력을 방해하게 된다. 따라서 이런 모체 이행항체의 간섭을 고려해서 백신의 스케줄 관리가 필요하다.

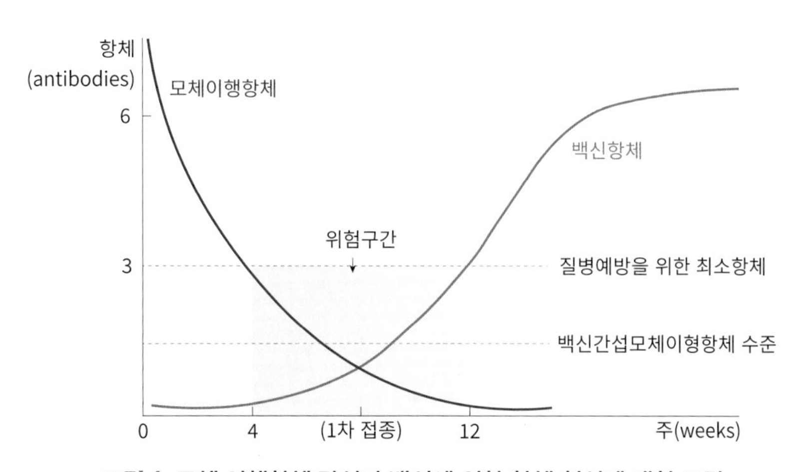

그림 1 모체 이행항체 간섭과 백신에 의한 항체 형성에 대한 그림

따라서 신생동물의 일반적인 백신 스케줄은 모체 이행항체가 감염병을 예방할 수 있는 최소 수준이면서 모체 이행항체의 백신에 대한 간섭이 줄어드는 시기부터 시작하며 개에서는 일반적으로 6주령부터 예방접종을 실시한다. 개와 고양이의 종합백신 종류와 접종일정은 아래와 같다.

개 종합백신

① 4종 백신: DHPPi

개 디스템퍼(Canine Distemper), 개 전염성 간염(Canine infectious hepatitis), 개 파보바이러스(Canine parvovirus), 개 파라인프루엔자(Canine parainfluenza)에 대한 4종 혼합 백신으로 국내에서 가장 많이 이용되고 있음.

② 5종 백신: DHPPL

4종 DHPPi에 렙토스피라(Leptospirae)가 포함된 백신

고양이 종합백신

① 3종 백신: FvRCP

고양이 비기관지염(Feline Viral Rhinotracheitis), 칼리시(Calici Virus), 고양이 범백혈구 감소증(Feline Panleukopenia)에 대한 혼합백신

② 4종 백신: FvRCP + CH

고양이 3종백신에 클라미디아(Chlamydia psittaci) 백신이 더해진 형태

③ 5종 백신: FvRCP + CH + FeLV

고양이 4종백신에 고양이 백혈병 백신이 더해진 형태

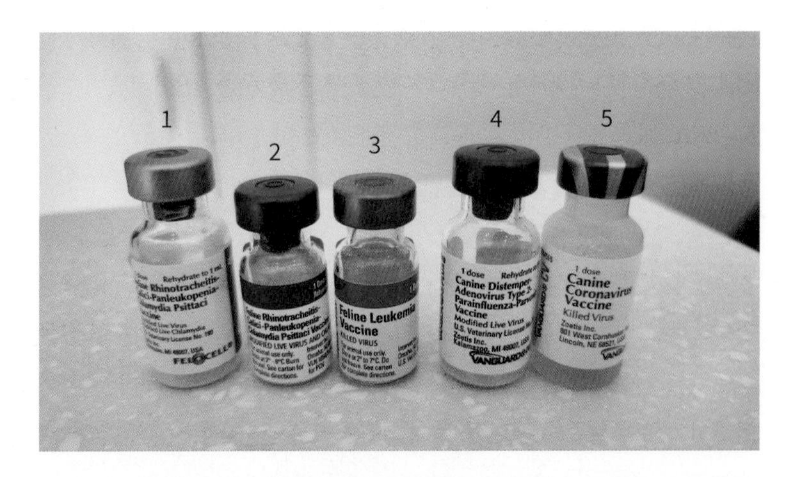

그림 2 1번 고양이 4종 백신, 2번과 3번 vial을 합해서 고양이 5종 백신, 4번 개 4종 백신, 5번 개 코로나바이러스 백신

일반적인 개의 예방접종 일정은 아래의 표와 같다. (예방접종 일정은 나라별, 지역별, 병원별, 백신 종류, 신생동물 상태에 따라 다를 수 있다.)

표 4 대한민국 강아지 예방접종 일정표

강아지 주령	종합백신 (DHPPiL나 DHPPL)	코로나바이러스	켄넬코프	개 인플루엔자	광견병
6주	1차	1차			
8주	2차	2차			
10주	3차		1차		
12주	4차		2차		
14주	5차			1차	
16주				2차	1차 접종
추가접종	매년 1회 접종				

표 5 대한민국 고양이 예방접종 일정표

고양이	종합백신 (3종이나 4종)	전염성 복막염 (선택)	고양이 백혈병 (선택)	광견병
8주	1차		1차	
11주	2차		2차	
14주	3차			
12주				
16주		1차		
19주		2차		1차 접종
추가접종	매년 1회 접종			

TIP

예방접종을 위해 내원환 환자는 좋은 컨디션을 유지한 상태에서 접종이 진행되어야 한다. 따라서 예방접종을 하기 전에는 기초적인 신체검사를 진행해야 한다. 특히 체온을 측정하였을 39.5°C 이상의 고온에서는 접종을 피해야 한다. 이는 고온에서 예방접종하였을 때 접종의 효과가 떨어질 수 있기 때문이며, 다른 병발질환이 있을 가능성을 피하기 위한 것이다. 종종 동물병원에 내원하여 긴장감으로 인하여 고온을 보일 수 있으므로 병원에 내원 후 체온이 안정화된 상태에서 접종을 맞을 수 있도록 해야 한다.
또한 예방접종 후에는 예방접종으로 인한 과민반응을 보일 수 있다. 대개 발적, 안면 부종, 가려움증 등과 같은 증상을 보일 수 있다. 따라서 예방접종 후 10분가량은 병원 내에서 이상증상 여부가 없음을 확인하여야 한다.

II. 감염성 질환의 진단법

감염증의 진단법은 병원체의 분리, 병원체(혹은 구성성분)의 검출, 병원체 감염에 의해 일어나는 숙주의 면역반응 검출 등이 있다.

동물병원에서 감염성 질환을 진단하기 위해서는 다양한 방법들이 이용된다. 각 질병의 특성과 환자의 상태에 따라 다양한 진단법이 사용되며 아래는 주요한 진단법에 대한 설명이다.

① **혈액 검사**: 혈액 샘플을 채취하여 혈액 내의 감염을 나타내는 지표들을 확인한다. 이는 감염성 질병의 진단 및 추적에 중요한 역할을 한다. 주로 전혈구분석 CBC(Complete Blood Count), 혈액 생화학 검사 등이 이용된다.

② **PCR(Polymerase Chain Reaction) 검사**: 바이러스나 세균의 DNA나 RNA를 증폭시켜 검출하는 기술로, 매우 정확하고 민감하며 다양한 감염성 질병의 진단에 사용된다. 동물병원에서는 주로 외부 의뢰검사로 실시한다.

③ **세균 배양 및 감수성 검사**: 세균이나 곰팡이가 포함된 검체를 이용하여 병원체를 직접 배양하여 감염의 원인을 확인하며, 동시에 어떤 항생제나 항균제에 민감한지 감수성 테스트

를 실시할 수 있다. 주로 외부 의뢰검사로 실시한다.

④ **바이러스 배양**: 바이러스는 스스로 증식을 할 수 없으므로 배양세포에 바이러스를 접종하여 바이러스를 동정하는 방법이다. 주로 외부 의뢰검사로 실시한다.

⑤ **항체 검사**: 특정 감염을 나타내는 항체의 존재를 확인하는 방법이다. 과거 감염 여부를 확인하는 데 사용된다. 주로 혈청을 이용하여 많이 검사한다.

⑥ **영상 검사**: X-레이, 초음파 등의 영상 검사를 통해 내부 구조를 확인하고 질병의 진행정도를 파악할 수 있다.

⑦ **진단 키트 사용**: 특정 질병을 진단하는 데 사용되는 키트로 병원체의 항원이나 항체를 검출하는 종류가 많다. 특히 현장에서 즉시 진단할 수 있으므로 동물병원에서 많이 이용된다(예를 들어 개 심장사상충, 개 파보바이러스 진단 키트).

⑧ **조직 검사**(생검 또는 부검): 감염 질병의 경우, 종종 조직 검사가 필요할 수 있다. 생검이나 부검을 통해 병원체의 존재와 병변의 정도를 확인할 수 있다.

⑨ **현미경 검사**: 현미경을 사용하여 조직 또는 분비물에서 감염 병원체를 확인할 수 있다(예 분변 부유법에 의해 검출된 기생충의 충란을 현미경으로 확인).

각 질병과 상황에 따라 적합한 진단 방법을 선택하는 것이 중요하다. 따라서 수의사는 올바른 진단 방법을 결정하고 실시해야 하며 동물보건사는 진단법에 따른 샘플 채취법 및 시료 보관법을 정확히 숙지하고 있어야 한다.

표 6 감염병 진단을 위한 샘플 선택

임상 증상 관련 장기 시스템	채취할 샘플
중추신경계	혈청, 전혈, 분변, 뇌척수액
위장관계	혈청, 전혈, 분변, 구토물
호흡계 및 안구	혈청, 전혈, 콧물, 눈물, 인두스왑, 결막찰과검사(conjunctival scraping)
피부 점막	혈청, 전혈, 병변부위 스크래핑, 소포액(vesicle fluid)
혈액질환, 혈구이상, 면역 억제성 질환	혈청, 전혈, 골수

표 7 감염병 검체 채취용 용기와 보관법

채취용기	검체	검사항목	첨가제	보관방법	주의사항
EDTA 튜브	혈액	CBC 포함한 혈액학 검사	EDTA	냉장	튜브의 혈액이 응고되지 않도록 튜브를 조심스럽게 8-10회 혼합한다.
plain 튜브	혈액, 뇨 등	혈액화학 및 혈청학 검사, 약물검사, 호르몬 검사	응고촉진제	냉장	사용 시 뚜껑이 오염되지 않도록 한다. 전혈을 채취 후 필요에 따라 혈청 분리 후에 의뢰검사를 한다.
SST II TM 진공 튜브	혈액	혈액 생화학적 검사, 호르몬 검사 등 serum 검사	혈청분리 응고촉진제 & 젤	냉장	튜브를 충분히 혼합한 후 30분-1시간 혈액 응고시키고 원심분리를 하여 serum을 얻는다.
Sodium citrate 튜브	혈액	응고 관련 검사	혈액 : SC = 9 : 1 혼합비율 후 냉동	혈액 : SC = 9 : 1 혼합 후 냉동	혈액 : SC = 9 : 1 혼합비율준수 용기의 눈금까지 정확하게 맞춰서 채혈해야 한다. 채혈 후 충분히 혼합하여 Coagulation value를 유지한다.
수송배지 (transport medium)	각종 가검물 면봉 채취	미생물수송용 배지 세균배양 검사 시 검체 보존용	transport medium	냉장	보관 중인 용기를 실온에 30분 이상 방치 후 사용한다.

조직 검체 운반용기	10% 포르말린 고정된 조직	조직검사	10% 포르말린	실온	포르말린 고정액은 조직의 약 10배 정도의 양으로 넣어 고정한다.
도말 슬라이드	말초 혈액, 자궁경부 탈락세포	혈구도말, L 세포병리학적검사		실온	검체를 Glass 상단에 오염되지 않게 도말한다.
바이러스 전용용기 (UTM 전용용기)	검사 위한 검체	호흡기바이러스, 바이러스 배양 및 항원검사	Guanidine thinocyanate, Tween 20, HEPES, Tris, Phenol red, DW	냉장	오염에 주의한다.

제2장

감염성 질환

Ⅰ. 세균성 감염성 질환

(1) 렙토스피라증

1) 원인

Leptospia 종이 원인이며 개와 고양이에게 전염되는 혈청형은 적어도 8종으로 개에서는 Leptospira icterohaemorrhagiae와 Lepospira canicola 세균이 주된 병원체이다. 렙토스피라균은 호기성 그람 음성균으로 크기는 0.1um x 6~20umn이며 아주 가늘고 촘촘하게 꼬인 나선형 형태를 가진다.

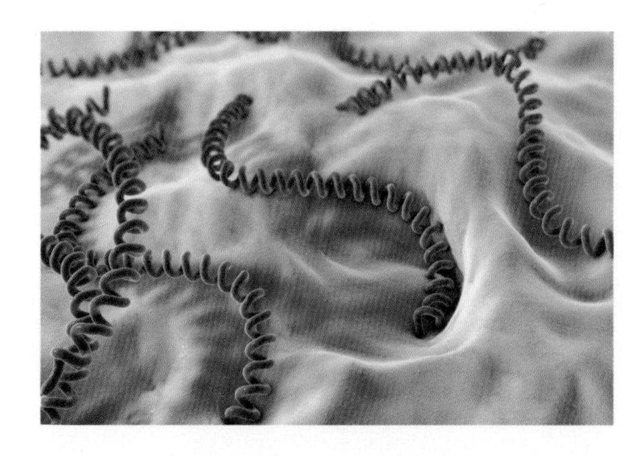

그림 3 Leptospira 종의 이미지 그림

2) 발병기전

일반적으로 렙토스피라 세균에 감염된 쥐의 소변에서 배출 및 전파되며 사람, 고양이, 개, 소, 돼지 등의 포유류가 감염될 수 있다. 또한 세균에 감염된 개, 소, 돼지와의 접촉에 의해서도 전파된다. 병원체의 직접적인 전파(감염된 동물의 소변이나 혈액의 접촉, 감염조직의 섭취 등)에 의해서 감염될 수 있으나 간접적인 전파(물, 토양, 음식이나 감염된 소변에 의해 오염된 공기 등)에 의해서도 전파가 가능하다. 피부에 상처가 있을 때 렙토스피라에 오염된 토양에 노출될 경우 감염될 수 있다.

세균은 체내 혈류로 유입된 후 전신 조직으로 퍼지며 빠르게 증식해 렙토스피라혈증을 유발한다. 신장, 간, 비장, 중추신경계, 눈, 생식기 등이 손상을 많이 받는다. 특히 렙토스피라는 숙주의 임상증상이 없어져도 신장세관에 계속 머물러 있어 감염 후 수개월에서 수년 동안 소변에 세균을 방출할 수 있다. 또한 숙주 밖의 환경에 유출되어도 오염된 물이나 토양에서 몇 주나 몇 달 동안 생존할 수 있다.

렙토스피라는 인수공통감염병으로 사람에게 감염될 수 있다. 인체감염은 대부분 무증상이나 가벼운 독감 증세나 일부 신부전, 간손상, 수막염, 호흡곤란, 출혈성 설사 등을 유발하며 심하면 사망에 이를 수도 있다.

3) 임상증상

야외생활을 많이 하는 개들의 감염률이 높다. 대부분의 경우는 무증상이나 어린 개들이 감염될 경우 중증질환으로 발전하며 패혈증을 유발할 수도 있다. 고양이는 감염될 수 있으나 신장 보균자는 아니다. 증상은 다양하며 급성으로 전신질환으로 발열, 식욕감소, 구토, 탈수, 전신근육통, 무기력, 황달, 점막출혈, 포도막염, 복통 등의 증상이 나타난다. 전형적 증상은 급성 염증성 신장이나 간손상이다. 일부의 경우 혈관염, 혈액응고장애 등이 일어날 수 있다.

4) 진단검사

혈구검사(CBC)에서 염증성 백혈구가 증가하며 일부 혈소판 감소증 소견을 보인다. 혈액화학검사에서 질소혈증이 보이고 급성 신장 손상의 경우 고인산 혈증, 간손상 환자의 경우 ALT, ALP, 빌리루빈 수치가 상승한다. 간손상이 심해지면 저 알부민혈증이 보인다. 또한 전해질 손상이나 대사성 산증이 발생할 수 있다. 신장 손상으로 포도당뇨, 단백뇨, 과립원주, 등장뇨 등이 발생할 수 있다. 복부 방사선 촬영 시 간, 비장, 신장의 비대가 보일 수 있다.

명확한 진단을 위해서는 렙토스피라 항체를 식별하기 위한 혈청학적 테스트(현미경 응집 검사-Microscopic Agglutination Test, MAT)를 널리 사용한다. 그러나 최근 접종을 한 경우(3개월 이내) 양성반응이 나타날 수 있으므로 유의해야 한다.

5) 치료 및 간호 관리

항균제로 치료하며 신부전과 간부전 증상에 대한 대증요법으로 탈수와 전해질 불균형 치료를 한다. 렙토스피라가 의심될 경우 검사 결과를 기다리는 동안 페니실린계열 약물을 즉시 투여하는 것이 좋다. 치료받은 환자의 75~85%는 생존하나 만성적인 신장이나 간기능의 장애가 생길 수 있다. 신장이나 간기능 부전일 때는 사료 중 단백질이나 나트륨 함량을 제한한 처방식이 필요하다.

렙토스피라증은 감염된 동물에서 사람과 다른 동물로 전염될 수 있으므로 환자와 입원장, 진단 시 샘플 등을 하는 사람들은 병원체에 노출되지 않도록 유의해야 한다. 동물보건사는 피부 접촉 오염을 막기 위해 환자나 샘플을 다룰 때 고글, 마스크, 장갑을 착용하는 것이 안전하다. 또한 의심 가는 환자의 경우 다른 환자와 격리하고 이동 시에 쉽게 소독할 수 있는 캐리어로 운반해야 한다. 환자의 입원장은 절대 소변이 새거나 흘러내리지 않도록 완벽히 다른 입원장과 분리된 상태여야 한다. 또한 렙토스피라증 환자의 소변이 발이나 피모에 묻어있을 수 있으므로 환자에게 닿은 부분은 철저히 소독해야 한다. 렙토스피라는 일반적인 살균제, 세제에 취약하다.

6) 예방

일반적인 최선의 예방법은 개 종합백신 DHPPL 예방접종이다. 그러나 최근 국내 렙토스피라 발병률이 현저히 줄어들면서 렙토스피라를 제외한 나머지 백신만 포함된 DHPPi가 주로 종합백신으로 이용된다. 한편 보호자들에게 렙토스피라증이 인수공통전염병이라는 것을 교육하는 것이 중요하다.

(2) 바르토넬라증(Bartonellosis)

1) 원인

고양이, 개, 사람을 포함한 많은 포유류를 감염시키는 적혈구 친화성 그람 음성균이다. 바르토넬라증은 통칭으로 고양이 할큄병이라고 불린다. 약 6종의 세균이 개와 고양이로부터 분리되었는데 그중 바르토넬라 헨셀라(Bartonella henselae, B. henselae) 균이 가장 흔하다.

2) 발병기전

고양이가 주된 숙주이다. 개도 감염될 수는 있으나 숙주로서의 역할은 불분명하다. 바르토넬라 세균은 벼룩에 의해 전염되는 것으로 알려져 있으며 그만큼 벼룩이 흔한 지역에서 발병이 흔하다. 특히 바르토넬라 헨셀라는 고양이 벼룩(Ctenocephalides felis, C. felis)에 감염된 후 벼룩의 변에서 수일간 살 수 있다. 이때 감염된 벼룩의 변은 고양이의 그루밍 과정 중 고양이 발톱을 오염시킨다. 또한 고양이의 경구에서 바르토넬라 종은 증폭될 수 있다. 따라서 감염된 고양이로부터 물리거나 발톱에 긁힘을 방지해야 한다.

3) 임상증상

발열, 기면, 림프병증, 포도막염, 치주염, 심내막염, 심근염, 골척수염, 피부혈관염, 신경성 질병 등 다양한 임상증상이 나타날 수 있다. 특히 발열과 심장 이상이 가장 흔하다.

4) 진단검사

임상증상을 보이는 동물에서 혈액배양, 혈액 PCR 그리고 혈청학적 검사를 실시할 수는 있다. 혈액배양과 혈액 PCR의 조합은 진단학적으로 유리하다.

5) 치료 및 간호 관리

치료를 위해 광범위 항생제를 이용한다. 이는 바르토넬라증과 유사한 다른 미생물 감염에도 효과적이나 모든 감염동물 균혈증이 제거되는 것은 아니다. 일반적으로 독시사이클린, 아지트로마이신, 엔로플록사신, 리팜핀, 아목시실린/클리불라네이트 등이 처치된다. 특히 고양이에서 독시사이클린의 효과가 크다. 특히 바르토넬라증 치료는 이 질병이 확인되거나 의심이 높은 환자에게만 권장되며 면역 저하 환자의 경우는 사용을 고려해야 한다. 감염 완치는 어렵고 재감염이 흔하므로 치료 후 벼룩구제를 철저히 해야 한다.

6) 예방

특히 벼룩에 의해서 감염되므로 동물의 외부기생충 구제를 철저히 해야 한다. 특히 사람의 경우 주로 경미한 증상으로 자가치유되나 면역 결핍환자의 경우 잠재적으로 임상증상으로 발현될 가능성이 있으므로 반려동물 보호자들과 수의사들은 동물에게 물린 곳, 긁힌 곳의 상처는 즉시 비누로 씻어내고 벼룩 배설물의 접촉을 피해야 한다.

(3) 라임병(보렐리아증, Lyme Borreliosis)

1) 원인

Borrelia Burgdorferi에 의해 발생한다. 진드기 매개성 세균성 감염병이다. 라임병으로도 알려져 있으며 이 질병이 처음 발표된 코네티컷주 라임 지역의 이름을 따라 명명되었다. 사람과 개에게 주로 발병하며 고양이도 감염될 수 있다.

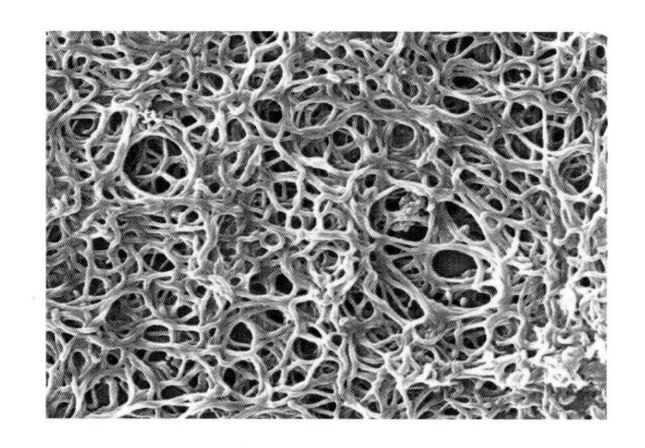

그림 4 Borrelia burgdorferi 균의 전자현미경(SEM) 사진

(https://phil.cdc.gov/details_linked.aspx?pid=13168)

2) 발병기전

원인균이 감염된 숙주(주로 설치류)를 흡혈하는 진드기에 의해 전염된다. 세균은 진드기 몸속에서 증식하여 진드기 침을 통해 다른 숙주로 옮겨진다. 인수공통전염병으로 국내에서는 제3급 법정감염병에 속한다.

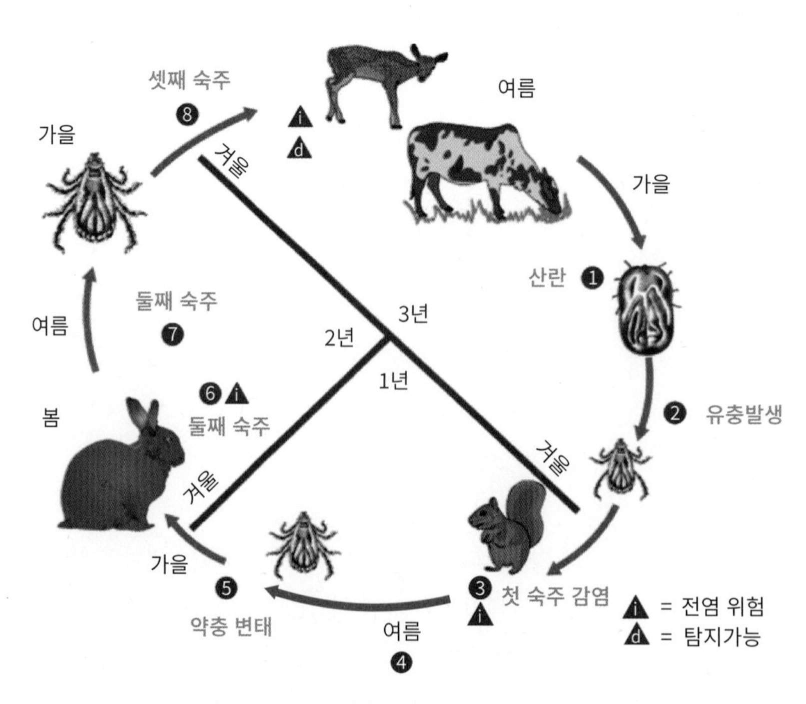

그림 5 진드기 매개성 균의 감염 사이클

3) 임상증상

대부분의 개들은 증상이 없으나 가장 흔한 임상증상은 다발성 관절염이다. 고열, 식욕저하, 무기력증, 림프절 종창, 전신통증, 관절종창, 다리가 늘어지거나 뻣뻣하게 걷는 등의 증상을 보인다. 또한 진행성 신장병으로 발병할 경우 신장부전에 의한 구토, 식욕저하, 다뇨, 체중감소, 단백질 감소증에 의해 부종이 생길 수 있다. 사람의 경우에도 발열, 관절통증, 종창 등이 증상이 보고되었다. 또한 사람에게는 대부분의 환자(70~80%)에서 유주성 홍반이 관찰된다. 사람에게는 신경계와 심장에도 영향을 미칠 수 있으며 개에게도 이런 증상이 보고되고 있으나 흔하진 않다.

4) 진단검사

보렐리아증은 진드기 매개 질병이라는 것을 유념하고 검사를 해야 한다. 진드기를 통해 피부에 들어온 보렐리아가 혈류를 타고 전신으로 운반된다. 검체(혈액, 진드기 물린 부위의 피부 생검조직 등)에서 균 배양, 분리 동정을 할 수 있다. 또한 검체에서 특이항체 검출을 할 수 있다. PCR을 통해 병원체의 유전자를 검출할 수도 있다. SNAP4DX®는 진드개 매개성 병원체와 심장사상충 감염 여부를 선별할 수 있는 키트로 라임병 진단에 많이 이용된다. 신장병으로 발병한 경우 혈청 크레아티닌, BUN 수치 등이 증가하게 된다. 만일 보렐리아 균이 보유하는 C6 펩타이드에 대한 항체에 혈청성이 있고 보렐리아증의 임상증상이 관찰되고 다른 감별 질병이 배제되며 적절한 항생제 치료에 반응이 있다면 보렐리아증이라 추정할 수 있다.

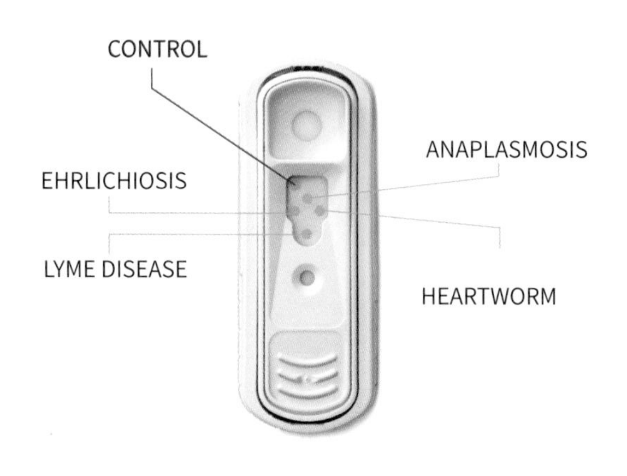

그림 6 SNAP 4DX kit

5) 치료 및 간호 관리

각종 항균제가 유효하게 이용될 수 있다. 독시사이클린, 테트라사이클린, 아목시실린, 에리트로마이신, 페니실린 등이 치료 효과를 보인다. 최대한 감염 후 초기에 치료하는 것이 효과가 있다. 특히 라임신장병증 환자는 항균제 외에도 신부전을 집중 치료해야 하나 예후가 좋지 않다.

6) 예방

진드기와의 접촉을 피하도록 한다. 만일 동물에 진드기가 발견되면 즉각 제거하는 것이 전염을 최소화할 수 있다. 진드기를 제거할 때 머리-입 부분을 제거하고 용혈방지를 위해 진드기를 눌러 터트리지 않도록 한다. 예방을 위해 항균제 투여를 할 수도 있다. 백신 적용은 많은 논란이 있으며 나라마다 균종이 다르기에 함부로 타국의 라임병 백신을 접종하는 것은 위험할 수 있다.

(4) 개, 고양이의 보데텔라증

1) 원인

Bordetella bronchiseptica가 원인이다. 병원세균은 호흡기 상피 세포에 친화성을 가지며 호흡기의 모든 부위에서 분리된다. 개의 켄넬코프를 일으키는 원인체 중의 하나이다.

2) 발병기전

비말 및 접촉에 의해 전파되며 무증상 감염도 많다. 특히 환기가 잘 되지 않는 집단 사육장에서 잘 발생하며 스트레스에 의해서도 유발될 수 있다.

3) 임상증상

주요증상은 계속되는 기침과 화농성 콧물이며 수 일에서 수 주간 증상이 지속된다. 그 외 눈꼽, 식욕저하, 발열 등이 나타난다. 다른 병원체(개에서 디스템퍼, 파라인플루엔자, 아데노바이러스, 마이코플라즈마/고양이에서 범백혈구 감소증바이러스, 비기관염 바이러스)와의 혼합감염이 많아서 병증이 심해지고 만성화될 가능성이 높다. 특히 호흡기 점막의 호중구 침윤이 가장 현저한 소견이며 폐포에 병변이 보이기는 드물다.

4) 진단검사

검체물 배양에 의한 Bordetella bronchiseptica 분리법이 가장 신뢰감이 높다.

5) 치료 및 간호 관리

일반적으로 치료 없이도 저절로 사라질 수 있다. 수의사의 적절한 진단과 치료를 통해 좀 더 빨리 회복되고 완치될 수 있다. 광범위 항생제 치료할 경우 효과가 좋다. 개체에 따른 대증요법을 보조적으로 취할 수 있다.

6) 예방

현재 켄넬코프 백신(Bordetella bronchiseptica/canine parainfluenza에 대한 백신)이 있으며 어린 강아지일 때 백신 스케줄에 따라 종합백신과 같이 접종한다. 특히 호흡기 질병은 환기가 중요하므로 환경관리에 유의해야 하며 집단 사육장에서는 특히 주의한다.

(5) 에를리키아증(Ehrlichiosis)

1) 원인

Ehrlichia canis, Ehrlichia ewingii 및 Ehrlichia chaffeensis 등이 있으며 개에서는 Ehrlichia canis가 가장 흔하다. 숙주의 순환 단핵구와 과립구를 감염시키며 그람 음성 구간균이다. 과립백혈구성 에를리키아증은 Ehrlichia ewingii에 의해서 발병된다.

2) 발병기전

진드기 매개성이다. 임상적 질병은 급성, 병원체는 숙주의 단핵세포에서 증식하여 전신으로 퍼지고 이후 여러 조직에서 관련 임상증상을 나타낸다.

3) 임상증상

개들은 급성, 불현성, 만성적 단계가 있다. 급성기에는 비특이적 염증성 질환의 표현형으로 발열, 림프절 종창, 식욕저하, 무기력, 체중감소 임상증상을 나타낸다. 심할 경우 혈관염, 점상출혈, 구토, 설사, 포도막염, 근육통, 신경학적 증상, 말초 부종, 신부전, 호흡곤란 등을 나타낼 수 있다. 급성증상은 대부분 자연적으로 치유되나 급성기에 치료하지 않을 경우 이후 수개월에서 수년간 지속되는 불현성(무증상 감염) 단계로 진입하며 이때는 경미한 혈소판 감소증, 혈중 글로블린 농도의 상승은 보이나 임상적으로는 정상이며 면역적응견은 이 단계에서 감염원을 제거할 수 있다. 그러나 제거가 안될 경우 평생 보균자이면서 만성 단계에 들어갈 수 있다. 범단핵구 감소증의 원인으로 2차 감염에 의해 폐사될 수도 있다.

4) 진단검사

CBC 소견에서 감염된 개의 80% 정도가 혈소판 감소증, 경미한 빈혈이 관찰된다. E. canis 감염에서 실질장기의 점상출혈, 비장으로의 형질세포의 침윤 등이 발견된다. 만성에서는 신장의 간질형 염증 환자에서 BUN, 크레아티닌이 상승하고 단백뇨나 혈뇨가 나타날 수 있다. 보통 임상증상을 보이는 동물에서 병원체를 입증함으로써 최종 진단할 수 있다. 임상적으로 SNAP 4DX(IDEXX) 테스트가 간단하고 유용하다. 혈액, 뇌척수액, 관절액, 방수, 조직 등의 PCR 검사를 통한 병원체 DNA 검출을 통해 감염을 입증할 수 있다. 항균제 치료를 하게 되면 PCR 검사에서 음성으로 바뀌게 되므로 치료를 시작하기 전에 PCR용 검체를 채취하는 것이 좋다.

5) 치료 및 간호 관리

약리학적 항균제 치료가 유용하고 독시사이클린이 널리 이용된다. 클로로암페니콜을 사용할 수도 있다. 치료개시에 따라 증상개선이 빠르며 발열도 개선할 수 있다. 임상병리학적 이상인 혈소판 감소증, 고글로블린혈증, 빈혈, 백혈구 감소증 등이 해결될 경우 치료를 통해 병원체가 사라진 것으로 간주할 수 있다. 만일 신장 기능 장애를 보이는 환자라면 장기기능이 복원될 때까지 단백질과 나트륨을 제한한 급여가 필요하다. 에를리키아에 감염되었다 치료되어도 영구적으로 면역력을 가지는 것이 아니기 때문에 현재 개들이 사는 지역에서 에를리키아증이 빈번하다면 재감염 가능성이 높다. 또한 신부전, 혈관염, 빈혈, 응고장애 등을 보이므로 에를리키아증 환자의 마취나 수술 시에는 합병증의 위험이 크므로 유의해야 한다.

6) 예방

에를리키아증에 대한 백신은 없으며 예방은 진드기가 많이 있는 장소를 피하고 진드기 제거용 제품도 이용하면서 진드기 노출을 통제하는 것이 중요하다. 동물에서 진드기 발견 시 즉각 제거한다.

(6) 아나플라즈마증

1) 원인

anaplasma phagocytophilum과 anaplasma platys로서 개와 고양이 모두에게 감수성이 있다.

2) 발병기전

진드기 매개성 질병이다.

3) 임상증상

anaplasma phagocytophilum은 개와 고양이에서 급성으로 발열, 무기력, 식욕부진 등의 비특이적 증상을 보이고 일반적으로 근통증, 파행 등을 보인다. 또한 구토, 설사, 호흡곤란, 중추신경계 증상 또한 보고되었다. 그러나 무증상 감염도 흔하다. 만성적으로 무증상 보균자가 될 수 있다. anaplasma platys는 개에서 대부분 무증상 감염이며 미약한 발열이 나타나나 증상이 심할 경우 발열, 포도막염, 반상출혈, 혈변, 잇몸출혈 등 출혈 증상을 보인다.

4) 진단검사

anaplasma phagocytophilum은 과립세포 친화성으로 호중구 안에 봉입체가 발견된다. 또한 CBC 검사에서 혈소판 감소증, 백혈구 감소증, 호산구 감소증, 림프구 증가증, 단핵구 증가증 소견을 보인다. anaplasma platys는 혈소판 내 세포질에 봉입체를 형성하고 빈혈, 혈소판 감소증, 호중구성 백혈구 증가증이 발생할 수 있다. SNAP 4DX를 통해 anaplasma phagocytophilum과 anaplasma platys를 검출할 수 있다. 검체의 PCR 검사를 병행할 수 있다. 대부분 anaplasma은 E. canis나 Babesia 같은 진드기 매개 병원균과 병발이 흔하다.

5) 치료 및 간호 관리

주로 항균제 치료를 하게 되며 독시사이클린과 테트라사이클린이 효과적이다.

6) 예방

일반적인 진드기 매개성 질병의 예방방법과 동일하다. 특히 사람의 혈액 속에서도 증폭이 될 수 있으므로 진드기 구제에 유념한다.

II. 바이러스성 감염병

(1) 광견병

1) 원인

레오바이러스(reo virus)에 속하는 광견병 바이러스(rabies virus, Rhabdoviridae와 lyssavirus 속 유전자 I)가 원인이다. 바이러스는 탄환형(10*180nm) 형태를 가지며 지방층의 외피를 가지고 있다. 바이러스는 한 가닥의 RNA(single-stranded RNA, ssRNA) 유전자로 구성되어 있다.

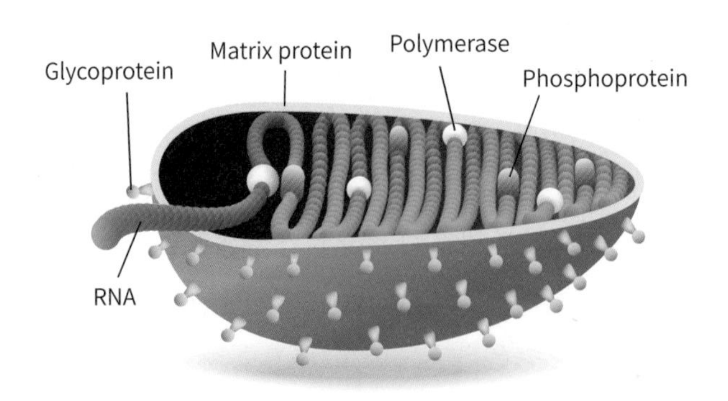

그림 7 광견병 바이러스 모식도

2) 발병기전

사람을 포함한 모든 포유류에서 발병하며 주로 교상에 의해 감염된다. 발병동물의 타액에 포함된 바이러스가 교상에 의해 다른 개체의 체내로 침입하는 기전이며 바이러스는 말초의 신경-근 접합부에서 신경조직으로 침입하여 축삭 내에서 증식하면서 중추신경 조직에 도달한다. 중추신경계인 척수, 뇌간, 해마 등에서 바이러스는 급격히 증식하고 결국 신경기능이 파괴됨으로써 치명적인 신경증상을 나타내며 발병한다. 바이러스가 말초신경을 따라 중추신경계에 도달할 때까지 잠복기가 형성되므로 교상 부위가 뇌에 근접할수록 증상이 발현할 때까지의 시간이 짧다. 인수공통전염병으로 사람은 거의 개에 의해서 감염된다. 그러나 예방접종 정책이 원활히 시행되는 국가의 경우 개보다는 야생동물에 의한 감염이 많다. 실제로 야생동물과 접촉하지 않고 집에서 키우는 개가 광견병 바이러스를 획득하여 발병할 가능성은 매우 낮다.

3) 임상증상

감염된 개의 잠복기간은 1주에서 16개월까지 다양하다. 발병동물로부터 안면부를 물리면 잠복기가 짧고 사지에 물리면 잠복기가 길어진다. 광견병의 전구기에는 어두운 곳에 숨거나 식욕부진, 정서불안 등을 보이며 이후 광조형이나 마비형의 증상을 보이게 된다.

발병동물 80~85%는 광조형 증상을 보이는데 이는 반사기능 항진, 각 부위 근육조직의 경축과 떨림, 각막건조, 목이 쉰소리 등의 흥분상태가 2~3일간 지속되다가 운동실조, 아래턱 하수, 탈수, 의식불명과 마비상태를 1~2일 나타내다 결국 폐사하게 된다.

마비형 증상은 마비증상이 초반부터 3~6일간 지속되다가 폐사하게 된다.

4) 진단검사

폐사한 동물의 뇌조직의 도말표본에서 신경세포질 내에 직경 0.5~20um의 호산성 봉입체인 네그리소체(negri body)를 발견할 수 있다. 네그리소체의 검출률이 개에서는 66~93%로서 발현하지 않는 경우도 있기에 다른 검사도 실시해야 한다. 또한 뇌조식 도말표본에서 바이러스의 형광항원을 검출하는 방법이 확실하다. 감염 뇌조직의 RNA를 추출하여 바이러스 유전자를 검출하는 방법도 있다. 혈중에 항체는 거의 상승하지 않기에 항체 측정은 적합하지 않다. 또한 동물이 발병하여 살아있을 때 각막이나 피부모근부의 신경세포에서 바이러스의 형광항원을 검출할 수 있다. 잠복기 중의 진단법은 없다.

5) 치료 및 간호 관리

현재 발병동물이나 발병동물에 물린 동물 모두 치료하지 않고 즉시 살처분한다.

사람에서는 개에게 교상을 입은 후 개에게 물린 상처는 즉시 비누와 물로 잘 씻어낸 후 70% 알코올로 소독한다. 약 10일간 개를 관찰하여 개가 만일 아무 증상이 없으면 상처만 치료하고 만일 개가 이상증상을 보일 경우 개의 뇌조직 검사를 통해 광견병 여부를 확인한다. 만일 개가 광견병으로 의심될 경우 광견병 능동면역 백신을 근육주사한다.

6) 예방

현재 예방 백신이 있으며 광견병이 발생한 대부분의 나라는 광견병 백신 접종을 의무화하고 있다. 현재 국내에서는 개에게 3개월령 이후부터 예방접종이 가능하며 연 1회 접종이 법으로 의무화되어 있다. (광견병 예방접종을 하지 않은 개가 배회하고 있을 경우 가축전염병예방법 제20조의 규정에 의하여 억류, 살처분, 기타 필요한 조치를 할 수 있으며 개주인은 같은법 제 60조의 규정에 의하여 500만원 이하의 과태료가 부과된다.)

(2) 개 디스템퍼(canine distemper)

1) 원인

파라믹소바이러스과(paramyxoviridae, paramyxovirinae, Morbillivirus)의 개 디스템퍼 바이러스(canine distemper virus, CDV)로, RNA로 구성되어 있다. 바이러스는 배양세포에 다핵거세포성의 CPE를 형성하고 열에 약하다. 막을 가지고 있어서 클로로포름, 에테르, 페놀, 지질용해성 소독약에 불활화된다.

2) 발병기전

개 및 다양한 종의 식육목 동물(개과, 족제비과, 미국너구리과) 등이 감수성을 가지고 있으나 종에 따라 증상이나 치사율이 다르다. 바이러스는 콧물, 타액, 눈 분비액, 혈액, 소변으로 배출되며 발병 시 소변 내에는 장기간 배출된다. 발병이 일어난 개는 오랫동안 감염원 역할을 할 수 있으나 완전히 회복할 경우 바이러스는 검출되지 않는다. 발병한 개와의 직접 접촉, 대소변이나 분비물(침, 콧물)의 접촉, 비말 흡입에 의해 감염된다. 개 디스템퍼 바이러스는 외부에 배출 후에는 장시간 생존하지는 못하다.

3) 임상증상

임상증상은 호흡기 증상, 소화기 증상, 신경증상을 보이며 치사율이 높다. 주로 6개월 미만의 어린 강아지나 면역력이 약한 성견이나 노령견에서도 발견할 수 있다. 잠복기는 약 1주에서 4주 정도 되며 무증상부터 심각한 증상까지 다양하다. 초기에는 발열을 보이며 맑은 콧물, 노란 눈꼽, 기침, 결막염, 무기력, 식욕감퇴, 백혈구 감소증을 나타낸다. 초기 증상이 일반적인 감기와 비슷해 보호자가 단순한 감기로 착각하기 쉽다. 이어서 구토, 설사 등의 소화기 증상을 보일 수 있고 바이러스가 신경 계통으로 침입 시 뇌염으로 인한 경련, 발작, 떨림, 후구마비 등의 증상을 보인다. 신경증상을 나타내면 예후가 좋지 않으며 회복이 되어도 경련 등의 후유증을 가지는 경우가 많다. 특히 면역력이 약한 강아지에서 치사율이 높고 강아지에서는 신경증상을 보이는 경우가 많다.

4) 진단검사

림프 조직에서 바이러스가 증식해서 초기에는 림프구 탈락이 일어나고 2차 감염으로 심한 폐렴을 나타낸다. 호산구 세포질 내 및 핵내 봉입체가 특징이고 이는 방광상피, 신우, 신경세포, 성상아교세포, 기관지 상피 등에 관찰된다. 감염 초기 분비물, 림프절, 뇌척수액의 RT-PCR에 의한 바이러스 RNA 검출이 유리하다. 비점막이나 결막의 생검, 방광이나 기관, 림프절 등의 부검을 통해 획득한 조직에서 항원 검출을 할 수 있다. 특히 동물병원에서는 항원을 검출하는 진단 키트를 많이 이용한다. 혈청에서 중화항체 검출시험을 많이 한다.

5) 치료 및 간호 관리

직접적인 치료법은 없고 발병한 경우 2차 감염에 의한 악화를 방지하고 병에 따른 대증요법 및 식이요법을 실시한다.

6) 예방

개 디스템퍼 백신이 존재하여 예방접종을 실시한다. 강아지의 경우 초유에서의 이행항체가 소실되는 시점에 백신을 접종하여 능동면역을 부여해야 한다(국내에서는 종합백신을 6주령 이후부터 시작하여 주기적으로 5차까지 접종한 후 이후에는 1년에 한 번씩 추가 접종 실시). 바이러스의 전염력이 상당히 강하므로 발병환자의 격리 치료 및 주변 소독이 필수적이다.

(3) 개 파보바이러스 감염증(canine parvovirus infection)

1) 원인

개의 주요 바이러스 병 중 하나로 구토와 혈변을 동반한 소화기 증상과 백혈구 감소를 특징으로 하며 어린 강아지의 경우 발병 시 폐사율이 높다. 개 파보바이러스 2형(CPV-2, Parvoviridae, Parvovirinae, Parvovirus)이 원인이다. 바이러스는 외피가 없는 DNA 바이러스로 이화학적 저항성이 강하고 실온에서 수개월-수년간 생존이 가능하다. 세포의 분열 단계인 세포주기 S기 세포에서 증식하므로 표적 장기가 한정되어있다.

2) 발병기전

어린 새끼 강아지를 중심으로 발생한다. 분변 내의 배출된 바이러스의 직접적인 노출이나 파보바이러스가 묻은 매개체(신발, 물건, 토양 등)에 의해 간접적으로 감염되며 감염 후에는 발병 증상이 있기 전부터 바이러스를 배출하기에 감염원이 될 수 있다. 특히 적은 양의 바이러스로도 충분히 감염을 일으킬 수 있으므로 면역력이 약한 어린 강아지일 경우 특히 연령이 어릴수록 폐사율이 높다. 그러나 이외에도 노령견 또한 발병할 수 있으며 유전적으로 파보바이러스에 취약한 종들(도베르만 핀셔, 핏불, 래브라도 리트리버, 아메리칸 핏불테리어, 로트와일러)이 있다. 바이러스는 코, 입으로 침투하여 인후두 점막 내의 림프 조직에서 증식한 후 혈류를 타고 전신으로 퍼진다. 분열 중인 세포에서 증식이 잘 되므로 감염된 동물의 연령에 따라 병증이 달라질 수 있다. 사람에게는 전염되지 않는다.

3) 임상증상

임신한 개가 감염 시 태반을 통과에 태아로 감염되며 만일 출산한 경우 신생동물에 심근염을 일으킨다. 그러나 최근에는 어미 개들이 예방접종을 맞은 경우가 많아 이런 태아 감염의 경우가 감소하였다. 생후 2~3개월령 이후의 강아지가 감염 시에는 세포분열이 활발한 골수, 림프조직, 장관 점막 등에서 바이러스가 증식하여 백혈구 감소, 설사가 발생한다. 보통은 4~14일의 잠복기가 있으며 발병 초기에는 식욕부진, 무기력증, 발열, 구토 등의 증상을 보이다가 주요증상인 설사가 나타난다. 결국 탈수(구토에 의해 물조차 섭취하기 어려울 수 있다)에 의한 저혈량성 쇼크가 올 수 있으며 치료를 안 할 경우 2~3일 안에 폐사한다. 바이러스 자체에 의한 폐사보다는 바이러스 증식에 의한 장점막의 파괴로 그람 음성 장내세균이 점막 내로 침입하여 패혈증을 일으켜 사망한다. 보통 1세 이상 연령의 개는 무증상 감염이 많다.

4) 진단검사

보통 병원학적 진단이 기본이고 혈청학적 진단은 부수적이다. 분변이 가장 좋은 검체로서 ELISA에 의한 바이러스 항원 검출, PCR에 의한 유전자진단 모두 가능하다. 보통 병원에서는 바이러스 항원을 검출하는 진단키트를 이용한다.

5) 치료 및 간호 관리

만일 동물이 면역력이 있어서 체내 항체가 생기면 그때부터 급속히 회복을 한다. 따라서 발병부터 대증요법을 통해 동물이 회복될 때까지 관리한다. 만일 설사나 구토가 심하면 음수, 음식섭취를 제한하고 전해질 수액과 세균의 2차 감염을 예방하기 위한 항균제 요법을 실시한다.

6) 예방

감염 방지를 위한 예방백신을 사용하며 주로 어린 강아지에 접종을 시작한다. 현재 DHPPL이나 DHPPi 종합백신 스케줄을 따르고 있다. CPV-2 사독백신은 모체 이행항체가 간섭할 위험이 높아 약독화 생백신 제품만 이용한다. 위생관리 예방은 병원 내, 번식시설 등에 감염된 개가 모이게 되므로 이런 집단 사육이나 여러 동물이 방문하는 병원의 경우 감염원 동물이 있는 경우 격리시키고 오염기물은 철저히 소독한다(끓이거나 증기 소독멸균, 염소계 소독 등).

(4) 개 전염성 간염(Infectious canine hepatitis)

1) 원인

개 아데노바이러스 1형(CAdV-1)이 원인체로, 간염을 주 특징으로 개과 동물에 주로 감염 발병되는 전신성 질병이다.

2) 발병기전

숙주는 주로 개와 여우이고 늑대, 스컹크, 반달가슴곰, 북극곰도 유행한 전력이 있다. 바이러스는 감염동물의 소변, 분변, 타액 등에 존재하며 감염된 개와의 직접, 간접 접촉에 의해 경구, 경비로 감염된다. 바이러스는 편도-림프조직을 거쳐 혈류로 들어간 후 혈관 내피세포에서 증식하여 전신에 바이러스 혈증을 유발하고 특히, 간, 신장, 눈, 림프절, 골수에 영향을 미치게 된다. 병에서 회복된 후에도 소변 내에 6개월 이상 바이러스가 배출되므로 지속적인 감염원이 된다. 현재는 백신 접종이 일반화되어 성견에서의 발생은 거의 보이지 않으나 어린 강아지에서는 발병률, 치사율이 높다.

3) 임상증상

돌연사형, 중증형, 경증형, 무증상형의 4가지 유형이 있다. 일반적인 개 디스템퍼 감염 초기와 감별이 어렵다. 2~8일 잠복기 이후 고열, 복부통증, 설사, 구토, 무기력증, 콧물, 부종, 식욕저하, 황달, 결막염, 급성 간질환, 구강 내 점상출혈, 등을 활처럼 구부리기 등의 증상이 나타난다. 특히 어린 동물에서 40℃ 이상의 열이 계속될 경우 위험하다.

4) 진단검사

병리적으로는 급성 폐사한 동물의 복강에 혈액이 섞인 복수가 보이고 간 종창, 담낭벽 비후, 림프절 종창 등이 보인다. 또한 간세포와 장기의 내피세포 핵내 봉입체를 확인할 수 있으며 비장, 장간막 림프조직에 출혈과 퇴행성 병변을 확인할 수 있다.

진단학적으로 폐사 동물의 간, 신장의 조직에 형광 항체법으로 항원을 검출할 수 있고 발열 시에 얻은 혈액, 소변, 편도 스왑 등을 이용한 PCR 산출법도 이용된다.

5) 치료 및 간호 관리

특별한 치료방법이 없으며 동물이 스스로 회복할 수 있도록 증상에 따른 대증요법이 실시된다. 2차 감염 예방을 위한 항균제 처치와 탈수방지를 위한 수액, 출혈이나 빈혈에 의한 수혈 등이 진행된다. 그 외 나타나는 증상에 따른 약물이나 스테로이드 제등을 사용할 수도 있다.

6) 예방

예방백신접종이 개 전염성 간염을 예방하기 위한 가장 효과적인 방법이다. 개 아데노바이러스 1형(CAdV-1)보다 부작용이 적은 개 아데노바이러스 2형(CAdV-2)의 약병원성 생백신으로 예방접종한다. DHPPL, DHPPi 같은 종합백신 접종 형태로 예방한다. 어릴 때부터 예방 스케줄에 따른 기초 예방접종을 하고 추가접종까지 확실히 할 경우 예방할 수 있다. 만일 감염이 된 동물이 병원에 내원할 경우 감염동물을 격리하고 감염동물의 분변, 오줌, 타액 등의 분비물이 묻은 곳은 철저히 소독하고 관리한다.

(5) 개 전염성 후두기관염(infectious canine laryngotracheitis)

1) 원인

개 아데노바이러스 2형(CAdV-2)이 원인체이다. CAdV-1과 동종이나 간염을 일으키지는 않는다. 켄넬코프를 유발하는 병원체 중 하나이다.

2) 발병기전

감염경로는 감염견과의 접촉과 비말을 통한 경구, 경비 감염이다. 침입한 바이러스가 호흡기 상피에서 증식하고 감염 3~6일 후 증상이 발현한다. 그 후 감염 8~10일 후 바이러스 증식과 배출이 멈춘다. 보통 개들의 집단 사육이 있는 곳에 고빈도로 유행이 발생한다. 강아지에게 감수성이 높고 다른 세균이나 바이러스의 혼합감염이 발생할 수 있다. 이 바이러스 단독으로의 병원성은 약하다. 다수의 병원체가 관여하는 개의 전염성 기관지염, 즉 켄넬코프(Kennel cough)의 원인 중 하나이다.

3) 임상증상

일반적으로 발증 기간은 짧으며 마른기침을 특징으로 한다. 그러나 수일이나 2~3주간 지속되는 경우도 있다. 또한 투명하거나 노란 콧물을 동반한 비염, 발열, 식욕부진 등의 증상이 있다. 다른 병원체와의 혼합감염일 경우 폐렴까지 유발한다.

4) 진단검사

비강이나 인후두 스왑 샘플에서 바이러스를 세포배양으로 분리하고 중화시험이나 형광항체법으로 동정한다. PCR에 의한 바이러스 유전자 검출도 가능하다.

5) 치료 및 간호 관리

치료제는 없고 대증요법과 2차 감염 예방을 위해 항균제를 투여한다.

6) 예방

CAdV-2 예방백신을 이용한다. DHPPL이나 DHPPi 종합백신에 포함되어 있다. 집단 사육되는 개들 사이에서 급속히 감염되므로 이를 방지하고 사육공간의 확보, 시설의 환기, 소독 등 위생관리를 해야 한다. 또한 발병 시 감염동물과의 신속한 격리 및 오염이 발생한 곳에 대한 시설 소독이 필요하다.

(6) 개 파라인플루엔자 바이러스 감염증(Canine parainfluenzavirus infection)

1) 원인

개 파라인플루엔자 바이러스가 원인이다. 유전자는 한 가닥 RNA 사슬로 외피를 가지고 있다. 배양세포에서 세포질 내 봉입체를 형성한다. 켄넬코프를 유발하는 병원체 중 하나이다.

2) 발병기전

감염경로는 경구, 경비 감염으로 감염동물에서 배출되는 비말이 가장 중요한 감염원이다. 침입한 바이러스는 비점막, 인두, 기관, 기관지에서 증식하고 감염 후 6~8일간 비강, 인두에 바이러스가 검출되고 이후에는 바이러스는 제거되고 지속감염은 없다. 이처럼 단독 병원체의 병원성은 약하나 다른 병원체와의 혼합감염이나 2차 감염에 의해 증상이 악화된다.

3) 임상증상

가벼운 상부기도염에 의한 발열, 기침, 재채기, 콧물, 편도 발적이 발생한다. 주로 다른 병원체와의 혼합감염이 많다.

4) 진단검사

비강, 인두 스왑에 의한 샘플로 배양세포에서 바이러스를 분리한다. PCR을 통해 바이러스 RNA 유전자를 검출할 수 있다. 혈청진단도 가능하다.

5) 치료 및 간호 관리

특정 바이러스 치료제는 없이 대증요법 및 세균 2차 감염을 막기 위한 항생제 처방을 한다.

6) 예방

DHPPL이나 DHPPi 종합백신으로 예방한다. 집단 사육장이나 개가 많이 모이는 곳의 강아지들에게 감염되므로 사육환경 관리도 중요하다. 외피가 없어서 소독제에 의해 쉽게 파괴된다.

(7) 개 허피스바이러스 감염증(canine herpes virus infection)

1) 원인

개 허피스 바이러스(Canine herpes virus type 1, CaHV-1)가 원인체이며 DNA 바이러스이다. 외피를 가지고 있으며 크기는 115-117nm이다. 건조에 약하고 일반적인 소독제로 사멸한다. 개 유래 초대배양세포에서 A형 핵내 봉입체를 형성한다.

2) 발병기전

감염입자를 포함한 분비물과의 직접 접촉에 의해 감염되며 입이나 코를 통해 바이러스가 체내로 침입하여 편도, 비강점막, 인두에서 1차적으로 바이러스가 증식, 혈류를 타고 바이러스가 전신으로 퍼진다. 이후 비장, 간, 림프절, 세망내피세포에서 2차적으로 증식한다. 또한 중추신경계에도 영향을 미친다.

3) 임상증상

임신한 개에서 유산, 사산 및 조산을 유발하고 강아지에서는 패혈증을 일으킨다. 병원체에 노출된 시기가 1~2주령 이상의 경우는 일반적으로 무증상이거나 가벼운 감기로 그치지만 어미 개로부터 이행항체가 존재하지 않는 신생 동물에게 감염된 경우 치사적이다. 임신한 모체에서 자궁을 통해 태아에 감염이 되거나 태아의 출산 중 산도를 통해 감염이 일어나며 바이러스에 감염된 개체와 직접 접촉하거나 감염된 어미의 비강과 구강의 분비물 접촉에 의해 감염되기도 한다. 잠복기는 6~10일이고 발증은 생후 1~3주령이다. 식욕부진, 호흡곤란, 복부통증, 운동실조, 황색이나 녹색 설사변을 동반하고 코에서는 장액성이나 출혈성 분비물이 나오고 점상출혈이 보인다. 발열은 없다. 발증한 새끼 견의 치사율은 거의 100%이다.

4) 진단검사

임상증상만으로는 검출이 불가능하며 여러 가지 질병과 감별 검출이 필요하며 발병 초기의 분변 중에는 다량의 바이러스가 포함되어 있으므로 분변에서 직접 바이러스나 유전자를 검출하거나, 배양세포를 이용하여 바이러스 분리를 시도할 수 있다. 그러나 동물의 비강, 결막 분비물, 인후두 스왑 등 검체들의 PCR을 통한 바이러스 특히 유전자를 검출하는 것이 효율적이다. 혈청진단을 통해서 바이러스 항원을 검출하는 것도 의미가 있으며 특히 혈청진단은 바이러스 체내 보유견인지를 확인할 수 있어서 방역적으로 의의가 있다.

5) 치료 및 간호 관리

특이적 치료제는 없으며 항바이러스제나 체온조절에 의한 치료를 시도할 수 있으나 뇌장애, 심장장애, 실명, 난청 등의 후유증이 남는다. 예전에 감염되어 새끼를 잃은 적이 있는 어미개의 면역 혈청을 투여해 주는 것이 도움이 된다.

6) 예방

감염된 개는 격리해야 하며 갓 태어난 강아지들은 깨끗한 환경에서 건강하게 자랄 수 있도록 유의한다.

(8) 개 코로나바이러스 감염증(canine coronaviru infection)

1) 원인

구토와 설사를 특징으로 하고 원인은 개 코로나바이러스(coronavirus 1)에 의하며 RNA 바이러스이다.

2) 발병기전

분변을 통한 경구감염으로 전파된다. 잠복기는 1~3일이고 최대 2주까지 분변을 통해 바이러스가 배출된다. 경구 섭취된 바이러스는 표적세포인 소장융모상피세포에 침입해 설사를 유발시킨다. 집단 사육견에 만연하고 개 파보바이러스와의 혼합감염이나 다른 병원체와의 2차성 감염에 의해 병증이 악화된다. 바이러스는 회복된 감염견이나 무증상 감염견에서 2주 이상 배출되어 감염원이 된다.

3) 임상증상

모든 연령의 개가 감수성을 가지나 성견에서는 그 증상이 경미하거나 무증상이 많고 특히 어린 개에서는 구토, 황녹색, 오렌지색 설사 등의 임상증상을 나타낸다. 임상증상의 발현정도는 개체별로 다양하다. 설사는 감염 후 1~4일에 나타나고 시간이 지날수록 수양성이며 악취가 심하다. 구토는 설사와 비슷한 시기거나 약간 이른 시기에 나타나며 무기력증, 식욕부진을 보인다. 대부분이 일주일 정도에 회복하고 단독감염인 경우의 폐사율은 낮다. 그러나 파보바이러스성 장염과 같은 혼합감염일 경우 치명적일 수 있다.

4) 진단검사

병리적으로는 조직학적으로 소장 융모의 위축과 융합이 특징적이며 RT-PCR에 의한 분변 내 바이러스 유전자 검출, 진단키트를 이용해 분변의 항원을 검출하는 방법 등이 있다. 최근에는 개 파보바이러스와 개 코로나바이러스를 동시에 검출하는 키트가 많이 이용된다.

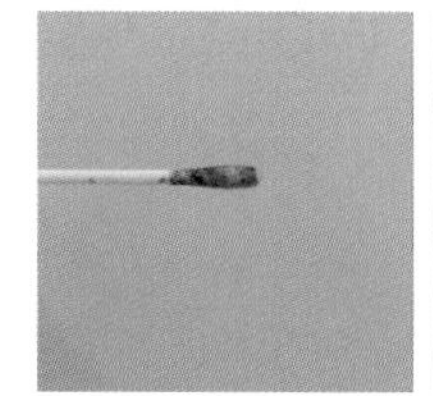

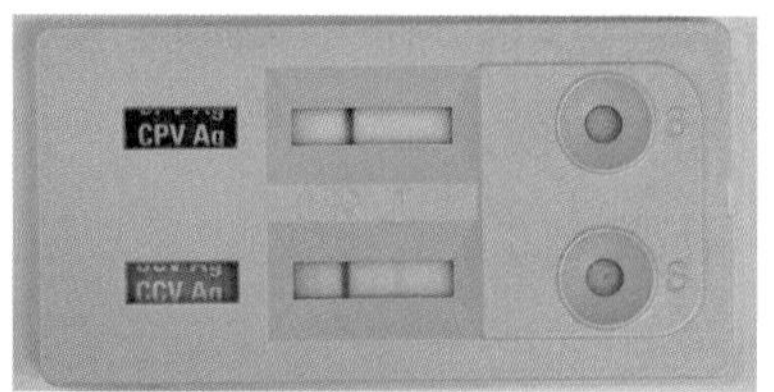

그림 8 분변을 이용한 개 파보바이러스와 코로나바이러스 동시검출 키트

5) 치료 및 간호 관리

어린 강아지의 심한 감염을 제외하면 일반적으로 며칠간의 대증치료를 통해 회복할 수 있다.

6) 예방

백신을 통한 면역력 획득력이 높아서 보통 백신을 하기 전에 감염된 경우가 문제가 된다. 감염견의 격리 치료를 해야 하고 바이러스는 시판 중인 대부분의 계면활성제와 살균제에 불활화되므로 주위 환경을 청결하게 유지하는 게 중요하다.

(9) 개 바이러스 유두종증(canine viral papillomatosis)

1) 원인

구강 주변 유두종을 유발하는 질병으로, 원인은 개 구강유두종 바이러스이며 DNA 바이러스로 직경 50~60nm 크기다.

2) 발병기전

직접 접촉으로 전파하며 1세 이하의 강아지에서 발병률이 높다. 1~2개월의 잠복기를 가지고 있고 유두종은 국한적이며 종양세포가 점막 아래까지 침윤하는 일은 없다.

3) 임상증상

구강 주변의 유두종이 발생한다.

4) 진단검사

두종의 면역조직화학기법으로 항원을 검출한다.

5) 치료 및 간호 관리

자연 치유되는 경우가 많으나 간혹 병변이 크거나 많을 경우 외과적으로 절제한다.

6) 예방

백신은 없다.

Box 1 켄넬코프(Kennel cough, canine infectious bronchitis)

"켄넬코프(Kennel cough)"는 개들 사이에서 전염성이 높은 호흡기 질병으로 일반적으로 보데텔라 브론키세프티카(Bordetella bronchiseptica), 개 파라인플루엔자 바이러스(Canine parainfluenza virus), 개 아데노바이러스 2형(Canine adenovirus type2)을 포함한 세균과 바이러스의 조합으로 인해 발생한다. 정확한 수의학적인 명칭은 "개전염성기관기관지염(Canine Infectious Tracheobronchitis)"이다. 켄넬코프(Kennel Cough)는 견사를 의미하는 켄넬(Kennel)과 기침이라는 의미의 코프(cough)의 합성어로 보호소나 호텔처럼 집단으로 사육되는 밀폐된 장소에서 이 질병이 퍼지기 쉽기 때문에 붙여진 이름이다.

켄넬코프의 주 증상은 지속적인 마른기침이다. 건강한 동물이 안정을 취하면 기침 외에는 다른 이상(식욕부진, 무기력증 등) 없이 수 일에서 몇 주 안에 치유되나 혼합감염이 있거나 면역력이 약한 강아지나 노령견일 경우 발열, 농양성 콧물, 가래, 구토 등의 증상이 나타날 수 있다.

예방 조치사항으로 예방접종을 실시하고 감염된 개들과의 접촉을 피하는 것이 권장된다. 또한, 개들이 모이는 보호소나 기타 장소에서의 청결 유지가 이 질병의 전파를 예방하는 데 도움이 된다. 특히 개들이 집단적으로 모이게는 되는 공간(반려견 카페, 반려견 유치원, 반려견 호텔, 훈련소 등)에서 감염되기 쉽다. 따라서 이런 단체시설을 이용하기 전에는 반드시 예방접종을 해야 한다.

(10) 고양이 백혈병 바이러스 감염증

1) 원인

레트로바이러스(retrovirus)인 고양이 백혈병 바이러스(Feline Leukemia Virus, FeLV)가 원인이다.

2) 발병기전

전염성이 상당히 높다. 거의 전 세계의 고양이에 확인되며 주로 타액을 통해 전파된다. 분변이나 모유 등으로도 전염된다. 따라서 감염된 고양이와 밥그릇이나 물그릇을 공유하거나 상호 그루밍을 통해 감염될 수 있다. 길고양이들은 쓰레기통이나 밥그릇 공유, 영역 다툼, 그루밍 등을 통해 고양이 백혈병 바이러스에 노출되어 있을 가능성이 높다. 또한 성묘에서는 무증상이 많으므로 한 영역에서 무더기로 감염되어 있을 확률도 높다. 임신한 어미 고양이가 감염된 경우 바이러스가 태반을 통과해서 태아에 감염될 수도 있으나 분만 시 포육 중에 많이 감염된다.

감염 시 바이러스는 구강 인두부 림프계 조직에서 증식하고 바이러스가 혈류로 들어가 일시적인 바이러스 혈증을 보일 수 있다. 이때 면역력이 있는 고양이는 내적인 면역시스템에 의해 바이러스를 효과적으로 제거한다. 그러나 면역력이 약한 경우 바이러스를 제거하지 못하고 감염된 백혈구에 의해 골수 및 전신 림프계 조직이 감염되어 전신 면역체계가 손상되어 결과적으로 지속적인 바이러스 혈증이 나타난다. 이런 경우 영구적 감염상태가 되어 바이러스를 배출하며 다른 개체를 감염시킬 수 있다. 영구적 바이러스 혈증 증상을 보인 고양이는 거의 3년 이내 죽는다. 감염 후 지속성 바이러스 혈증이 될 확률은 3개월령 새끼고양이에서 약 70%, 성묘에서는 약 20%로 보고된다. 한편 면역력이 있는 고양이의 경우 감염 초기에 바이러스를 제거할 수 있다.

3) 임상증상

고양이 백혈병 바이러스에 감염된 고양이의 약 30% 정도는 무증상을 보인다. 감염 초기 단계에서는 뚜렷한 증상이 나타나지 않다가 잠복기 이후에 바이러스가 활성화되면 증상이 나타난다. 그러나 지속성 바이러스 혈증을 나타내는 고양이는 다양한 림프조혈계 질환을 보인다. 대표적으로 전신의 림프종을 보이고 체중감소, 빈혈, 설사, 호흡곤란, 피부질환, 종양 등이 나타날 수 있으며 공통적으로 빈혈 증상을 보인다. 변형된 림프구가 포도막을 통해 안구에 침투해 포도막염을 유발할 수 있으며, 종양세포가 안방수의 흐름을 방해해 속발성 녹내장이 나타나기도 한다.

4) 진단검사

혈장, 혈구, 림프조직 등의 조직 샘플 재료를 다른 세포에 접종하여 바이러스를 분리할 수 있다. 또한 PCR을 통해 바이러스 유전자를 검출할 수 있다. 임상적으로 혈액에서 면역형광검사를 이용한 FeLV 항원을 검출하는 키트를 많이 이용한다.

5) 치료 및 간호 관리

치사율이 상당히 높고 효과적인 치료제는 없다. 각 증상에 대한 대증치료와 고양이 스스로 면역력을 키워 바이러스를 제거하도록 영양과 환경을 개선시켜주어야 한다.

6) 예방

예방백신이 있으며 면역력이 약한 새끼 고양이의 경우 접종을 하는 것이 권장된다. 다만 FeLV 검사를 한 후 감염이 없는 것을 확인한 후에 접종을 시작하는 것이 권장된다. 또한 감염증의 예방에는 감염경로를 차단하는 것이 가장 중요하다. 다묘가정에서 감염된 고양이가 나올 경우 나머지 고양이와 격리하는 것이 중요하며 고양이를 새로 입양할 경우 입양할 고양이를 합사하기 전 FeLV 검사를 진행해야 한다.

(11) 고양이 면역부전 바이러스(Feline Immunodeficiency Virus, FIV)

1) 원인

감염말기 증상이 사람의 에이즈 말기 증상과 비슷하여 속칭 고양이 에이즈라고 지칭된다. 레트로 바이러스인 고양이 면역부전 바이러스(Feline Immunodeficiency Virus, FIV)가 원인체이다. RNA 바이러스이고 5가지의 아형을 가지고 있다.

2) 발병기전

바이러스는 혈액, 타액, 유즙, 정액 중에 존재하고 주로 싸움에 의한 교상에 의해 감염되어 영역 다툼을 하는 수컷 길냥이에게 감염률이 높으며 실제로 암컷보다 수컷의 감염률이 훨씬 높다. 실내에서 비감염된 개체들끼리만 지낼 경우에는 거의 진단되지 않는다. 유즙에 의한 모자감염의 보고는 그 빈도가 낮다. 체내에 침입한 바이러스의 주요 감염세포는 말초나 림프계 조직에 존재하는 T 및 B 림프구이며 단핵구, 대식세포 등에서의 감염도 확인된다. 특히 헬퍼T 세포가 감소하여 면역결핍을 보이는 것으로 추정된다. 한번 감염되면 완치가 되지 않는다.

3) 임상증상

FIV에 노출되었다고 반드시 감염되는 것은 아니며 FIV에 감염되어도 바로 문제가 생기는 것은 아니다. 병의 진행은 3~4단계 정도로 나눌 수 있다.

① **급성기 증상**: 발열, 설사, 전신성 림프절 종창이 나타난다. 감염 후 수 주~수개월간 이런 증상이 지속된다.

② **무증상 보균증상**(Asymptomatic carrier, AC): 급성기 이후에 감염 고양이는 전혀 임상증상을 보이지 않는 무증상 보균 동물기를 거친다. 수년에서 10년 동안 지속될 수 있다.

③ **감염 중기증상**: ARC(AIDS-related complex, 후천성면역결핍증 관련 복합증후군증상)라고도 불린다. 점차적인 면역시스템 이상에 의해 만성감염증, 만성염증질환을 보이며 이런 증상이 수개월에서 수년 정도 지속된다. 호흡기 감염이나 만성 피부감염, 발열과 무기력증 증상이 지속될 경우 FIV 감염을 의심할 수 있으며 감염 후기에 구내염을 유발한다.

④ **감염말기 증상**: AIDS(후천성 면역결핍 증상기) 단계라고도 불린다. 사람의 AIDS 말기 증상과 비슷하다. 현저한 면역결핍으로 인해 크립토코쿠스, 피부사상균, 톡소플라즈만, 상재세균 등의 감염이 생기며 다양한 종양이 생길 수 있다. 또한 현저한 체중감소를 보인다. AIDS가 발증하면 수개월 이내에 죽는다.

4) 진단검사

림프절은 초기에는 종대하지만 감염 중기와 후기에 걸쳐 퇴행된다. 확진을 위해서는 키트 검사를 통해 혈청의 항체를 검출한 후 백혈구나 혈장을 이용한 PCR에 의한 검사로 재확인하는 것이 가장 좋다. AIDS기 시에는 혈액의 림프구 감소와 호중구감소, 빈혈, 혈소판 감염증 등을 보일 수 있다.

5) 치료 및 간호 관리

치료는 주로 대증요법이며 세균이나 진균의 감염증이 있을 경우 적절한 항균제를 선택한다. FIV 감염묘 증상에 따라 항바이러스 제제를 수 주에 걸쳐 복용하기도 하나 약 부작용에 대한 주의가 필요하다. 또한 주위 환경의 위생을 신경 써야 하며 가능한 고양이의 스트레스를 줄일 수 있도록 해야 한다. 또한 감염을 막기 위해 다른 고양이의 접촉을 차단하는 것이 권장된다. FIV에 감염된 고양이는 정기적인 검진이 중요하다.

6) 예방

예방백신은 있으나 국내에는 잘 보급되지 않으며 효과도 완벽하지 않다. 따라서 성묘를 처음 입양하여 집에 들일 때는 반드시 FIV 검사를 실시해야 한다. 예방에 가장 유효한 방법은 FIV와의 접촉을 막는 것이다. 보균자가 아닌 고양이를 가급적 실내에서 사육하기, 새로이 고양이를 키울 때는 바이러스 검사하기까지는 격리하기, 들고양이와의 접촉을 없애기 등이 유효하다. 다묘가정일 경우 FIV에 걸린 고양이와 다른 고양이와의 접촉을 되도록 피하고 별도의 밥그릇과 화장실을 사용하도록 한다. 또한 고양이가 스트레스를 받지 않도록 하며 FIV에 걸린 고양이와의 싸움에 의한 교상이 일어나지 않도록 주의한다.

(12) 고양이 범백혈구 감소증(feline panleukopenia, FPL)

1) 원인

파보바이러스(parvo virus)인 고양이 범백혈구 감소증 바이러스(feline panleukopenia, FPLV)가 원인이며 개 파보바이러스 2형(CPV-2)이 FPL의 아종이다. DNA 바이러스이며 파보바이러스는 이화학적 저항성이 강하고 활발히 분열하는 세포에서 증식을 잘한다.

2) 발병기전

바이러스의 직접 접촉이나 오염기물을 통해 감염되며 야외환경에서 FPLV 감염성은 수개월에서 수년간 보유된다. 특이 면역을 갖지 않은 고양이는 모두 감염되나 연령이 어릴수록 발증하여 중증으로 진행되는 경향이 강하고 폐사율도 높다. 바이러스는 입이나 코로 침입 후 인후두 점막의 림프조직에서 증식한 후 혈류로 유입되어 바이러스 혈증에 의해 전신으로 감염된다.

3) 임상증상

임신 고양이가 감염 시 태반을 통과해 태아로 감염되나 초기에 감염 시(3주까지) 유산되고 4주 이후에는 태아의 소뇌에 영향을 주어 태어난 새끼는 운동실조증을 보인다. 출생 후 2주 내 바이러스 노출 시 전신감염으로 폐사한다. 생후 2~3개월령이 감염 시 백혈구 감소, 다량의 설사를 보인다. 바이러스 잠복기는 4~6일이고 발열, 식욕저하, 무기력증, 탈수, 구토, 혈변 등이 특징이다. 보통 FPLV 단독에 의한 폐사보다는 바이러스가 장관점막을 침입하여 그람 음성 장내세균에 의한 패혈증에 의한 사인이 대부분이다.

4) 진단검사

특징적인 위장관 질환을 보일 경우 혈액 검사를 통해 백혈구 감소 여부를 확인한다. 폐사된 고양이의 부검 시 심한 장관 점막 출혈과 장간막 림프절 종대 및 출혈이 관찰된다. 병원에서는 진단 키트를 이용하여 분변 샘플에서 바이러스 항원 검출, 전혈이나 혈장(이나 혈청)에서의 바이러스 항체 검출을 가장 많이 이용한다.

5) 치료 및 간호 관리

치료제는 없으며 대증요법을 실시한다. 세균의 2차감염에 대해 항균제 요법을 실시한다.

6) 예방

새끼 고양이는 예방접종을 실시하여야 하며 보통 고양이 3종 혼합백신(FPLV, 고양이 바이러스성 비기관염, 고양이 칼리시바이러스)으로 이용된다. 9주령과 12주령에 2회 접종하고 1세가 될 때 추가 접종한 후 고양이의 상황에 따라 추가접종을 고려할 수 있다. 특히 전염성이 아주 강하므로 병원이나 번식시설, 고양이가 많이 모이는 장소에서는 위생관리를 철저히 해야 한다. 이환된 고양이와의 즉시 격리, 오염물질의 철저한 소독이 필요하며 증기멸균이나 염소계 소독제에 의해 바이러스를 제거할 수 있다.

(13) 고양이 전염성 복막염(feline infectious peritonitis)/ 고양이 장내 코로나바이러스 감염증(feline enteric coronavirus infection)

1) 원인

고양이 전염성 복막염(Feline infectious peritonitis, FIP)은 고양이에 감염된 코로나바이러스(Feline Coronavirus)의 돌연변이에 의해 발생한다. 고양이 코로나바이러스에 감염된 환자의 10%에서 여러 원인에 의한 바이러스의 돌연변이가 발생하여 세포친화성의 변화가 나타나고, 이를 통해 바이러스가 대식구(macrophage) 내에서 증식하여 면역매개성 혈관염 및 화농성육아종성 병변을 동반한 전신적인 질병을 유발한다고 알려져 있다. 고양이 전염성 복막염 바이러스(FIPV)와 고양이 장 코로나바이러스(FECV)는 coronavairs 군에 속하는 RNA 바이러스다. FIPV와 FECV 유전학적, 혈청학적으로도 구별이 어려우며 병원성으로만 구별이 가능하다.

2) 발병기전

FIPV는 분뇨, 구강, 비강 분비물 내에, FECV는 분변 내에 배출되며 이들 바이러스가 경구 및 경비로 감염된다. FIPV는 집단 사육하는 사육장에서 빠르게 전파될 수 있으며 고양이 백혈병 바이러스나 고양이 면역부전 바이러스 등의 혼합감염에 의한 면역억제도 고양이 전염성 복막염의 발증률을 높일 수 있다.

3) 임상증상

고양이 전염성 복막염은 발열, 식욕부진, 구토, 설사, 체중감소 등의 증상을 보이다 전염성 복막염이 발증한다. 삼출형과 비삼출형이 있는데 이 중 삼출형은 복막염, 흉막염에 따른 복수와 흉부의 저류를 보이며 호흡곤란, 발열, 식욕감퇴, 무기력증, 복부팽만 등을 보인다. 중추신경계에 바이러스가 침투하게 되면 운동장애, 경련을 보일 수 있으며 포도막염, 각막부종 등의 눈병변이 형성될 수 있다.

고양이 전염성 복막염에 의해 발생하는 임상증상은 발열, 체중감소, 식욕부진, 구토, 설사 등이 있으며 영향을 받는 장기에 따라 다양한 임상증상이 나타난다. 병변 양상에 따라 두 가지 형태인 삼출성 형태(effusive form)와 비삼출성 형태(non-effusive form)로 나뉜다. 삼출성 형태의 고양이 전염성 복막염은 체액성 면역 반응에 의해 발생하는 섬유소성 복막염과 흉막염이 특징으로 복강, 흉강 또는 심낭 유출액에 의해 복수, 흉수가 발생하며 전신적 질병으로 진행될 수도 있다. 복수가 차면 배가 부풀고 흉수가 차면 호흡이 빨라진다. 특히 삼출성 형태는 급성으로 진행되며 보통 환자가 한 달을 넘기기 힘들다. 비삼출성 형태의 고양이 전염성 복막염은 삼출성보다 빈도가 적고 주로 체액성 면역이 관여하는데 세포매개성 면역도 부분적으로 관여하는 것으로 알려져 있고, 영향을 받은 장기에 발생한 육아종성 병변이 임상증상을 유발시킨다. 주로 눈·뇌·신장·간 등에 염증을 일으킨다. 대표적인 예로 포도막염을 들 수 있다. 특히 비삼출성 형태의 경우 신경학적 증상의 발현이 삼출성 형태에 비해 더욱 흔하게 나타난다. 비삼출형은 다발성 화농성 육아종을 보인다. 신경계에 바이러스 침투 시 신경학적 증상이 일어나며 보행부전, 사지마비, 뇌신경 장애, 발작, 중추신경성 전정 장애, 과민반응 등이 있다

고양이 장 코로나바이러스 감염증인 FECV는 4~12주령의 새끼고양이에 설사를 동반한 장염을 일으킨다. 구토, 가벼운 발열, 식욕부진, 무기력증을 동반한다.

전염성 복막염은 복강·흉강에 물이 차느냐 그렇지 않으냐에 따라 습식과 건식으로 나눈다. 복강·흉강에 물이 차는 것을 습식이라 부르는데 건식은 습식보다 진행속도가 느리지만 8개월을

넘기기 어렵다. 습식보다 사례가 적은 편이며 눈 · 뇌 · 신장 · 간 등에 염증을 일으킨다. 대표적인 예로 포도막염을 들 수 있다. 또 습식과 건식 상관없이 식욕저하, 발열, 설사, 구토가 발생할 수 있다.

4) 진단검사

전염성 복막염은 증상이 다양해서 임상증상만으로 진단하기 어렵다. 이 때문에 혈액검사, 영상검사, 복수검사, PCR 검사 등 여러 검사를 통해 다른 질환을 배제하는 식으로 진단이 이루어진다. 흉복수에서 FCoV 항체키트 양성은 90% 이상의 정확도로 복막염을 진단하고 최종 확진은 복수에서 전염성 복막염 바이러스를 확인하는 PCR 검사로 이뤄진다. 이와 달리 건식 복막염은 흉/복수가 없어서 탐색적개복술이나 초음파유도하흡인술로 시료를 채취한다. 임상증상이 지속되고, 일시적으로 스테로이드에 반응한다면 비삼출성 복막염일 가능성이 매우 높다. 또한 건식 복막염의 70% 정도가 포도막염이 동반된다고 보고된다. 혈액에서 백혈구 중 호중구가 증가하고 림프구는 감소한다. 또한 혈청단백질이 증가하는데 이는 글로불린이 증가하기 때문이다. 혈액, 간 또는 폐 조직, 종양, 변 및 변 Swab의 샘플에서 RT-PCR 검사에 의한 바이러스 유전자 검출이 가능하다. 형광항체법이나 ELISA 등에 의한 항체를 검출할 수 있다. 고열, 황달, 빈혈, 낮은 A:G 비율이 확인되어서 검사해보면 고양이 코로나바이러스 항체키트에서 양성이 확인된다. 코로나바이러스가 변이되어야지 복막염이 발생하는 것이며, 평범한 코로나바이러스는 설사만 유발하는 정도이다. 항체키트는 평범한 코로나바이러스에 대해서도 양성이 검출되므로 확진할 수는 없지만, 임상증상을 볼 때에 복막염 가능성이 아주 높다.

5) 치료 및 간호 관리

전염성 복막염은 현재 치료제가 개발 중이긴 하나 국내 공식적인 치료제는 없으며 삶의 질을 높이기 위한 대증치료만 가능하다. 반려묘 상태에 따라 염증을 억제하는 약물을 투약하거나 삼출물을 빼주는 치료를 진행하기도 한다.

6) 예방

예방이 최우선이다. 고양이는 스트레스에 취약하기 때문에 평상시 고양이를 예민하게 만드는 상황을 만들지 않는 것이 중요하다. 영양섭취에 신경을 쓰거나 면역력을 올려주는 보조제를 먹이는 것도 좋은 방법이다.

(14) 고양이 칼리시바이러스 감염증(Feline calicivirus infection)

1) 원인

고양이 칼리시바이러스(Feline calicivirus, FCV)가 원인이며 외피 없는 RNA 바이러스 형태를 띠고 있다.

2) 발병기전

주요 감염경로는 감염된 고양이의 분비물(콧물, 눈물, 침)에 의한 경구나 비말에 의한 경비감염, 오염기구에 의한 간접 접촉에 의한 감염도 있다. 경구나 경비로 침입한 바이러스는 혀, 입천장, 비강에서 폐까지 증식하고 결막에서 증식하여 각종 염증을 일으킨다. 바이러스 혈증은 드물다. 바이러스에 감염된 고양이가 회복 후에도 수주에서 수개월 동안, 경우에 따라 일생 동안 바이러스를 배출하는 보균자가 될 수 있으므로 유의해야 한다. 만성적인 치육염이나 구내염이 있을 경우 이 바이러스가 분리되는 경우가 많다. 드물게 바이러스가 돌연변이를 거치면 치명적인 고병원성 전신성 칼리시바이러스(VS-FCV; virulent systemic FCV)가 될 수 있다. 이 경우에는 바이러스 혈증이 생기며 높은 폐사율을 가진다.

3) 임상증상

수 일 동안의 잠복기 후, 무기력증, 발열, 재채기, 콧물누출, 유루 등의 호흡기 증상이 나타나고 혀나 구강 내의 수포와 궤양이 발생하며 폐렴을 유발하는 경우도 있다. 이 경우 초기 고열 및 식욕부진, 무기력증을 보이고 3~7일이 경과하면 황달 및 전신혈관염을 유발해 얼굴과 사지에 부종이 생기고 피부와 점막이 괴사해 귀, 얼굴, 발에 궤양이 발생하며 출혈로 코피나 혈변을 보일 수 있으며 다발성 장기 부전으로 간, 폐, 췌장 등 주요 장기가 손상된다.

고양이 바이러스성 비기관염이나 고양이 클라미디아병과의 감별이 어려울 수 있다.

4) 진단검사

감염고양이의 분비물이나 인두 스왑액을 배양세포에 접종하여 바이러스를 분리할 수 있다. 혈청반응으로 항체를 동정하고 RT-PCR에 의한 바이러스 유전자 검출도 가능하다. 고병원성 칼리시바이러스(VS-FCV) 경우 일반적인 상부 호흡기 검체가 아닌 피부 스크래핑 검체에서 칼리시바이러스가 검출된다.

5) 치료 및 간호 관리

직접적인 치료제는 아직 없다. 대증요법을 이용하며 수액치료, 산소공급, 영양소 보충과 경우에 따라 적절한 항생제와 소염제를 사용할 수 있다. 간혹 인터페론 치료가 도움이 되기도 한다. 치료 후 잘 회복할 수도 있지만 만성감염 보균동물이 되어 만성구내염 등이 계속되는 경우도 적지 않다.

6) 예방

예방이 무엇보다 중요하다. 고양이 3종 종합백신에 포함되어 있으며 약병원성 생백신이나 불활화 백신이 이용된다. 예방접종을 2개월령에 시작해 스케줄에 따라 세 번 접종한 후 항체가 잘 생겼는지 확인하는 항체가 검사가 필수이며 검사결과에 따라 당장 몇 차례 접종이 더 필요할 수도 있고 6개월에서 1년 후 보강접종을 시작할 수도 있다. 어릴 때 이후 보강접종은 필수며 정기적으로 항체 검사를 함께 받는 것이 좋다. 그러나 고병원성 전신성 칼리시 바이러스는 종합백신접종을 마친 고양이도 감염되며 폐사율이 높은 만큼 종합백신의 고병원성 칼리시바이러스에 대한 방어력은 높지 않다.

(15) 고양이 바이러스성 비기관염(FVR: Feline viral rhinotracheitis)

1) 원인

Herpesviridae과에 속하는 고양이 허피스바이러스 1(FeHV-1: Felineherpesvirus 1)이 원인이며 DNA 바이러스이다. 지질이중막의 외피를 가지고 있으며 크기는 150~200nm 크기를 가지고 있다. 건조에 약하고 일반적인 소독제로 사멸한다.

2) 발병기전

집단 사육장의 고양이나 이행항체가 사라진 어린 고양이가 노출동물이다. 바이러스는 감염된 동물의 침, 눈물, 콧물의 직접접촉을 통해서 감염되며 코, 비인두, 편도조직에서 증식된다. 바이러스 혈증은 드물다. 감염 후 1~3주 동안 바이러스가 배출된다. 잠복기는 약 2~6일까지이나 10일까지 잠복할 수도 있다. 매우 전염성이 강력하고 실제로 호흡기 질환을 유발하는 동물의 50% 정도에서 FeHV가 나타난다. 그러나 무증상 감염이 있으며 이 경우 3차 신경절에 잠복감염되어 있다가 밀집 사육이나 사육형태 변화, 스트레스 등에 의해 간헐적으로 바이러스를 배출한다. 특히 7~42일령 새끼 고양이에게 감염되면 폐렴으로 인한 폐사가능성이 아주 높다.

3) 임상증상

발병 시 24시간 이내 결막염이 생기고 기침과 콧물이 나타난다. 고열이 있고 식욕부진이 있다가 바이러스 중화항체가 생기며 증상이 경감되기 시작한다. 그러나 증상 후 2~3일 후 세균의 2차

감염에 의해 기관지폐렴이나 부비강염이 된다. 결막염은 일반적으로 양측성이며 중증은 아니다. 유산, 질염, 다발성피부염, 치육구내염, 중추신경계 증상도 보고된다.

4) 진단

바이러스 분리, 바이러스 항원이나 유전자 검출에 의해 진단한다. 고양이의 비점막이나 결막 도본샘플에 FHV-1 항체를 이용항원을 검출하는 법이 개발되어 있으며 유전자 검출에는 PCR이 이용된다. 각각에 플루오로세인(fluorescein) 검사를 통해 허피스바이러성 각막염 진단을 한다. 혈청은 발증기와 회복기의 혈청을 이용해 회복기에 4배 이상의 항체가 높으면 FHV-1으로 판단한다.

플루오로세인 검사(fluorescein): 안구의 표면에 플루오로세인(로즈뱅갈, 리사민그린도 가능)을 묻혔을 때 안구 표면에 손상이 있으면 그 부분이 초록색 형광으로 나타나게는 되는 것을 이용하여 안구 표면 관찰을 하는 검사법이다. 각막염 진단에 많이 이용된다.

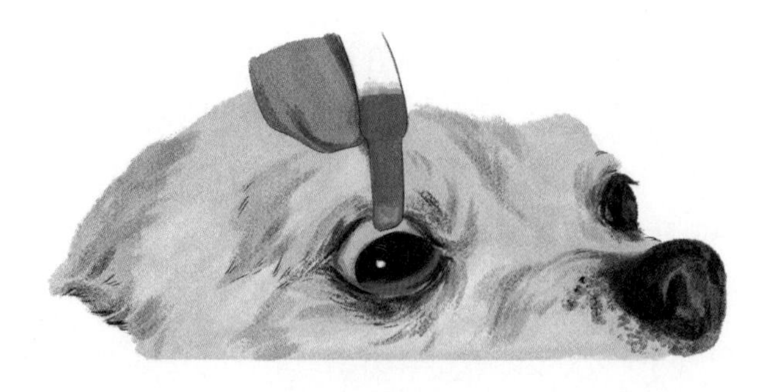

플루오로세인은 형광을 나타내면서 친수성이므로 각막에서 대부분 눈물에 씻기나 각막이 손상되었을 경우에는 손상된 부위에서 씻겨나가지 못하고 그대로 유지하게 됨으로써 각막표면을 확인할 수 있는 원리이다.

그림 9 플루오로세인 검사 시약을 적용하는 이미지

5) 치료 및 간호 관리

현재 FeHV-1 특이적인 치료약으로 특이적 재조합 항체가 시판되고 있으며 콧물이나 눈에서의 분비물을 제거하고 탈수 등이 보이면 보액을 하는 등의 대증요법이 중요하다. 스테로이드는 바이러스 증식을 유발하므로 항염증이나 결막염 치료를 위한 스테로이드 사용은 금기시된다.

6) 예방

백신이 있으나 스트레스 경감, 감염기회를 감소시키는 사육관리가 중요하다. 특히 어린 고양이에서 심각하므로 유약기의 고양이를 다른 고양이로부터 격리하는 것이 중요하다.

III. 진균/원충성 감염증

(1) 피부사상균증(microsporum canis)

1) 원인

피부사상균을 기인균으로 하는 진균성 질환이다. 피부사상균은 세포 내 색소를 생성하지 않는 투명한 균사로 microsporum(소포자균), trichophyton(백선균), Epidermophyton(표피균)의 3속 중 하나에 속한다. 개와 고양이 감염 원인균은 대부분이 M. Canis이다.

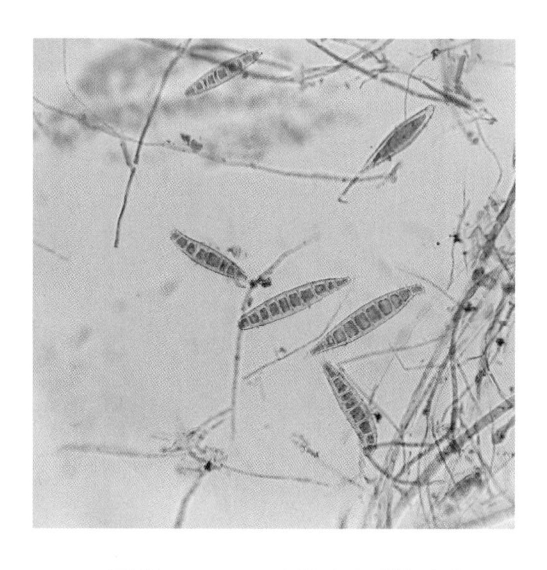

그림 10 M. Canis의 현미경 관찰 사진

2) 발병기전

인수공통전염병으로 반려동물, 가축, 야생동물, 사람 모두 숙주가 된다. 보통 건강한 개체에서는 균에 접촉되어도 무증상이거나 경미한 수순을 보이나 피부 외상, 당뇨병 같은 호르몬성 질환, 면역억제약물의 사용 등 전반적인 면역상태가 안 좋을 경우 심각한 피부병을 유발할 수 있다.

3) 임상증상

감염부위 피부 탈모, 홍반, 수포, 각질, 가피형성, 발톱 변색 등이 나타난다. 병변은 국소적에서부터 전신적으로 다양하게 나타난다. 병변의 형태는 원형의 형태를 보이므로 링웜(ring worm)이라 불리나 형태가 불규칙적일 수도 있다. 고양이의 경우 얼굴, 귀, 입 주변부터 발병하여 전신에 퍼지면서 가려움증을 동반하는 경우도 있다.

4) 진단검사

전반적인 피부검사를 진행한다. 대표적인 방법으로 우드램프(wood's lamp) 검사와 DTM(dermatophyte test media) 검사가 있다. 우드램프(wood's lamp) 검사는 M. canis 병원체가 존재하는 피부에 자외선(360nm)을 비추면 형광빛을 나타내게 되는 것을 이용해 피부사상균을 추정하는 방법이다. DTM(dermatophyte test medi) 검사는 다른 세균이나 감염체의 증식을 억제시킨 특수배지에 감염된 부위의 털을 배양하는 것으로 피부사상균이 있다면 균이 배지의 단백질을 이용함으로써 배지가 붉게 변한다. 피부사상균은 보통 5~7일 정도에 확인이 된다. 배지의 색이 변하는 것으로 피부사상균증의 감염을 확인하는 방법이다.

그림 11 고양이 피부의 우드램프 검사에서 M. canis에 감염된 부분은 형광의 녹색을 띠고 있다.

5) 치료 및 간호 관리

외용제로서 항진균약이 첨가된 샴푸, 약제, 크림제, 연고 등을 이용할 수 있다. 또한 경구용 항진균제 약물 투약을 병용한다.

6) 예방

피부사상균에 걸린 동물을 격리하여 치료해야 한다. 또한 오염물은 제거하고 소각, 소독처리함으로써 재감염이나 사람이나 다른 동물로의 감염을 방지하도록 해야 한다.

(2) 지알디아증(Giardia)

1) 원인

원충인 Giardia spp.가 원인이며 이 원충은 동물의 위장관에서 증식하는 편모충이다. 지알디아는 주로 장 내에 존재하는 영양형(trophoxoite, 크기 약 15*10um)과 분변으로 배출되는 낭포형(cyst, 크기 약 10*8um)의 두 가지 형태가 있다. A부터 G까지 다양한 유전형이 있으며 개에서는 C, D 고양이는 F, 사람은 A, B 에 많이 감염된다.

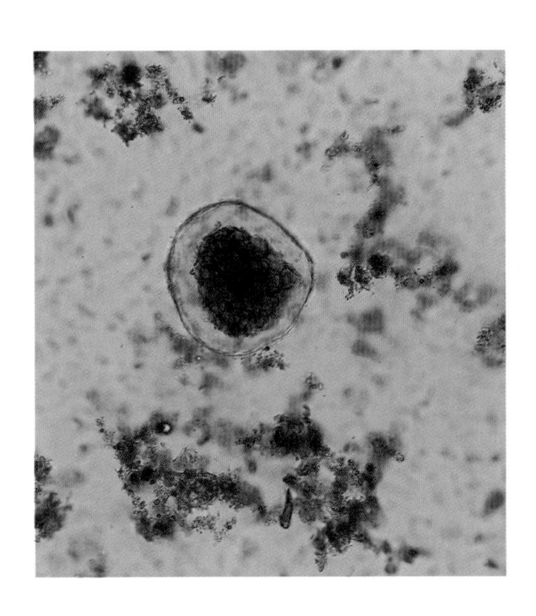

그림 12 현미경 40X 배율로 관찰되는 지알디아 영양형

2) 발병기전

지알디아 원충의 전염은 분변에 있는 낭포의 경구 섭취를 통해 시작된다. 영양형은 섭취해도 위산에 약하므로 장에 도달하기 전에 파괴될 수 있다. 낭포형은 습윤한 환경에서 수개월간 생존할 수 있다. 낭포형은 개의 장 내에 들어가 영양형 형태로 변화하여 장벽에 붙어서 충분히 성장하면 임상증상을 나타내게 된다. 낭포 형태 섭취부터 다시 대변까지 낭포가 배출되는 시간은 개에서는 약 5~12일, 고양이에서는 약 5~16일 정도이다. 보통 비위생적인 환경에서 제일 많이 발생하며 오염된 땅의 냄새를 맡거나 오염된 물을 마심으로써 감염된다. 인수공통전염병으로 사람에서 원충에 의한 '여행자설사'의 가장 큰 원인이다.

3) 임상증상

주로 급성의 소장형 설사를 한다. 설사는 악취가 나며 녹변, 점액이 섞인 변, 혈변 등이 있을 수 있고 구토를 할 수 있다. 증상은 몇 주간 지속되면 체중감소가 나타난다. 만일 면역력이 약한 개체일 경우 위험할 수 있다. 무증상의 보균 동물이 병을 감염시킬 수 있다.

4) 진단검사

대변검사가 실시되며 지알디아 특정항원에 대한 키트 검사를 실시한다.

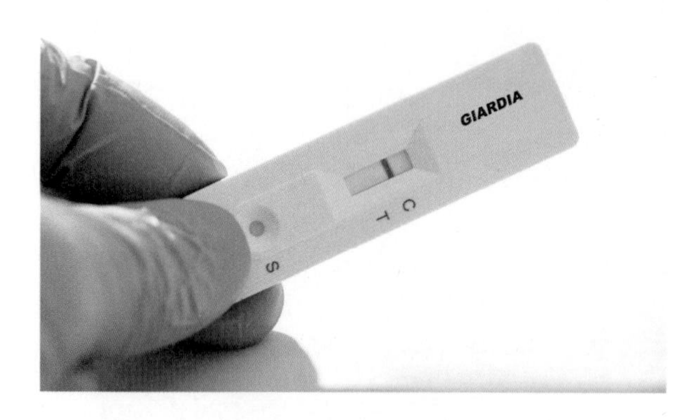

그림 13 지알디아 키트

5) 치료 및 간호 관리

일반적으로 사용되는 약물은 펜덴다졸, 메트로니다졸 등이다. 일반적으로 3일에서 10일 동안 투여한다. 난치성 설사(주로 고양이)일 경우 병용요법도 실시하며 치료 완료 후 2~4주 후 재검사를 실시해서 확실히 감염증이 없어졌는지를 확인해야 한다. 대부분 예후가 좋으나 기존 다른 질병이 있거나 노령동물, 면역력이 약한 동물일 경우 위험하다. 특히 지알디아는 인수공통전염병

(A형은 사람, 개, 고양이에게 감염, B형은 사람, 개에게 감염)이므로 지알디아 증으로 진단 시 사람에게 전염되는 것을 막기 위해 환경소독, 개인 위생을 철저히 해야 한다. 특히 면역이 결핍된 사람의 경우 동물의 배설물 처리 시나 약물 투여 시 주의를 해야 한다.

6) 예방

지알디아 낭포는 건조한 환경에서는 사멸되므로 가능한 환경을 건조하게 유지해야 한다. 특히 감염된 강아지와 고양이의 출입 구역을 제한하고 철저히 청소하며 치료가 끝난 후 동물이 있었던 곳은 완벽히 건조시킨 후에 이용한다.

(3) 트리코모나증(trichomoniasis)

1) 원인

편모충류의 Pentatrichomonas hominis가 원인체로서 영양형 원충의 크기는 8~20×3~14um 정도이다.

2) 발병기전

개, 고양이, 사람 등에 감염되고 보통 영양형의 경구감염에 의해서 감염된다. 원충은 소화관벽에 흡착하지는 않고 소장후부, 맹장, 결장 안에 유리한다.

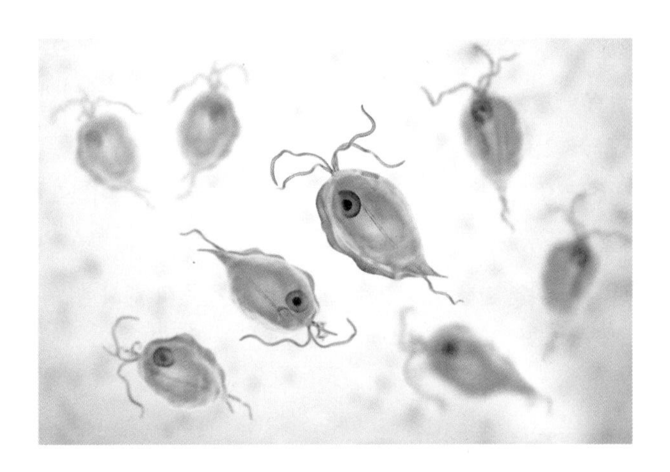

그림 14 일반적인 Pentatrichomonas hominis(Trichomonas hominis라고도 불림)의 형태

3) 임상증상

보통 감염되어도 무증상이나 어린 강아지, 어린 고양이에서 설사를 일으키는 경우가 많다. 증

상이 발현될 경우 지속적인 설사나 심하면 혈변을 하며 하고 점점 악화될 수 있다. 계속적인 설사로 인한 항문 쪽의 발적이나 부종, 통증을 동반하게 된다.

4) 진단검사

분변 검사를 통해 원충을 검출한다. 분변의 PCR 검사를 통해서 원충의 항원을 발견하여 확진할 수 있다.

5) 치료 및 간호 관리

일반적인 항원충제 치료를 하며 원충제의 부작용 우려가 있으므로 지속적인 모니터링이 필요하다. 설사로 인한 전해질 불균형과 탈수 교정을 위한 수액처치가 동반된다.

6) 예방

감염성 질병이므로 동물이 완치될 때까지 다른 동물과의 접촉을 피하고 감염동물의 자리는 청결을 유지해야 한다. 정기적인 구충제 복용으로 미리 예방하는 것이 좋다.

(4) 콕시듐증(Coccidiosis)

1) 원인

포자충류(Apicomplexa. sporozoa)에 속하는 아이소스포라(Isospora) 속, 아이메리아(Eimeria) 속 등에 속하는 원충(protozoa)은 좁은 의미로서 콕시듐(coccidium)이라 불린다. 콕시듐증은 콕시디아(Coccidia) 원충이 장(腸)에 기생하여 특징적으로 설사를 일으키는 장관전염병증을 의미한다. 콕시듐 원충의 종류는 동물마다 다를 수 있다. 개와 고양이에서 주로 문제 시 되는 병원체는 Cystoisospora 속에 의한 것이다. 고양이는 Isospora felis, I. rivolta가 관여하고 개에서는 I. canis, I. ohioensis, I. neorivolta, I. burrowsi 등이 관여한다.

집단 사육장이나 비위생적인 환경에 노출된 동물이 주로 걸린다. 주로 어린 동물에게 발병된다.

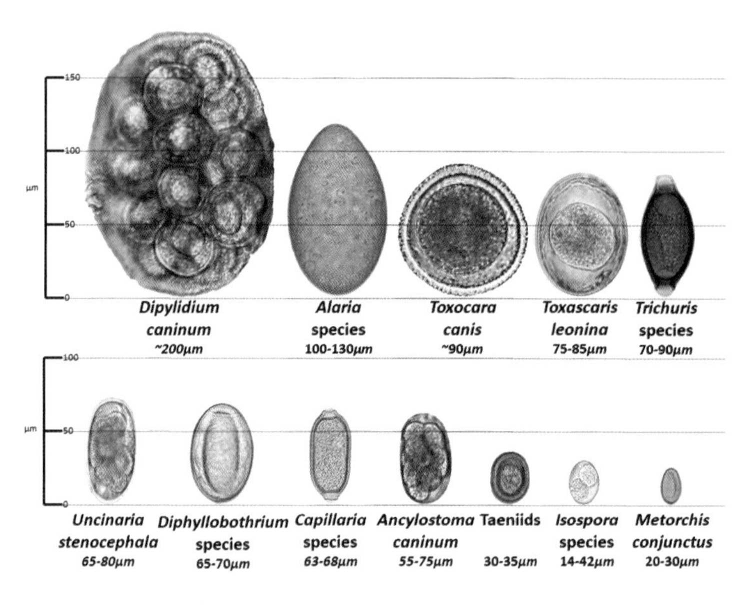

그림 15 각 충란 크기 비교 그림

(https://images.app.goo.gl/82Y5inGfd4enrk8W8)

2) 발병기전

콕시듐증은 감염된 동물의 분변에 배출된 낭포체(oocyst, 충란)나 포자소체를 섭취함으로써 감염된다. 콕시듐 원충은 숙주 체내에서 기생하며 무성생식을 일정 기간 되풀이한 후 수생식모세포와 암생식모세포의 생식세포를 만들고, 상호 결합하여 수정 후에 만들어진 접합체(zygote)는 포자소체(sporozoite)를 형성하고, 이는 다시 수천 개의 낭포체를 생산하고 분변에 배출되어 감염력을 가지게 된다. 고양이에서는 I. felis와 I. rivolta 둘 다 충란의 크기와 모양으로 쉽게 식별할 수 있다. 개에서는 I. burrowsi, I. canis, I. neorivolta 및 I. ohioensis가 발견되며 개에서는 충란의 구조로 I. canis만 식별할 수 있으며 다른 세 가지 Isospora 종은 크기가 겹치며 내생적 발달 특성에 의해서만 구별할 수 있다.

콕시듐증이 임상적으로 발병한 경우 병발성 감염, 면역억제 또는 스트레스와 관련이 있다. 개와 고양이의 대변에 있는 충란을 섭취하는 것과 관련된다. 포자형성은 따뜻하고 습하며 산소가 풍부한 조건에서 6시간 내에 발생할 수 있으나 일반적으로 7~10일이 걸린다. 콕시듐 원충의 병원성 여부에 대해서는 논란성이 있으며 만일 장 손상까지 이어질 경우 영양분 흡수 감소, 체액 및 전해질 손실, 일부에서는 혈변 증상까지 나타낼 수 있다. 새끼 고양이의 경우 배설물에서의 난포낭 수와 임상증상의 정도가 연관이 된다. 사후에는 콕시듐 원충은 장관 융모의 상피세포에 침입하고 파괴하므로 장관상피세포의 괴사, 탈락, 출혈이 보인다. 감염이 국소적일 수도 있기에 부검 시 여러 위치에서의 장샘플을 채취해야 한다.

3) 임상증상

대부분 무증상이며 발병되어도 일반적으로 증상은 경미하다. 급성발병 시 진흙형태나 다량의 물 같은 설사(점액성 또는 물성)를 유발한다. 때로는 새끼 고양이에서 피가 섞인 설사가 나타나며, 식욕부진, 탈수, 복부 불편, 체중감소가 나타날 수도 있다. 드물게 빈혈, 호흡기 및 신경 징후가 하며 다량의 출혈로 인해 수혈이 필요할 수도 있다. 난모낭 수가 많은 심각한 경우의 강아지에서는 관련 징후가 나타날 수 있다. I. canis Iohioensis 모두 혈성 설사와 성장 부진을 유발할 수 있다. I. isospora burrowsi는 임상적 질병을 일으키지 않을 수 있다. Isospora neorivolta는 때때로 설사를 유발한다. 증상이 발현된 경우 감염 6~10일 째 진흙형태나 물 같은 설사를 일으키며 중증에서는 혈변을 보이면 폐사할 수도 있다. 어린 동물에서 특히 발병한다. 발증은 단기간 대량의 난포낭, 포자소체 등 섭취를 한 경우 보인다. 난포낭의 섭취가 많지 않으면 무증상으로 끝나는 경우가 많다.

4) 진단검사

주로 분변부유법을 통해 낭포체를 발견함으로써 진단한다. 반복적인 검사가 필요할 수 있으며 소수의 낭포체가 발견되었다고 감염이 경미하다고 단정 지을 수 없다. 포자소체를 검출하는 것이 가장 간단하고 확실하다.

5) 치료 및 간호 관리

설파메톡신이나 트리메토프림 같은 항균제를 투여한다. 설파제는 콕시듐 원충을 완전히 죽이지는 못하나 점막 내 원충의 발육을 저지함으로써 신체의 방어기전이 회복될 수 있도록 한다. 임상증상에 대한 대증요법(지사제 투여, 수액, 영양보급, 전해질 교정, 체온유지 등)을 정확히 실시하는 것이 중요하다.

6) 예방

확실한 예방이나 치료법은 없으며 오염원이 되는 분변의 적절한 처리, 소독 및 생육을 급여하지 않는 것이 중요하다.

(5) 크립토스포리디아증(cryptosporidia)

1) 원인

Cryptosporidium 속의 원생동물 감염에 의해 발생한다.

2) 발병기전

낭포체를 포함한 분변, 오염된 사료, 식수의 경구섭취에 의해서 감염된다. 낭포체가 섭취된 후 장관 내에서 포자소체가 유리하여 무성생식을 통해 분열소체(merozoite)를 형성하고 이는 무성생식의 반복과 동시에 유성생식을 하여 생식접합체(zygote)를 형성한다. 접합체는 낭포체가 되어 체내에서 포자소체(sporozite)를 방출하여 재감염이 되거나 두꺼운 벽의 낭포체가 되어 외부로 배출되는 것으로 나누어진다.

3) 임상증상

일반적으로 무증상이며 다른 병원체와 혼합감염에 의해 설사 정도가 심해질 수 있다. 특히 다른 질환에 의해(고양이 백혈병 바이러스 감염증, 고양이 면역부전 바이러스 감염증, 개 디스템퍼, 개 파보바이러스 감염증 등) 면역부전상태에서 설사를 유발할 수 있으며 어린 동물에서는 위험하다. 만성화 시 식욕부진, 체중감소, 지속성 설사, 혈변을 나타낸다.

4) 진단검사

분변부유법에서의 낭포체 검출, ELISA, PCR 등을 통한 항원 진단이 필요하다. 개와 고양이에서는 cryptosporidium Parvum이 많이 발견되며 특히 인수공통전염병이므로 검사할 때 주의해야 한다.

5) 치료 및 간호 관리

니타족사나이드와 파로모마이신, 아지스로마이신 같은 항균제를 이용할 수 있다. 어린 개에서 크립토스포리디아증으로 인한 설사증일 경우 죽을 수 있다. 고양이는 무증상이 많다. 생석회 소독이 효과적이며 가정에서의 치료는 매우 어려우며 이차 감염의 우려가 있으므로 반드시 수의사의 처방을 받는 것이 중요하다.

6) 예방

백신은 없으며 사육환경의 개선, 오염원이 되는 분변의 적절한 처리와 소독이 중요하다. 감염동물이 병원에 내원할 경우 특히 이차 감염이 있지 않도록 유의한다.

(6) 톡소플라즈마증(톡소포자층)

1) 원인

Toxoplasma gondii가 원인체이며 고양이과 동물에 감염 시 전신감염되며 소장점막에서 유성

생식을 한다. 숙주는 모든 온혈동물로 개, 쥐, 새, 소 말 등이 중간숙주이고 고양이가 종숙주이므로 낭포체를 분변으로 배설한다. 따라서 분변 감염은 오직 고양이만을 통해서 감염될 수 있다. 낭포체의 크기는 10x12um이다.

2) 발병기전

톡소플라즈마에 감염된 고양이의 분변에서 배출된 낭포체는 적당한 산소, 온도, 습도가 존재하는 실온에서 1~5일 후 포자소체(sporozoite)를 형성하여 감염성을 가지게 된다. 톡소플라즈마에 감염된 고양이는 3~21일 동안 낭포체를 대변에 배출하는데 이때 낭포체는 수개월에서 수년 동안 생존할 수 있다. 낭포체의 전파는 임신 중(임신초기) 감염 시 태반에서 태아로 충체가 이행하는 경우, 낭포체가 있는 분변이나 오염물에 의한 경구감염, 감염장기(육회, 날고기 등)의 생식, 창상부에 의한 경피 감염 등이 있다. 대부분의 고양이는 분변 섭취보다는 육식 중 원충을 섭취함으로써 감염된다.

인수공통전염병이다. 인간에게 톡소플라즈마증에 노출되는 가장 일반적인 경로는 덜 익힌 고기 섭취나 야채에 묻은 낭포체의 경구섭취이다. 감염 고양이는 처음에 감염 시 일과성으로 낭포체를 수일에서 수 주 동안 배출한 후 그 이후에는 재감염 시에도 낭포체의 재배출이 거의 일어나지 않는다. 따라서 개인이 가정에서 키우는 고양이와의 일상적인 접촉에 의해 톡소플라즈마증에 감염되는 일은 흔하지 않다.

3) 임상증상

개에서 성견이 발증하는 경우는 매우 드물며 어린 개에서 다른 질환(예를 들어 canine distemper)과의 합병에 의해 발증할 수 있다. 발병 시 간, 폐, 중추신경계 등에 영향을 미치며 연관되는 장기에 따라 증상이 나타날 수 있다. 일반적으로 발열, 구토, 설사, 무기력, 식욕부진 등을 보이며 폐렴이 있을 경우 호흡곤란을 보인다. 고양이에서도 대부분 증상을 보이지 않으나 개와 마찬가지로 어린 고양이에서 다른 질환(예: 고양이 면역부전 바이러스 감염증 등)과 합병하여 발증하며 폐렴에 의한 호흡곤란, 설사, 안과증상(망맥락막염), 복수, 흉수 저류가 확인된다. 한 번이라도 톡소플라즈마에 감염 시 무증상이었어도 항체를 형성하게 된다. 사람에서는 면역이 결핍된 경우(면역 결핍증 환자, 노약자, 임산부, 태아 등) 임상증상을 나타낼 수 있으며 특히 태아에 감염 시 기형아 유발에서 사산까지 이어질 수 있다.

4) 진단검사

감염 고양이는 처음에 감염 시 일과성으로 낭포제를 배출한 후 재감염 시에는 낭포체의 재

배출이 거의 일어나지 않는다. 따라서 분변검사는 바람직하지 않다. 병소부의 충체를 검출하는 방법으로 장기 샘플의 형광항체법, PCR 법 등이 이용될 수 있다. 혈액학적 소견은 빈혈, 호중구 백혈구증, 림구증, 단세포증, 호산구증이다. 혈청학적으로 Sabin—feldman 색소시험, CF 반응, ELISA 등을 이용한다. 만일 임신 중인 사람의 항체검사에서 양성이 나올 경우 현재 감염이 진행 중인지의 여부를 정밀하게 확인할 필요가 있다. 임신 중에 감염이 된 경우 태아에게 영향을 미칠 수 있기 때문이다.

5) 치료 및 간호 관리

치료는 대증요법적 치료와 항균제 치료로 구성된다. 클린다마이신, 트리메토프림- 설포나마이드, 아지트로마이신 등이 있다. 폐렴이 있을 경우 2차적으로 녹내장이나 수정체가 탁해지는 것을 방지하기 위해 글루코코르티코이드를 통한 치료가 권장된다.

6) 예방

현재까지 유효 백신은 없다. 낭포체는 저온, 습한 상태에서는 수년간 생존할 수 있나 고온, 건조 상태에서는 비교적 약하며 일반적인 소독약에는 효과가 없다. 고양이의 분변으로 배출된 낭포체는 24시간이 지나야 감염력을 가지므로 고양이 화장실 청소는 매일 하며 장갑과 마스크를 착용하고 경구섭취를 예방하는 것이 좋다. 감염 고양이의 분변이 묻은 부위는 고온으로 처리 후 (60도 30분, 70도 3분) 씻어 충분히 건조하는 것이 좋다. 고양이는 가능한 실내에서 사육한다.

(7) 바베시아증

1) 원인

바베시아는 혈액에 기생하는 흔한 기생체로 개, 소양이, 소, 사람 등에 감염이 가능하다. 개의 경우 Babesis gibsonoi, B. canis 등이 주 병원체이다. 고양이의 경우 B. felis , B. cati가 발병원이며 개보다는 발생이 드물다.

2) 발병기전

주로 진드기 매개성이다. 국내에서는 작은소참진드기(Haemaphysalis longicornis)가 주로 감염시킨다. 태반이나 물린 상처에 의해서도 감염될 수 있다.

3) 임상증상

주로 무증상이며 증상 없이 시간이 경과한 후 만성 보균자가 될 수 있다. 증상이 발현되는 경우 심급성일 경우 식욕부진, 저체온, 쇼크 및 혼수를 일으키고 강아지나 노령견에서는 치사율이 높다. 급성일 경우 점차 빈혈이 시작되어 7~10일 경에는 발열과 빈혈로 점막이 창백해지고 호흡과 맥박이 빨라지고 발열, 용혈성 빈혈, 혈소판 감소증, 혈뇨, 전신 무기력, 식욕부진, 점상출혈, 구토 등의 증상을 보이고 용혈에 의해 간손상이 올 수 있으며 이 경우는 황달 증상을 보인다.

4) 진단검사

CBC 결과 재생성빈혈, 혈소판 감소증이 확인되며 이차성 간손상이 있을 경우 혈액화학분석에서 빌리루빈 수치가 증가한다. 혈액도말에 의해 적혈구 내 바베시아 기생체를 확인할 수 있다. B. canins에 비해 B. gibsoni는 크기가 작아서 확인이 어려울 수 있다. 혈액 PCR 검사를 통해 바베시아 균을 확인할수 있다.

5) 치료 및 간호 관리

주로 항원충제, 항균제 처치와 발현 증상에 따른 대증요법(빈혈, 간부전, 신부전, 혈뇨 치료)으로 구성된다. 바베시아의 종류에 따라 치료제와 예후가 달라지나 일반적으로 합병증이 없고 경증일 경우 위의 치료법에 의해 개선된다. 치료 개시 1~2달 후에 PCR 검사를 통해 혈액 내 바베시아가 없는 것을 확인하여 완치여부를 결정하게 된다. 그러나 합병증이 심하고 면역이 결핍된 경우 치료가 힘들고 예후가 안 좋다. 특히 빈혈이 심각할 경우 반복적인 수혈이 필요하다. 외부기생충 제제는 직접적인 감염 방지는 어려우나 진드기가 몸에 붙어 흡혈을 시작한 후 바베시아 감염을 시키기 위해서는 2~3일의 시간이 소요되는 반면 외부기생충 제제는 진드기를 1~2일 후에 사멸시키는 효과가 있으므로 일부 효과가 있다.

6) 예방

현재까지 완벽한 백신은 없으며 최대한 진드기 노출을 피하고 외부 기생충 구제를 하는 것이 중요하다. 진드기 예방을 위해 개를 산책 시에는 너무 깊은 수풀은 피하고, 장시간 휴식을 취할 경우 풀이 많은 곳을 피하거나 자리를 깔고 그 위에 눕게 하는 것이 좋다. 또한 산책 후에는 진드기가 몸에 붙어있는지 확인하고 바로 제거하는 것이 좋다.

(1) 개회충(toxocara canis)

1) 원인

내부기생충인 개회충 toxocara canis 선충류이다. 개가 종숙주이며 다 자랄 경우 수컷은 최대 10cm, 암컷은 20cm 정도까지도 자랄 수 있다.

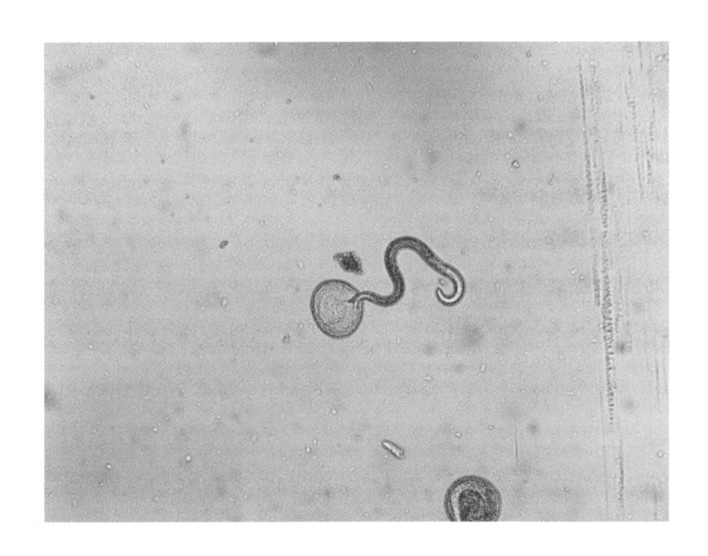

그림 16 현미경으로 관찰되는 개회충이 부화하고 있는 모습

2) 발병기전

개회충알이 포함된 분변이나 오염된 음식, 물 등에 감염된다. 또한 육회나 소의 생간을 먹고 감염되는 경우도 있다. 유병률은 강아지와 새끼 고양이에서 가장 높다. 사람도 감염된다. 분변으로 배출된 개회충의 알(egg)은 전염성이 없으나 토양에서 자란 후 약 3주 후부터는 전염성을 가지는 유충(larva)으로 성장하여 전염이 된 후 주로 장 내에서 기생하게 되나 면역력이 떨어졌을 경우 소장벽을 뚫고 체내 조직으로 침투하여 혈관을 통해 간, 심장, 근육, 안구, 신경계, 폐 등의 주요 장기를 침범한다. 어미가 감염된 경우 태반을 통해 새끼에게 감염되어 새끼의 장에서 자라게 된다. 모유수유를 통해서도 침입될 수 있다. 사람에게도 감염되나 경미하거나 무증상이다. 그러나 어린아이의 경우 개회충의 감염에 취약하다.

3) 임상증상

식욕부진, 구토, 복부팽만, 설사, 기침 등의 증상이 나타날 수 있다. 기생충 감염이 심한 경우 변에서 회충이 보일 수도 있고 장이 막히는 장폐색이 될 수도 있다.

4) 진단검사

심할 경우 초음파 검사에서 위나 소장 내에서 기생충이 확인된다. 개회충이 침범한 병변이나 혈액검사(ELISA)로 진단한다.

5) 치료 및 간호 관리

구충제 처방으로 치료한다.

6) 예방

정기적 구충제 투약(생후 1개월부터 2주 간격 3~4회, 성견 6개월마다)이 가장 중요하며 위생적인 환경을 유지해야 한다. 여러 마리가 함께 지내는 반려동물의 경우 특히 더욱 신경을 써야 한다.

(2) 개구충(Ancylostoma caninum)

1) 원인

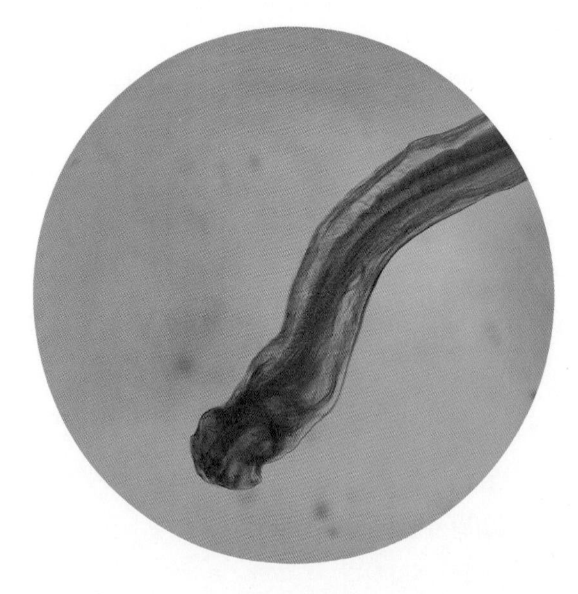

그림 17 현미경으로 관찰되는 개구충 모습

원인체는 개구충(Ancylostoma caninum)이며 소장에 기생하는 흡혈성 선충류이다. 성충의 수컷은 1.2cm, 암컷은 1.6cm 정도 크기를 가지고 있다. 머리 쪽에는 큰 구강이 있으며 구강에는 3쌍으로 된 6개의 날카로운 엄니가 있어서 소장벽을 물어 상처를 내고 상처에서 나오는 피를 먹으며 기생한다.

2) 발병기전

분변의 유충에 의해 감염된다. 유충이 직접 피부를 뚫고 감염될 수도 있다. 또한 태반감염이나 유즙감염도 가능하다.

3) 진단검사

분변검사를 통해 충란을 진단한다. 충란이 실온에서 급속히 유충으로 발육하기에 분변 채취 후 신속히 검사하는 것이 좋다.

4) 임상증상

장벽의 출혈에 의한 흑색변을 보이고 빈혈, 피부소양증, 무기력증, 식욕부진을 보일 수 있다. 설사는 드물다.

5) 치료 및 간호 관리

구충제로 치료한다.

6) 예방

위생적인 환경을 유지하고 정기적인 구충제 복용이 중요하다.

(3) 개편충(Trichuris vulpis)

1) 원인

원인은 개편충(Trichuris vulpis)으로, 성충단계에서 대장에 사는 편충(whipworm)으로 길이가 약 3~5cm 정도이다.

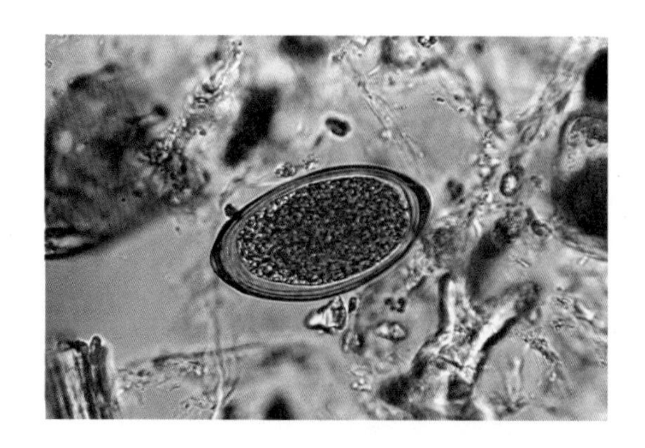

그림 18 현미경으로 관찰하는 개편충 충란

2) 발병기전

분변 섭취에 의한 경구 섭취로 대장점막에 단단히 붙어 기생한다.

3) 임상증상

장점막 비후와 출혈, 점액 혈변, 설사, 소화불량, 빈혈, 윤기가 없는 털, 식욕부진, 무기력증 등이 있다.

4) 진단검사

분변검사를 통한 충란을 확인할 수 있으며 유전자 검사도 가능하다.

5) 치료 및 간호 관리

일반적인 구충제로 치료한다.

6) 예방

위생적인 환경과 정기적 구충제 투약이 중요하다.

(4) 개조충(Dipylidium caninum)

1) 원인

개조충(Dipylidium caninum)으로 개의 소장에 기생한다. 편절로 구성되어 있으며 성충 길이가 15~50cm, 폭은 1.5mm 정도이며 두부는 가늘고 꼬리쪽으로 갈수록 커져서 후부편절은 2~3mm가 되기도 한다.

2) 발병기전

벼룩이 매개체이며 기생충의 편절 조각이(약 1cm) 항문으로 배출되는데 이때 편절들이 항문 주변에 붙은 채 항문을 자극해 동물은 엉덩이를 땅에 문지르는 행동을 하게 된다. 항문 주변에 달라붙은 편절이 말라서 부서지면 안쪽의 알들이 흩어지며 배출되며, 벼룩이 이 알을 먹으면 벼룩의 몸속에 기생충이 발육하게 된다.

3) 임상증상

보통 증상은 무증상이나 다수의 기생충에 감염될 경우 기생충이 소장의 점막조직을 파괴하기 때문에 출혈 등의 임상증상을 보이고 무기력증, 식욕부진, 영양불량 등도 보인다. 항문을 가려워하고 엉덩이를 땅에 끄는 행동을 보인다.

4) 치료 및 간호 관리

구충제를 투여하고 영양결핍의 경우 영양제 등을 투여하는 대증요법을 실시한다.

5) 예방

벼룩 구제 및 정기적 구충제 투약(생후 1개월부터 2주 간격 3~4회, 성견 6개월마다)이 중요하다.

(5) 개선충(옴, scabies)

1) 원인

개선충(scabies), 옴벌레라고도 불린다.

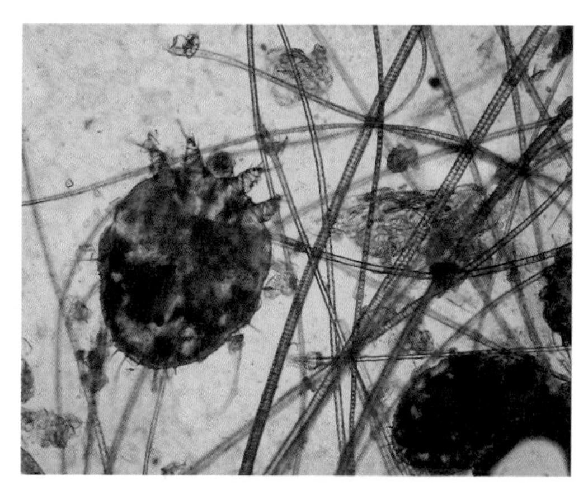

그림 19 개선충

2) 발병기전

직접적인 접촉으로 감염된다. 개선충이 피부 각질층에 굴을 파고 심한 가려움증을 유발한다. 사람에게도 감염된다.

3) 임상증상

심한 가려움증, 탈모, 발적, 가피 등의 증상을 보인다. 귀 끝을 살짝만 건드려도 심하게 긁으려고 한다.

4) 진단검사

크기가 매우 작아 눈으로 식별하기 어렵다. 피부 스크래핑(보통 피가 날 때까지 긁어서 얻은 검체로 확인)을 한다.

5) 치료 및 간호 관리

외부구충제와 약욕을 이용한다. 사람에게 옮기므로 조심해야 한다.

CHAPTER 12

종양

학습목표

종양이란 무엇이고 어떻게 발생하는지를 이해한다.

양성종양과 악성종양을 구분하고, 종양의 발달단계별 특징을 이해한다.

주요 기관에서 발생하는 종양의 원인, 증상, 진단, 치료, 간호에 대하여 이해한다.

제1장

종양이란?

1. 종양의 정의(Definition of tumor)

정상적인 세포는 분열과 성장 및 사멸을 반복하며 새것으로 교체되나, 유전적인 이유 등으로 세포분열의 억제기작이 불충분하거나 기능하지 않게 되면 끝없는 분열과 생장을 반복하여 과다하게 증식된 세포 덩어리(비정상적인 체내 덩어리), 즉 종기(funnicle)를 형성하게 되며 의학적으로 '종양성 병변'으로서 종양이라고 하며, 다른 말로 신생물(neoplasia)이라고 한다.

신생물 중에서 암(癌 cancer), 악성 신생물(惡性新生物; malignant neoplasm) 또는 악성종양(惡性腫瘍; malignant tumor)은 돌연변이 세포가 세포사멸 주기를 따르지 않고(휴지기 없음), 비정상적으로 증식하여 몸의 기능을 저하시키거나 불능으로 만드는 병을 말한다. 비정상 세포(암세포)의 제어되지 않은 성장과 분열이 원인으로 생체 모든 조직에서든 발병할 수 있으며, 발암물질과 바이러스, 유전 등 수많은 원인으로 아직까지 그 발병 기전이 다 밝혀지지는 않았다. 암세포는 혈액이나 림프액을 통해 신체의 다른 기관으로 이동이 가능하며, 이를 전이(轉移, metastasis)라고 한다. 병리학적으로는 암은 상피세포 기원의 암종(carcinoma)과 결합 조직 기원의 육종(sarcoma) 및 혈액암 등이 있다.

II. 종양의 어원과 용어(Etymology and terms of tumor)

암은 인류의 기원과 같이 할 정도로 오래된 질병으로, 히포크라테스는 그리스어로 '게'라는 뜻인 'karkinos'라고 이 질병을 BC 400년경 명명하였으며, AD 47년경 그리스-로마 철학자 셀수스(Aulus Cornelius Celsus)가 백과사전을 쓸 때 히포크라테스의 'karkinos'를 인용해서 라틴어로 게인 'cancer'를 쓰면서 보편화되었다. 'cancer'라는 단어 자체는 원래 게, 혹은 황도 12궁의 게자리라를 의미하며, 혈관이 발달된 종양의 모습이 '마치 게 등딱지 같다'고 생각하여 붙인 이름이다. 한자인 癌(암)은 '疒+嵒'의 형태로 이루어져 있는데, 嵒은 巖(바위 암)의 이체자다. 내 몸에 바윗돌 같은 것이 갑자기 생겨 앓는다는 의미이다.

다음은 종양과 관련된 용어이다.

① **신생물**(neoplasm): 체내에서 세포의 비정상적인 증식은 모두 신생물이라고 한다. 신생물은 양성 신생물(benign neoplasm), 악성 신생물(malignant neoplasm)로 나뉘고, 악성 신생물을 암(cancer)이라고도 한다.

② **종양**(tumor/tumour, 대부분 -oma가 어미로 붙음): 어떤 조직으로 이루어진 덩어리를 형성하면 종양이라고 한다. 예로 양성종양에 해당하는 점(모반, nevus), 평활근종(leiomyoma)도 종양이며, 위암, 간암, 대장암 등의 악성종양도 다 종양이다. 백혈병은 암이지만 덩어리를 형성하지 않기에 종양이라고 하지 않는다. 신생물이 아니지만 종양 같은 이름을 가지는 혈종(hematoma), 장액종(seroma) 등은 특정 세포가 증식한 게 아니라 그냥 피나 장액 등이 새어 나가서 고인 것이다. 양성 혹은 악성종양의 점막 표면이 위(stomach)나 대장(colon)의 내강 속으로 돌출된 돌기는 polyp(용종)이라 부른다. (예외로 mesothelioma(중피종), teratoma(기형종), leukemia(백혈병), lymphoma(림프종)은 악성이다.)

③ **중복종양**(hypertumor): 종양에 또 종양이 생기는 것.

④ **결절**(nodule): 종양 같아 보이는 병변으로 비교적 경계가 둥글둥글하게 되어 있는 경우를 말한다. 양성이나 악성의 의미를 담고 있지 않다. 종양일 수도 있지만, 영상의학적으로만 기술될 경우에는 비종양성 병변이 둥글게 보이는 것일 수도 있다(예를 들어 농양 등).

⑤ **상피암종**(carcinoma): 상피세포(epithelium cell – 피부, 점막, 샘조직)에서 발생한 암을 말한다. 상피는 분열을 많이 하는 세포이기 때문에 암이 가장 많이 발생한다. 전이는 임파선이나 혈관으로 된다. 다발 부위이기 때문에 암종으로 말하는 경우가 많고 암과 동의어로 표현하는 경우가 있다. 육종(sarcoma), 림프종(lymphoma), 흑색세포종(melanoma) 등은 암(cancer)이지만 암종(carcinoma)이 아니다.

⑥ **육종**(sarcoma): 중간엽(mesenchyme, 피부, 혈액, 뼈, 연골, 결합조직)에서 발생하는 암을 말한다. 전이는 혈관으로만 된다. 육종은 악성신생물이다.

⑦ **림프종**(lymphoma): 림프 세포에서 발생하는 암을 말한다. 악성(malignant)을 안 붙여도 림프종은 악성의 뜻이 내포되어 있다.

⑧ **백혈병**(leukemia): 골수 유래 세포(myeloid cell)에서 암이 생겨서 종양을 형성하지 않고 피를 따라 퍼져 있을 때 백혈병이라고 한다. 드물게 종양을 형성하는 경우는 골수성 육종(myeloid sarcoma)으로 용어가 바뀐다. 백혈병 단어 자체에 악성의 뜻이 내포되어 있다.

⑨ **흑색종**(melanoma): 색소를 생성하는 피부세포(멜라닌 세포)에서 시작되는 피부암은 암종으로 부르지 않고 흑색종이라고 부른다. 흑색종이라는 단어 자체에는 악성의 뜻이 내포되어 있다.

⑩ **병변/병터**(lesion): 종양인지 아닌지 애매한 단계로서 단순히 병이 포함되 위치를 나타내는 단어이다. 국소적으로 조직이 자라서 생긴 것 같으면 증식성 병변/병터(proliferative lesion)라는 용어를 쓴다. 재생 등의 이유로 정상 조직이 커질 수도 있어서 모든 증식성 병변/병터가 종양인 것은 아니다.

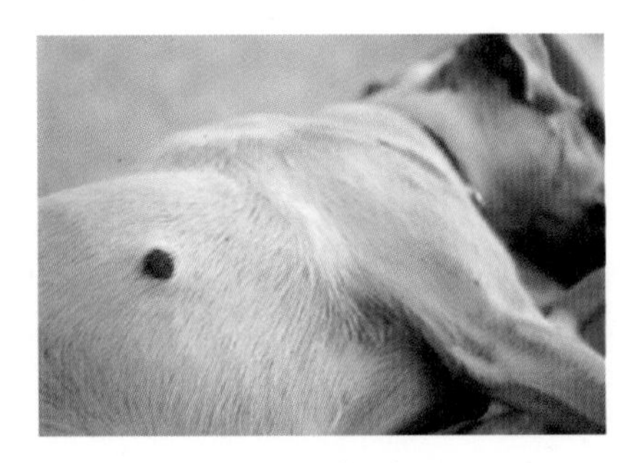

nodule(결절)

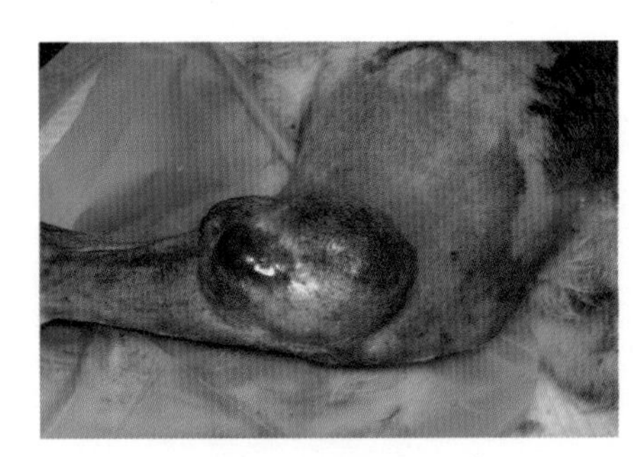

sarcoma(육종)

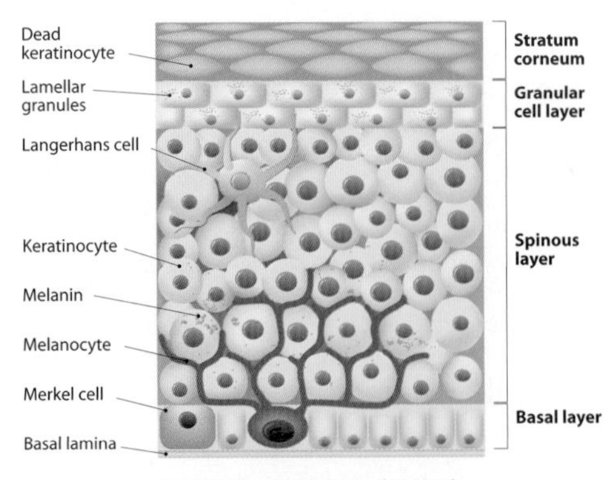

표피구조 - 멜라닌세포(기저층), 멜라닌세포의 가지돌기(가시층)

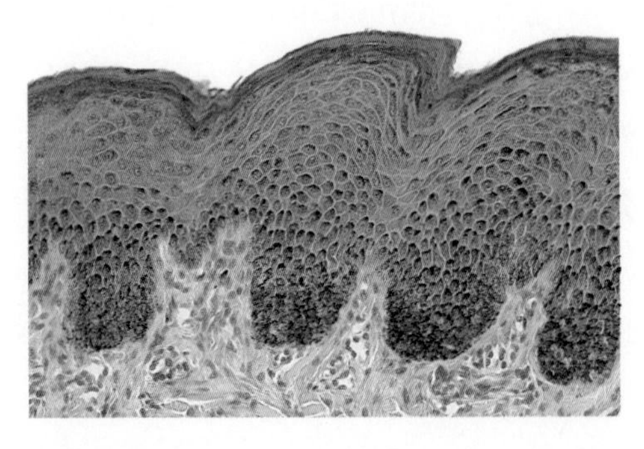

흑색종의 조직현미경적 사진 - 표피층의 검은점(멜라닌세포)

제2장

종양의 발생과 분류

Ⅰ. 종양의 발생 원인(Causes of oncogenesis)

종양은 세균, 바이러스, 방사선조사, 유전적인 요인 등 다양한 원인으로 세포에 돌연변이(종양유전자와 종양억제유전자의 돌연변이)로 발생할 수 있다. 세포가 있는 곳이면 어디든 생길 수 있으며, 신체에서 암이 발생하지 않는 곳은 거의 없다(털, 손발톱 제외). 또한, 세포가 손상되는 것도 암 발병의 원인이 될 수 있으며, 물리적 손상으로 발생된 상처와 혈액 속에 활성산소 등으로부터의 산화적 스트레스 등도 원인이 된다. 피부에서 발생한 상처는 적절한 방어가 되지만 막이 얇은 위장 점막, 구강 점막, 항문과 같은 연조직은 상처가 잦기 때문에 암이 쉽게 발생 가능하다.

암을 일으키는 제일 직접적인 원인은 DNA 종양 유전자(oncogene)와 종양 억제 유전자(tumor suppressor gene) 손상으로 인한 돌연변이로, 돌연변이를 막거나 복구하는 유전자의 발현을 돕는 효소가 부족한 경우 빈발한다(심장, 중추신경계는 분열이 멈춘 세포이기에 원발성으로 발생하는 경우는 드물다. 소아에서는 뇌가 빠르게 성장하기에 뇌종양은 소아에게 주로 발생한다). 대표적인 예가 노화이며, 이 외에 영양 결핍, 수면 결핍, 외부 항원(폐, 위, 장, 피부(특히 점막)와 같이 외부와 접촉이 잦거나 간과 같이 온몸의 화학물질 관련 대사에 관여하는 장기의 세포) 등으로 인한 염증과 기능 저하 등이 있다. 이외에 암세포가 혈류로 떨어져 나간 뒤에도 증식하게 해주는 부착 의존성 억제, 다른 세포와 맞닿은 상태에서도 분열하게 해주는 밀도 의존성 억제도 제거되고 만다. 다양한 과정을 거쳐 대부분 면역 세포에 의해 암세포가 제거되지만 나이가 들면서 여러 돌연변이들이 축적되고 면역 세포들의 활성도가 떨어지면서 암세포가 생성될 가능성이 높아진다.

일반적인 세포분열에서도 돌연변이가 발생하며, 그로 인해 세포분열이 통제가 안 되는 세포가 생기기도 한다. 그 확률은 몇십억 분의 일로 매우 낮지만 인체에는 세포가 몇십조 개가 있기 때문에 하루에도 몇천 개씩 종양세포가 자라난다. 예를 들어 DNA 중합 효소도 중간중간에 잘못된 염기를 끼워 넣는다든지 등의 문제를 일으킨다. 특히, 줄기세포(조혈모세포, 피부세포 등)의 많은 증식과 분열로 인하여 변이 가능성이 높아지면서 암이 발생할 확률이 높아지는데, 줄기세포 분열 횟수와 암 발생 위험 간 상관계수는 0.804*에 달한다.

따라서 체내에서는 하루에 무수히 많은 수의 암세포가 발생하지만, 체내의 항상성과 면역계가 비정상적인 세포를 빠르게 감지해 수리(DNA 수리)하거나 제거(apoptosis 유도 또는 killer T cell의 면역반응)하기 때문에 건강을 유지할 수 있다.

그러나 비정상 세포가 미연에 제거되지 않고 생존, 증식하여 면역계가 자체적으로 제어할 수 있는 범위를 벗어날 때부터 시작된다. 암세포에서는 세포주기를 조절하는 p53 pathway가 망가지거나, 무한히 분열하도록 텔로머레이스(telomerase)가 합성되는 등의 문제가 생긴다. 면역계로부터 처리되지 않고 살아남은 암세포는 세포 조직인 악성종양을 형성하여 암으로 발전한다. 종양이 더 성장하기 위하여 기존의 혈관공급뿐만 아니라 종양 주위로 모세혈관을 만들어 혈액을 더 공급받으려고 한다. 이 과정을 혈관 신생(angiogenesis)이라고 한다.

Box 1 암의 발생 확률

사람의 몸에는 70조~100조 개의 세포가 있는 것으로 추정되며(이스라엘 와이즈만 연구진은 하루 평균 3,300억 개 세포를 교체하며, 1초당 약 380만 개의 세포가 교체(하루 약 80g이 된다고 발표함), 그중 5,000개 정도는 매일 돌연변이 현상(암세포 발생)을 나타낸다고 한다. 인체세포 100조 개로 가정 시 돌연변이세포 5,000개는 0.000000005%로 아주 미미하고 대부분 자가면역 시스템에 의해 사멸하나, 사멸시키지 못하면 빠른 속도로 성장하여, 암으로 발전하여 죽음에 이르게도 한다.

동물에서는 다발하는 암의 종류로는 유선암(mammary carcinoma), 림프종(lymphoma), 비만세포종(mast cell tumor), 연조직육종(soft tissue sarcoma), 골육종(osteosarcoma), 혈관육종(hemangiosarcoma), 흑색종(melanoma), 편평상피암종(squamous cell carcinoma)이 있다.

* 상관관계: 두 요인 간의 관계에 대한 것으로 -1~1 사이로 표현하며 -(minus는 역의 관계)이다. 0: 관계없음, 0.01~(-)0.2: 매우 약한관계, (-)0.2~(-)0.4: 약한관계, (-)0.4~(-)0.66: 보통의 관계, (-)0.66~(-)0.86 : 강한관계, (-)0.86~0.99: 매우강한 관계, (-)1: 일치

II. 세포주기에서의 암발생 기전(Mechanism of oncogenesis in cell cycle)

일반적으로 다세포 생물의 세포는 일정한 주기에 따라 행동하며, 세포주기는 크게 DNA 합성 전기(G1 Phase), DNA 합성기(S Phase), DNA 합성 후기(G2 Phase), 핵 분열기(M Phase, mitosis)로 나뉜다. 세포는 다음 단계로 넘어갈 때 준비가 되었는지를 확인하고, 준비가 될 때까지 세포분열을 멈춘다(G0기).

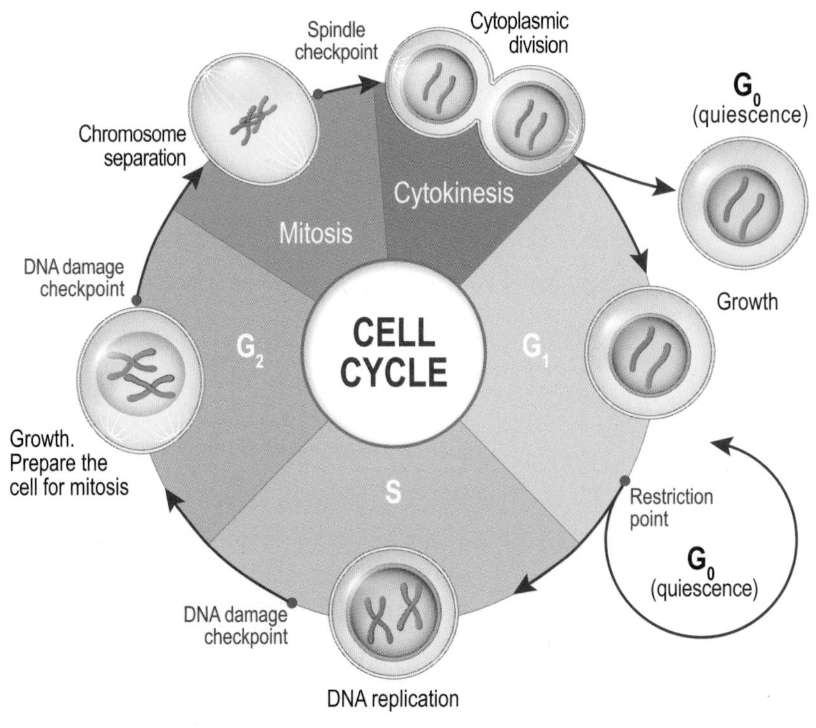

그림 1 세포주기(cell cycle)

① G1기: DNA 합성이 일어나기 전의 기간으로 증식 또는 휴식(G0) 결정기. 증식 결정 시 세포의 성장에 필요한 효소와 세포 소기관의 수를 늘리며 세포의 크기가 커진다. G0결정은 세포분열 촉진물질이나 영양이 부족할 경우에 발생하며, G0기가 오래되면 세포사멸이 일어난다.

② S기: DNA 합성을 진행하여 핵 속의 모든 DNA가 2배로 복제된다.

③ G2기: DNA 합성이 종료되고 난 이후 분열을 준비하는 마지막 단계로서 분열과제에 필요한 미세소관, RNA, 기타 단백질을 합성하는 시기

④ M기: G2기에서 복제된 DNA를 분리하는 과정으로 핵이 분리되는 시기

⑤ cytokinesis: 세포질이 분리되는 시기

⑥ G0기: 휴지기

1) 종양의 발생

유전적 변이나 에러 등 여러 요인으로 세포주기에 이상이 발생하여 무한 증식세포가 되는 세포를 종양(암)세포라 한다. 암세포는 성장이 빨라 정상세포를 잠식하며 혈관, 림프 등 순환계를 통하여 온몸으로 퍼져 나간다. 이렇게 다른 기관/조직으로 종양(암)이 이동하는 것을 전이(metastasis)라고 한다.

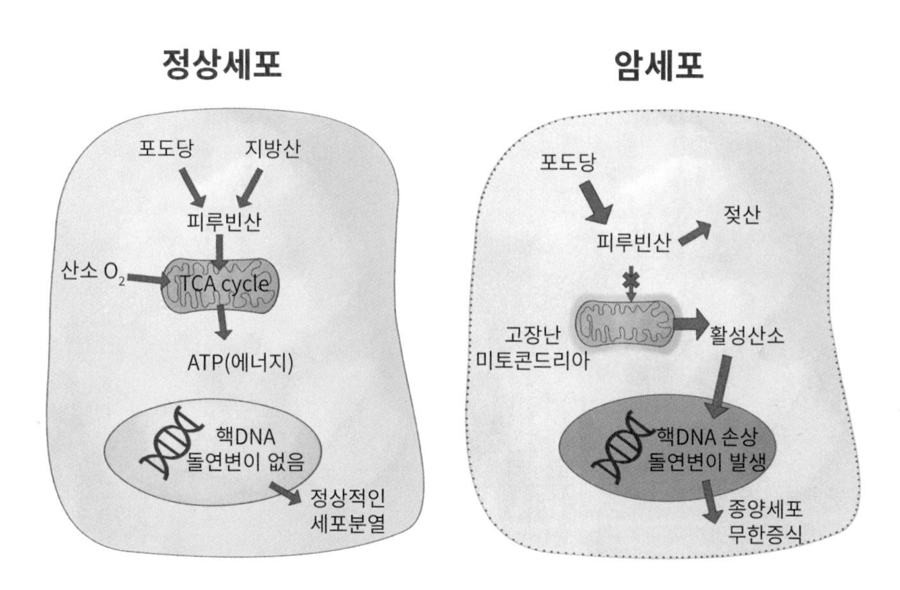

그림 2 정상세포와 암세포의 에너지 대사 방법

2) 종양(암)의 에너지원

종양은 단당류를 선호하며 주로 혐기성 해당작용(anaerobic glycolysis)을 통해 빠른 속도로 포도당을 분해하여 자가 증식하는 에너지원으로 사용한다. 림프절로 전이 과정에서는 지방산을 주 에너지로 사용하기도 한다. 혐기성 해당작용은 에너지 활용효율이 떨어져 아주 많은 포도당을 소모한다. 암세포 주위에 혈관이 없을 경우, 혈관을 생성(Angiogensis(혈관신생); 악성종양의 특징)하여 영양분을 공급받는다. 이 혈관은 암세포의 전이 경로로도 활용되기 때문에 예후가 좋지 않다. 암세포의 증식이 활발하면 정상세포들이 공급받아야 할 영양분을 빼앗아 정상적인 기능에 이상이 생겨 다발성 장기 부전을 유발한다.

종양과 관련된 용어

- Mitotic index(MI): 종양에서 유사분열과정에서 세포의 비율
- Growth fraction(GF): 종양에서 증식하는 세포의 비율
- Double time(DT): 종양의 크기가 2배가 되는 시간

종양의 크기 공식 $V=\pi/6 \times (\text{mean diameter})^3$

III. 종양의 등급 및 분류(The grade and classification of tumor)

종양은 침습성, 전이성 등을 기반으로 진행단계를 분류하며 크게는 양성종양과 악성종양으로 구분하나 아래의 표는 종양의 진행단계를 세분화한 것을 보여준다.

표 1 종양의 단계구분

단계	내용
양성(Benign, /0)	주변 조직을 침습하거나 전이를 하지 않는 증식성 병변으로, 완전 제거 시 재발하지 않음
경계성(Borderline, /1)	침습과 전이가 관찰되지 않는 증식성 병변이나, 가능성이 낮기는 해도 제거하지 않으면 악성으로 진행할 수 있을 것으로 판단되는 종양
제자리암(In situ, /2)	명백히 악성이 될 만한 세포학적(유전학적) 특성을 가졌으나 아직 주변 조직을 침습하지 않은 경우
악성(Malignant, primary site, /3)	초기 발생한 부위의 암
악성(Malignant, metastatic site, /6)	전이로 인해 생성된 암
악성(Malignant, uncertain whether primary or metastatic site, /9)	초기인지 전이인지 불명확한 암

종양이 위 4가지 단계를 모두 밟는 것은 아니며, 종양에 따라서 양성(0)만 있기도 하고, 양성-제자리암-악성(0-2-3) 단계를 밟아서 암이 되기도 하고, 하위 단계 없이 바로 악성(3)으로 가기도 한다.

경계성(1)은 다소 미묘한 분류로 장기에 따라서는 불명확한 악성 가능성(uncertain malignant

potential), 낮은 악성 가능성(low malignant potential) 따위의 이름을 붙여 놓기도 한다. 확실히 양성, 악성 구분이 애매한 종양을 모아놓은 카테고리이다. 제자리암(in situ)은 침습만 안 했을 뿐 암이고, 시간이 지나면 침습성암으로 진행된다.

Box 2 종양 전이의 3가지 유형(3 types of metastasis)

1. 림프절 전이로 신체 각 장기마다 림프절이 있기 때문에 가장 흔한 전이 통로이다. 림프절에 얼마나 전이됐는지에 따라 병기와 수술 범위가 달라진다.
2. 혈행성 전이로 암이 혈관을 타고 다른 장기로 전이되는 것을 말한다. 주로 신장암이나 림프절이 없는 골육종에서 일어나는 유형이다.
3. 인접 장기로 침범으로 암이 원발 부위의 벽을 뚫고 다른 장기로 전이되는 것이다. 주로 소화기 계통에서 발생된 암에서 보인다.

앞서 종양을 침습성과 전이성을 바탕으로 양성종양과 악성종양으로 크게 구분하였으며, 구분되는 특징을 표로 나타내었다. 악성종양의 형태적 특성은 다음과 같다.

① **분화와 역형성**: 양성종양은 정상세포와 유사한 분화도를 보이지만 악성종양은 다형성, 비정상적인 핵, 비정상적인 유사분열, 극성소실, 역형성과 같은 다양한 분화를 나타낸다.

② **성장속도**: 종양은 자체의 특수한 성장률을 보이며 성장과 손실 사이의 항상성이 파괴되어 있다.

③ **암줄기세포**: 정상조직에서의 줄기세포의 특성과 마찬가지로 암세포도 수명이 길고 자기재생이 가능한 줄기세포의 특성을 가진다.

④ **국소침습**: 악성종양은 주위 정상조직을 파괴하며 침윤성장을 한다.

⑤ **전이**: 악성종양은 일차부위로 이동해서 증식할 수 있는 능력이 있으며, 파종전이, 림프전이, 혈액전이 기전이 있다.

암세포의 현미경적 특징은 다음과 같다.

① **다형성**(pleomorphism): 세포와 핵 모두 크기와 모양의 다양성을 보여, 한 세포 내에서도 일부 세포는 주위의 세포에 비하여 몇 배 크거나 작은 다양한 형태를 보인다.

② **핵의 이형성**(nuclear atypia): 핵이 커져서 핵/세포질비율(N/C ratio)이 증가한다. 핵의 염색질양이 증가하여 염색이 짙게 되는 과다염색질(hyperchromasia)을 보인다. 핵의 모양은 불규칙해지고, 염색질의 분포는 불균질하여 핵막을 따라 뭉쳐서 나타나거나 크고 뚜렷한 핵소체가 관찰되기도 한다.

③ **비정형 유사분열**(atypical mitosis): 정상세포에서는 나타나지 않는 3극, 4극 또는 다극 방추의 비정형 유사분열을 보인다.

④ **극성소실**(loss of polarity): 정상조직에서 관찰되는 세포들의 일정한 배열양상을 극성(polarity)이라고 한다. 악성종양에서는 질서정연한 배열 양상이 사라지고 종양세포들은 무질서한 판이나 덩어리로 관찰된다.

표 2 양성종양과 악성종양의 특성

특성	양성종양	악성종양
성장속도	느림 성장하다가 스스로 멈출 수도 있음	빠름 세포 하나라도 남으면 끝까지 자라고, 저절로 없어지는 경우는 매우 드묾
성장양식	한정된 범위 내에서 성장 주위 조직에 대한 침윤 없음	주위 조직을 침윤하며 성장
피막	피막이 존재하여 종양이 주위 조직으로 침윤하는 것을 막음 수술 절제가 쉬움	초기에는 피막이 있기도 하나 시간만 있으면 쉽게 뚫림 주위 조직으로 침윤이 잘 일어남
세포	잘 된 분화 없거나 적은 분열상 성숙한 세포	잘 안 된 분화 정상 또는 비정상의 분열상 미성숙한 세포
신체의 영향	자체적으로는 무해하나 물리적으로 제거 권장	항상 유해함
전이	거의 없음	흔함
재발	가능성 낮음	흔함
예후	좋음	종양의 크기, 림프절 침범 여부, 전이 유무에 따라 달라짐

암은 매우 다양한 종류가 있으며, ICD-O(International Classification of Diseases for Oncology)에서는 국제질병통계분류에 따라 암을 분류하여 코드화하였다. ICD-O 분류에 따르면 대개 종양은 코드를 하나씩 부여받는데, 전이를 제외하고 보면 크게 0, 1, 2, 3의 4개 카테고리로 나눌 수 있다. 아래의 숫자는 종양의 고유 번호를 앞에 쓰고, 뒤에 코드를 붙이는 식이다. (예를 들어, 8011/0 epithelioma, benign, 8011/3 epithelioma, malignant ; 8012/3 large cell carcinoma, NOS 8013/3 large cell neuroendocrine carcinoma; 8014/3 large cell carcinoma with rhabdoid phenotype) 이때 같은 종양이 진행되는 식인 경우는 종양 id는 동일하되 뒤쪽 코드만 바뀌기도 한다. (예: 8070/2 squamous cell carcinoma in situ, NOS; 8070/3 squamous cell carcinoma, NOS, 8070/6 squamous cell carcinoma, metastatic, NOS)

표 3 ICD-O 분류에 따른 종양 코드

Morphology codes(ICD-O-3)	Morphology codes(ICD-O-3)
800 Neoplasms, NOS	917 Lymphatic vessel tumors
801-804 Epithelial Neoplasms, NOS	918-924 Osseous And Chondromatous neoplasms
805-808 Squamous Cell Neoplasms	925 Giant cell tumors
809-811 Basal cell Neoplasms	926 Miscellaneous bone tumors (C40._, C41._)
812-813 Transitional cell Papillomas And Carcinomas	927-934 Odontogenic tumors C41._)
814-838 Adenomas And Adenocarcinomas	935-937 Miscellaneous tumors
839-842 Adnexal And Skin appendage Neoplasms	938-948 Gliomas
843 Mucoepidermoid Neoplasms	949-952 Neuroepitheliomatous neoplasms
844-849 Cystic, Mucinous And Serous Neoplasms	953 Meningiomas
850-854 Ductal, Lobular And Medullary Neoplasms	954-957 Nerve sheath tumors
8550 Acinar cell neoplasms	958 Granular cell tumors and Alveolar soft part sarcoma
856-857 Complex epithelial neoplasms	959 Malignant lymphoma, NOS, Or diffuse
858 Thymic Epithelial Neoplasms	965-966 Hodgkin Lymphoma
859-867 Specialized gonadal neoplasms	967-972 Non-Hodgkin Lymphomas
868-871 Paragangliomas And Glomus tumors	967-969 Mature B-cell Lymphomas
872-879 Nevi(nevus) And Melanomas	970-971 Mature T- and NK-cell Lymphomas
880 Soft tissue Tumors And Sarcomas, NOS	972 Precursor Cell Lymphoblastic Lymphoma
881-883 Fibromatous neoplasms	973 Plasma cell tumors
884 Myxomatous neoplasms	974 Mast cell Tumors
885-888 Lipomatous neoplasms	975 Neoplasms of Histiocytes and Accessory Lymphoid Cells
889-892 Myomatous neoplasms	976 Immunoproliferative diseases
893-899 Complex Mixed And Stromal Neoplasms	980-994 Leukemias
900-903 Fibroepithelial Neoplasms	980 Leukemias, NOS
904 Synovial-Like Neoplasms	982-983 Lymphoid leukemias (C42.1)
905 Mesothelial Neoplasms	984-993 Myeloid Leukemias (C42.1)
906-909 Germ cell Neoplasms	994 Other Leukemias (C42.1)
910 Trophoblastic neoplasms	995-996 Chronic Myeloproliferative Disorders (C42.1)
911 Mesonephromas	997 Other Haematologic Disorders
912-916 Blood vessel tumors	998 Myelodysplastic syndrome (C42.1)

*NOS: not otherwise specified (별도로 지정하지 않음)

제3장 종양의 진단과 치료

1. 악성종양에 따른 일반적인 증상(Common symptoms of malignant tumor)

암은 연령과 상관없이 발생한다. 젊은 개체와 나이 든 개체에서의 암의 진행 양상이 다르다. 젊은 개체는 면역력이 강하므로 암이 잘 생기지 않고, 예후가 좋은 편(위암 제외)이기는 하지만 신진대사가 빨라 암의 성장 속도도 훨씬 빠르다. 젊을 때 암 발생 시 순식간에 말기로 진행되기에 더 위험하다. 반대로 나이 든 개체에서는 면역력이 낮기에 암의 발생 확률은 높지만, 신체의 대사량과 대사 속도가 떨어지므로 암의 진행 속도는 비교적 느리다. 고령에 폐암 3기, 4기를 진단받고도 몇 년씩 생존하는 경우는 이러한 이유 때문이다.

암은 뇌 같은 부위가 아닌 이상, 초기에는 외과적 제거수술만으로 비교적 쉽게 치료할 수 있지만 대부분의 암은 초기에 증상이 거의 나타나지 않는다. 비록 증상이 있다 하더라도 심하지 않기 때문에 대부분은 이것이 암에 의한 것일 거라고는 생각도 못하고 방치하게 되며, 어느 정도 증상이 보이기 시작할 때 즈음에는 이미 암이 상당히 진행된 경우가 많다.

증상은 발생 부위마다 여러 종류가 있지만, 가장 흔한 증상은 체중감소와 부종이다. 이를 악액질(惡液質, cachexia)이라 하며, 살이 빠지는 것은 암세포의 에너지 소모가 원인이고 부종이 생기는 등의 현상은 암세포에서 분비되는 독성작용으로 추정된다.

저체온이 나타날 수 있다. 암과 같은 질병이 있는 신체는 체온이 대체로 낮으며, 체온이 낮으면 암세포가 증식하기 쉬운 환경이 조성된다. 면역력이 약해지면 저체온에 냉증이 있으며 감기, 폐렴, 기관지염, 담낭염, 방광염 등에 걸릴 가능성이 높아지고 천식과 아토피 등의 알러지 질환,

크론병, 류머티즘 등의 자가면역질환의 발생 가능성이 증가하고, 암 발생률도 높아진다.

상복부 소화기계 암(췌장, 십이지장, 위암 등)은 소화불량, 복통, 연하곤란이나 구토(식도암) 등이 나타날 수 있고, 하복부(대장, 직장, 항문)에서는 복통, 혈변, 변비가 일반적인 증상이다. 증상이 일시적이지 않고 지속된다면 병원검진이 필요하다. 대부분 소화기 검사만 실시하므로 소화기암이라면 발견하기 용이하지만, 산과 계열 암의 경우는 생식기 문제가 소화기 증상으로 나타나 치료시기를 놓치게 되는 경우가 잦다. 따라서 몸이 안 좋고, 특정 부위를 검사했는데 별 이상이 없다면 가능한 한 빠르게 전신 검사를 해보는 것이 좋다.

얼굴이나 입 안에 혹이 생기거나 목 넘김이나 호흡 불편, 또는 목소리가 변하면 타액선암 등의 두경부암을 의심해볼 수 있다. 일반적인 감염에 의한 혹이나 목소리 변화는 차츰 호전되지만, 암으로 인한 증상이라면 호전되지 않고 계속 악화된다.

목이나 사타구니, 겨드랑이, 귀 뒤 등의 림프절이 붓는 것도 대표적인 증상이다. 이 경우는 혈액암이거나 원발 부위의 암이 림프절이 전이된 것으로 의심될 수 있다.

폐암이나 간암은 췌장암, 담낭암과 더불어 초기 증상이 없어 '침묵의 살인자'라고도 불린다. 폐암의 경우 기침, 객혈, 호흡 불편이나 곤란 등이 주요증상이다. 간암은 피로, 복통 등이 주요증상인데, 폐암이나 간암이나 이미 증상이 보였다면 병이 상당히 진행된 상태이다.

털이 갑자기 평소보다 잘 자라거나 전신의 피부가 가렵고 특히 밤에 심해지는 증상(야간 소양증)이 나타날 수 있다.

탈모는 암에 의한 증상이 아니라 항암제나 방사선 치료 부작용이다. 대략 항암제를 맞고 1~2주 후부터 머리카락(털)이 빠지기 시작한다. 암 치료와 함께 탈모를 방지해주는 특수한 약물을 주사기로 투여해주면 어느 정도 방지가 가능하기는 하지만, 고비용이다.

암에 걸리면 극심한 피로나 무기력증, 집중력 저하를 겪는다. 또한 슬픔, 우울함, 좌절감, 불안함, 분노, 초조함, 공포와 같은 부정적인 감정을 쉽게 느끼게 되며, 작은 것에도 예민하거나 너무 둔하게 반응할 수 있다고 한다. 극심한 피로에 불면 증상이 오기도 하여 신체가 수척해진다.

증상이 진행되어 암세포가 전이될 경우 내장, 뼈, 신경 등을 압박하는데, 여기서 극심한 통증이 유발된다. 치료될 가망이 없는 말기 암 환자한테는 고통 경감을 위해 모르핀, 헤로인이나 옥시코돈, 펜타닐을 필두로 하여 서펜타닐, 카펜타닐 같이 헤로인의 수십, 수백 배의 진통 효과를 가진 진통제를 투여하기도 하지만 안락사를 고려해야 한다.

II. 종양의 진단(Diagnosis of tumor/cancer)

현재 암 진단의 방법은 신체를 영상 장비를 이용하여 촬영한 후 의심 부위의 장기나 조직의 일부를 칼이나 바늘 등으로 떼어낸 것을 현미경 등을 동원하여 암종이나 병기를 결정하고 있으며, 이러한 이유로 암을 신속하고 정확하게 진단하는 것이 어렵고 술자에 따라 진단이 많이 달라지기도 한다. 정확한 진단을 위해서는 더 많은 검사, 교차확인 등의 과정으로 진단이 늦어지기도 한다. 따라서 암의 진단 시기에 따라 예후가 많이 차이가 난다고 할 수 있다. 조기 진단이 되는 암의 경우는 수술로 대부분 치료될 수 있는 반면 전이가 일어난 경우는 수술만으로는 치료를 장담하기 어렵기에 치료뿐만 아니라 조기 진단도 중요하다. 이러한 문제점으로 연구 개발이 되고 있는 것이 액체생검(혈액을 통한 진단)이다.

종양을 진단하기 위한 방법으로는 세침흡입술(FNA, fine-needle aspiration), 생검(biopsy), 세포학적 진단(cytologic diagnosis), 흉부 방사선 촬영(thoracic radiograph), 컴퓨터 단층 촬영(computed tomography, CT), 복부 초음파/방사선 촬영(abdominal ultrasonography or radiography), 전혈구 계산(CBC), 혈청화학검사(serum biochemistry), 뇨검사(urinalysis) 등이 있다.

종양을 관리치료하기 위해서는 종양의 단계(tumor stage*)와 등급(tumor grade)을 알아야 한다. 종양의 단계는 크기와 전이성에 관한 것이고 종양 등급은 조직병리학적 검사에 따른 유사분열 활성도, 혈관성 또는 임프성 침범, 세포형태, 핵의 특성에 따라 달리한다.

암의 진행 단계는 대부분 TNM(primary tumor, regional lymph node, distant metastasis) 척도를 통해 분류한다. T는 암 조직의 성장 수준을, N은 암 조직의 림프계 전이 수준을, M은 암의 원격 전이 여부를 나타낸다. 이 TNM 척도를 종합하여 병기를 판단한다. 물론 암의 종류마다 특성이 다르기 때문에 암마다 상세한 병기 판단 기준이 다르다.

표 4 암의 단계를 기술하는 방법인 TNM 척도

TNM 병기		정의
T병기 Primary Tumor (종양의 크기)	Tis	소엽 또는 유관 상피내암
	T1	최대 직경이 2cm 이하(≤ 2cm)
	T2	최대 직경이 2cm 초과, 5cm 이하(2cm < tumor ≤ 5cm)
	T3	최대 직경이 5cm 초과(> 5cm)
	T4	흉벽이나 유방의 피부를 침범한 경우

N병기 Regional Lymph Node (림프절 전이 정도)	N0	림프절 전이가 없는 경우
	N1	전이된 림프절의 개수가 1~3개
	N2	전이된 림프절의 개수가 4~9개
	N3	전이된 림프절의 개수가 10개 이상
M병기 Distant Metastasis	M0	원격 전이가 없는 경우
	M1	원격 전이가 있는 경우

다만, 일반적으로 다음과 같은 형식이다.

표 5 TNM 척도에 따른 암의 단계와 특징

phase 기	내용
1기	• 초기암으로 크기는 매우 작고 악성 신생물이 기원 조직에서 거의 벗어나지 않았음. • 췌장암 같은 치명적인 암이 아니면 절제 수술 및 이후의 건강관리만으로도 완치를 기대할 수 있으며, 진정한 의미에서 완치가 가능한 거의 유일한 시기. • 크기가 너무 작아 검사에서 발견되지 않은 암 조직이 있거나 암 조직 주변의 세포들의 상태가 불량하여 다른 세포들도 악성화되는 경우가 있기 때문에 재발 가능성이 없지는 않음. • 림프종 같은 혈액암은 그 특성상 발생과 전이가 동시에 진행되기 때문에 1기가 없음.
2기	• 어느 정도 성장한 악성 신생물이 존재하며 기원 조직을 상당히 벗어나 다른 조직을 침범하기 시작함. • 암 조직이 성장해 있다는 것 자체가 암 조직이 역형성을 띠어 정상세포의 악성화 억제 기전을 불능화시켰음을 의미. • 암세포는 다른 위치로 성장(예, 진피에서 표피로)하기 시작한 것으로 진행암으로 판정. • 전이는 되지 않은 상태이므로 제거 가능하면 예후는 양호한 경우가 대부분.
3기	• 악성 신생물이 기원 조직을 벗어나 다른 조직을 침범해 성장하였으며, 주변 조직으로 확산되거나, 주변 림프계를 침범해 림프절에 전이되어 있거나, 혈관 신생으로 크기가 커지고 전이경로를 뚫는 등 매우 위험한 징후가 나타나기도 함. • 수술을 할 경우 장기를 통째로 들어내는 수준의 대규모 절제뿐만 아니라 주변 림프들의 광범위한 절제도 필요. • 방사선 치료를 통한 간접적인 암 조직 제거를 시도하는 것이 대부분이다. 또한 항암제를 쓰는 경우가 많음. • 암세포가 원발 조직에서 이미 전이되었거나, 혹은 곧 전이될 수 있으므로 최초 발생한 암을 제거하더라도 재발률이 높음.

* tumor stage 고려사항: 종양의 위치와 형태, 종양의 크기와 경계, 국소림프절의 침범, 전이 유무와 수

표 1의 〈종양의 단계구분〉 참조

4기	• 악성 신생물의 원격 전이가 발견. (단, 악성 림프종과 유방암은 생기자마자 전이되기 때문에 기준보다 멀리 전이되거나 전이 위치 수가 기준보다 많지 않으면 2~3기로 판단함.) • 암세포가 혈관, 림프계를 타고 원발 조직에서 떨어져 나가 암이 몸 전체에 퍼짐. 보이는 큰 암세포들을 제거해도 언제 어디서 재발할지 알 수 없으며 이 단계면 말기암 단계로 진행되는 경우도 적지 않음. • 절제나 방사선을 이용한 암 조직 견제나 항암제 투여 등 암의 진행을 억제할 유효 수단에 유의미하게 반응하며, 치료로 인한 이익(효과)이 손해(부작용)보다는 아직도 더 크기 때문에 치료가 가능. • 완치 가능성은 낮게나마 있으며, 설령 완치는 못해도 수명 연장 및 삶의 질 개선 또는 유지는 가능하기에 4기까지는 진행암으로 판정.
말기	• 신체 곳곳에 면역계가 공격하지도 않는 암세포가 창궐하여 모든 장기의 기능이 붕괴되기 시작해 온갖 합병증이 발생. • 암세포가 뇌로 전이된다면 섬망 등 신경정신과적 합병증이 일어나고, 신경계를 침범하면 극심한 통증이 발생하거나 경련/쉰 목소리 등 운동 장애가 발생하고, 조혈 기능을 손상시키면 재생 불량성 빈혈로 인해 각종 감염이 일어나거나, 혈전 생성으로 심혈관 합병증이 생기거나, 내출혈이 발생. • 간으로 전이될 경우 황달을 일으키며, 콩팥으로 전이될 시 신부전을 일으켜 부종이 생기며, 폐로 전이되면 호흡부전, 호흡곤란, 저산소증이 발생. • 항암치료에 암이 유의미한 반응을 보이지 않으며, 치료로 인한 손해(부작용)가 이익(효과)을 초과하여 더 이상의 치료가 의미 없음(불가능). (즉 암의 비가역적인 확산을 의미(사실상 100% 사망)). • 말기에 도달한 암환자들은 급작스러운 증세 악화 후 일시적 안정화를 반복하다 결국 임종을 맞게 되므로 환자에게 가능한 조치는 암으로 인한 고통을 줄이는 게 최선. • 화학 항암 요법이 무효한 시점을 적절히 파악하지 못하면 오히려 환자가 더 빨리 사망하거나, 심지어 기적적 소생마저 불가능하게 만들 수 있음.
임종기	• 사망 직전. • 암이 광범위하게 전이되어 신체의 기능이 거의 모두 상실된 상황. • 거의 남지 않은 생을 평생 누워있는 상태에서 말도 못한 채 숨만 겨우 쉴 힘밖에 남지 않고, 생명 유지 및 항상성 유지의 마지막 보루인 심폐기능마저 붕괴되기 일보 직전. • 얼마 지나지 않아 환자는 다발성 장기 부전에 의한 심폐기능 정지로 사망.

종격괴 부위의 대표적인 질환으로는 림프종(lymphoma), 흉선종(thymoma)이 있다. 림프종은 어린 연령에서 호발하며, 흉선종은 노령에서 호발한다. 그리고, 영상학적으로 보았을 때 림프종은 종격의 등 쪽 부위에서 발달하며, 흉선종은 종격의 배 쪽 부위에서 발달한다. 세포학적으로 림프종은 단형집단(monomorphic population)을 나타내고, 흉선종은 작은 임파구의 이질적집단(heterogenous population)이다.

고양이에서 림프종은 FeLV(feline leukemia virus)에 의해 발생하는 경우가 많다.

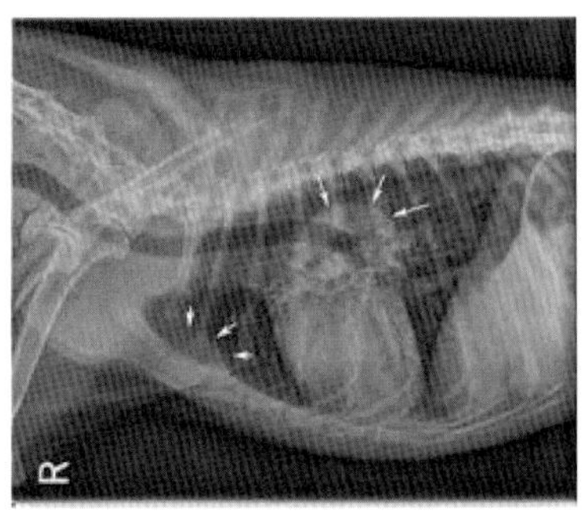

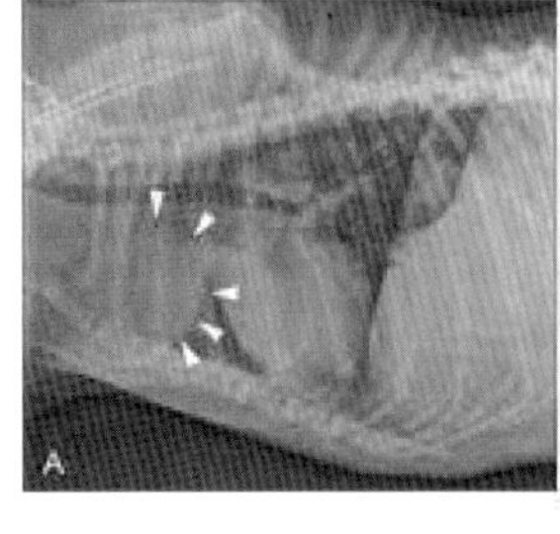

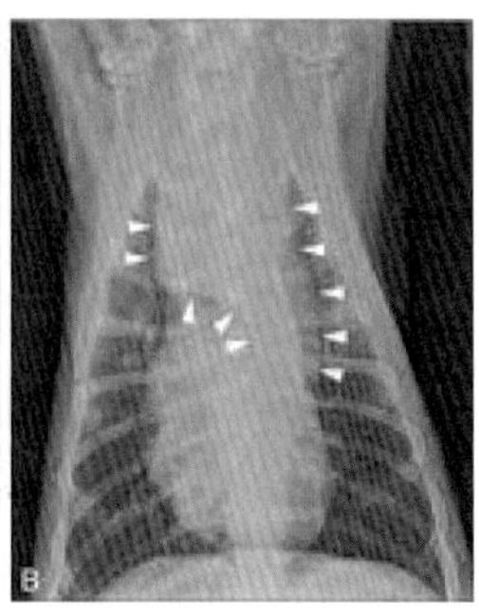

림프종(lymphoma) 흉선종(thymoma)

그림 3 종격괴 부위의 대표적인 질환인 림프종, 흉선종 X-ray 사진

(출처: thoracic lymphoma of dog - Google 검색 / Lymphoma in Dogs: Diagnosis & Treatment (cliniciansbrief.com) or Thoracic Imaging: Mediastinum and Pleura • MSPCA-Angell)

III. 종양의 일반치료원칙(Principal treatment of tumor)

(1) 양성종양의 치료

양성종양은 보기 안 좋을 수도 있지만, 특별히 주변 구조를 눌러서 문제를 일으키는 경우가 아니라면 가만히 둬도 무방하다. 물론 뇌종양 같이 주변 구조를 조금만 눌러도 큰일 날 수 있는 건 처치가 필요하다. 아래에는 양성종양을 치료하는 기준을 제시하였다.

① 몸에 아무런 문제를 일으키지 않는 경우

a. 미용상에 문제가 없는 경우: 그냥 둔다.

b. 미용상에 문제가 있는 경우: 보호자가 제거를 원하고 수술/시술이 건강상에 큰 문제를 유발하지 않으면 제거한다.

② **압박 증상이 있거나 압박 증상이 예상되는 경우**: 수술/시술으로 잘라준다. 뇌종양 등은 감마나이프 등을 이용하기도 한다.

③ **내분비적인 문제를 유발하는 경우**: 각 질병의 치료 방침에 따르는데, 수술로 제거하는 경우가 많다.

④ **후에 암으로 발전할 가능성이 있는 경우**: 대장 내 발생한 종양의 경우 오랜 기간 방치하면 암으로 발전할 가능성이 높아 발견 즉시 제거해야 한다.

⑤ **전암병변인 경우**: 대개 추적관찰하거나 제거한다. 제거 시 암일 수 있는 가능성을 고려해야 한다. 참고로, 양성종양은 악성종양보다 세포분열이 빠르지 않고 또한 굳이 양성종양

치료에 몸을 축낼 이유가 없기 때문에, 항암 화학요법적인 치료는 정말 특별한 몇몇 경우가 아니면 하지 않는다. 보통은 수술로 제거하고 끝을 낸다.

양성종양이긴 한데 악성화 가능성이 있는 병변을 '전암병변(premalignant lesion)'이라 한다. 전암병변은 양성으로 분류되기는 하나, 악성화 가능성이 높을 경우 암이 될 가능성을 고려해서 수술/시술로 제거하거나, 암이 되는지 여부를 추적·관찰해야 할 수도 있다. 원래는 악성화 가능성이 낮은 양성종양이라 해도 많이 생기면 그중에 단 하나라도 악성화 확률이 올라가기 때문에, 암에 준해서 치료해야 할 때도 있다. 대표적으로 가족성대장용종증(가족성샘종폴립증, Familial adenomatous polyposis, FAP)으로, 이 용종이 일반인한테 한두 개가 생기면 정상 취급하지만, 가족성대장용종증 환자의 경우는 용종이 수백, 수천 개가 계속 생기기에 결국엔 어느 하나는 악성화 확률이 높아 대장전절제술을 해준다.

(2) 악성종양의 치료

악성종양은 경우는 반드시 치료해야 한다. 양성종양 중에는 지방종 같이 제거하든 안 하든 별 상관없는 경우도 있고, 피지낭종처럼 양성이지만 없애는 게 건강에 좋은 경우도 있다.

종양의 치료를 위해서는 종양의 종류, 생리학적 행위 임상적 단계 등에 따라 달라지고, 환자와 관련해서 일반적인 건강상태, 보호자와 관련해서는 협력 및 재정상태, 치료는 일반적으로 여러 치료방법을 혼합해서 할 때 치료성공률이 높아진다. 치료 시 종양의 반응에 따라서 다음과 같이 판별한다.

표 6 치료 시의 반응단계

단계	내용
완전관해(complete remission, CR)	모든 종양이 인체에서 사라진 상태
부분관해(partial remission, PR)	종양의 평면적 지름의 크기가 50% 이상 줄어들었을 때
안정적(stable disease, SD)	종양의 평면적 지름의 크기가 25% 미만으로 변화 시
진행성(progressive disease, PD)	종양의 평면적 지름의 크기가 25% 이상 증가했을 때

표 7 활동성 평가(Modified Karnovskys performance scheme for dogs and cats) 

단계	내용
0 정상(Normal)	완전 활발, 발병 전의 수준까지 활동 가능
1 제한(Restricted)	수용 가능한 제한된 수준의 활동 가능
2 저하(Compromised)	심각하게 제한된 수준의 활동. 식사할 정도의 이동은 가능하지만 허용된 구역에서 지속적 배변, 소변
3 불능(Disabled)	완전 불능. 허용 구역에서 배변, 소변 불가능
4 사망(Dead)	

(출처: small animal internal medicine, nelson, mosby)

동물에서 항암치료의 목적은 수명연장이 아닌 '생활의 질(QOL, quality of life) 향상'이 목적이다. 암은 의학의 발달로 점차 정복되어 가고 있다. 과학계와 의료계의 노력으로 대부분의 암은 불치병이 아니며 암에 걸려도 희망을 가질 수 있고, 많은 종류의 암은 조기 발견해 치료한다면 얼마든지 완치도 가능하다. 중입자치료와 같이 재래식 암 치료보다 효과가 곱절은 뛰어난 첨단 기술도 해가 갈수록 활성화되고 있어, 전망이 밝다.

표 8 삶의 질 평가(Quality of life)(5H2M, HHHHHMM scale) 

score	기준	
0-10	통증(Hurt)	적절한 통증관리가 되는가? (호흡 포함)
0-10	배고픔(Hunger)	충분한 식이가 제공되는가? 수동공급이나 튜브공급이 필요한가?
0-10	탈수(Hydration)	탈수가 있는가? 피하액이 더 필요한가?
0-10	위생(Hygiene)	청소 후 동물은 빗질이나 청결이 필요한가?
0-10	행복(Happiness)	동물은 재미나 흥미를 표현하는가? 환경에 반응하는가? 동물은 지루함, 외로움, 화, 공포를 보이는가?
0-10	동작(Mobility)	동물은 도움 없이 일어나는 것이 가능한가? 걷기를 원하는가? 감금이나 비틀거림을 경험했는가?
0-10	좋은 것(More good than bad)	좋은 날보다 나쁜 날이 많아지면 QOL에 지장이 생기고 안락사를 고려해야 한다.
total	a total of 35 points is considered an acceptable QOL score	

(출처: clinical textbook for veterinary technicians and nurses, Elsevier)

암의 주요 치료법은 수술과 항암 화학요법, 방사선 치료의 3가지이다. 각 치료법이 단독으로 사용되는 경우도 있지만 상당히 많은 경우에서 2개 이상의 치료법을 병행한다.

보통 수술은 초기 단계에서, 항암과 방사선 치료는 진행성 암이나 말기 암 환자의 수명을 늘려주는 치료법으로 아는 사람들이 많다. 그러나 반드시 수술만이 최선은 아니며 각각의 치료법은 암 종류나 위치, 진행 상태, 환자의 건강 상태를 복합적으로 고려하여 의료진이 치료 방법을 결정한다. 로봇 수술이나 복강경 수술 등을 통해서 수술적 접근이 어려운 부위나 진행성 암들도 제거하는 경우가 많이 늘었으며, 기존 수술 방법보다 후유증도 크게 경감하였다.

표 9 항암치료 방법

치료법	내용
수술 (surgical method)	암이 생겼을 경우, 가장 확실한 치료법은 수술을 통한 절제이다. 암이 많이 진행되지 않아 원발지에만 머물러 있을 경우 해당 부분만 절제하면 완치될 확률이 높다. 그러나 뇌나 폐처럼 절제하기 곤란한 장기에 암이 생기거나 이미 상당한 진행이 된 상태라면 수술만으로는 완치 가능성이 줄어든다. 근래에는 수술 장비, 로봇 기술 등의 발달로 접근이 어려운 부위나 진행성 암에도 수술을 시도하여 성공률도 높이고 후유증도 크게 줄이고 있다. 수술 기법의 발달로 4기나 말기 암으로 뇌나 폐 등 기존에는 수술이 어려운 부위에 전이가 생겼더라도 수술을 하는 경우가 있다. 이 경우는 전이를 제거하는 것이 환자의 기대 생존률을 올려 줄 수 있다고 판단될 때 시행한다. * 수술하려다 손도 못 쓰고 도로 봉합했다는 건 수술을 하는 의미가 없을 정도로 상태가 심각(4기 이상)하다는 것으로 O&C(Open & Closure)라고도 한다.
항암 화학요법 (chemotherapy, CTx)	종양의 DNA를 바꾸어 종양세포증식을 멈추거나 사멸시키는 방법이다. 화학용법의 종류로는 steroids, NSAIDs, metronomic therapy*, traditional chemotherapy, hormonal therapy, immunotherapy, targeted therapy 등 다양한 방법이 있다. * metronomic therapy는 MTD(최대 내용량) 이하의 용량으로 매일 투여하는 방법으로 화학요법의 부작용에 따른 감소를 위한 회복시간이 필요하지 않다. 항암제가 체액을 통해 신체 전체를 돌아다니며 암세포들을 공격하기 때문에 전신 치료라 부르기도 한다. 림프종이나 백혈병 같은 혈액암은 수술이나 방사선 치료를 통한 치료가 불가능하므로 항암 화학요법이 주가 되어 치료한다. 이외에 수술 난이도가 높거나 부작용이 큰 두경부암 같은 암도 항암 화학요법 단독이나 방사선 치료와 조합하여 치료하기도 한다. 또한 완치를 기대하기 어려운 4기 암 환자의 생명 연장을 위한 치료의 핵심이 되기 때문에 암 치료에 있어선 수술과 방사선 치료 이상으로 중요하다고 볼 수도 있다. 수술이나 방사선 치료가 주가 될 때에도 약간의 항암치료를 병행하여 암의 크기를 줄이기도 하며 재발 방지를 위해서 항암치료를 하기도 한다. 현재 상용되는 항암제는 크게 3종류로 나눌 수 있다. 화학 항암제, 표적 항암제, 면역 항암제이다.

현재 상용되는 항암제는 크게 3종류로 나눌 수 있다. 화학 항암제, 표적 항암제, 면역 항암제이다.
고전적인 항암제는 대부분 화학 항암제로 빠르게 증식하는 세포를 공격하도록 설계된 화학 물질이며, 정상세포 중에서도 빠르게 증식하는 세포가 상당수 존재하기 때문에 암세포와 정상세포를 모두 공격한다. 따라서 부작용이 큰 편인데, 빠르게 번식하는 조혈모세포, 점막, 모발 등의 정상세포가 공격을 받음에 따라 탈모, 메슥거림, 어지럼증, 무기력 등이 있으며 치명적인 부작용으로는 면역 세포도 공격받기 때문에 면역력 저하로 인한 감염으로 패혈증, 폐렴 등이 있다. 항암치료의 극심한 부작용의 대부분은 1세대 화학 항암제에 해당하나 지금은 표준화되어 항암제 투여량과 시기를 조절하거나 다른 약물과 병행을 통해 부작용이 크게 경감되었고, 효과가 좋다.
표적 항암제는 암세포에게만 반응하는 약을 말한다. 암세포만을 공격하기 때문에 정상세포에는 영향이 없고, 암세포 살상력도 몇 배나 뛰어나다. 그러나 적용 가능한 암종의 수가 적고, 내성을 가진 암세포가 나오면 무력화되는 단점이 있다.
현재는 면역 항암제가 대세를 이루어 가장 주목받고 있는 분야이다. 암의 발생이 신체의 면역계와 밀접한 연관이 있기에, 암이 면역계를 회피하는 다양한 방법을 연구해 이를 차단하고 면역계의 기능을 재활성화함으로써 암을 효과적으로 제거하는 방법이다. 면역요법은 사용 가능한 환자가 제한적이며(예: 치료를 받은 적이 없는 성인 만성 림프구성 림프종 환자로 백금 기반 화학요법을 받기에 부적합한 환자), 분자생물학 제제(대개 단일클론 항체)라서 가격도 아주 비싼 편이다.
만약 면역요법의 기전이 완벽하게 규명/작동할 경우 암뿐만 아니라 병원체가 일으키는 모든 질환에 대한 치료제를 얻는 것으로 최근 가장 연구가 활발히 진행되고 있다.
현재 암 정복을 위한 연구는 면역 항암제가 핵심이자 주를 이루고 있지만 대사 항암제, 항암 바이러스 치료제 등 색다른 원리를 가진 차세대 항암제들이 연구와 임상에서 좋은 결과를 보이고 있다.

chemotherapy 시 용량은 일반적으로 BSA(body surface area)의 비율에 따라 용량을 결정한다.

dog	BSA(m^2)	cat	BSA(m^2)
0.5	0.06	2.3	0.165
1	0.0	2.8	0.187
2	0.15	3.2	0.207
3	0.2	3.6	0.222
4	0.25	4.1	0.244
5	0.29	4.6	0.261
10	0.46	5.1	0.278
15	0.60	5.5	0.294
20	0.74	6.0	0.311

(출처: small animal internal medicine, Richard W. Nelson, Mosby)

부작용: GI tract, 골수세포, 모낭에 손상을 입히며, 구토, 설사, 식욕부진, 탈모, 백혈구 감소증, 혈소판감소증 등을 일으킨다.
화학요법은 수술이나 방사선요법의 사용 전에 제한적인 치료방법으로서 종양을 축소시키거나 전이의 예방 또는 지연을 위해 실시한다. 화학요법이 사용되는 대표적인 질환으로 임프종, 백혈병, 다발골수종에서 사용된다.

방사선 치료 (radiotherapy/radiation therapy, RT, RTx)	수술이 해부학적 위치에 따른 암의 물리적 제거를 목표로 하고, 항암 화학요법이 전신적인(광범위한) 암을 제거하는 데 목적이 있다면 방사선 치료는 암의 국소 조절(Local control)에 그 의의가 있다. 방사선 치료의 원리는 암세포에 방사선을 조사하여 DNA 결합을 끊어버려 증식을 막아 사멸시키는 원리이다. 방사선 단독 요법으로 치료하기도 하며, 보통은 수술이나 항암 화학요법과 병행한다. 수술에 비해서 치료 자체의 리스크가 낮기 때문에 수술이 곤란한 환자의 치료로 사용될 수도 있고, 다발성 전이가 있는데 전이의 수술적 치료가 큰 의미가 없지만 더 진행되는 것을 막아야 할 필요가 있을 때, 수술을 하였지만 미세하게 남아 있는 암이 있을 가능성이 있어서 추가 수술 없이 암 재발 위험을 낮추기 위한 방법으로 사용한다. 방사선 조사방법으로 치료적 방법과 완화적 방법이 있으며, 치료적 방사선 조사는 한 달에 걸쳐 몇 번에 나누어 적은 양의 조사를 실시하는 것이고, 완화적 방사선 조사는 진통과 삶의 질 향상을 위한 방법으로 많은 조사량으로 가끔 조사하는 것이다. 방사선 조사는 환부에 방사선을 쪼이는 2차원 치료가 주류였지만, 암을 3차원으로 파악해 방사선을 조사하는 기술로 대체된 후 최근에는 세기를 더 정밀하게 조절하는 세기 조절 치료로 발달하여 완치율이 높아지고 부작용이 감소하였다. 또한 양성자 치료와 중입자 치료가 개발되어 암치료에 좋은 효과를 나타내고 있다. 특히나 중입자 치료는 치료 과정과 예후가 상당히 좋다. 또한 근래에는 붕소 중성자 포획 치료(BNCT, Boron Neutron Capture Therapy)의 상용화가 눈앞에 와 있는 상황이다. 악성 뇌종양, 두경부암 말기, 재발성 유방암 등 치료가 어렵거나 끈질긴 암종에 효과적이며 예후도 매우 좋다. 무엇보다 부작용이 없고 수십 번을 해야 하는 방사선 치료와 달리 한두 번으로 치료가 끝나 환자 입장에서 매우 편하다. 비용이나 설치 규모 면에서도 중입자 치료기에 비해 매우 작아 의료 기관이나 환자 입장에서도 부담이 덜하다. 방사선 치료를 받는 것 자체는 전혀 침습적이지 않아서 아프지 않고, 치료가 완료될 수 있는 좋은 치료이다. 그러나 필연적으로 주변 정상 장기를 아주 일부라도 포함시키게 되는데 이로 인해 폐렴, 식도염, 장염, 섬유화 등의 부작용이 있을 수 있다. (대표적인 부작용: 탈모, 습윤성 피부염)
기타	암세포가 혈관을 통해 영양분을 공급받는다는 점을 고려해, 암 조직이 신생 혈관을 생성하는 것을 막아 굶겨 죽이는 방법으로 신생 혈관이 생기는 것을 막는다. 부작용 때문에 기형아 문제를 일으켰던 탈리도마이드가 항암 효과가 대표적이다. 다만 연구 과정에서 다른 부작용들도 발견되고 있어서 아직은 특효약 수준으로 판단되지는 않는다. 고주파 온열 치료, 면역주사 치료, 비타민주사 치료, 한방 치료 등을 병행하기도 하지만, 과학적인 검증이 좀 더 필요하다.
치료 후 경과	수술과 방사선, 항암 화학요법을 통해 암세포가 사멸된 '관해' 상태가 되면 당장은 증상이나 병의 징후가 보이지 않는다. 이 상태로 5년간 재발하지 않으면 완치로 판단한다. 즉 치료 종료 후 5년간은 몇 달에 한 번 꼴로 가서 검진을 받아야 하며, 5년 이후로도 1~2년에 한 번은 반드시 검진을 받으며 평생 동안 건강을 관리해야 한다.

표 10 항암제의 분류

종류	내용
알킬화약물 (alkylating agent)	세포주기에서 DNA에 결합하여 분열을 방해한다. 예) cyclophosphamide, chlorambucil, melphalan, cisplatin, carboplatin
항대사약물 (antimetabolites)	세포주기의 S상태에 작용한다. 낮은 용량으로 반복투여 시 효과가 좋다. 예) cytosine arabinoside, methotrexate, 5-fluorouracil, azathioprine
항암항생제 (antitumor antibiotics)	free radical, topoisomerase II 의존성 작용으로 DNA를 손상시킨다. 예) doxorubicin, bleolmycin, actinomycin D, mitoxantrone
식물 유래 알칼로이드 (plant alkaloids)	Vinca rosea, podophyllum peltatum 식물 유래 약물. vinca는 세포주기 중 M stage에서 작용 podophyllum은 DNA에 결합하여 작용한다. 예) vincristine, vinblalstine, etoposide, VP-16
호르몬 (hormones)	혈림프성 악성종양, 내분비 관련 종양에서 사용한다. 예) prednisone

(3) 치료 후 부작용(side effects)

혈액학적으로 골수에 부작용이 나타난다. 적혈구는 골수이동시간과 순환반감기가 7일, 120일이고, 혈소판은 3일과 4~6일, 과립세포는 6일과 4~8시간으로 이런 기초지식을 근거로 하면 혈소판감소증(thrombocytopenia)이 가장 먼저 발생한다. 다음으로 과립구감소와 적혈구감소로서 면역저하 및 빈혈이 발생하게 된다. 따라서 항암제 1회 투여 후 호중구감소증으로 호중구가 적은 시기는 5~7일쯤이며, 36~72시간 이후에 정상상태로 돌아간다. 또한 백혈구 감소에 따라 패혈증, 위장관 표피탈락, 발열 등이 발생한다. 발열동반 호중구감소증일 시 amikacin, cephalothin enrofloxacin, ampicillin, sulfadiazine-trimethoprim 등을 투여하고, 비발열성 호중구감소증에서는 sulfadiazine-trimethoprim을 투여한다. 골수억압완화를 위해서는 lithium carbonate를 투여한다.

위장관에서는 위장결장염, 거식, 메스꺼움, 구토가 발생한다. 항구토제인 metochlopramide, prochlorperazine, butorphanol, ondansetron 등을 처치한다.

과민반응은 급성 1형 과민반응로서, 머리를 흔들거나, 두드러기, 홍반, 안절부절 증상을 나타내며, H1 항히스타민제(diphenhydramine), deamethasone, epinephrine을 투여한다.

피부에서는 국소성조직괴사, 느린 모발성장, 탈모, 과색소침착증이 발생한다. 이외에도 췌장염, 심독성, 뇨독성, 간독성, 신경독성, 폐독성 등이 나타난다.

acute tumor lysis syndrome(ATLS)은 항암제 투여로 신생물이 급속하게 사멸될 때 종양 내 대사성물질들이 많이 배출되어 독성작용을 나타내는 현상이며, 특히 신장이 손상을 많이 받는다.

제일 우선되는 것은 암이 발생하는 원인을 제거해 처음부터 암에 걸리지 않으려고 노력하는 것(운동, 건강한 식단 등)이다. 암은 체내 세포의 돌연변이로 발생하는 질병이기 때문에 확실한 예방법이나 백신이 없지만, 종종 암 백신이라고 불리는 것은 예외적으로 바이러스가 원인이 되는 암을 예방 및 치료하기 위한 약품이다. 대표적인 것이 사람에서의 자궁경부암 백신으로, 인유두종 바이러스가 자궁경부암 발생 원인의 절대 다수를 차지하기 때문에 백신으로 암을 예방할 수가 있는 것이다.

Box 3 암은 모든 다세포 생물에 발생하고, 암 진행 속도는 같을까?

암은 다세포 동물에서 등장했으며, 공룡의 화석에서도 암이 발견되기도 할 만큼 오래된 질병이다. 암은 모든 동물에서 발생하지만(벌거숭이두더지쥐는 암에 걸리지 않는다), 코끼리나 고래 같은 초대형 포유류는 특이하게도 암 유병률이 매우 낮은 동물들이다. 전반적으로 대형일수록 암 유병률이 낮은 편인데, 이 두 동물들은 그중에서도 유난히 낮으며 이는 매우 높은 암 억제 유전자 발현율 때문이다. 암 억제 유전자는 노화로 인한 수명 단축을 유발하는데, 그걸 견딜 정도로 이 두 동물들의 체급이 거대하기 때문에 암 억제 기작의 공격적 활동이 가능한 것으로 추측되고 있다. 큰 체급 때문에 암이 과다한 돌연변이로 인해 괴사되는 것으로 추측하기도 한다. 또 덩치가 큰 만큼 신체 세포 일부가 암 변이를 일으켜도 치명적이지 않고, 상기한 이유로 치명적인 크기까지 성장하지 못할 거라는 이론도 있다. 그리고 이런 대형 동물은 신진대사가 느린데 신진대사가 느리다는 것도 암 진행에 있어서는 긍정적이다. 신진대사가 느릴수록 세포 분열 속도도 느려져서 암의 전이가 느려지기 때문이다.

주의할 점은 이것이 암에 안 걸리는 방법이 아니라, 암에 걸릴 확률을 줄이는 방법이라는 것이다. 특히 가력이 있는 사람/동물은 사전 대비를 철저히 하는 것이 좋다. 구체적으로는 p53 유전자를 활성화시켜서 전암 단계에서 암세포를 사멸하는 것과 DNA 손상으로 발병하는 암세포의 특성으로 DNA 손상을 막거나 DNA를 복구하는 작용을 하면 된다.

아래의 방법들은 단순히 암뿐만 아니라 다른 질병도 예방하고 우리의 건강에도 도움을 주기 때문에 알아두자.

① **정기검진**: 정기적으로 건강검진을 받는다.

② **충분한 수면**: 하루 8시간 이상의 충분한 수면을 취한다.

③ **스트레스 해소**: 과도한 스트레스를 줄인다. 스트레스는 위장에 반드시 영향을 미치고 이는 위장에 부담을 늘리며 이는 암으로 연결된다. 일단 소화기관에 한해서는 상관이 있다고 보는 것이 좋다.

④ 건강한 식단: 설탕, 지방이 든 음식을 지양한다. 항암식품을 먹는 것도 방법이다. 다만 항암식품 또한 과다 섭취 시 부작용을 일으키므로 적당히 먹어야 한다. 또 식단이 육식 위주라면 채식 위주로 바꾸는 것도 방법이다. 완전 채식주의는 동물성 식품을 섭취하지 않음으로써 오는 영양소 결핍을 충족할 수 있는 식단을 짜는 것이 중요하다. 정교한 식단을 짤 여유가 없다면 일상생활에서 육류나 설탕이 최대한 적게 들어간 제품을 구매해 먹거나 요리하면 좋다. 꼭꼭 씹어서 먹는 것도 중요하다.

⑤ 체중 관리: 비만이 되지 않도록 체중 관리를 한다.

⑥ 운동: 운동을 적당히 꾸준히 해준다. 고온일수록 암세포는 사멸하기 쉬운데, 운동으로 일시적이나마 체내의 온도를 올려줄 수 있기 때문에 실제로 의사들도 권하는 사항이고 면역세포의 활성도도 높아지고 비만도 피할 수 있다. 하지만 고온이 좋다고 해서 운동은 안 하고 사우나나 가면 당연하게도 소용이 없다. 다만 운동은 심장에 부담이 가므로 심장병에 걸릴 확률이 올라가고, 관절이나 인대에 부담이 가므로 관절염 등의 확률도 올라간다.

⑦ 원인 차단: 방사선, 중금속, 환경독소, 요리 시 발생하는 1급 발암물질인 벤조피렌 등을 피한다.

⑧ 자외선 차단: 피부암을 예방하기 위해 외출 시 자외선 차단제를 주기적으로 발라준다.

표 11 내분비계 종양

계통	발생부위	질환명	내용
내분비계 종양	뇌하수체 (pituitary gland)	성장호르몬 장애 (GH disorder)	• 과신체형성증(hypersomatotropism): 뇌하수체 종양에 의해 발생하는 신체과다증으로 고양이에서 많이 발생하며 성체에서는 골간단거대증(acromegaly)이, 성장기에 발생 시 거인증(giant, sotos syndrome)이 나타난다. 성장호르몬의 영향으로 인슐린이 감소되어 대부분 당뇨병도 함께 발생한다. 당뇨병 발병 전에 진단 시 체중변화 없이 신경증상, 척행(족저, 발바닥)보행, 완족보행(발 전체가 땅에 닿는 보행) 증상이 보인다. • 저신체형성증(hyposomatotropism): 뇌하수체 종양에 의해 발생하는 신체의 성장억제증상으로 왜소증(dwarf)이 나타나며, 독일 셰퍼드에서 대표적으로 발생한다. 증상으로는 고지혈증, 체지방 증가, 뼈성장 지연, 심장기능저하 등이 나타날 수 있다.
		성장호르몬종 (somatostatinoma)	당뇨나 당내증과 관련하여 췌장의 델타세포에서 발생하는 종양으로 상피성 종양이다. 전이(국소림프절, 간)된 경우가 많으며, 치료는 외과적 절제술, 화학색전술, 화학요법, INF-a 등이 사용된다.
	갑상선 (thyroid)	갑상선기능저하증 (hypothyroidism)	갑상선 호르몬이 불충분하게 분비되는 것으로 대사작용이 늦어진다. 고양이에서는 희귀하며, 개에서 비교적 많이 발생한다. 원발성은 림프구성 갑상샘염, 신생물로 발생하며, 속발성으로는 뇌하수체 기형 or 종양에 의해 발생한다. 주요증상으로는 기력저하, 체중 증가, 탈모증상 등이 있다. 감별질환으로는 부신피질기능항진증, 신장질환, 간질환, 심부전, 당뇨병성 케톤산증 등이 있다. TSH 검사로 진단가능하며 levothyroxine sodium 투여로 치료 가능하다.

	갑상선기능항진증 (hyperthyroidism)	고양이에서 가장 흔한 내분비 장애로 노령 고양이에서 다발한다. 원인으로는 양성 선종성 과형성(benign adenomatous hyperplasia), 선종(adenomas), 다결정성 선종(multinodular adenomas)에 의해 발생하며, 주요증상으로는 체중감소, 다식증, 악액질(cachexia), 설사, 과잉행동 등이다. 섬광조영술, 혈청 T4 검사, TSH 검사 등으로 진단 가능하며 갑상선촉진의 방법도 사용한다. 치료는 갑상선절제술, 131I요법, 요오드 식이제한 등으로 가능하며 대부분 평생 관리해야 한다.
	갑상선 종양 (thyroid tumor)	종양의 70% 이상이 악성이며 이 중 30~60%는 진단 시 전이가 발생된 상태이다. 호발품종으로는 복서, 비글, 골든 리트리버 등으로 10세 이상 노령견에서 다발한다. 주요증상은 연하곤란, 구토, 빈호흡, 무호흡, 큰 숨소리, 기침, 짖는 소리 변화, 기면, 체중감소, 식욕감소이며 갑상샘기능항진 관련 증상도 발생 가능하다. 진단법으로는 목 아래 종괴(mass)를 촉진하는 방법과 영상학적으로 경부방사선검사(종양의 형태) 복부 방사선/초음파 검사(전이성 검사)가 있다. 치료법으로는 외과적 절제술, 방사선 요법, 화학요법(cisplatin, doxorubicin, toceranib phosphate, metronomic chemotherapy) 등을 실시하며, 예후는 양호하나 종양의 크기가 $20cm^3$이상 또는 양측성으로 발생한 경우 전이가능성이 높다.
부갑상선 (parathyroid)	부갑상선기능항진증 (hyperparathyroidism)	원발성 원인으로는 양성종양에 의해 발생하며, 속발성으로는 신장질환에서 유래한다. 주요증상으로 고칼슘혈증, 다음/다뇨가 나타난다. 진단은 혈중칼슘 증가(혈중인의 증가와 발생하는 만성신부전과 구별), 경부초음파, 생검 등으로 진단하며, 치료는 saline, 이뇨제, corticosteroid, 외과적 절제술 등을 이용한다. 예후는 양호하다.
부신 (adnenal gland)	부신피질기능항진증: 쿠싱 증후군 (hyperadrenocorticism; cushing's disease)	부신종양에 의한 cortisol 과다분비(functional adrenal tumor), 뇌하수체 종양으로 ACTH 증가(pituitary dependent adrenocorticism)로 중년령 이상에서 주로 발생한다. 주요증상으로는 다음, 다뇨, 다식증이 나타나며 이외 체중증가, 쇠약, 불룩한 배, 과도한 헐떡거림, 몸통 좌우 대칭 탈모 등도 나타난다. 진단은 백혈구 감소, ALP 수치 증가, 당뇨, 단백뇨, 뇨비중감소 등이 나타나는 혈액혈청검사, 내분비검사(urine cortisol:creatinine 비율, ACTH 자극검사)로 판별하며, 치료는 mitotane, trilostane, ketoconazole, selegiline HCl, 절제술을 시행하고 예후는 비교적 양호하다.

		갈색세포종 (pheochromocytoma)	노령견의 교감신경계 신경내분비 종양으로서 부신수질의 크로마핀 세포에서 흔히 발생한다. 종양은 성장이 느리고 혈관성일 확률이 높다. 주요증상은 간헐적 허탈과, 고혈압이다. 고양이에서는 다음, 다뇨, 혼수, 식욕부진이 흔히 발생한다. 진단방법으로는 초음파, 동맥압 측정, 공기복강조영술, 요로종영술, 동정맥조영술 등을 이용한다. 감별질환으로는 원발성 고혈압, 부신피질기능항진증, 갑상선기능항진증 당뇨 등이 있다. 치료방법은 외과적 절제술, a-길항제(phenoxybenzmin, przosin), 방사선 치료를 실시한다. 예후는 수술이 가능할 시 좋다.
	췌장 (pancreas)	인슐린종 (insulinomas)	주로 노령개에서 췌장의 베타세포에서 발생하는 악성종양에 의한 인슐린 과다분비, 저혈당을 일으키는 질병이다. 종양에 의한 뚜렷한 증상은 없지만 노령으로 인한 발작, 쇠약/장애, 진전, 행동변화 등이 서서히 나타날 수 있다. 진단방법으로는 혈당과 인슐린 측정이다. 조기에 종양을 발견하기는 어렵다. 치료는 50% dextrose와 수액주사이고 난치성에서는 glucagon 투여와 외과적 절제술 실시이다. 수술 후 합병증으로 췌장염, 당뇨병, 저혈당증이 발생할 수 있다.
		글루카곤종 (glucagonoma)	췌장에서 랑게르한스 섬세포의 알파세포에서 발생하는 악성 내분비 종양이다. 주요증상으로는 통증(발바닥, 피부), 소양증, 발가락 사이 발적, 가피형성, 발바닥 갈라짐이다. 이외 체중감소, PU/PD가 발생할 수 있다. 진단방법으로는 피부생검, 혈청 글루카곤 검사, 복부초음파, 섬광조영술 등이다. 치료는 외과적 절제술, 화학요법(dacarbazine), octreotide acetate 등의 투여이며, 예후는 다양하다.
	위 (stomach)	가스트린종 (gastrinoma)	췌장 델타세포 또는 십이지장의 G세포 유래 악성 신경내분비 종양이다. Zollinger-Ellison syndrome으로도 불린다. 주요증상으로는 구토와 체중감소이고, 위산과다분비, 위점막 비대, 위장궤양, 흑색변, 흡수불량이 나타난다. 진단방법으로는 혈청검사(gastrin 수치 상승), 조직검사, 복부 방사선 사진, 위장조영 방사선 촬영, 복부초음파 검사, 내시경 검사 등을 위장출혈, 두꺼워진 위벽이나 유문 등을 관찰한다. 치료방법으로는 외과적 절제술, H2 blocker, proton pump inhibitor, octreotide acetate 등을 실시한다. 예후는 좋지 않다.

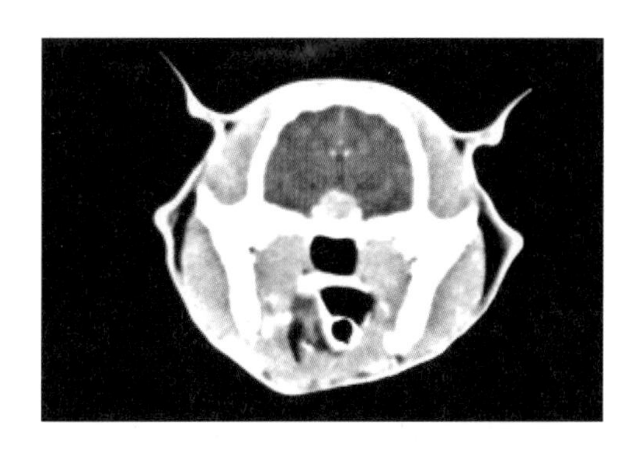

pituitary gland adenoma

그림 4 과형성된 뇌하수체 병변 CT 사진

표 12 근골격계 종양

계통	종양명	내용
근골격계 종양 (musculoskeletal tumor)	골육종 (osteosarcoma)	원발성 뼈 종양으로 뼈 용해, 뼈 생성 등을 일으킨다. 주로 긴 뼈 골간단 부위(원위 요골, 근위 상완골)에서 발생한다. 주요증상으로는 국소 부종, 통증, 급성 또는 만성파행이다. 진단방법으로는 혈액검사 시 염증소견, ALP 상승, 방사선 검사 등을 실시한다. 치료로는 통증완화와 삶의 질 향상을 목적으로 다리절단술, cisplatin, doxorubicin, carboplatin 투여가 있으며 진통제(NSAID, opioid) 처치가 필요하다. 전이성이 높아 수술 이후에 화학요법 병행이 필요하다.
	연골육종 (chondrosarcoma)	원발성 뼈종양으로서 주로 편평한 뼈(비강, 갈비뼈, 장골, 골반, 척추뼈, 안면뼈, 손가락, 음경, 외골격계)에서 발생하며, 전이는 느리다. 호발품종은 골든 리트리버이다. 주요증상으로는 통증, 국소부종이다. 치료는 외과적 절제술, 방사선 치료(완화요법)이며 예후는 좋은 편이다.
	다엽성 골연골 육종 (multilobular osteochondrosarcoma)	희귀성 뼈종양으로 두개골, 골반, 갈비뼈에서 발생한다. 진단은 두개골, 하악골, 상악골에서 돌출된 명백한 고형물로서 알 수 있다. CT, MRI, 조직검사로 확진이 가능하다. 치료는 외과적 절제술(재발률 50% 이상)과 화학요법, 방사선 요법이 필요하다.

	골수종 (myeloma)	수컷 노령견에서 주로 발생하는 골수성 형질세포의 종양성 증식에 의한 진행성 골파괴 질병으로 M단백혈증이 나타난다. 주요증상으로는 출혈과 빈혈, 골의 이상(약해진 뼈에 의한 파행, 통증), 신경증상(운동실조, 마비)이 나타난다. 진단은 혈액혈청검사(적혈구감소, 백혈구/혈소판감소증, 고단백혈증, 고 감마글로블린혈증, 고칼슘혈증), 뇨검사(단백뇨), 영상학적 방법(골질의 용해, 다공성 병변, 장골단과 편평골의 내부에 단독성 또는 다발성 공동성 변화)으로 판단한다. 치료는 수액처치, 항생제, 완화방사선요법, bisphosphonate 투여, 진통제 투여, 화학요법(melphalan)을 행한다. 예후는 불량하다.
	횡문근육종 (rhabdomyosarcoma)	어린 연령의 개에서 발생하는 악성종양으로 전이는 중등도(주로 폐 전이)이다. 종양은 부드럽거나 단단하고 느리게 자라며, 국소적 침습적으로 통증은 없다. 주요증상은 발생위치에 따라 구토, 설사, 흑색변, 체중감소, 식욕부진, 혈뇨, 배뇨곤란, 통증배뇨 등이 나타날 수 있다. 진단은 생검, 혈청생화학검사, 흉부 방사선 검사를 실시한다. 치료방법으로는 cisplatin, doxorubicin, adriamycin, cyclophosphamide, vincristine 등의 투여이다.
	혈관육종 (hemagiosarcoma)	대형견, 중년 이상의 개에서 발생하는 혈관성 악성종양이다. 높은 전이율로 폐, 심장 등 다른 기관으로 전이된다. 신체의 어디든 발생이 가능하며 심장, 간, 비장 등에서 다발한다. 호발품종은 독일 셰퍼드, 골든 리트리버, 래브라도 리트리버, 복서 등이다. 발병부위에 따른 다른 증상을 나타내며, 비장성 혈관육종의 증상은 허약, 잇몸창백, 무기력, 식욕감퇴 등이다. 심장성 혈관육종의 증상은 허탈, 무기력, 허약, 기침, 호흡곤란, 구토 등이다. 피부성 혈관육종은 붉은 종괴, 종괴 주위의 타박상, 종양으로부터의 출혈, 무기력, 파행, 식욕부진 등이 나타난다. 진단은 혈액검사, 흉부 방사선 검사, 복부 초음파, 심장 초음파 검사 등이다. 치료는 지혈, 수술, 화학요법, 방사선 치료를 실시한다.

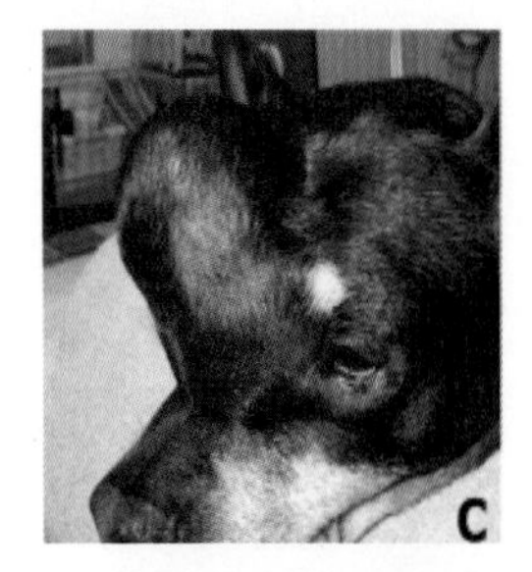

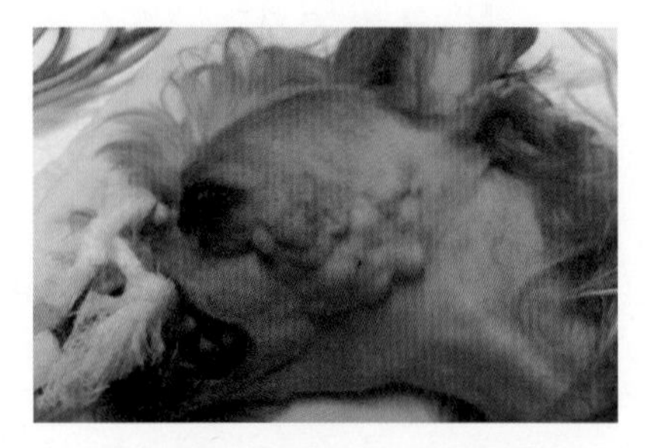

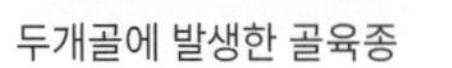

두개골에 발생한 골육종

두개골에 발생한 다엽성 골육종

그림 5 근골격계에 발생한 종양의 모습

표 13 면역계 종양

계통	종양명	내용
면역계 종양 (immune related tumor)	림프종 (lymphoma)	중간 연령 이상에서 림프절에서 발생하는 악성종양으로 림프가 팽대된다. hodgkin's lymphoma와 non-hodgkin's lymphoma로 구분한다. 비장, 골수 등 다른 기관이 침범하며 아급성에서 만성으로서 체중감소, 구토, 식욕감퇴, 설사 등이 나타난다. * hodgkin's lymphoma - 림프절이 팽대되고 성장하여 림프구가 통제불능상태가 됨 * non-hodgkin's lymphoma - 림프구가 비정상적으로 성장하여 종양을 형성함
	림프육종 (lymphosarcoma)	림프종 중 non-hodgkin's lymphoma로서 모든 연령 중 5세 이상 개에서 다발하며, 특히 저먼 셰퍼드, 비글, 래브라도 리트리버, 스코티시 테리어, 복서, 도사 등에서 호발한다. 주요증상으로 기력감퇴, 식욕부진, 쇠약, 체표림프절 종대, 미열, 호흡촉박, 설사 등이며, 진단은 혈액혈청검사(적혈구감소, 호증구증가증, 총단백량 및 알부빈 감소), 복부 및 흉부 방사선 검사(복수, 흉강/복강 내 종양 또는 간장, 비장의 종대)로 치료한다. 예후는 불량하다.
	백혈병 (leukemia)	악성질환으로 원인은 불명확하다. • 골수성 백혈병(myelogenous leukemia) - 대부분 호중구계 백혈병 - 증상: 식욕부진, 식욕절폐, 발열, 심한 빈혈, 비장종대, 구토, 설사, PU/PD, 림프절 종대 - RBC 감소, 골수아구~성숙과립구에 이르는 각종 분화과정의 백혈구 출현(미성숙 과립구 출현) - 진단: 골수천자로 미성숙과립구의 현저한 증식 확인 - 감별: 자궁축농증, 외부 생식기의 가이식성 육종(백혈구 증가, 유백혈병반응) • 림프성 백혈병(lymphatic leukemia)(lymphosarcoma의 한 종류) - 종양성 림프구 출현 - 증상: 기력감소, 식욕부진, 야윔, 호흡촉박, 가벼운 호흡곤란, 체표림프절의 무통성 증대, 파행, 구토, 설사, 피하의 다발성 소결절 형성, 복수 - 진단: 저색소성 빈혈, 다염성적혈구, 적아구 증가 - 골수천자: 림프구(이형림프구, 림프아구) 증가 확인 • 단핵구성 백혈병(monocytic leukemia) - 식욕소실, 가시점막 빈혈, 발열, 기침, 편도종대, 체표림프절/비장 종대 - 진단: 단핵구의 증가(단핵구 발달 단계 세포들 출현) - 골수천자: 미분화형 단핵구, 뇌척수액에서 단핵구 증가

		• 비만세포성 백혈병(mast cell leukemia) - 비만세포종(mastocytoma), 노령견 호발 - 호발종: 복서, 보스턴 테리어 - 비만세포종이 피부결절 또는 내장의 종양적 병변을 발생시키고 드물게 혈중에 증가되어 백혈병성 변화 유발 - 증상: 피부 결절성 종양 증식(체간>사지>두부·경부 순으로 발생), 식욕부진, 미열, PU/PD, 구토, 설사, 호흡촉박, 체표림프절/간/비장 종대 - 진단: 백혈구 증가 - 골수천자: 비만세포 현저한 증가 - 치료: methotrexate, nitrogen mustard N-oxide, cyclophosphamide, chlrambutil, vinblastine, vincristine

표 14 생식기계 종양

계통	종양명	내용
생식기계 (reproductive system)	전립선종양 (prostatic neoplasm)	빠른 성장과 전이를 하는 전립성에서 발생하는 악성종양이다. *전립선비대는 전립선의 요도점막하선 증식 호발: 10세 이상 노령견(셔틀랜드 쉽독, 스코티시 테리어) 림프행성에서 혈행성으로 전환되어 전이, 장기전이가 진행된다. 원인으로는 성호르몬 불균형(비정상적으로 높은 T-5α-reductase 활성)이 있다. 주요증상은 초기에는 무증상, 이후에 배변, 배뇨장애, 통증이고 이외 식욕부진, 이급후증, 후지파행, 요통, 직장종대, 혈뇨, 농뇨가 나타난다. 진단은 혈액혈청검사(백혈구 증가, 혈뇨, 농뇨, 단백뇨, 뇨관폐쇄 시 BUM 증가, 혈청 acid phosphatase 증가, 전이 시 ALP 증가), 방사선 검사(요도 전립선부의 협소, 굴곡)를 실시한다. 치료는 estrogen, chlormadinone(항안드로겐 제제)를 처치하나 전이 후 증상발현으로 발견되는 경우 많아 예후가 불량하다.
	유선종양 (mammary tumors)	중년령 이상의 노령의 암컷에서 주로 발생하며, 난소호르몬과 관계가 깊다. 주요증상으로는 국소성의 단단한 종유, 뒷부분 유선에 호발, 진행성 시 식욕감퇴, 쇠약, 악액질, 종양에 궤양발생으로 2차감염에 의한 화농화 및 악취 등이 있다. 치료는 외과적 절제(되도록 국소마취)를 수행한다.

표 15 기타(폐, 신경, 피부)

계통	종양명	내용
호흡기계 (respiratory system)	폐신생물 (폐종양, pulmonary neoplasia)	원발 종양으로 선암종, 기관지폐 암종, 편평상 피암종, 미분화암종, 육종, 조직구종에 발생하며, 속발성은 전이에 의해 생긴다. 내인성 원인으로 배분비, 영양, 유전, 면역인자 등이며, 외인성 원인으로는 바이러스, 화학물, 물리적 인자에 의해 발생한다. 진단은 흉부 방사선 검사로 진행한다. 치료는 수술적 절제술(전이가 없을 시)을 실시한다.

신경계 (neuronal system)	뇌신생물 (뇌종양, cerebral neoplasia)	중년령 이상의 개와 고양이에서 발생하는 뇌종양(주로 뇌수막종)으로 주요증상은 발작(개), 행동이상(고양이)이다. 갑작스러운 발작이 있고, 신경기능장애가 느리고 조용히 진행된다. 원발성 종양은 경상피조직(astrocytoma, oligodendroglioma, glioblastoma, choroid plexus papilloma, meningioma)에서 발생하며, 속발성 종양은 림프종, 혈관육종, 신경피복종, 전이종 등 다른 조직에서 발생한다. 진단은 CBC, 혈청화학검사, 흉부 및 복부 초음파 검사, MRI, CSF 검사(염증성 질환 배제)를 진행한다. 치료는 완화요법(steroid, phenobarbital), 입체 방사선 수술(감마선), 단일 대용량 방사선 조사를 실시한다.
피부 (skin)	피부 악성종양 (skin carcinoma)	피부에 발생하는 악성종양으로 결정상 또는 덩어리상의 크고 작은 종유를 형성한다. 증상으로는 국소출혈, 삼출액이 나와 가피형성, 조직결손으로 궤양 발생(지속성, 난치성)에 세균감염으로 만성염증을 수반하고 농 발생으로 악취 풍김, 식욕감퇴, 체중감소가 나타난다. 진단은 혈액검사(빈혈, 백혈구 증가, 핵좌측 이동), 간기능 검사, 초음파 검사(흉수/복수 증가)를 실시하며, 치료는 수술요법, 동결요법, 화학 요법, 방사선 요법, 면역요법 등을 실시한다.
	편평상피세포암종 (squamous cell carcinoma)	피부에 발생하는 희귀한 종양으로 피부가 옅고, 털이 없거나 드문드문한 부분에 발생한다. 개에서는 유방암종, 요도암종, 항문낭종이 다발하고 고양이에서는 편평상피암종이 다발한다. 호발품종은 달마시안, 불테리어, 비글 등이다. 증상으로는 지속적으로 성장하는 부종, 상처가 낫지 않고, 체중감소, 식욕감퇴, 출혈/개구공 출혈, 기면, 마비/경직, 호흡/배뇨/배변 곤란 등이 나타난다. 진단은 CBC(jugular v.), 혈청화학검사, 뇨검사, 3면 흉부 방사선 사진(전이검사), 림프절 세포검사(FNA 검사), 복강 초음파 검사를 실시한다.
	비만세포종 (mast cell tumor)	비만세포로 구성된 조혈성 악성 피부종양으로 결절이나 종양을 형성한다. 증상으로는 부종, 염증, 혈관투과성 증가, 응고장애, 위자극, 궤양 발생이다. 진단은 항히스타민제 투여 후 촉진 또는 종양에 세침흡입술, 생검을 실시한다. 치료는 낮은 등급의 초기(전이 없음) 종양은 수술로서 제거하고 높은 등급(전이 없어도) 수술과 함께 화학요법을 실시하며, 수술이 여의치 않거나 종양이 불완전하게 제거 시 방사선조사를 실시한다. 초기 치료 시 예후 양호하다.
	구강흑색종 (oral melanoma)	주로 노령견에서 발생하는 멜라닌세포의 비정상적인 증식으로 진행성의 전이성이 높은 악성종양이다. 대부분 검은색을 나타내지만 간혹 검은색이 아닌 경우도 있다. 호발품종으로는 차우차우, 코커 스파니엘, 닥스훈트, 골든 리트리버, 미니어처 푸들 등이다. 구강종양으로 개에서는 흑색종, 고양이에서는 편평상피암종이 대표적이다. 병변은 구강 내에 흑색의 결절이 생성되는 것이며, 구강통증, 섭식장애, 구강출혈, 구취, 치아탈락, 림프절 팽대 등이 발생한다. 진단은 세침흡실술, 생검을 실시한다.

	섬유육종 (fibrosarcoma)	섬유아세포에서 발생하는 악성종양으로 사지에서 흔하게 발견된다. 비강이입에서 발생하기도 하며 턱뼈에 침범하기도 한다. 증상으로는 발생위치에 따라 다르며 섬유성 결절, 단단한 덩어리를 형성하며 통증, 궤양, 출혈, 감염 등이 발생할 수 있다. 사지에서 발생 시 마비나 보행장애, 골절 등이 가능하며, 비강에 발생 시 눈이나 비강에서 점액분비물 발생, 코에서 출혈, 재채기 등이 발생하며, 입에 발생 시 섭식곤란, 구강출혈, 구취, 안면기형이 발생될 수 있다. 진단은 영상검사(X-ray, CT), 조직검사, 세침흡입술, 생검 등을 실시한다. 치료는 수술적 절제술을 실시하며 재발이 잘 되기에 방사선 조사나 화학요법이 필요하다.

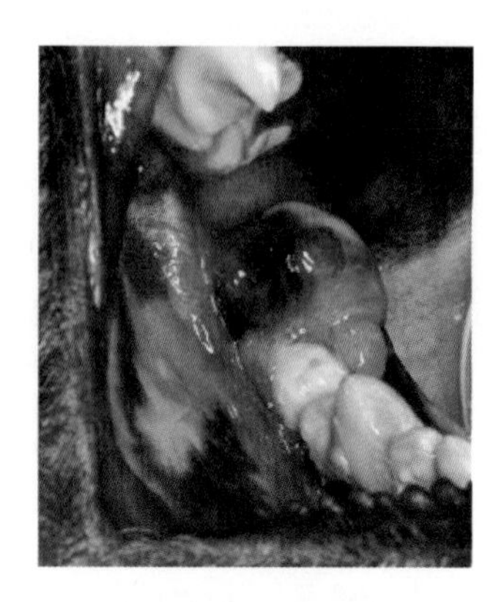

흑색종(melanoma)

그림 6 개에서 발생한 구강종양

VI. 예방(Prevention of cancer)

(1) 항암제 투약자

항암제 투여를 시행하는 수의사나 동물보건사는 임신, 수유 계획이 있거나, 면역에 문제가 있는 사람은 항암치료에 관여해서는 안 된다.

항암치료를 받는 동물의 경우 반드시 알아볼 수 있도록 표시하여 잘못 투여되는 경우가 없게 한다.

항암제를 주입했으면 해당 약물이 분해되는 데 걸리는 시간, 어떤 식으로 분해되는지 표시하여 배설물(뇨, 배변, 구토물 등)을 생물학적 폐기물(항암제 전용이 좋음)로 처리한다.

TIP

항암제를 투약받는 환자의 보호자에게는 항암제와 접촉하지 않도록 주의가 필요하다. 만약 집에서 경구 항암제를 복용하는 환자인 경우는 반드시 다음과 같은 주의사항을 보호자에게 알려야 한다.

- 집에서 약물을 투약하는 경우 반드시 장갑을 착용하고 투약
- 경구 항암제를 절대 부수거나 자르지 말아야 함
- 캡슐에 보관된 약이라면 캡슐을 열어서는 안 됨
- 환자에게 투약 후 완전하게 복용한 것을 확인하기
- 약물 보관 시 노약자의 손에서 닿지 않는 곳에 보관하며, 집 안에 임신, 모유수유하는 보호자가 있다면 절대 환자와 접촉을 금함

또한 경구 항암제를 복용하거나 병원에서 항암제를 투약받은 후 귀가한 환자의 경우, 대소변 혹은 구토물 처리 시 주의해야 한다. 항암제의 종류마다 다르기는 하지만 소변으로 3일간, 분변으로는 5~7일까지도 항암제가 배출되기에 다음과 같은 주의사항을 염두에 두고 보호자에게 안내가 필요하다.

- 환자의 소변이나 분변을 청소 시에 장갑을 착용하고 처리
- 구토물이나 대소변이 담요나 장난감 등에 묻은 경우 장갑을 끼고 2번 이상 세척

(2) 항암제 보관

- 안전하고 독립되어있으며 쉽게 확인될 수 있는 곳에 보관한다.
- 식음료를 취급하는 곳과 멀리 떨어져야 하며, 항암제 다루는 곳에서 식음료 섭취를 제한한다.
- 항암제 개방 후 비닐백에 넣어 원래 포장용기에 담아서 보관한다.
- 물에 용해된 약물의 경우 농도, 유효기간 등 함께 명시하여 제조날짜를 기록한다.
- 약물을 개방하는 직원은 보호구를 잘 착용한다.

(3) 개인안전장비

항암제 취급 시 개인안전장비를 꼭 착용하며 최소한의 안전장비는 장갑(N99 이상), 마스크, 불침투성 가운, 안전고글, 모자이다.

(4) 항암제 유출 시 대응

- 즉시 깨끗이 청소하고 사후 경고판을 설치한다.
- 유출지역에 접근 금지시킨다.
- 청소부는 안전장비를 착용하고 spill kit(안전복, 흡착제, 수저 등, 보관팩 등)를 사용하여 액상은 흡착제로 흡수시키고, 고형물을 제거한다.
- 날카롭거나 부러진 물건은 숟가락 등으로 잡아 제거하고, 일반세제로 3번 세척한다.
- 생물학적 폐기물로 처리한다.

제4장

종양환자의 간호

종양은 신체 여러 장기에서 발생가능하며, 종양(암)에 따라 환자 간호를 달리하여야 한다. 여기에는 일반적인 관리를 말하고자 한다.

표 16 종양환자의 간호

일반관리	내용
체온관리	암환자의 경우 감염이나 종양 자체, 약물에 의해 열이 난다. 관리: 주기적인 체온 측정, 충분한 수분 공급, 수의사 처방에 따른 해열제를 복용 증상: 춥고 떨리는 오한 시 따뜻하게 해주며 수의사에게 알림
수분관리	탈수 관리: 체중 측정, 혀의 상태, 충분한 수분공급 및 증상관찰(건사료 섭취가 힘들어 보일 때, 소변이 진하거나 핍뇨(oligouria), 눈의 함몰 정도) 증상: 지속적인 구토, 설사, 발열 시, 짙은 색의 농축된 소변이나 무뇨(anuria) 시 수의사에게 알림
기타	약처방에 따른 위팽창, 호흡곤란 발생 시 수의사에게 알린다.

표 17 종양환자 간호 시 부위별 관리

부위별 관리	내용
피부	• 욕창(decubitus, bedsore) - 관리: 이불을 깔아서 압력을 분산시키며 누워있는 자세를 자주 바꿔줌. 가벼운 운동과 충분한 수분 섭취 및 단백질이 풍부한 사료 공급 - 증상: 압력이 없어도 지속적인 붉은 피부, 수포발생이나 피부가 두꺼워질 때, 욕창 부위에 냄새가 나고 분비물이 많아질 경우 수의사에게 알림 • 피부건조(xeroderma, asteatosis) - 관리: 충분한 수분 공급, 건조한 찬바람이나 열노출 제한, 보습제를 발라줌 - 증상: 피부가 거칠고 통증 유발, 피부발진(eruption), 가려움(pruritus)이 심할 경우 수의사에게 알림
부종	• 부종(edema) - 관리: 지속적인 체중측정, 호흡곤란 여부 확인, 부종부위 확인, 충분한 영양 공급 - 증상: 부종이 점차 퍼지는 경우, 핍뇨(oliguria) 또는 무뇨(anuria), 호흡곤란(dyspnea), 빈맥(tachycardia), 빠른 체중 증가 시 수의사에게 알림 • 림프부종(lymphatic edema) - 관리: 감염관리, 부종부위에 혈압측정이나 채혈 금지, 적절한 운동 시행, 부종 둘레 측정 - 증상: 심하게 부은 경우(edema), 감염 시, 부종이 심해서 피부가 단단하고 주름이 잡혀 통증 유발 시, 피부가 붉어지거나 가려운 증상 발생 시 수의사에게 알림
허약	• 허약/피로(infirmity/fatigue) - 관리: 충분한 단백질과 탄수화물 공급, 가벼운 운동(심혈관계, 폐질환, 골격질환 시 유의) - 증상: 너무 많은 수면, 움직임이 아주 적은 경우, 점점 쇠약해지는 경우(weakness), 호흡이 거칠고 빈맥(tachycardia) 시 수의사에게 알림
통증	- 관리: 통증의 정확한 부위 및 강도 확인(부록 참조) - 증상: 통증으로 활동이 없을 경우, 진통제 처방 시에도 활동이 없을 경우 수의사에게 알림
소화기	• 식욕부진(anorexia) - 관리: 좋아하는 사료/간식 공급(먹기 쉽고 열량 높은 사료), 사료 공급 전 가벼운 운동 시행 - 증상: 급격한 체중감소, 지속적인 구토, 핍뇨이면서 냄새가 심하거나 짙은 노란색, 변비 지속 시 수의사에게 알림 • 오심, 구토(nausea, emesis) - 관리: 좋아하는 사료/간식 공급, 부드러운 음식 공급, 구토 시 사료 공급 중지, 충분한 수분 공급 - 증상: 지속적인 기침, 빈번한 구토, 식사량이 극히 경우, 짙은 노란색 뇨/무뇨, 피 섞인 구토물 발생 시 수의사에게 알림 • 설사(diarrhea) - 관리: 충분한 수분 공급, 맑은 유동식 사료를 조금씩 자주 공급, 대변 보는 횟수 기록 - 증상: 반복적이고 지속적인 설사 시, 혈변 시, 몸무게가 급격히 감소 시, 무뇨 시, 고열 발생 시 수의사에게 알림

	• 변비(constipation) - 관리: 배변상태(배변량, 횟수, 혈변 등) 확인, 유동식 공급, 편안한 배변환경 조성 - 증상: 변비 지속 시, 혈변(hematochezia) 시, 복부 팽창 시, 위경련(gastrodynia)/구토 지속 시 수의사에게 알림
호흡기	• 호흡곤란(dyspnea) - 관리: 체온, 맥박, 호흡, 잇몸(빈혈) 체크 - 증상: 움직임이 없을 때에도 빠른호흡(tachypnea), 빈맥(tachycardia), 청색증(cyanosis) 발생 시, 발열 시(폐렴 가능성) 수의사에게 알림
구강	• 구강건조(xerostomia) - 관리: 충분한 수분 공급, 부드러운 또는 액상사료 공급 - 증상: 구강건조가 지속 시, 호흡곤란 시, 구강 부종 시 수의사에게 알림
골수	• 백혈구 감소(neutropenia) - 관리: 주기적인 체온 측정, 감염관리. 피부에 상처가 생기지 않도록 관리 - 증상: 고열, 오한, 심한 기침, 호흡곤란, 부종, 통증, 심한 설사 시 수의사에게 알림 • 혈소판감소(thrombocytopenia) - 관리: 상처 예방, 아스피린 진통제 제한, 정상적인 배변활동 유도, 출혈부위에 얼음주머니로 지혈, 충분한 수분 공급 - 증상: 잇몸출혈이나 코피(epistaxis), 피부 여러 군데 멍(bruise)듦, 피부에 붉은 반점, 혈변(hematochezia)/흑변(stool ochronosis), 혈뇨(hematouria), 피 섞인 구토물(bloody vomitus) 등 발생 시 수의사에게 알림 • 적혈구감소(erythrocytopenia) - 관리: 충분한 휴식과 수면/활동량 제한, 충분한 수분 공급 - 증상: 창백한 피부(잇몸), 출혈, 헐떡거리거나 빈맥 시 수의사에게 알림

csu_canine_acute_pain_scale_2 (vasg.org)

Your Clinic Name Here

Date ____________________

Time ____________________

Canine Acute Pain Scale

Rescore when awake — ☐ Animal is sleeping, but can be aroused - Not evaluated for pain ☐ Animal can't be aroused, check vital signs, assess therapy

Pain Score	Example	Psychological & Behavioral	Response to Palpation	Body Tension
0		☐ **Comfortable** when resting ☐ **Happy, content** ☐ Not bothering wound or surgery site ☐ Interested in or curious about surroundings	☐ **Nontender** to palpation of wound or surgery site, or to palpation elsewhere	Minimal
1		☐ **Content to slightly unsettled** or restless ☐ **Distracted easily** by surroundings	☐ **Reacts to palpation** of wound, surgery site, or other body part by **looking around, flinching,** or **whimpering**	Mild
2		☐ Looks **uncomfortable** when resting ☐ May **whimper** or cry and may **lick or rub wound** or surgery site when unattended ☐ Droopy ears, **worried facial expression** (arched eye brows, darting eyes) ☐ **Reluctant to respond** when beckoned ☐ **Not eager to interact** with people or surroundings but will look around to see what is going on	☐ Flinches, whimpers cries, or guards/pulls away	Mild to Moderate **Reassess analgesic plan**
3		☐ **Unsettled, crying, groaning, biting or chewing** wound when unattended ☐ **Guards or protects** wound or surgery site by altering weight distribution (i.e., limping, shifting body position) ☐ **May be unwilling to move** all or part of body	☐ May be **subtle** (shifting eyes or increased respiratory rate) if dog is too painful to move or is stoic ☐ May be **dramatic**, such as a sharp cry, growl, bite or bite threat, and/or pulling away	Moderate **Reassess analgesic plan**
4		☐ **Constantly groaning or screaming** when unattended ☐ May bite or chew at wound, but unlikely to move ☐ **Potentially unresponsive** to surroundings ☐ **Difficult to distract** from pain	☐ **Cries at non-painful palpation** (may be experiencing allodynia, wind-up, or fearful that pain could be made worse) ☐ May react aggressively to palpation	Moderate to Severe **May be rigid to avoid painful movement** **Reassess analgesic plan**

RIGHT / LEFT

○ Tender to palpation
✕ Warm
■ Tense

Comments ____

 Colorado State University

Microsoft Word - Feline Acute Pain Scale CR.doc (vasg.org)

Your Clinic Name Here

Date ______________

Time ______________

Feline Acute Pain Scale

Pain Score	Example	Psychological & Behavioral	Response to Palpation	Body Tension
Rescore when awake		☐ **Animal is sleeping, but can be aroused - Not evaluated for pain** ☐ **Animal can't be aroused, check vital signs, assess therapy**		
0		☐ **Content and quiet** when unattended ☐ **Comfortable** when resting ☐ Interested in or **curious** about surroundings	☐ **Not bothered** by palpation of wound or surgery site, or to palpation elsewhere	Minimal
1		☐ **Signs are often subtle and not easily detected in the hospital setting**; more likely to be detected by the owner(s) at home ☐ Earliest signs at home may be **withdrawal from surroundings or change in normal routine** ☐ In the hospital, may be content or slightly unsettled ☐ **Less interested** in surroundings but will look around to see what is going on	☐ May or may not react to palpation of wound or surgery site	Mild
2		☐ Decreased responsiveness, **seeks solitude** ☐ **Quiet**, loss of brightness in eyes ☐ **Lays curled up or sits tucked up** (all four feet under body, shoulders hunched, head held slightly lower than shoulders, tail curled tightly around body) with eyes partially or mostly closed ☐ **Hair coat appears rough** or fluffed up ☐ May intensively groom an area that is painful or irritating ☐ Decreased appetite, **not interested in food**	☐ **Responds aggressively or tries to escape** if painful area is palpated or approached ☐ Tolerates attention, may even perk up when petted as long as painful area is avoided	Mild to Moderate **Reassess analgesic plan**
3		☐ Constantly **yowling, growling, or hissing** when unattended ☐ May bite or chew at wound, but **unlikely to move** if left alone	☐ **Growls or hisses at non-painful palpation** (may be experiencing allodynia, wind-up, or fearful that pain could be made worse) ☐ **Reacts aggressively** to palpation, **adamantly pulls away** to avoid any contact	Moderate **Reassess analgesic plan**
4		☐ Prostrate ☐ Potentially **unresponsive** to or unaware of surroundings, difficult to distract from pain ☐ Receptive to care (even aggressive or feral cats will be more tolerant of contact)	☐ **May not respond** to palpation ☐ **May be rigid to avoid painful movement**	Moderate to Severe **May be rigid to avoid painful movement** **Reassess analgesic plan**

Comments ______________________________

참고문헌

Chapter 01

- 강창원 외. 수의생리학. 광일문화사
- 한국수의내과학교수협의회 (2020). 대동물내과학. OKVET
- Victoria Aspinall. et al. (2022). 동물병원실무 제4판. (동물병원실무 교재연구회 역). 범문에듀케이션
- Bassert, Joanna M. et al. (2021). McCurnin's clinical textbook for veterinary technicians and nurses(10ed). Elsevier Health Sciences
- Ettinger, Stephen J. et al. (2016). Textbook of Veterinary Internal Medicine Expert Consult(8th). Elsevier

Chapter 02

- Larry P. Tilley et al. (2010). 개와 고양이 심장학 매뉴얼. (박희명 외 공역). OKVET
- Elizabeth Mullineaux and Marie Jones (2007). BSAVA Manual of Practical Veterinary Nursing. BSAVA
- H. Edward Durham, Jr. (2017). Cardiology for Veterinary Technicians and Nurses. Wiley Blackwell
- Mark D. Kittleson and Richard D. Kienel (1998). Small Animal Cardiovascular Medicine. Mosby

Chapter 03

- Elizabeth Mullineaux and Marie Jones(2007). BSAVA Manual of Practical Veterinary Nursing. BSAVA
- Joanna M. Bassert et al. (2018). McCurnin's Cinical Textbook for Veterinary Technicians, 9th. Elsevier
- Respiratory physiology, diagnostics, and disease. Lynelle R. Johnson et al. Veterinary Clinics of North America: Small Animal Practice. 2007 (37) 829-1012, Elsevier

Chapter 04

- Richard Nelson. (2015). 소동물 내과학 5th edi.(한국수의내과학교수협의회 역). Elsevier Korea
- Linda Merrill (2012). Small Animal Internal Medicine for Veterinary Technicians and Nurses(1st). Wiley Blackwell

Chapter 05

- Richard Nelson. (2015). 소동물 내과학 5th edi.(한국수의내과학교수협의회 역). Elsevier Korea
- Linda Merrill (2012). Small Animal Internal Medicine for Veterinary Technicians and Nurses(1st). Wiley Blackwell

Chapter 06

- 김남중 외(2006). 애견질병학. 21세기사
- Rhea V. Morgan. et al. (2003). 소동물 내과학 진단과 치료. (한국수의내과학 교수협의회 역). 신흥메드싸이언스
- Andrea J. Fascetti. et al. (2012). Applied Veterinary Clinical Nutrition. Wiley Blackwell
- Lucile Le Roy et al. Canine Atopic Dermatitis Diagnostic Criteria: Evaluation of Four Sets of Published Criteria among Veterinary Students J Vet Med Educ. 2015 Spring;42(1):79-84. doi: 10.3138/jvme.0414-038R1
- Karen L. Campbell (2004). Small Animal Dermatology Secrets. Elsevier Health Sciences
- Preaud P et al, Rev Med Vet 149 149; 1057-1064, 1998

Chapter 07

- Richard Nelson. (2015). 소동물 내과학 5th edi.(한국수의내과학교수협의회 역). Elsevier Korea
- Linda Merrill (2012). Small Animal Internal Medicine for Veterinary Technicians and Nurses(1st). Wiley Blackwell

Chapter 08

- Richard Nelson. (2015). 소동물 내과학 5th edi.(한국수의내과학교수협의회 역). Elsevier Korea
- Linda Merrill (2012). Small Animal Internal Medicine for Veterinary Technicians and

Nurses. 1st edi. Wiley Blackwell

- Victoria Aspinall(2019). Clinical Procedures in Veterinary Nursing(4th). Elsevier Health Sciences

Chapter 09

- Elizabeth Villiers and Jelena Ristic. BSAVA Manual of Canine and Feline Clinical Pathology 2nd edi. BSAVA
- Margi Sirolis (2017). Laboratory Procedures for Veterinary Technicians. 7th edi. Elsevier

Chapter 11

- 한국동물보건사대학교육협회. 한번에 정리하는 동물보건사 핵심기본서. 박영사

저자 약력

■ 한세명

현) 세명대학교 동물보건학과 교수
경상대학교 수의과대학 졸업
서울대학교 수의내과학 석사
서울대학교 수의내과학 박사

■ 강민희

현) 장안대학교 바이오동물보건과 교수
건국대학교 수의과대학 졸업
건국대학교 수의내과학 석사
건국대학교 수의내과학 박사

■ 김주완

현) 대구한의대 반려동물보건학과 교수
경북대학교 수의과대학 졸업
경북대학교 수의내과학 석사
경북대학교 수의내과학 박사

■ 윤서연

현) 유한대학교 반려동물전공 교수
건국대학교 수의학과 졸업
서울대학교 수의생리학 석사
서울대학교 수의생리학 박사

■ 정수연

현) 경인여자대학교 반려동물보건학과 교수

전북대학교 수의과대학 졸업

건국대학교 수의내과학 석사

전북대학교 수의내과학 박사과정

■ 한상훈

현) 서정대학교 반려동물보건과 교수

전북대학교 수의과대학 졸업

서울대학교 수의내과학 석사

서울대학교 수의내과학 박사

동물보건내과학

초판발행 2024년 3월 4일

지은이 한세명 · 강민희 · 김주완 · 윤서연 · 정수연 · 한상훈
펴낸이 노 현

편 집 김다혜
기획/마케팅 김한유
표지디자인 이수빈
제 작 고철민 · 조영환

펴낸곳 ㈜ 피와이메이트
서울특별시 금천구 가산디지털2로 53, 한라시그마밸리 210호(가산동)
등록 2014. 2. 12. 제2018-000080호
전 화 02)733-6771
f a x 02)736-4818
e-mail pys@pybook.co.kr
homepage www.pybook.co.kr
ISBN 979-11-6519-982-1 93520

정 가 33,000원

박영스토리는 박영사와 함께하는 브랜드입니다.